普通高等教育农业农村部“十四五”规划教材
普通高等教育农业农村部“十三五”规划教材
全国高等农林院校“十三五”规划教材
中国农业教育在线数字课程配套教材

动物组织学与胚胎学

沈霞芬 卿素珠 主编

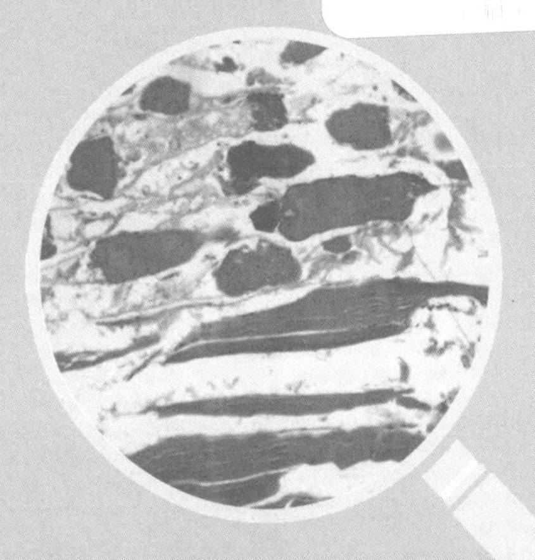

中国农业出版社
北 京

《动物组织学与胚胎学》

DONGWU ZUZHIXUE YU PEITAIXUE

编审人员名单

主　编　沈霞芬（西北农林科技大学）

卿素珠（西北农林科技大学）

副主编　崔　燕（甘肃农业大学）

陈秋生（南京农业大学）

赵善廷（西北农林科技大学）

参　编（按姓氏笔画为序）

王政富（佛山科技学院）

李玉谷（华南农业大学）

李莲军（云南农业大学）

宋学雄（青岛农业大学）

陈正礼（四川农业大学）

岳占碰（吉林大学）

常　兰（青海大学）

赫晓燕（山西农业大学）

审　稿　李德雪（军事医学科学院）

第一版编审者

主　编　李宝仁（北京农业大学）
参　编　秦鹏春（东北农学院）
谭文雅（山西农业大学）
荀崇文（内蒙古农牧学院）
刘舜业、佟树发（华南农业大学）
李克平（华中农业大学）
聂其灼（南京农业大学）
李宝仁、邓泽沛（北京农业大学）
审　稿　王铁恒（中国人民解放军兽医大学）
叶镇邦（广西农学院）
陈慈麟（华中农业大学）
黄奕生（安徽农学院）
谢念难（甘肃农业大学）

第二版编审者

主　编　李宝仁（北京农业大学）
参　编　秦鹏春（东北农学院）
　　　　谭文雅（山西农业大学）
　　　　荀崇文（内蒙古农牧学院）
　　　　刘舜业、佟树发（华南农业大学）
　　　　李克平（华中农业大学）
　　　　聂其灼（南京农业大学）
　　　　李宝仁、邓泽沛（北京农业大学）
审　稿　罗　克（福建农学院）
　　　　聂其灼（南京农业大学）
　　　　佟树发（华南农业大学）
　　　　邓泽沛（北京农业大学）

《家畜组织学与胚胎学》

第三版编审者

主　编　沈霞芬（西北农林科技大学）

副主编　滕可导（中国农业大学）

参　编　李玉谷（华南农业大学）

　　　　王树迎（山东农业大学）

　　　　谭景和（东北农业大学）

　　　　王政富（佛山科学技术学院）

　　　　曹贵方（内蒙古农业大学）

绘　图　祖国红（中国农业大学）

　　　　梁建广（东北农业大学）

　　　　王政富（佛山科学技术学院）

审　稿　邓泽沛（中国农业大学）

　　　　钱菊汾（西北农林科技大学）

第四版编审者

主　编　沈霞芬

副主编　崔　燕　陈秋生

编　者　李玉谷（华南农业大学）

王政富（佛山科技学院）

崔　燕（甘肃农业大学）

陈秋生（南京农业大学）

宋学雄（青岛农业大学）

卿素珠（西北农林科技大学）

李莲军（云南农业大学）

沈霞芬（西北农林科技大学）

审　稿　秦鹏春（东北农业大学）

李德雪（中国人民解放军军事医学科学院）

《家畜组织学与胚胎学》

第五版编审者

主　编　沈霞芬（西北农林科技大学）

　　　　卿素珠（西北农林科技大学）

副主编　崔　燕（甘肃农业大学）

　　　　陈秋生（南京农业大学）

　　　　赵善廷（西北农林科技大学）

参　编（按姓名笔画排序）

　　　　王政富（佛山科技学院）

　　　　李玉谷（华南农业大学）

　　　　李莲军（云南农业大学）

　　　　宋学雄（青岛农业大学）

　　　　陈正礼（四川农业大学）

　　　　岳占碰（吉林大学）

　　　　常　兰（青海大学）

　　　　赫晓燕（山西农业大学）

审　稿　李德雪（军事医学科学院）

前　言

《家畜组织学与胚胎学》教材自1979年第一版出版以来已走过了40年的风雨历程，期间经重印和修订多次，内容上不断丰富、完善与创新，逐渐形成兼具科学性、先进性、适用性的教材体系，并一直被全国多所高等农林院校选用，得到了同行的一致肯定和好评，其第三版、第四版和第五版教材还分别荣获2011年全国高等农业院校优秀教材奖、2012年和2018年陕西省普通高等学校优秀教材二等奖。该教材在推动动物医学及相关专业的本科教学中起到了积极作用，充分发挥了其在提高人才培养质量中的基础性作用。

随着近年来微课程、SPOC及慕课等在线开放课程的兴起，移动学习、自主学习和泛在学习形式越来越普及，高校的课堂教学也将由传统教学模式逐渐向“线上+线下”的混合式教学转变，这些对于教材形式都提出了更高的要求。根据本教材使用者的反馈和各院校在教材使用中提出的建议，普遍认为原有教材中的黑白插图不能很好展示显微镜下器官与组织的真实结构状态，形式上略显沉闷和枯燥，因此，我们在《家畜组织学与胚胎学》第五版基础上，形成了这一部双色版的教材，有关本教材的具体说明如下。

1. 新教材在编排风格和内容上基本延续了《家畜组织学与胚胎学》第五版教材的形式，但全部采用双色印刷，另在文中合适的位置以二维码的形式展现部分组织器官的彩色显微图像，图片与文字紧密结合，做到图文并茂、色彩亮丽，便于读者学习时的文图对应和理解记忆。

2. 考虑到“家畜”字样的局限性，不能涵盖教材中涉及的多种动物，故将教材名称调整为《动物组织学与胚胎学》，使其与动物医学专业课程体系中的课程名称保持一致。

本教材的出版得到了中国农业出版社的大力支持和配合，并得到西北农林科技大学教务处和动物医学院领导的支持与重视。教材的付梓出版同样离不开全体编审人员的努力协作和积极配合，在此一并致以诚挚的谢意。

由于我们的水平有限，书中欠妥及纰漏之处在所难免，诚恳欢迎同行专家、广大师生和其他读者们批评指正，在此预致谢意。

编　者

2019年11月

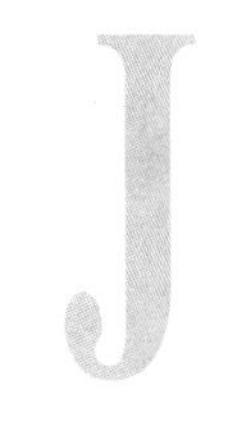

第二版前言

本书第一版于1979年出版。使用3年后，根据老师们的意见，即着手修订。先由各位编撰者写出征求意见稿，分发给其他编撰者和部分院校的老师，1983年大家聚在一起提出了许多有益的意见。据此，各位编撰者再次进行修改。1984年起，主编李宝仁教授对陆续收到的修改稿做了大量的审订工作。但是，由于编撰者们的修改稿直到1988年7月才全部交齐，而李宝仁教授已于1987年9月不幸病逝，故第二版迟迟未能问世。1988年11月在合肥召开的第五届全国动物解剖学及组织胚胎学学术讨论会期间，华中农业大学李克平教授邀集与会的本书第一版的部分编撰者、审稿者和部分院校的老师协商，一致认为第一版早已不能适应教学的需要，必须尽快改版。经过认真的讨论，推举福建农学院罗克教授、南京农业大学聂其灼教授、华南农业大学佟树发副教授和北京农业大学邓泽沛副教授组成修订小组，由罗克教授主持，继续完成本书第二版的工作。会后，修订小组成员在经费十分短缺的情况下，仍然按照在合肥时商定的计划于1989年1月集中到南京农业大学对修改稿进行全面审查和修订，同年2～4月又分头对文稿和插图进行了加工，最后由罗克教授定稿，终于在1989年6月脱稿。

第二版主要有以下几方面的改变：1. 尽力修改了第一版中的错误和陈旧的概念，在保证基本内容的前提下，增加了一些新内容；2. 力求精简。删去了与相近学科重复或本书前后重复的叙述。取消了小字描述和思考题。家禽组织学一章只保留了结构最特殊的几种器官，其余部分放在有关章节中与家畜略加比较。考虑到前期课中已经学习过显微镜的使用，本课程一般又没有教学实习，因此将附录也删去了。全书篇幅缩减了约1/4；3. 为了方便教与学，对章节的安排作了调整。文中的关键词改用黑体字；4. 插图更新了45%，尽量采用手绘图，少用照相图，以保证印刷质量。

第二版与第一版相比是进了一步，但是，由于修订小组成员业务水平的限制，时间也太仓促，未能再征求原撰稿人的意见，不足和错误之处在所难免。再者，从本学科日新月异的发展来看，在第二版与读者见面时也已经或必将变得落后了。因此，热诚地欢迎读者提出宝贵意见，供编著第三版的同志们参考。我们也殷切地期待更新更好的第三版早日问世。

在修改过程中，许多老师提供了大量的资料和中肯的意见。最后的修订工作之所以能在较短的时间内完成，与各院校老师的热情关怀，尤其与南京农业大学聂其灼教授和东北农学院秦鹏春教授的具体支持分不开。在此，谨表谢忱。

第三版前言

《家畜组织学与胚胎学》第二版教材，使用至今已有十余年的历史。十多年来，生命科学有了长足的进步，我国高等农业的教育革命也不断深入发展，因此，教材的建设与更新就成为时代发展的必然趋势。

在农业部组织的高等农业院校教学指导委员会的领导下，全国7所院校共11名教师组成了编写（审稿、绘图）小组。各参编者根据本学科的发展以及自己多年的教学经验，结合广大同行老师提供的宝贵意见，对第二版教材进行了全面的修订工作，出版了第三版教材。对本教材需要说明的有：

1. 教材内容以本学科的基本知识、基本理论和基本技能为基础，尽可能反映出组织学与胚胎学的最新成果。全书以各组织、器官的形态学描述为主，强调形态与功能的统一；适当联系生产实际，启迪学生分析和解决问题的能力，增强实用性。

2. 本教材各章均系重写，全书在内容表述、编写层次、章节编排和插图表格等方面都有较大的变动，注意了与二版的延续性，在文字上尽量做到概念准确、层次分明、简明扼要、重点突出、深入浅出、通俗易懂。选用插图力求显示其科学性、准确性和实用性，并注意美观大方。

3. 教材的章节编排做了适当调整，由于基本组织常要牵涉到一些器官组织的内容，因此，可模糊基本组织和器官组织的界限；结缔组织内容较多，形态与功能又有较大差异，故将固有结缔组织、骨组织和血液各自立章；神经组织和神经系统合为一章；消化管、消化腺、雄性和雌性生殖系统分别独立成章；淋巴器官改为免疫系统。这样编排既便利于教学，也与国内外同类教材的编排一致。

4. 三版教材取消了二版中全部照片插图，重绘和改绘了大部分线条图；书后增加了彩图的版面；新添了中英文专业名词对照；介绍了一些相关的参考书目。

5. 在编审的过程中，尽可能使各章内容协调呼应，在内容深浅、专业名词、格调层次、度量衡标准等方面尽可能做到统一，适当增加一些属于总结性或比较性的表格，便于学生学习使用。

6. 本教材可满足90学时左右的教学需要，各院校教师可根据本校的实际情况和教学计划取舍，其余内容可作为学生自学和开拓思路的空间。

由于编者水平有限，书中定有不足甚至错误之处，敬请广大读者多提宝贵意见。

沈霞芬　滕可导

2000年8月

第四版前言

《家畜组织学与胚胎学》教材，早在1952年已有雏形，当时仅在北京等局部地区使用。1960年受农业部委托，北京农业大学兽医系的李维恩、史少颐、刘理等教师在此基础上修改并由农业出版社正式出版，成为全国高等农业院校的试用教材。用至1979年，由北京农业大学李宝仁教授任主编并组织全国10所农业院校共10多位具有丰富教学经验的教师重新修订和编写，正式出版了《家畜组织学与胚胎学》（第一版），并作为全国高等农业院校统编教材。第一版在使用过程中，逐渐发现了一些不足之处，主编和各位编者在征集了许多意见后，仍由原编写班子进行修订，增加了新的内容，更新补充不少插图，花费了不少心血。在修订过程中，李宝仁教授不幸病故，其余编者克服了许多困难，使《家畜组织学与胚胎学》（第二版）于1989年出版。第一、二版教材的长期使用在传授科学知识、培养人才方面起了非常积极的作用，得到了广大教师和学生的肯定和好评。前辈们艰苦创业、精益求精的无私奉献精神永远值得我们纪念和学习。

随着时间的推移，科学技术得到了突飞猛进的发展，生命科学也有了长足的进步，教学改革和教材建设也要适应新形势发展的需求。1997年在全国高等农业院校教学指导委员会的支持下，由邓泽沛教授主持，组织了新的编写班子，对第二版又进行了全面、深入地修订和更新，于2000年出版了“面向21世纪课程教材”《家畜组织学与胚胎学》（第三版）。现在《家畜组织学与胚胎学》（第四版）作为“全国高等农林院校‘十一五’规划教材”又出版了。纵观半个多世纪以来，全国共有16所院校50余名具有丰富教学与科研经验的教师参与了本教材的撰写、修改、补充、更新、绘图、审定等工作，使本教材不断获得新的内涵而质量不断提高。长期以来，《家畜组织学与胚胎学》以其具有的知识性、科学性、系统性、实用性而受到广大教育工作者和学生的欢迎和认可，发行量在同类教材中居榜首，这是我们感到欣慰的。

探索生命微观奥秘
勤奋求真永无止境
秦鹏春

《家畜组织学与胚胎学》（第四版）是在第三版的基础上进一步修订而成，编写人员中又充实了5位具有博士学位的优秀教师，力求写出更新、更深、更精的内容，最后由秦鹏春、李德雪两位资深教授审定完成，秦鹏春教授还特意为本书题了字。不幸的是，秦先生于今年辞世，他的题词变得尤为珍贵，是对我们最大的鼓励，也是我们永久的纪念。

第四版教材内容无论在深度和广度方面均有所加强，在一些章节内增加了相关动物的比较组织学和科学研究进展的内容，可满足各层次尤其是五年制动物医学专业的教学需求，同时也可作为相关专业研究生的参考用书。另一方面，较多的更新和补充了书后的彩色插图，由原来仅有的8幅增加至80余幅，其内容几乎覆盖了所有章节，其中很多图片是各作者在教学过程中精心选择和制作而成，既可密切配合教学，又可增加教材的使用效果。每章后还新增思考题，利于学生课后复习。另外，我们还把书后的中英文专业名词对照改为中英文专业名词索引，以便学生学习查找。在本教材的编写过程中，我们参阅了大量国内外的相关资料和书目，在此向各位作者表示衷心的感谢。

尽管我们在修订过程中认真努力地做了大量工作，但由于水平所限，书中肯定有不够全面、欠准确，甚至遗漏之处。教材的建设与发展也离不开大家的呵护和支持，在此恳请广大师生和同行多提宝贵意见，为再版奠定良好的基础，共同为我国动物医学高等教育事业的不断发展而努力。

沈霞芬

2009年8月

第五版前言

《家畜组织学与胚胎学》（第四版）作为全国高等农林院校“十一五”规划教材自2009年出版以来，被全国各地多数高等农业院校选用，得到了广大同行的认可和好评，并于2011年被中华农业科教基金会评为“全国高等农业院校优秀教材”。教材的不断更新、补充、提高是学科发展和教学改革不断深入的需要，根据农业部教材办公室通知，《家畜组织学与胚胎学》（第五版）列入了“普通高等教育农业部‘十二五’规划教材”。此次修订，我们在原教材编写人员的基础上又增加了几位骨干教师，所有参编人员为来自11所高校，都是长期位于教学第一线、有丰富的教学实践经验的专家。全体编写人员于2012年8月召开了教材编写会议，对编写大纲和编写内容进行了充分的讨论，根据各位编写人员的意愿及其特长确定了各自的编写任务。

本版教材具有以下几方面的特点：

1. 由于第四版教材使用反应良好，并被评为全国高等农业院校优秀教材，故在修订中基本保留了原教材的风格和内容，仅对有些章节、陈旧的图表及文字上的不妥之处进行修改和更新，原有24章调整为23章。

2. 各参编教师参阅大量国内外新版相关书籍，结合多年来的教学和科研经验对第四版教材中的图表进行了更新补充，淘汰了一些比较落后、注释不明或模糊不清的彩图，第五版教材章节中的插图新增40余幅，书后的附图超过100幅。

3. 根据“少而精”的原则进一步凝练了章节后的思考题，突出重点，使之更具有代表性和提纲挈领的作用，便于学生课后的复习和总结，更好地掌握学科规律和相关知识要点。

由于我们的水平有限，书中欠妥之处在所难免，热忱欢迎专家同仁、广大师生和其他读者批评指正，以便再版时的修改完善，在此预致谢意。

编　者

2015年3月

目 录

绪　论

动物组织学与胚胎学是由动物组织学和动物胚胎学结合而成。动物组织学（animal histology）是研究动物机体微细结构及相关功能的科学；动物胚胎学（animal embryology）则是研究动物个体发生与发育规律的科学。由于两门学科都是从细胞的观察、研究开始，注重它们的形态结构、发生发展、功能变化规律，因而不能截然将它们分开。长期以来，无论是人类医学或动物医学，都是将其合为一门课程进行学习的。

一、动物组织学与胚胎学的研究内容及意义

在借助各种显微镜观察生命的微观世界，确认了细胞是一切有机生命体的基本单位以后，深入研究细胞的科学便发展成为细胞学（cytology）。细胞活动离不开细胞间质，它是由细胞产生，构成细胞生存的微环境。由形态和功能相同或相似的细胞群及相关的细胞间质构成组织（tissue）。组织根据细胞的主要结构、功能及发生，可分为上皮组织、结缔组织、肌肉组织和神经组织四大类。在深入研究每一种组织的时候，往往发现它们在结构、功能、发生上又未必完全一样，这就是生物多样性的表现，因而组织仅为一个相对的归纳性的概念，切不可机械的理解。由几种不同的组织按一定的规律组合成不同形状并执行着特定生理功能的结构称为器官（organ），再由功能密切相关的一些器官组合在一起就构成了系统（system）。因此组织学的研究内容包括细胞、基本组织、器官组织三大部分。在叙述基本组织中往往要涉及一些器官组织，所以基本组织和器官组织也无必要严格分开。在介绍器官组织时，为方便叙述，将器官分为管状性器官和实质性器官两大类。管状性器官有管腔，管壁的结构有层次，就依层次介绍。实质性器官无管腔，其中起主要功能的细胞部分称实质部分，而起支持、连接、营养等功能的则称为间质部分。

胚胎学的内容包括动物胚前发育，即两性生殖细胞（精子和卵子）的形成和结构；胚胎发育，从受精到胎儿的娩出；胚后发育，从出生后的生长发育直至衰老死亡。本教材胚胎学内容仅介绍动物的胚前发育和早期胚胎发育这两个最初的阶段。

动物组织学与胚胎学研究的动物对象在日渐扩大，除传统的动物以外，还包括家禽及相关的一些宠物和少量的经济动物。学习和研究的对象主要以畜禽为主，兼顾少量相关的其他动物。

动物组织学与胚胎学是动物科学和动物医学专业中一门重要的专业基础课，具有承上启下的作用。前承动物学、动物解剖学的知识，又为动物生理学、动物生物化学、兽医病理学等奠定基础，因为只有了解动物正常状态下的结构和功能与病态下的结构和功能的不同，才能正确掌握疾病发生规律，进而采取有效的防治措施，所以它与临床课也有着密切的联系。现代组织胚胎学的内容在不断地充实和扩展并渗透到多种学科，构成了一个包括生物化学、分子生物学、细胞生物学、发育生物学等多学科的网络系统，具有重要的理论基础和应用前景。

二、组织学与胚胎学的发展简史

（一）组织学发展简史

1. 细胞的发现与细胞学的创立 英国人胡克（R. Hooke）在1665年用自制显微镜观察到软木塞内蜂窝状小室，命名为细胞（cell）（图绪-1），从此开创了研究细胞的先河，以后不断发展的显微技术使越来越多的细胞及其功能被发现。1838—1839年，德国科学家施莱登（M. J. Schleiden）和德国动物学家施旺（T. A. H. Schwann）在发表的细胞学说中明确提出动植物都是由细胞组成的，从而创建了细胞学。

2. 组织学的创立与发展 1801年法国科学家比莎（Bichat）将人体分为肌肉、纤维、血管、骨、血液、神经等21种组织，最早提出了"组织"（tissue）的概念。1819年德国科学家梅椰（Mayer）又将这些组织归纳为8类，并创用了组织学（histology）一词，从此组织学作为一门独立的学科正式成立。

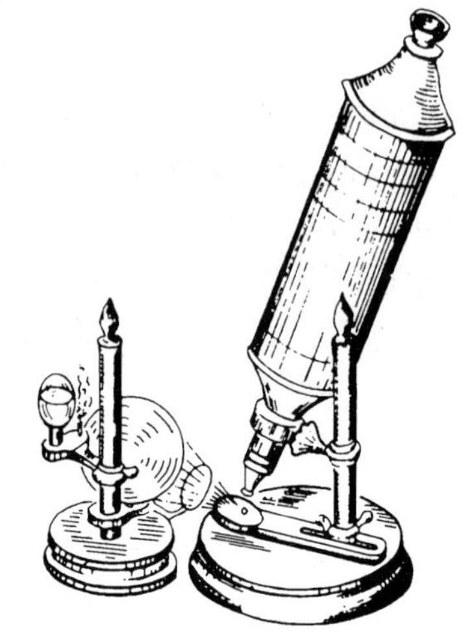

图绪-1 R. Hooke用以发现细胞的显微镜式样

19世纪以来，众多科学家不懈努力使显微镜技术和制片技术不断提高，在生命的微观世界中有了更多的发现，为纪念他们的功勋，在以后的学习中会看到很多细胞和结构就以发现者的名字命名。法国科学家卢斯卡（E. Ruska）和科诺尔（Knoll）在1932年发明了电镜，看到了更加微细的结构，开创了细胞超微结构的时代，组织学得到了巨大的发展，出现了一大批科学家及著作，其中组织学家意大利人高尔基（C. Golgi）、比利时人克劳德（A. Claude）、美国人波拉得（G. E. Palade），胚胎学家德国人施佩曼（H. Spemann）等多位科学家都先后荣获诺贝尔奖。

3. 现代组织学发展 20世纪60年代以后，由于新技术、新仪器的不断涌现，使组织学研究不断有突破性的进展。免疫组化技术、核酸分子杂交技术、聚合酶链反应、原位PCR技术等可对各种蛋白分子、细胞因子、神经递质、DNA片段等进行定性、定量、定位的测定，组织学研究深入到细胞生物学和分子生物学领域。计算机的诞生及其与先进的仪器相连接，组织学研究向自动化、定量化和数字化发展，使其更加深入和精确。现在组织工程、纳米技术、器官移植、干细胞研究、基因表达等生物技术已给现代医学、医药、生产等带来巨大的利益和革命性的变革，新的发现与创造向人们展示着更加美好的前景。

（二）胚胎学发展简史

早在公元前4世纪就有医生希波克拉底（B. C. Hippocrates）对生殖系统进行过观察和描述，他认为在精卵内蕴藏着一个微小的个体，胎儿由此发育而成，这是最早的"预成论"的观点，后被希腊学者亚里士多德（B. C. M. Aristotle）的"渐成论"所替代，后者认为胎儿是由简单到复杂逐渐形成的。以后由于生物界长期受宗教的控制和影响，因而胚胎学研究几乎处于停顿状态。直到显微镜发明以后，人们可在镜下直观而真实的看到精卵的结构和早期胚胎发育，胚胎学才得到快速的发展。19世纪中期，著名学者达尔文（C. R. Darwin）观察到早期胚胎发育的共同性和变异性之后，提出了"进化论"的观点。科学技术的进步，激发众多学者从各个不同角度探讨胚胎发育的机理，于是诞生了描述胚胎学——对多种动物的胚胎发生变化进行全面系统的描述；比较胚胎学——比较各种动物的胚胎发育中的异同，提出进化和亲缘关系的科学证据；实验胚胎学——运用胚胎切割、穿刺、移植、标记等实验手段探讨器官和生命形成的机理；化学胚胎学——利用化学分析技术，探讨胚胎发生过程中的化学变化和形态发生的化学基础；分子胚胎学——研究胚胎发生的基因调控和各器官的形态发生和演变的分子机制。各分支学科的发展和互相渗透极大地丰富了现代胚胎学的基础理论和应用价值。许多学者将胚胎学的基础理论应用于生产实践，开创了应用胚胎学并获得了巨大的成功。体外受精、冷冻精液、冷冻胚胎、胚胎移植、试管婴儿（动物）、性别鉴定、干细胞研究、克隆动物、转基因动物等胚胎工程技术都是该领域内的辉煌成果。相信在21世纪现代胚胎学将会创造出更多的生命奇迹。

（三）我国动物（家畜）组织胚胎学发展简况

我国家畜组织胚胎学起步较晚，100多年前的1903年，清朝政府创办了京师大学堂的农科，开设了3年制兽医学，1904年又在河北保定创立了北洋马医学堂，那时的课程设置中已有家畜组织学和胚胎学内容，但是否作为一门课程，还是穿插在其他相关课程内讲授已很难考究，然而它却是我国家畜组织胚胎学发展的起点，意义很大。马医学堂在旧中国延续为陆军兽医学校，组织胚胎学此时才作为一门课程单独讲授。以后在一些著名的大学如北京大学、中央大学（南京）、中山大学（广州）等相继成立畜牧兽医专业或系，再后来又成立的西北农学院（陕西杨陵）和国立西北兽医学院（兰州），均设有独立的家畜组织胚胎学课程。特别是在20世纪40年代以后，一些学者怀着科教救国之心留学归来，从事畜牧兽医科学教育，把欧美国家先进的理论知识和技术介绍到国内，使家畜组织胚胎学的内容日渐丰富，使其成为一门重要的专业基础课。著名教授熊大仕、朱宣人、郑作新、蔡宝祥、王建辰等分别在中央大学畜牧兽医系、北京大学农学院、西北兽医学院、西北农学院等讲授过家畜组织胚胎学，他们为我国畜牧兽医教育事业做出了重要的贡献，值得我们永远学习和尊敬。

家畜组织胚胎学的教育真正走向正规是在新中国成立以后，各大区、省纷纷成立高等农业院校，成立畜牧兽医系，初期全国学习苏联，以苏联教育为模式，兽医学制为4～5年，家畜组织胚胎学的学时高达100～140学时，有详尽统一的教学大纲，当时并无统一教材，讲授内容由各院校教师根据大纲自行编写。1961年才由农业部委托北京农业大学兽医系编写出版了《家畜组织学与胚胎学》试用教材，参编者有李维恩、史少颐、刘理等老师，还出版了相配套的实验指导。1962年北京农业大学举办首届家畜组织胚胎学师资培训班，1964年本门课程与解剖、生理、生化、药理等课程在北京联合召开首次兽医基础学科学术讨论会，标志着我国包括家畜组织胚胎学在内的兽医基础学科体系从此形成，开始了相互交流、共同发展的时期。在这一时期内，李玉秀、李维恩、秦鹏春、史少颐、李宝仁、罗克、聂其灼等教授在组织胚胎学的学科建设、人才培养、教育质量提高等方面做出了很大的贡献，有力地推动了本学科的发展。

1978年，全国迎来了科学教育的新起点，家畜组织胚胎学进入了一个大发展的时期。1981年，农业部委托李宝仁负责举办全国家畜组织学与胚胎学师资培训班（北京）；1982年，秦鹏春负责举办全国家畜胚胎学师资培训班（哈尔滨），以上两次培训有力地提升了各院校教师的教学水平和科研能力。1984—1986年，李宝仁、邓泽沛连续3年在北京主办全国农业院校家畜免疫组织化学技术进修班，学习国内外最新知识和先进技术，促使本学科向科学研究方向发展。1985—1987年，聂其灼负责举办的全国家畜组织胚胎学助教进修班，为本门课程培养了教学和科研的骨干人才。1986年，在沈和湘等人的积极筹备下，中国畜牧兽医学会动物解剖学与组织胚胎学分会在安徽黄山成立，祝寿康被选为首任理事长。以后每两年召开一次全国性的学术研讨会，进行教学和科研的交流，截至2014年已举办了18次学术研讨会，有力地推动了家畜解剖学和组织胚胎学的学科发展。

教材建设也随着学科的发展而不断出现新的面貌，《家畜组织学与胚胎学》教材，早在1952年已有雏形，当时仅在北京农业大学等局部地区使用，并未公开发行。1960年，北京农业大学兽医系的李维恩、史少颐、刘理等教师在此基础上修改并由中国农业出版社正式出版，成为全国高等农业院校的试用教材。用至1979年，由北京农业大学李宝仁教授任主编并组织全国十所农业院校共十多位具有丰富教学经验的教师重新修订和编写，正式出版发行《家畜组织学与胚胎学》（第一版），并作为全国高等农业院校统编教材。1989 年，经过修订，仍由李宝仁教授任主编，出版了《家畜组织学与胚胎学》（第二版）。第一、二版教材的使用在传授科学知识、推动学科发展、培养人才方面起了非常积极的作用。1997 年，在全国高等农业院校教学指导委员会的支持下，由邓泽沛教授主持、沈霞芬教授任主编组织了新的编写班子，对第二版教材进行了全面、深入地修订和更新，于 2000 年出版了“面向二十一世纪课程教材”《家畜组织学与胚胎学》（第三版）。2009 年，仍由沈霞芬教授主编又更新出版了《家畜组织学与胚胎学》（第四版），并成为“高等农业院校‘十一五’规划教材”，在 2011 年又被中华农业科教基金会评为“全国高等农业院校优秀教材”。为配合教学，1996 年谭文雅主编出版《家畜组织学与胚胎学实验指导》（第一版），2006 年董常生主编出版《家畜组织学与胚胎学实验指导》（第二版）。为配合教学和科研还出版了一批各有特点的教材和参考书，其中家畜组织学方面的有：《家禽解剖学与组织学》（罗克，1983）、《猪的解剖组织》（张立教、秦鹏春、段英超，1984）、《兽医组织学》（秦鹏春、聂其灼主译，1989）、《组织胚胎学》（辛志光，1992）、《家畜解剖学及组织胚胎学》（马仲华，2002）、《兽医比较组织学》（陈秋生等，2002）、《动物组织学与胚胎学》（李德雪、栾维民、岳占碰，2003）、《动物组织学及胚胎学》（彭克美，2009）等。组织学图谱有：《彩色家畜组织学图谱》（马正立、秦鹏春等，1979）；《动物组织学彩色图谱》（李德雪、尹昕，1995）、《兽医组织学彩色图谱》（沈霞芬等编译，1995）、《兽医组织学彩色图谱》（陈耀星主译，2007）等。家畜胚胎学方面的有：《哺乳动物胚胎学》（秦鹏春，2001）、《家畜胚胎学》（钱菊汾，2003）、《脊椎动物比较胚胎学》（谭景和，1996）等。改革开放以来，有许多具有丰富教学经验的老师，为适应各地院校的特点及满足不同层次的学习要求也编写出版了很多有特色的著作、教材、实验指导和图谱，其内容和质量均具有一定水平，极大地丰富了学科内容和教材建设，使我国的教材建设进入了百花齐放、百家争鸣的新时期。

在学科建设方面，各院校均设有家畜组织胚胎学教研室和实验室，教学与科研不断深入，从 20 世纪 80 年代开始，各高等院校开始招收家畜解剖学与组织胚胎学专业的研究生。1984 年，甘肃农业大学和东北农业大学成为我国首批建立的解剖学、组织学与胚胎学博士授权点，以后硕士点和博士点不断增加，又批建了一批包括本学科在内的国家一级学科和重点学科，培养了相当数量的硕士和博士，有力地充实和提高了本学科教学和科学研究的力量。

科学研究方面也有可喜的成果。早在 20 世纪 80 年代初，北京农业大学等 6 个单位就联合完成了“大熊猫系统解剖和器官组织学研究”，并有科学专著出版（1986）。中国南方 8 所农业院校教师对水牛各器官组织进行详尽的观察研究，最后由罗克主编完成了《中国水牛器官组织学》（2000）。广大教师和科研人员还根据我国丰富的动物资源开展了对特有野生动物、珍稀动物、经济动物、宠物的研究，如骆驼、牦牛、藏羚羊、东北虎、黑熊、大鲵、朱鹮、中华鳖、北京鸭、绍兴鸭、乌骨鸡等，均有论文报道。

家畜胚胎学研究方面，我国动物医学界不少胚胎学家都在自己的研究领域内取得不凡的业绩。秦鹏春教授在家畜组织学与胚胎学的教学与科研方面做了大量工作，尤其在胚胎学领域，获得多项成果并培养了不少人才，又编写了数部著作，为学科发展做出了重要贡献。荀崇文教授对蒙古绵羊早期胚胎的发生进行了系统而详尽的研究，积累了丰富的资料。钱菊汾教授在山羊胚胎工程方面培养了多名研究生，积累了不少研究成果，并精心编撰了《家畜胚胎学》一书。此外，我国在体细胞克隆羊、胚胎切割、冷冻胚胎、核移植，试管动物、牛羊基因编辑抗病育种以及胚胎干细胞的研究等方面均接近或达到国际先进水平。

三、组织学研究技术简介

组织学技术是组织学研究的重要手段，主要有以下几类。

(一)组织制片

最传统而又经典的方法就是石蜡切片技术，要观察的器官和组织都要事先经过特殊处理，主要程序有取材、固定、脱水、包埋、切片，再进行染色和封固，就可在光镜下观察（图绪-2）。有时因特殊需要可把组织块经迅速冷冻后用冰冻切片机切片。另外如血液等液态组织可制成涂片，骨组织可制成磨片，肠系膜等可做成铺片，小的胚胎可制成装片等。

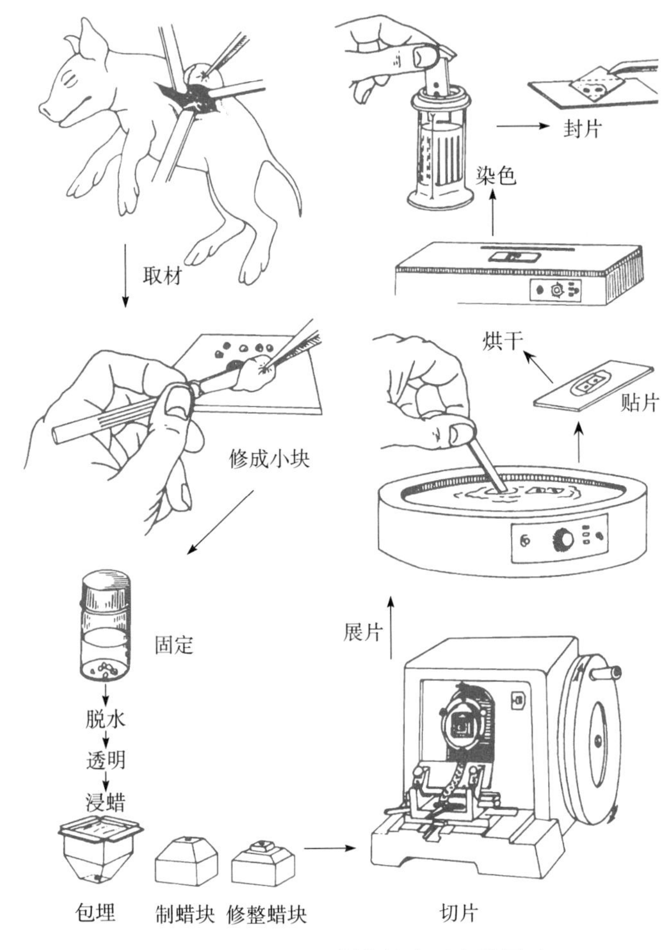

图绪-2　石蜡切片制作的主要步骤图示

(二)活体组织和细胞研究技术

1. 组织培养（tissue culture）　把离体的器官、组织、细胞等放在体外，模拟体内的条件进行培养，观察其生长、代谢、分化等特性。若在体外模拟欲构建机体的皮肤、角膜等组织或器官的技术则称组织工程（tissue engineering）。

2. 活体染色法（vital staining）　将一些无毒或弱毒的染料注入动物体内，再将器官制成切片，观察染料颗粒被吸收及分布情况，可研究细胞的运动、吞噬等特性。

3. 细胞电泳（cell electrophoresis）　活细胞表面带有不同性质和密度的电荷，在显微镜下观察细胞在电场中泳动的方向及速度，从而了解细胞表面的结构和功能状态。

4. 细胞融合（cell fusion）　将两个或多个细胞合成一个新细胞，使其发育成一个新品种，此法可制备单克隆细胞，在胚胎学研究中用途很广。

5. 低温生物学（cryobiology）　研究低温（−196～0 ℃）对生物体的影响及应用的科学，

了解其耐寒性，也可对器官、组织、胚胎等进行长期低温保存。

6. 细胞分离（cell isolation） 根据细胞大小、密度、表面标志和黏附性等的不同，采用不同方法将它们在多种细胞的混合中分离出来，再研究它们各自的特性。

（三）组织化学技术

组织化学技术是指通过理化或免疫反应的原理形成有色的沉淀，显示组织或细胞内的化学成分的技术。

1. 一般组织化学技术 根据化学反应产生的颜色来确定细胞或组织所含的某种成分及其分布特点，如应用过碘酸-雪夫反应（PAS）可显示多糖；油红 O 可使细胞内的脂滴呈红色；甲基绿-焦宁染色可使 DNA 呈蓝绿色，RNA 呈红色等。

2. 免疫组织化学技术 免疫组织化学（immunohistochemistry）是利用特异性的抗原抗体反应来研究组织或细胞内所含抗原物质的定位和定量技术。由于抗原抗体反应的不可见性，故需事先将某种标记物结合在抗体上，借此在光镜或电镜下进行观察，此技术特异性强、灵敏度高，已成为生物医学各学科的重要研究手段。该技术可分为直接法和间接法两种。

（1）直接法：将标记物结合在已知抗体上，使其与未知抗原作用，此法简单，特异性强，但灵敏性较差。

（2）间接法：需两种抗体参与，标记物结合在两个抗体上，此法由于有两个抗体的放大作用而使敏感性较高。近年来又不断得到改进，有更先进的 PAP 法、ABC 法、SABC 法等，使灵敏度大为提高（图绪-3）。

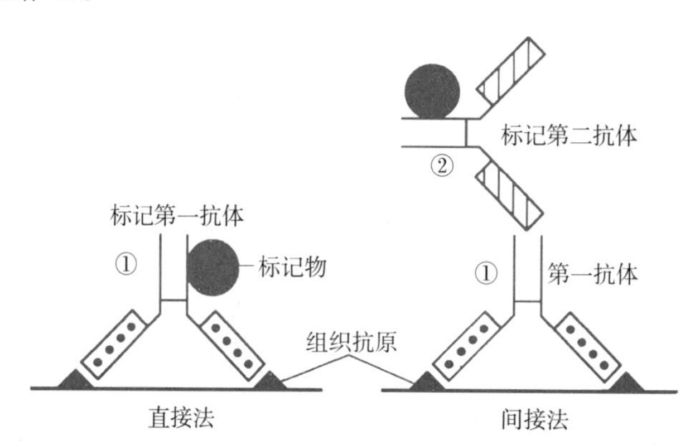

图绪-3 免疫组织化学基本原理示意图
①、②示反应顺序

3. 原位杂交（in situ hybridization）**技术** 应用标记已知的核苷酸为探针，探知细胞内未知核酸的分布及含量，可在分子水平上研究各基因的定位，是一种先进的组织化学技术。

（四）放射自显影术

放射自显影术（autoradiography）是应用某种具有放射性的同位素标记物，注入动物体内或加入细胞的培养基内，该物质被细胞摄取，后将组织或细胞制成切片或涂片，经过感光、显影和定影处理，在光镜下观察感光颗粒的分布，就可知道细胞对某种物质的吸收、合成、分泌等代谢过程。

（五）细胞形态结构测量技术

（1）细胞形态计量术（cell morphometry）：运用几何学和统计学的原理，应用图像分析仪可计算出细胞内各微细结构的表面积、周长、体积、数量及分布等数值。

（2）流式细胞术（flow cytometry，FCM）：指把加抗凝剂的血液或组织制备的细胞液，使用流式细胞仪自动快速地完成对细胞的分选和分析。该仪器集射流、光学、电学、信号检测等系统为一体，并与计算机相连，已成为研究细胞的重要手段。

（3）显微分光光度测量术（microspectrophotometry）：应用显微分光光度计对标本中不同物质对光波吸收不同的原理，通过光电转换系统测定标本中微细结构的化学成分及含量，可测定一个细胞、一个核甚至更小结构内微量物质的含量，具有极高的精确度。

（六）显微镜术

显微镜在光镜下能分辨的微细结构称光镜结构，其长度单位多用微米（μm）表示。在电镜下能分辨的结构称电镜结构或超微结构，其长度单位多用纳米（nm）表示。

1. 光学显微镜（light microscope，LM）　简称光镜，是组织学中最常用的观察工具，它的机械部分起支持作用，光学部分起放大作用。其放大率可达 1 000 多倍，经过改造还可在镜上安装照相机或摄像机，图像还可在荧光屏上显示（图绪-4）。

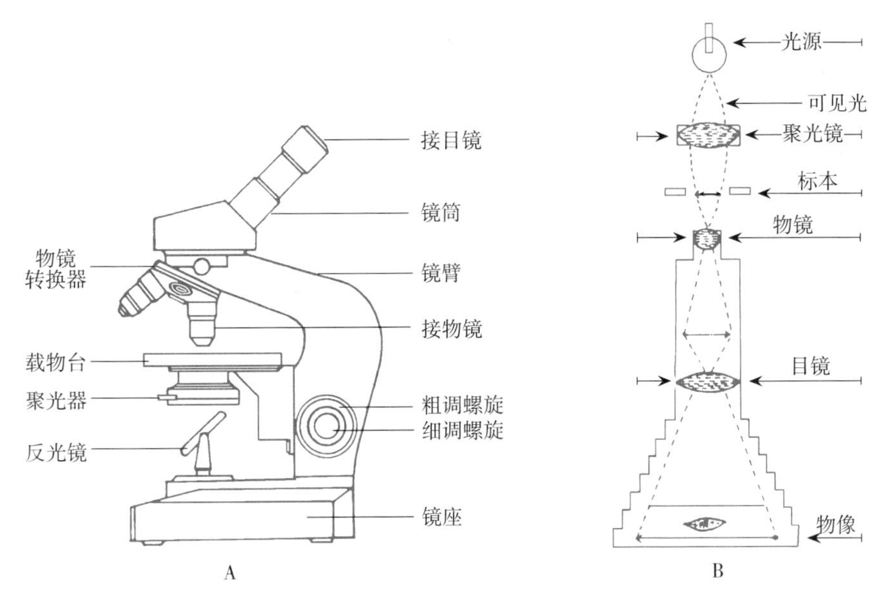

图绪-4　光学显微镜的结构（A）及放大原理（B）

2. 特殊光学显微镜

（1）荧光显微镜（fluorescence microscope）：用于观察组织或细胞中的自发荧光、诱发荧光或标记荧光物质。荧光显微镜也广泛用于免疫组化研究。

（2）相差显微镜（phase contrast microscope）：用于活细胞的观察，可将细胞的各种结构由于对光不同的折射作用转换为光的明暗差，使细胞及结构的形态清晰，并具立体感。

（3）暗视野显微镜（dark-field microscope）：此镜内有一特殊集光器，使视野变暗，光线衍射在标本上，使小颗粒的结构产生衍射光或散射光，在暗视野内产生明暗小点，其分辨率可达 0.004～0.2 μm。

（4）偏光显微镜（polarizing microscope）：镜内安装有偏光和检测偏光的装置，由于细胞内结构的光学性质不同，其光速和折射率也不同，结果产生明暗不同的影像。如肌原纤维上的明暗带，不用染色就能把肌节的明带、暗带显现出来。

（5）倒置显微镜（inverted microscope）：此种显微镜的光源在上方，物镜在下方，可放置较大标本，对活细胞进行连续观察。可进行显微摄影、细胞内注射、细胞切割、核移植等多种实验的操作和观察。

（6）共聚焦激光扫描显微镜（confocal laser scanning microscope）：显微镜由激光光源共

焦成像扫描系统、电子光学系统和微机图像分析系统组成，是一种高光敏度、高分辨率和高度自动化的新型生物仪器。

3. 电子显微镜（electron microscope，EM） 简称为电镜。

（1）透射电子显微镜（transmission electron microscope，TEM）：应用电子枪发射电子束穿透超薄切片（50～80 nm），经过电磁场聚集和放大后投射至荧光屏上，得到呈黑白反差的结构图像，深色的结构电子密度高，浅色的结构电子密度低。透射电镜的分辨率达 0.1～0.2 nm，可将结构放大数万倍、数十万倍，甚至上百万倍。

（2）扫描电子显微镜（scanning electron microscope，SEM）：此种电镜特点是视野大，景深长，样品制作比较简单，在荧光屏上扫描成富有立体感的表面图像，但只能观察表面形态结构，内部结构不能显示。分辨率比透射电镜低，一般为 5～7 nm。

（3）超高压电子显微镜（ultra high voltage electron microscope）：把电镜中的发射电压加大至 500 kV 以上，其穿透力大幅提高，可穿透 0.5～0.6 μm 厚的切片，用于观察细胞内的细胞骨架、核糖体、微管等大分子的超微立体结构。

（4）冷冻蚀刻复型术（freeze etch replica）：将标本冷冻后迅速劈开，通过处理，在电镜下观察细胞断裂表面微细结构的立体图像，如质膜、微绒毛、特殊连接等。

（5）X 射线电镜分析术（X-ray microanalysis）：利用高速电子束的轰击，使细胞内的各元素发出一定波长的 X 射线，再通过检测器的分析得出各元素的性质、分布和含量。

以上各种组织学技术和仪器的出现和提高，尤其是电子显微镜的出现，使人们能够观察到越来越小的微细结构，有力地推动了现代组织学的深入发展，在生命领域中，已经能够观察到细胞内蛋白质分子和氨基酸的结构。人类的智慧是无穷的，随着新更技术的不断涌现，相信会有更微小的生命结构单位展示在人们的面前（图绪-5）。

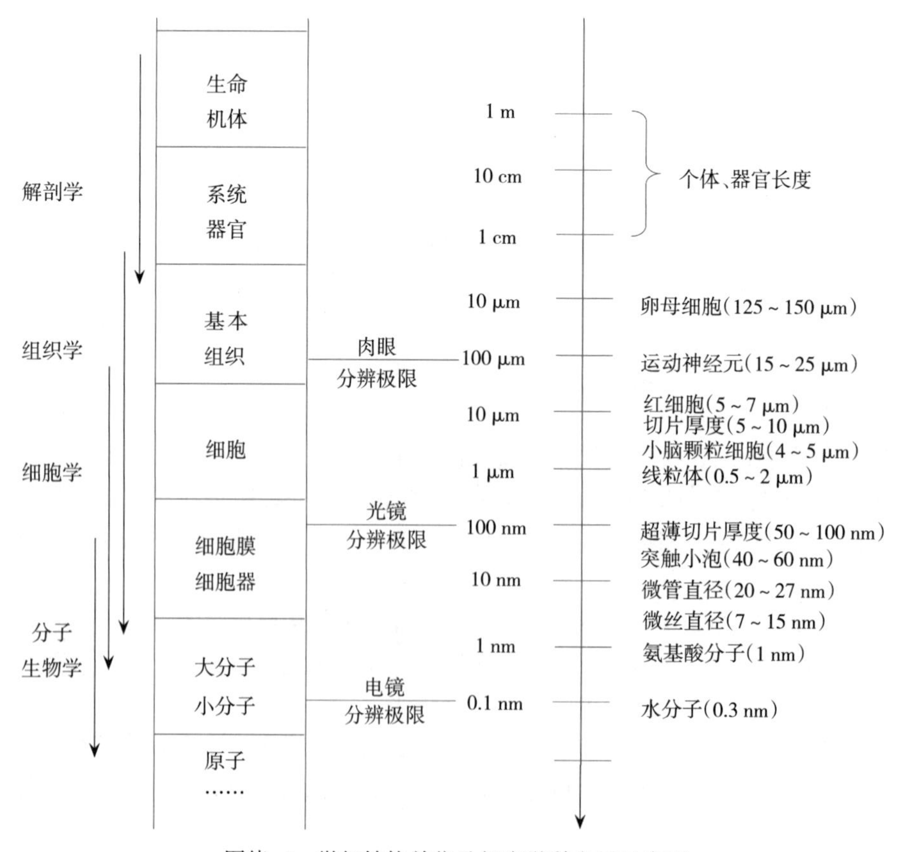

图绪-5　微细结构单位及相应学科发展示意图

四、怎样学习本课程

（一）重视理论教学，提高理解能力

1. 理论与实际相结合　在学习中，既要注重基本理论知识的学习，还要注意对照相关的器官、切片、图片、照片等内容的观察，注意它们之间的相互联系，能极大地强化所学到的知识。

2. 形态与机能相统一　本课程以形态学描述为特点，死记这些描述内容，学习会变得枯燥无味，若与相应的功能联系起来，将会收到事半功倍的效果。

3. 局部和整体形象相联系　每个动物都是充满活力的整体，但在教学中却把它分割成许多局部的内容按章节讲授，因此每学一个章节都要联系它在整体中的位置及相互联系。要在联系和想象中建立起局部和整体关系的形象（图绪-6）。

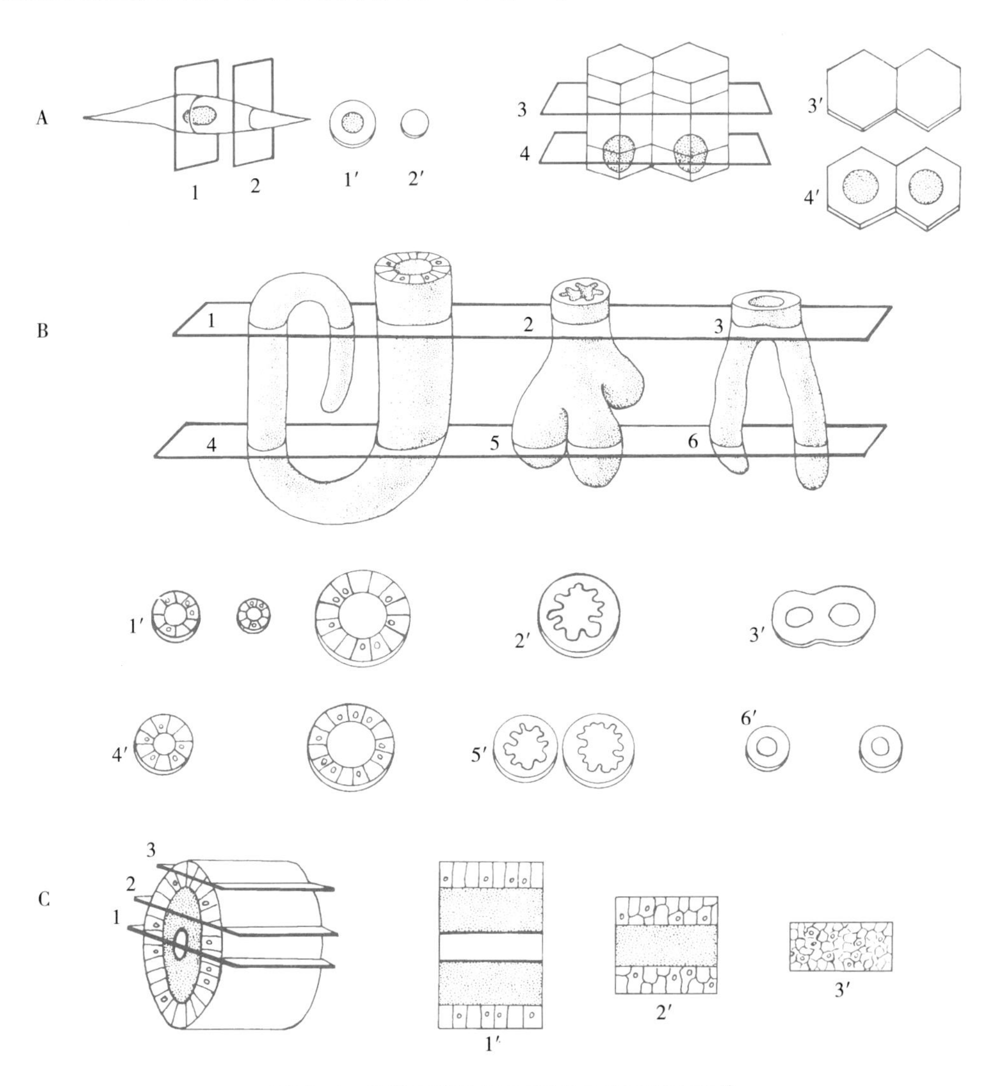

图绪-6　细胞与器官不同切面的相应平面图像

注意：标本切面的图像（1′、2′、3′、4′、5′、6′），因所在平面不同（1、2、3、4、5、6）而异

4. 动态变化的发展观点　生命处在不断地变化之中，但我们观察的结构都是定格在某一时刻的静态形象，若观察连续切片，就不难发现这些变化，所以要善于从各种形态变化中分析动态和发展的变化。

5. 个性与共性的内在联系　我们研究多种动物，它们在形态上有很大的差异，各具个性，

但在组织结构上却有很多相似甚至相同的共性，在学习中要善于总结分析，归纳比较，统一共性，突出个性，就会大大提高学习效果。

（二）重视实验课，提高动手能力

（1）组织学实验课是最好的实践，首先要学会显微镜的使用并熟练的操作，观察切片要认真而仔细，提高自己读片（描述）能力，按照实验要求逐项的观察、记录、绘图，并与课堂知识相联系，这样就能把枯燥的理论变成自己的知识。

（2）要了解并掌握石蜡切片、血涂片的制作及 HE 染色等基本操作技术，通过实际的操作可巩固所学的知识，为后继课程的学习打下基础，更重要的是为以后的社会服务、科学研究、创造发明奠定初步的技术基础。

（三）组织学与胚胎学中常用的术语

1. 常用的长度单位

解剖结构	1 m＝1 000 mm（毫米）	1 mm＝10^{-3} m	肉眼观察器官和组织
光镜结构	1 mm＝1 000 μm（微米）	1 μm＝10^{-6} m	观察组织与细胞
电镜结构	1 μm＝1 000 nm（纳米）	1 nm＝10^{-9} m	观察细胞与细胞器
超微结构	1 nm＝1 000 pm（皮米）	1 pm＝10^{-12} m	观察分子与原子

2. 常用染色反应

（1）HE 染色：这是经典而常用的一种染色方法，染液内碱性染料苏木素（hematoxylin）可使酸性物质（细胞核等）呈现蓝色，而酸性染料伊红（eosin）可使碱性物质（细胞质等）呈现粉红色。由于不同结构呈现不同颜色及着色程度不同，便于在光学显微镜下观察区别。

（2）嗜酸性（acidophilia）：组织和细胞中若含有碱性物质，与酸性染料如伊红等有较强亲和力，结果呈现深浅不等的粉红色，这种物质具有的染色特性就称为嗜酸性。

（3）嗜碱性（basophilia）：组织和细胞中若含酸性物质，与碱性染料如苏木素等有较强的亲和力，结果呈现深浅不等的蓝色，这种物质具有的染色特性就称为嗜碱性。

（4）嗜中性（neutrophilia）：若与嗜酸性、嗜碱性两种染料的亲和力都不强，则称为嗜中性，结果不呈色或呈极浅的粉红色。

（5）异染性（metachromatic）：有些成分染色时，会出现与染料完全不同的颜色。如甲苯胺蓝染肥大细胞时，胞质中的颗粒不现蓝色，而呈现紫红色，这种物质在颜色上的异常就称为异染性。

（6）过碘酸-雪夫反应（periodic acid schiff reaction，PAS 反应）：常用于显示糖类成分的存在，在反应中产生紫红色的颗粒，沉淀在糖原、黏多糖、糖蛋白存在的部位，从而也说明了这些成分的分布。

（7）瑞特（Wright）和姬姆萨（Giemsa）染色：均为血（骨髓）涂片常用的染色方法。染液中含有亚甲蓝、伊红、天青等染料，能很好地显示各种血细胞的形态，并使白细胞中的特殊颗粒分别呈现不同颜色。

（8）镀银染色：神经组织具有嗜、亲银性，故用来显示神经成分效果很好。染液内含有硝酸银溶液，切片浸染后，银粒子还原成黑色颗粒沉淀而显示神经成分；有些结构可直接使银离子还原为银颗粒，称为亲银性（argentaffin）；有些则需要加还原剂才能显色称为嗜银性（argyrophilia）。

最后要告诫大家的是，学习是一项艰苦的劳动，要有认真的学习态度，不要死记硬背，要在理解的基础上记忆，学会总结出一套适合于自己的学习方法，切忌在学习中投机取巧，只有熟能生巧。

1. 名词解释：动物组织学　动物胚胎学　组织　基本组织　管状性器官　实质性器官
2. 简要说明组织学技术包括哪些内容。指出石蜡切片制作的主要步骤。
3. 简述组织学中常用染色方法（反应）的名称及用途。
4. 学习本门课程有何重要意义？如何才能学好本门课程？

（沈霞芬）

第一章　细　胞

细胞（cell）是包被有生物膜的原生质团，是生命的基本单位。原生质（protoplasm）是细胞膜以内的所有生命物质，其中具有特定形态并执行特定功能的结构称为细胞器（organelle），无特定结构的原生质部分称为细胞质基质或胞质溶胶（cytosol）。根据细胞遗传物质结构及是否具有生物膜形成的功能区室等特征，可将细胞分为原核细胞（prokaryotic cell）和真核细胞（eukaryotic cell）。原核细胞缺乏由生物膜形成的功能区室，而真核细胞则由生物膜内陷并首先分隔出细胞核与细胞质，进而在细胞质中构建出以生物膜为基础的各种功能区室，又称膜界细胞器（membrane-bound organelle）。哺乳类和鸟类是由真核细胞构成的多细胞生物，其细胞在形态结构和生理功能上发生分化而形成各种类型，细胞间彼此分工协作，共同完成生物体的复杂生命活动。

细胞作为生命活动的基本单位，其体积必然要适应其代谢活动的要求。细胞体积大小的受限因素主要有：①表面积与体积的关系。②细胞内关键分子的浓度。哺乳动物和鸟类的大多数细胞直径为10～20 μm，小的直径只有几微米，如小脑的颗粒细胞只有4～8 μm，大的细胞可有数十个微米，如大脑锥体细胞，有的甚至可达数厘米，如鸟类的卵子。细胞大小与细胞机能相适应，与生物个体大小没有必然联系。不同物种同类型细胞的体积一般是相近的，如人、牛、鼠的肾细胞或者肝细胞大小基本相同。生物体中器官的大小主要取决于细胞数量的多少，多细胞生物个体的长大在于细胞数量的增多。

由于结构和所处环境及功能状态的不同，各类细胞的形态差异很大，有圆球形、卵圆形、立方形、扁平形、长梭形、圆柱形、多角形、多突形、不规则形以及不确定形等。细胞形态主要与其所执行的功能相适应，如红细胞为双面凹的圆盘状，这种形状既有利于红细胞在血管中运动，又有比较大的表面积，有利于气体交换；具有舒、缩功能的肌细胞呈长梭形或长柱形；具有吸收功能的细胞有大量的微绒毛以增大表面吸收面积等。

细胞形态尽管千差万别，但仍有共同的基本结构，均可分为细胞膜（cell membrane）、细胞质（cytoplasm）和细胞核（nucleus）三部分，每一部分还包含更微小的结构。根据各种超微结构有无生物膜包裹，一般分为膜性结构（membranous structure）和非膜性结构（non-membranous structure）两部分。膜性结构包括细胞膜、膜性细胞器和核被膜，其余为非膜性结构（表1-1、图1-1）。细胞是一个有机统一的整体，各个组成部分在结构上既彼此独立，又互相联系；在功能上既分工细致，又高度合作，有条不紊地进行各种代谢过程，共同完成细胞的生命活动。

表1-1　细胞的结构

- 细胞
  - 细胞膜：由蛋白质、脂肪、糖构成两暗夹一明的三层结构
  - 细胞质
    - 基质：水、无机盐、可溶性酶、糖类、脂类、蛋白质、核苷酸等
    - 细胞器
      - 膜性细胞器：线粒体、内质网、高尔基复合体、溶酶体、微体
      - 非膜性细胞器：核糖体、中心粒、微管、微丝、中间丝
    - 内含物：糖原、脂滴、分泌颗粒、色素颗粒等
  - 细胞核：核被膜、核仁、染色质（染色体）、核基质、核内骨架

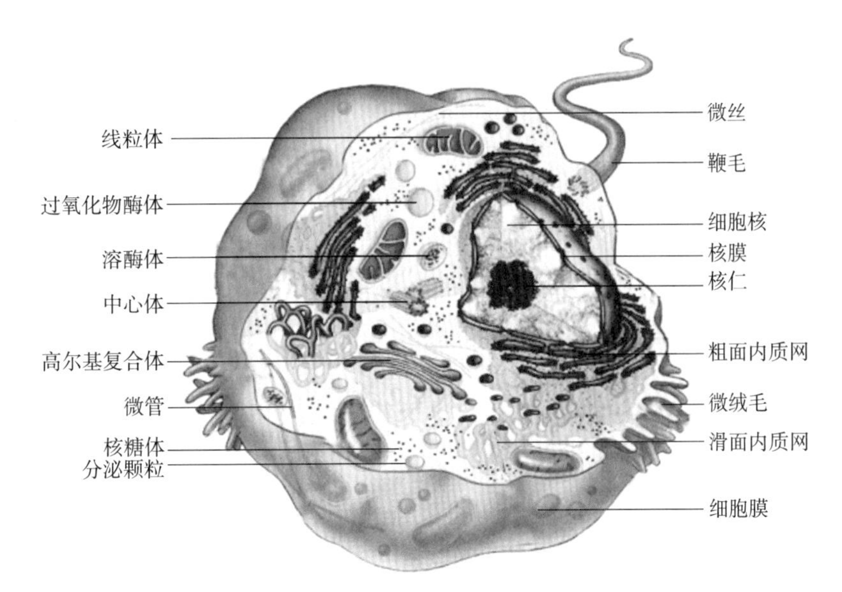

图 1-1　动物细胞结构模式图

在多细胞动物体中，细胞膜上有大量细胞黏附分子促使同类或相似类型的细胞紧密接触，从而形成不同的组织。在此基础上，细胞又特化出精巧的细胞连接来巩固这种作用，并促进相邻细胞间的信息传递。动物细胞还可分泌糖类和蛋白质到细胞之间的空间，形成一个被称为细胞间质的复杂网络结构，将自身包埋于其中，并营造出特殊的生活微环境。当这个特殊环境出现变化或缺陷时将导致细胞畸变或死亡。

一、细胞的基本结构和功能

（一）细胞膜

细胞膜又称质膜（plasma membrane），包围在细胞的外周，厚度 6～10 nm。它不仅是区分细胞内部与周围微环境的动态屏障，也是细胞物质交换和信息传递的必经途径。

1. 细胞膜的化学组成　细胞膜主要由膜脂、膜蛋白和少量糖类组成。脂类约占 50%，蛋白质约 40%，糖类一般为 2%～10%。不同种类细胞的细胞膜，其脂类、蛋白质和糖类的含量不同，厚度也不同。膜脂构成膜的基本骨架，膜蛋白是膜功能的主要体现者。膜脂主要包括磷脂、糖脂和胆固醇，以磷脂为主。磷脂分子的主要特征是具有一个极性的头和两个非极性的尾（脂肪酸链）。膜蛋白按其与脂分子的结合方式可分为：镶嵌在膜内的整合蛋白（integral protein），又称镶嵌蛋白；附着在膜表面的外周蛋白（peripheral protein）；以共价键同脂分子结合的脂锚定蛋白（lipid-anchored protein）。糖类主要以糖脂和糖蛋白的形式存在，仅分布于细胞膜的外表面，形成细胞外被，也可称细胞衣。

2. 细胞膜的结构　很薄，在光镜下不易分辨，高倍电镜显示细胞膜呈两暗夹一明的三层结构，厚约 7.5 nm。它由厚约 3.5 nm 的双层脂分子和内外表面各厚约 2 nm 的蛋白质构成，这就是所谓的“单位膜”模型。此模型的不足之处在于把膜的动态结构描写成静止不变。目前较公认的细胞膜结构模型为“流动镶嵌模型”（fluid mosaic model），它强调膜的流动性和不对称性。该模型认为：细胞膜由流动的脂质双层和镶嵌在其中或结合在其表面的蛋白质分子组成，磷脂分子以疏水性尾部相对，极性头部朝向水相组成细胞膜的基本框架，膜蛋白分子以不同的方式镶嵌在脂质双层分子中或结合在其表面，表现为不对称分布（图 1-2）。细胞膜与细胞内的膜性结构基本相同，这些膜结构可通称为生物膜（biomembrane）。

细胞膜是一种动态结构，具有流动性，其流动性由膜脂分子和蛋白质分子的运动而形成。

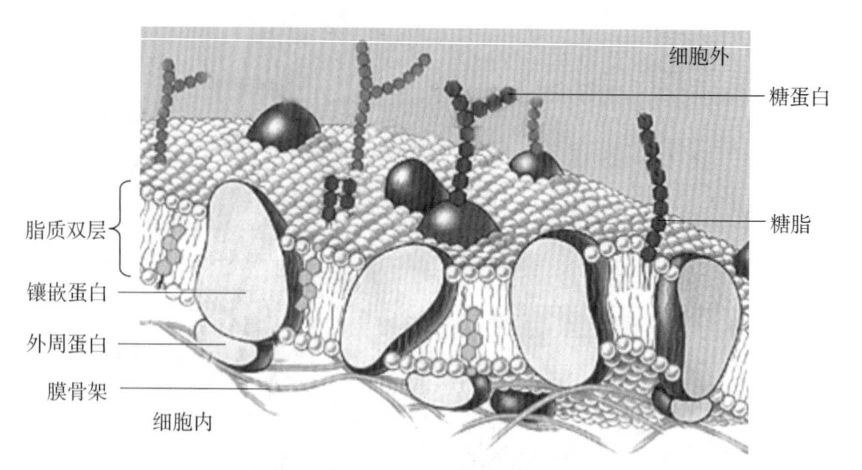

图 1-2　动物细胞膜结构模式图

膜的流动性不仅是膜的基本特性之一，也是细胞进行生命活动的必要条件。细胞膜内、外脂分子层组分和功能有明显的差异，称为膜的不对称性。脂分子在脂双层中呈不均匀分布，膜蛋白分子在细胞膜上都具有分布的区域性和明确的方向性。膜的不对称性导致了膜功能的不对称性和方向性，保证了生命活动高度有序地进行。

3. 膜骨架　是存在于细胞膜原生质面浅层胞质溶胶中与膜蛋白相连的、由纤维状蛋白组成的网架结构。膜骨架参与维持细胞膜的形状并协助细胞膜完成多种生理功能。

4. 细胞膜的主要功能　①为细胞的生命活动提供相对稳定的内环境。②选择性的进行物质跨膜运输。③提供细胞识别位点，并完成细胞内外信息的传递。④为多种酶提供结合位点，使酶促反应高效而有序地进行。⑤介导细胞与细胞、细胞与细胞间质之间的连接。⑥参与形成具有不同功能的细胞表面特化结构，如微绒毛、褶皱、内褶、纤毛、鞭毛等。

物质跨膜运输方式主要有被动运输、主动运输、胞吞作用和胞吐作用。

（1）被动运输（passive transport）：指物质通过自由扩散或易化扩散，顺浓度梯度由高浓度向低浓度运动，此过程动力来自浓度梯度，不需要细胞提供代谢能量。物质易化扩散需要细胞膜上专一性的运输蛋白参与。脂溶性分子和不带电荷的极性小分子，如水、氧气、二氧化碳、乙醇、甘油等以自由扩散方式通过细胞膜；而绝大多数在细胞代谢上非常重要的生物分子，如糖、氨基酸、核苷酸及细胞代谢物等则需要借助载体蛋白通过易化扩散才能穿透细胞膜。

（2）主动运输（active transport）：是物质运输的主要方式，包括离子泵和与离子泵偶联的协同运输。离子泵是一种位于细胞膜上的 ATP 酶，能水解 ATP 释放能量，使酶构象发生变化，将离子逆浓度梯度转运，如 Na^+ 泵、Ca^{2+} 泵、Na^+-K^+ 泵、H^+ 泵等。协同运输是一类靠间接提供能量完成的主动运输方式，所需能量来自膜两侧离子的电化学浓度梯度，而维持这种电化学势的是离子泵，如小肠细胞对葡萄糖的吸收。

（3）胞吞作用（endocytosis）：是细胞摄取大分子物质和颗粒性物质的一种方式。当这类物质附着在细胞膜上，由细胞膜内陷形成小囊将颗粒物质包裹，小囊从细胞膜上脱离下来形成小囊泡，进入细胞内部。

（4）胞吐作用（exocytosis）：指某些代谢废物及细胞分泌物形成由单位膜包裹的小泡，从细胞内部移至细胞浅表，与质膜融合后将物质排出。

（二）细胞质

细胞质由细胞质基质、细胞器和内含物组成。

1. 细胞质基质（cytomatrix）　是细胞重要的结构组分，呈溶胶状。其化学成分包括水和无机盐等小分子物质，脂类、糖类、氨基酸、核苷酸等生物中等分子，可溶性酶类、蛋白质、脂蛋白、多糖、RNA 等生物大分子。多数蛋白质，包括水溶性蛋白，均结合在胞质骨架上。水分子多数以水化物的形式结合在蛋白质或其他大分子表面的活性部位，仅有少部分游离存在，起溶剂作用。各种生物大分子之间可通过非常弱的化学键相互作用，高效有序地完成各种复杂代谢活动。细胞质基质的功能包括：①完成各种中间代谢过程。②维持细胞的形态，参与细胞的运动、细胞内的物质运输及能量传递。③参与蛋白质的修饰和选择性降解等过程。

2. 细胞器（organelle） 是指细胞质中具有特定形态结构，并执行一定生理功能的成分，包括膜性细胞器（如线粒体、高尔基复合体、内质网、溶酶体、微体等）和非膜性细胞器（如中心粒、核糖体、微管、微丝、中间丝等）。其中微管、微丝、中间丝共同构成细胞骨架（cytoskeleton）。

（1）线粒体（mitochondrion）：是由内外两层生物膜封闭形成的外形呈粒状或杆状细胞器，因细胞种类和生理状态不同也可呈其他形状。一般直径 0.5～1.0 μm，长 1.5～3.0 μm。有些细胞中只有一个线粒体，有些则有几十、几百，甚至几千个线粒体，但在同一类型的细胞中数目相对稳定。线粒体通常结合在微管上，可以沿微管向功能旺盛的区域迁移。线粒体的增殖是通过已有线粒体的分裂来完成。

线粒体包括外膜、内膜、膜间隙和基质四个功能部分（图 1-3）。外膜成分与质膜相似。内膜通透性很低，氧化磷酸化电子传递链和 ATP 合成酶位于内膜上。内膜向线粒体基质折叠形成嵴（cristae），以扩大内膜表面积 5～10 倍。内外膜之间的腔隙称为膜间隙。内膜和嵴上分布有带柄的球形颗粒，称基粒（elementary particle），是合成 ATP 的部位。内膜和嵴围成的空间内为基质，催化三羧酸循环、脂肪酸和丙酮酸氧化的酶类均位于基质中。基质内还具有线粒体 DNA（mtDNA）、55 S 核糖体、tRNA 等。由于线粒体拥有相对独立的 DNA 复制、转录和翻译系统而被称为半自主细胞器。

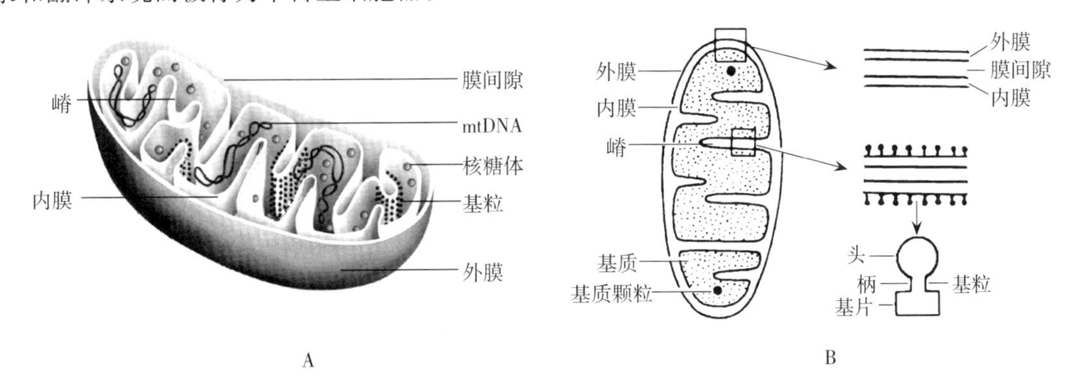

图 1-3 线粒体结构模式图

A. 立体结构 B. 平面结构

线粒体最主要的功能是通过氧化磷酸化作用产生 ATP，为细胞提供能量，故线粒体又有细胞内能量"供应站"之称。动物细胞中 80%的 ATP 来源于线粒体。线粒体也是细胞的凋亡控制中心。线粒体畸变与多种遗传疾病的发生相关。

（2）内质网（endoplasmic reticulum）：是由单层生物膜围成的囊状、泡状和管状结构，并形成一个连续的封闭网膜系统（图 1-4）。其膜约占细胞总膜面积的一半，是真核细胞中最多的膜。内质网是一种动态结构，具有高度的多型性。内质网膜围成的空间称内质网腔。内质网膜中含大约 60%的蛋白和 40%的脂类，脂类主要成分为磷脂，没有或很少含胆固醇。内质网约有 30 多种膜结合蛋白，另有 30 多种蛋白位于内质网腔中。根据表面结构和功能不同，内质网分为两种：一种为膜外附着有核糖体称粗面内质网（rough endoplasmic reticulum），呈排列整齐的扁平囊状；膜外无核糖体附着的称滑面内质网（smooth endoplasmic reticulum），呈分支管状或小泡状。内质网广泛存在于各种类型的细胞中，包括合成胆固醇的内分泌腺细胞、肌细胞、肾细胞等。滑面内质网是脂类合成的重要场所，它往往作为形成运输泡的位点，将内质网合成的蛋白质或脂类转运到高尔基复合体。

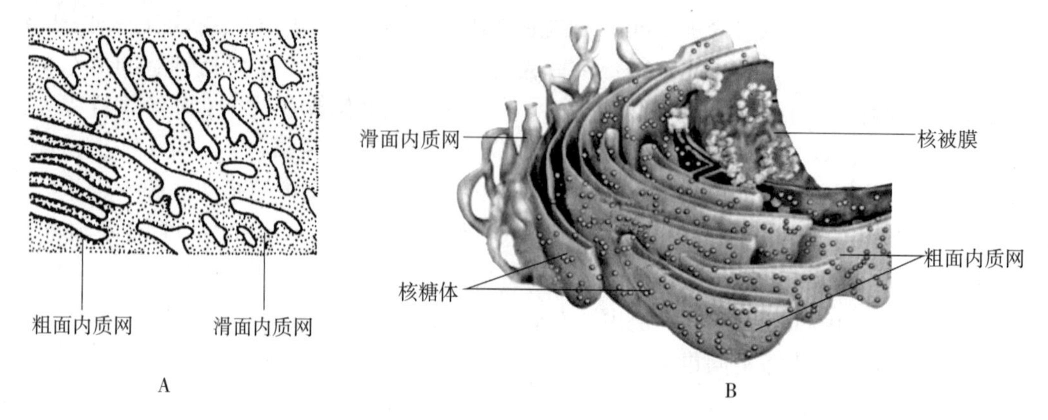

图 1-4　内质网结构模式图
A. 平面结构　B. 立体结构

粗面内质网主要功能是合成蛋白质和脂类，包括分泌性蛋白、跨膜蛋白和酶蛋白。因此，蛋白质合成和分泌功能旺盛的细胞，如肝细胞、胰腺细胞内粗面内质网特别发达。滑面内质网的主要功能是脂类合成，合成的脂类除满足自身需要外，还供给细胞膜、核膜和高尔基复合体、溶酶体、线粒体等膜界结构。另外，滑面内质网的功能还包括：提供酶附着的位点和细胞机械支撑；协助肝细胞的解毒和糖原代谢；促进生殖腺内分泌细胞和肾上腺皮质细胞合成类固醇激素；肌肉细胞中的肌质网可储存 Ca^{2+}，调控肌肉收缩。

（3）高尔基复合体（Golgi complex）：是由平行排列的扁平膜囊、大囊泡和小囊泡等三种膜状结构形成的动态结构（图 1-5），常分布于核的附近，有时与内质网或细胞膜相连。细胞内常有动态相连的多个至数十个高尔基复合体。高尔基复合体呈弓形或半球形，凸起的一面朝向内质网，称为形成面或顺面，凹陷的一面朝向细胞膜，称为成熟面或反面。顺面和反面都有一些大小不等的运输膜泡。一般顺面一侧囊泡较小，反面一侧囊泡较大。来自内质网的蛋白质和脂类从形成面逐渐向成熟面转运，所以它具有方向性，是一种极性细胞器，功能是参与细胞的分泌活动，将粗面内质网合成的蛋白质进行分类、加工、包装与输出。高尔基复合体膜含有大约60%的蛋白和40%的脂类，具有一些和内质网相同的蛋白质成分。一般认为，粗面内质网以出芽形式形成运输膜泡，它们不断地与高尔基复合体的扁平膜囊融合，使扁平膜囊的膜成分不断得到补充。当高尔基复合体形成分泌膜泡将分泌物排出时，扁平膜囊的膜又不断地减少。

在细胞中，高尔基复合体相当于物质供应的集散地，它们对内质网合成并运送来的物质进行加工、包装，然后分门别类地运送到各自的目的地。此外，高尔基复合体还参与溶酶体的形成。

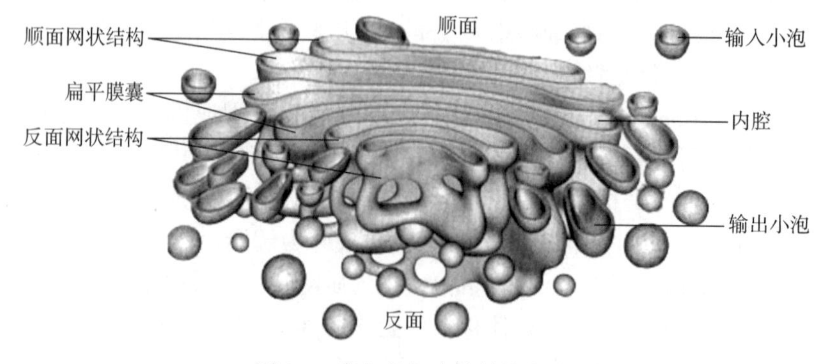

图 1-5　高尔基复合体结构模式

（4）溶酶体（lysosome）：是单层生物膜包围囊泡状结构，直径 0.2～0.8 μm。溶酶体内含 60 余种酸性水解酶，包括蛋白酶、核酸酶、糖苷酶、脂酶、磷酸酶、硫酸酯酶、磷脂酶等几大类。酸性磷酸酶是其标志酶。溶酶体是一种异质性细胞器，根据其处于生理功能的不同阶段大致可分为初级溶酶体（前溶酶体）、次级溶酶体和残体（后溶酶体）（图 1-6）。

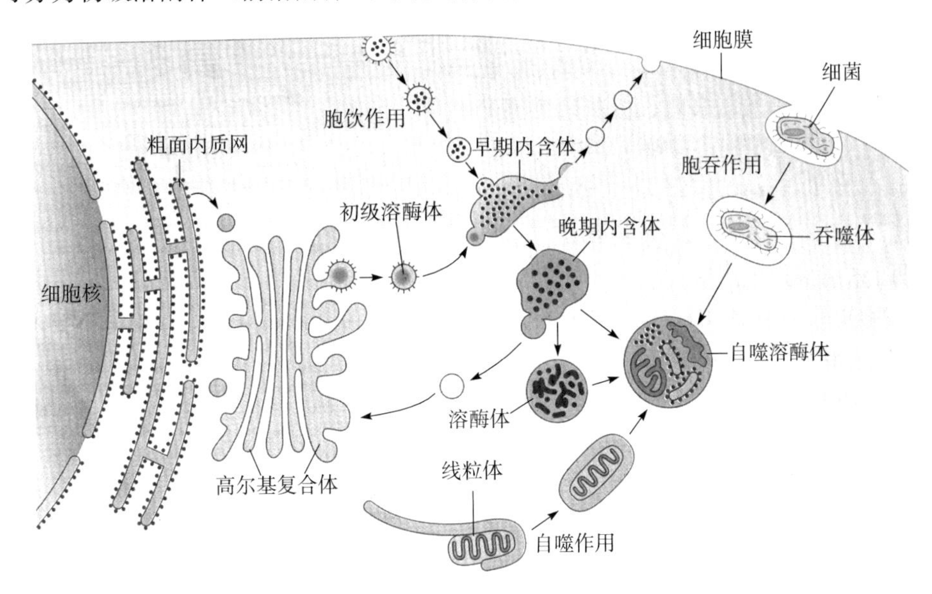

图 1-6　溶酶体形成及转化示意图

①初级溶酶体：由高尔基复合体分泌脱落形成，可看成是一种刚分泌的含有溶酶体酶的小泡。初级溶酶体膜的特点是：①膜上有质子泵，将 H^+ 泵入溶酶体，使其 pH 降低。②膜蛋白高度糖基化，可能有利于防止自身膜蛋白降解。初级溶酶体内容物匀质，无明显颗粒，内含多种水解酶，但无酶活性，只有当其他物质进入或溶酶体破裂，才表现酶活性。

②次级溶酶体：是正在进行或完成消化作用的消化泡，内含水解酶和相应的底物，可分为自噬溶酶体和异噬溶酶体，前者消化来自细胞本身的各种成分，后者消化来自外源的物质。异噬溶酶体实际上是初级溶酶体同内吞泡融合后形成的。

③残体：是已失去酶活性而仅留下未消化的残渣。残体可通过胞吐作用排出细胞，也可留在细胞内逐渐增多。

溶酶体的功能主要包括：①防御作用，如巨噬细胞可吞入病原体，在溶酶体中将病原体杀死和降解。②清除细胞中无用的成分、衰老的细胞器等。③参与清除不需要的细胞。④参与分泌过程的调节，如将甲状腺球蛋白降解成有活性的甲状腺素。⑤形成精子的顶体。

（5）微体（microbody）：动物细胞内的微体又称为过氧化物酶体（peroxisome），来源于原有的过氧化物酶体的自体分裂，是一种具有异质性的细胞器。过氧化物酶体由一层生物膜包被而成，直径通常 0.5 μm，呈圆形、椭圆形或哑铃形不等，内含过氧化氢酶（标志酶）和一至多种依赖黄素的氧化酶。已发现 40 多种氧化酶，各类氧化酶的共性是将底物氧化后生成过氧化氢，过氧化氢酶又将过氧化氢氧化分解为水。哺乳类过氧化物酶体的中央有一个尿酸盐氧化酶晶核。过氧化物酶体的功能主要有：①参与脂肪酸的 β 氧化，向细胞直接提供热能。②具有解毒作用，过氧化氢酶利用过氧化氢将酚、甲醛、甲酸和醇等有害物质氧化。饮入的乙醇 1/4 是在微体中氧化为乙醛。③与胆固醇代谢有关。

（6）核蛋白体（ribosome）：简称核糖体，呈颗粒状，直径一般为 15～25 nm。所有的核糖体都是由大小两个亚单位（亚基）构成（图 1-7）。核糖体呈解离状态，游离于细胞质中。单个核糖体并无功能活性，当需要合成蛋白质时，多个核糖体被 mRNA 细丝串联，并接受 mRNA 来自 DNA 节段上转录的指令，合成特定的蛋白质。合成终止后，大小亚基又解离于胞质中。串联在一起的核糖体称多聚核糖体(polyribosome)。以多聚核糖体的形式进行多肽合成对于 mRNA 的利用及对其浓度的调控更为经济和有效。核糖体含 40%的蛋白质、60%的 RNA，rRNA 是核糖体中起主要作用的结构和功能成分。核糖体的主要功能是合成蛋白质，但由于其与 mRNA 的密切关系，故也有遗传信息表达功能。

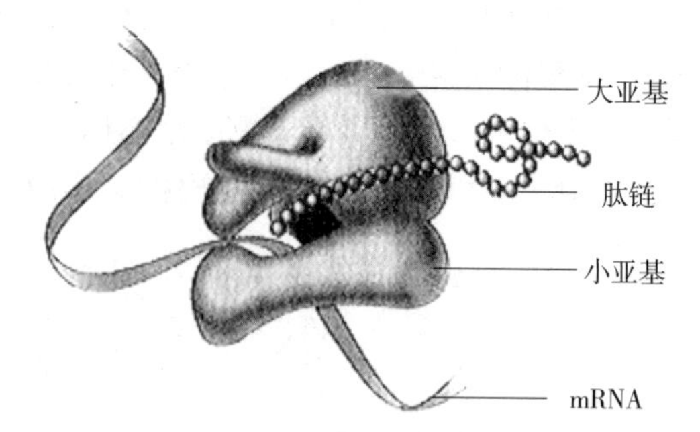

图 1-7　单核糖体结构模式图

（7）中心体（centrosome）：位于细胞核附近，是微管组织中心，与纺锤体的形成有关。中心体由两个相互垂直的中心粒（centriole）及中心粒周围基质构成（图 1-8）。电镜下，中心粒为中空短圆柱状，每个中心粒直径约 0.2 μm，长约 0.4 μm，在横切面上，管壁由 9 组三联微管排列成环状，似风车旋翼。中心粒周围基质是一些无定形或纤维形、高电子密度的物质。在细胞周期中，中心体可复制。在胞质分裂结束时，每个子细胞获得一个中心体。

图 1-8　中心体结构模式图

（8）微丝（microfilament）：又称肌动蛋白纤维，主要由肌动蛋白（actin）链状排列构成，直径约 7 nm。高等动物细胞内的肌动蛋白分为三型：α 型分布于各种肌细胞，β 型和 γ 型普遍存在于所有真核细胞。微丝在细胞中可以两种形式存在：一种是排列成束状，形成有规则的稳定结构，如肌细胞中的细肌丝；另一种是呈网络状，它们处于组装和去组装的动态过程中，并通过这种方式实现其功能。微丝及其结合蛋白以及肌球蛋白（myosin）三者构成化学机械系统，利用化学能产生机械运动。微丝的分布及功能包括：①参与形成肌原纤维。②形成应力纤维，赋予细胞膜机械强度。③参与形成细胞质骨架及细胞器的运动。④平行排列形成肠上皮细胞微绒毛的轴心及一些特化结构。⑤有丝分裂末期形成收缩环，使两个子细胞分离。⑥参与信息传导等。

（9）微管（microtubule）：是细胞质中由微管蛋白（tubulin）装配成的具有一定硬度的中空长管状结构，存在于所有真核细胞中。微管由 13 根原纤维构成，外径 24～25 nm，内径 15 nm，长度不等。每根原纤维由结构相似的 α 和 β 球形微管蛋白形成的二聚体线性排列而成。微管以单微管、二联微管和三联微管三种形式存在。单微管容易解聚，常处于组装和去组装的动态过程中。二联微管由 A 和 B 两根单管构成，A 管有 13 根原纤维，B 管有 11 根原纤维，与 A 管共用 3 根。三联微管由 A、B 和 C 三根单管构成，A 管有 13 根原纤维，B 管和 C 管各有 11 根原纤维（图 1-9）。二联微管和三联微管属稳定结构。微管的功能包括：维持细胞形态；定位膜界细胞器；作为运输轨道参与细胞内物质运输。

微管形成的细胞器　有中心体、纺锤体、鞭毛和纤毛。

①纺锤体（spindle）：又称有丝分裂器，是有丝分裂期间，从中心粒形成的动粒微管和星体微管构成的一种动态结构，呈纺锤形。动粒微管起始于两极与染色体动粒相连接，星体微管起始于两极发散到细胞质。纺锤体的功能是将遗传物质均等分配给两个子细胞。

②鞭毛（flagellum）和纤毛（cilium）：是两种结构相似的细胞外长物，前者较长，约 150 μm，后者较短，5～10 μm，两者直径均为 0.15～0.3 μm。它们的轴心均由基体和杆部两部分构成。基体由 9 组三联微管（9+0）构成，结构类似中心粒。杆部由 9 组二联微管和一对中央微管（9+2）构成（图 1-10）。鞭毛和纤毛是细胞的运动装置。

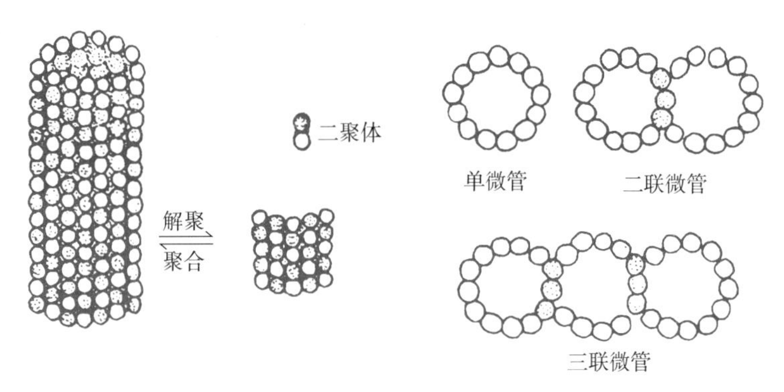

图 1-9　微管结构模式图

（10）中间纤维（intermediate filaments）：又称中间丝，其直径 10 nm 左右，介于微丝和微管之间。中间纤维在细胞中围绕着细胞核分布，成束成网，并与细胞膜相连接，是最稳定的细胞骨架成分，主要起支撑作用。

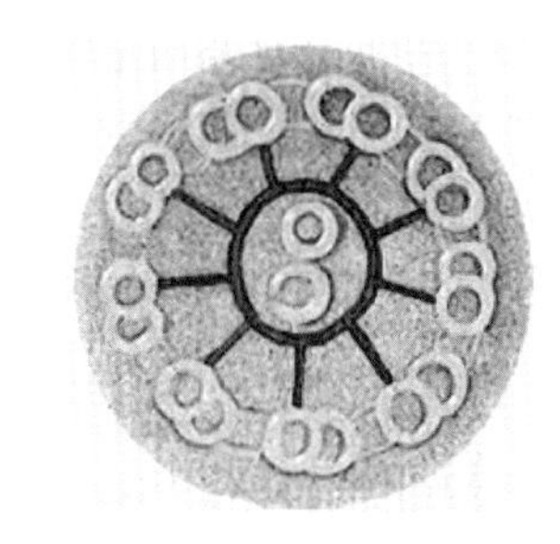

图 1-10　鞭毛和纤毛杆部横断面模式图

中间纤维成分比较复杂，它们在形态上相似，而化学组成却有明显差别。中间纤维具有严格的组织特异性，不同类型细胞含有不同类型的中间纤维。按其组织来源和抗原性可分为 6 类：①角蛋白丝，为上皮细胞特有。②结蛋白丝，存在于肌细胞中，主要功能是使肌原纤维连在一起。③胶质原纤维，存在于星形胶质细胞和施万细胞，主要起支撑作用。④波形蛋白丝，广泛存在于间充质细胞及中胚层来源的细胞中，其一端与核膜相连，另一端与细胞表面处的桥粒或半桥粒相连，将细胞核和细胞器维持在特定的空间。⑤神经纤丝，为神经细胞提供弹性，使神经纤维易于伸展并防止断裂。⑥核纤层，由核纤肽组成。

中间纤维的功能包括：①增强细胞抗机械压力的能力。②参与桥粒、半桥粒的形成和维持。③其他功能，如结蛋白纤维是肌肉 Z 盘的重要结构组分，对于维持肌肉细胞的收缩装置起重要作用；神经原纤维在神经细胞轴突运输中起作用，参与传递细胞内机械的或分子的信息；中间纤维还与 mRNA 的运输有关。

（11）细胞质骨架（cytoskeleton）：细胞质骨架是真核细胞中的蛋白纤维网架体系，主要由微丝、微管和中间纤维构成（图 1-11）。微丝决定细胞表面特征，使细胞能够运动和收缩。微管确定膜性细胞器的位置并作为膜泡运输的导轨。中间纤维能使细胞具有张力和抗剪切力。

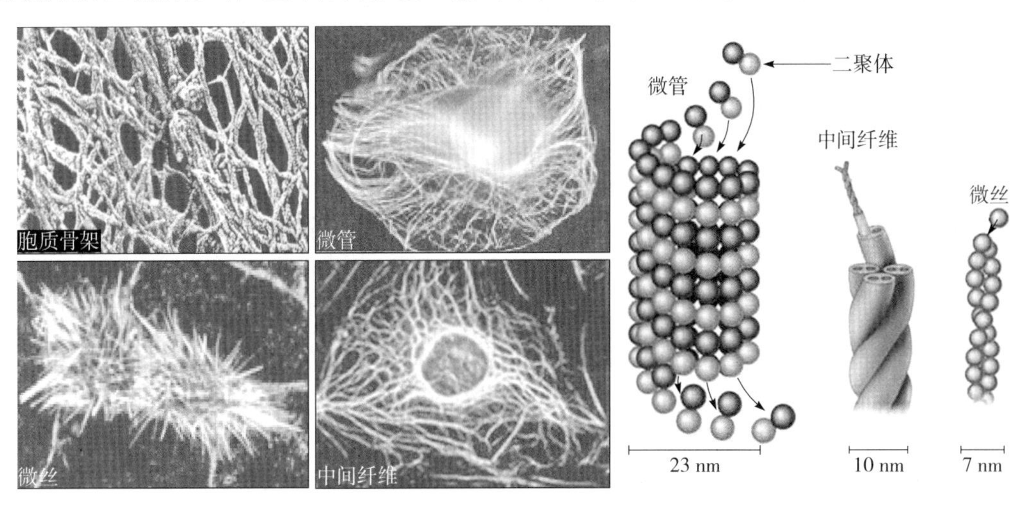

图 1-11　细胞质骨架

3. 内含体（inclusion） 是指细胞质中具有一定形态的营养物质或代谢产物，如脂滴、糖原、蛋白颗粒、分泌颗粒、色素颗粒等。它们的数量和形态，可因细胞类型和生理状态的不同而变化。随着对细胞结构的深入研究，过去一直视为“内含体”的脂褐素和含铁血黄素颗粒，电镜下证实是属于次级溶酶体的残余体；黑色素颗粒也并非所谓的“代谢产物”，而是充满黑色素的黑素小体。黑素小体（melanosome）存在于表皮黑色素细胞中，外包界膜，内含酪氨酸酶，能将酪氨酸转化为黑色素。

（三）细胞核

细胞核是遗传物质 DNA 的储存场所，也是 DNA 转录为 mRNA、rRNA 和 tRNA 的场所，是细胞生命活动的调控中心。一个细胞通常有一个核，肝细胞和心肌细胞可有双核，破骨细胞有数十个核，而骨骼肌细胞可达数百个核。通常细胞核位于中央，有些细胞由于细胞质内形成大量的特殊结构使胞核的位置也发生改变，如脂肪细胞的胞核被挤到边缘。核的形态一般与细胞的形态相适应，有球形、椭圆形、杆形、扁平形等，血液中的一些白细胞的核则可呈马蹄形或多叶形。细胞核的主要结构包括核被膜、核纤层、染色质、核仁和核骨架等部分（图1-12）。

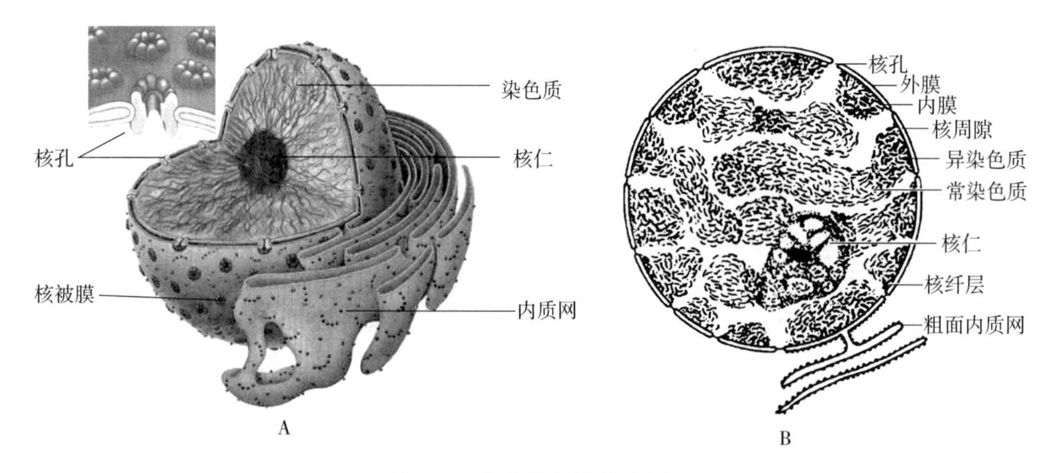

图 1-12 细胞核结构模式图
A. 立体结构 B. 平面结构

1. 核被膜（nuclear envelope） 简称核膜，是包被在核外周平行排列的双层生物膜结构。外核膜上附有核糖体，两层核膜之间为核周间隙，与内质网腔相通。因此，核被膜可以看成是内质网的一部分。内外核膜在某些部位相互融合，形成圆形开口，称为核孔。由于核孔上镶嵌着由多种蛋白质构成的复杂结构，故又称为核孔复合体（nuclear pore complex）。一般认为核孔主要由胞质环、核质环、转运器和辐几个部分构成。核孔的功能是核内外选择性的双向物质运输。

核被膜形成核内特殊的微环境，保护 DNA 分子免受损伤，使 DNA 的复制和转录与 mRNA 的翻译表达在时空上分隔开来。此外，染色质定位于核膜上，有利于解旋、复制、凝缩。

2. 核纤层（nuclear lamina） 是位于内层核膜下与染色质之间的纤维蛋白片层或纤维网络结构，由核纤肽（lamin）组成，厚度为 30～100 nm。在细胞分裂过程中，核纤层可发生解聚和重装配。核纤层的功能包括：①支持核被膜，保持核的形态。②参与染色质和核的组装。在间期核中，核纤层提供了染色质在核周边锚定的位点。在细胞分裂前期结束时，核纤层被磷酸化，导致核膜解体。在分裂末期，核纤肽去磷酸化重新组装，介导核膜重建。

3. 染色质和染色体 染色质（chromatin）指间期细胞核内能被碱性染料着色的物质，是由DNA、组蛋白、非组蛋白及少量RNA组成的线性复合结构，是细胞间期遗传物质的存在形式（图1-13）。染色体（chromosome）是指细胞在分裂过程中，由染色质包装成的棒状结构（图1-14）。两者具有基本相同的化学组成，但包装程度和构象不同。每条未复制的染色体包装一条DNA分子。

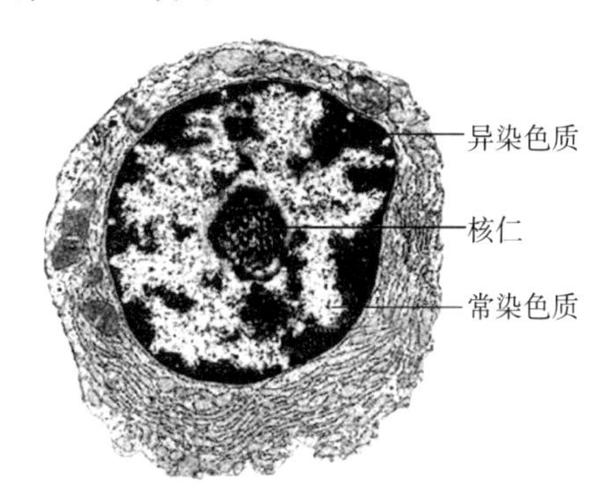

图1-13　细胞核中染色质的形态

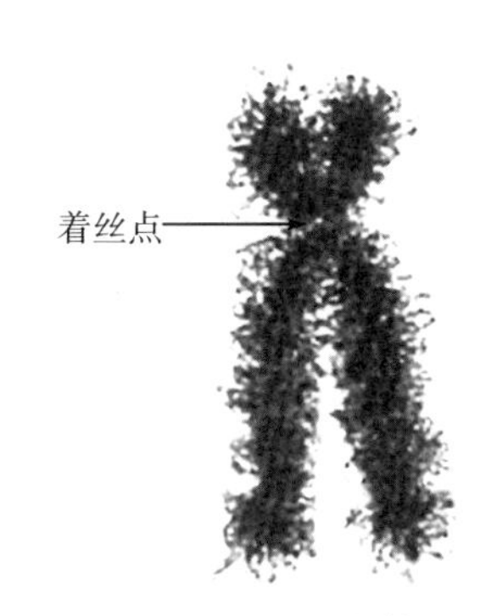

图1-14　分裂中期染色体的形态

染色质可分为常染色质和异染色质。常染色质（euchromatin）是指染色质纤维（DNA分子）处于伸展状态，呈疏松的环状，用碱性染料染色时着色浅的那些染色质，大多位于核中央，是进行活跃转录的部分。异染色质（heterochromatin）是指染色质纤维处于聚缩状态，转录不活跃或不转录，用碱性染料染色时着色深的部分，大多位于核膜下，是遗传惰性区。

染色质为直径30 nm的螺线管（solenoid），由核小体螺旋化形成。核小体（nucleosome）是染色质的基本结构单位，直径10～11 nm，呈串珠状。每个核小体包括200 bp左右的DNA链、一个组蛋白八聚体（即核心颗粒）和一个组蛋白H1分子（图1-15）。140～160 bp长度的DNA链盘绕组蛋白八聚体1.75圈，组蛋白H1分子在八聚体外锁住核小体DNA的进出端，起稳定作用。相邻核小体之间以连线DNA相连，典型长度60 bp，不同物种变化值为0～80 bp。每6个核小体盘绕成一圈形成螺线管。

从染色质到染色体的包装方式至今尚不明确。目前一般认为30 nm的染色质纤维折叠为一系列的环袢结合在非组蛋白形成的染色体骨架（又称核骨架）上，带侧环的染色体骨架进一步螺旋形成直径700 nm的染色单体（图1-16）。

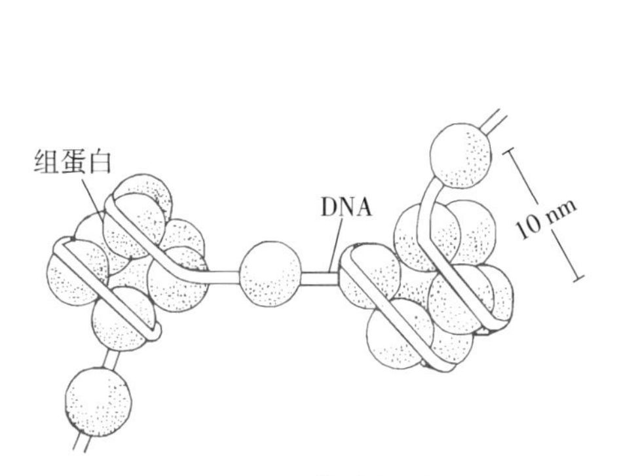

图1-15　核小体结构模式图

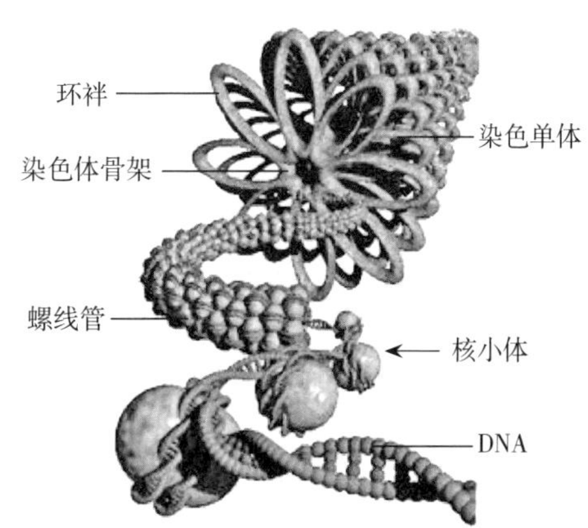

图1-16　染色体结构模式图

染色体的数目因物种而异，同一物种的染色体数目相对稳定，如马64条、骡63条、黄牛60条、水牛48条、猪38条、鸡78条。配子一般为单倍染色体，用n表示。体细胞染色体分别来自雌性和雄性配子，相配对的染色体互称同源染色体。哺乳类和鸟类有一对染色体形态互不相同，称为性染色体，哺乳动物雄性为XY染色体，雌性为XX染色体；鸟类雄性为ZZ染色体，雌性为ZW染色体。雌性哺乳动物体细胞的核内，两条X染色体之一在发育早期随机发生异染色质化而失活，在间期核内不伸展，呈圆形或扁圆形的异染色质块紧贴核膜或位于核仁旁，在中性粒细胞则呈鼓槌状连于分叶核的一个叶上，称为 X 性染色质或 X 小体或巴氏小体，雄性动物则无。雄性动物体细胞间期核中的 Y 性染色质（Y 小体）可用荧光染色法在荧光显微镜下看到，呈明亮小颗粒状，而雌性则无。因此，可通过检查 X 或 Y 小体的有无来鉴定个体的性别。

在细胞分裂中期，染色体形态稳定、结构典型，每条染色体由两条染色单体以着丝粒相连，它们互称姊妹染色体。染色体的构造包括长臂、短臂、主缢痕、次缢痕、着丝点、端粒和随体等（图 1-17）。

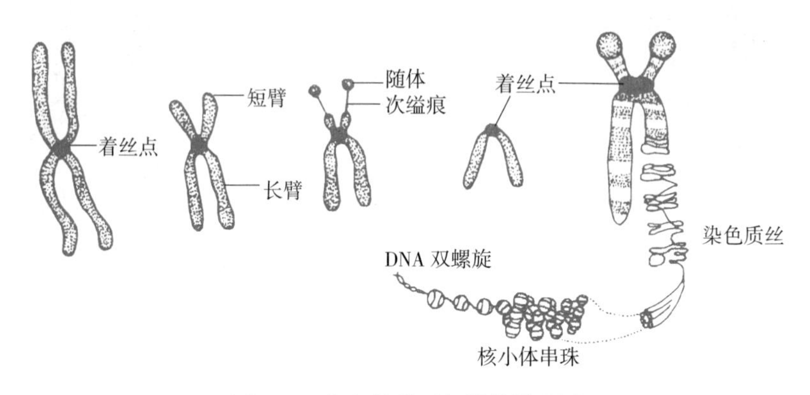

图 1-17　染色体类型与结构模式图

（1）主缢痕（primary constriction）与着丝点：中期染色体上一个染色较浅而缢缩的部位称主缢痕，此处有着丝点，所以亦称着丝粒区。着丝点由三部分构成：①动粒结构域，即着丝点，与纺锤体微管连接。②中央结构域，属异染色质。③配对结构域，由蛋白质构成，用于连接两条染色单体。根据着丝点的位置可将染色体分为 4 类：中着丝点染色体、亚中着丝点染色体、亚端着丝点染色体和端着丝点染色体。

（2）次缢痕（secondary constriction）与随体（satellite）：除主缢痕外，染色体上其他呈浅缢缩的部分称次缢痕。部分次缢痕区具有核仁组织区（nucleolar organizing region），即 rRNA 所在的区域。随体指位于染色体末端的球形染色体节段，通过次缢痕区与染色体主体部分相连。

（3）端粒（telomere）：是染色体端部的特化部分，由高度重复的短序列串联而成。其作用之一在于维持染色体的独立性和完整性。

细胞分裂中期染色体特征的总和称为染色体核型（karyotype），包括染色体的数目、大小和形态特征等方面。如果将成对的染色体按形状、大小依顺序排列起来称为核型图，而染色体组型通常指核型的模式图，代表一个物种的模式特征。

4. 核仁（nucleolus）　是间期核中最显著的细胞器，没有膜界，呈浓密的球状，位置不定，一般 1～2 个，有时多达 3～5 个。一般蛋白质合成旺盛和分裂增殖较快的细胞有体积较大和数目较多的核仁，反之则很小或缺如。核仁在分裂前期消失，分裂末期又重新出现。用电镜观察，核仁可辨认出三个特征性区域：①纤维中心，是一个或几个低电子密度的圆形结构，主要成分为 RNA 聚合酶和 rRNA。②致密纤维组分，呈环形或半月形，包围在纤维中心周围，是新合成的 RNP（指结合有蛋白质的 rRNA）。③颗粒组分，由直径 15～20 nm 的颗粒构成，是核糖体的前体。

此外，核仁还包括：①核仁基质。②核仁相随染色质，又分为核仁内染色质（又称核仁组织者）和核仁周边染色质。核仁的主要功能是转录 rRNA 和组装核糖体亚单位。此外，核仁涉及 mRNA 的输出与降解。

5. 核基质与核骨架 核基质（nuclear matrix）即狭义的核骨架（nuclear skeleton），指细胞核内除核膜、核纤层、染色质、核仁和核孔复合体以外的以纤维蛋白成分为主的纤维网架体系。广义的核骨架还包括核纤层和核孔复合体。核骨架的成分比较复杂，主要是非组蛋白性质的纤维状蛋白，并含有少量 RNA 和 DNA。核骨架纤维粗细不等，直径为 3～30 nm，形成三维网络结构，与核纤层和核孔复合体相接，将染色质和核仁网络在其中。细胞核内许多重要的生命活动均与核骨架有关，包括：①为 DNA 的复制提供支架。②是基因转录的场所。③与染色体构建有关。现在一般认为核骨架与染色体骨架为同一类物质。

以上是细胞的基本结构与功能的传统分类描述，由于细胞生物学的深入研究，细胞的结构与功能不断有新的发现和新的分类方法，在此基础上，有学者将细胞的结构分为三大系统，即生物膜系统、遗传信息表达系统和细胞骨架系统。

生物膜系统（biomembrane system）：包括细胞膜和内膜系统。内膜系统包括核被膜、内质网、高尔基复合体、溶酶体、运输膜泡、微体和线粒体等各种膜界结构。狭义内膜系统仅指内质网、高尔基复合体、溶酶体和运输膜泡等膜界结构，这是由于它们的膜相互流通，并在功能上相互协同。内膜系统起源于细胞膜的内陷和内共生（如线粒体），新细胞中的内膜系统来源于原有细胞内膜系统的增殖和分裂。

遗传信息表达系统（genetic expression system）：又称颗粒纤维结构系统，包括细胞核和核糖体。与遗传信息的储存和表达有关。

细胞骨架系统（cytoskeleton system）：由蛋白质搭建起来的贯穿于细胞核、细胞质和细胞外的一体化的纤维状网架结构，包括核骨架、核纤层、核孔复合体、细胞质骨架、细胞膜骨架、细胞外基质，以及中心体、纺锤体、纤毛和鞭毛等相关结构。近年来的研究显示细胞骨架与细胞信息的传递、基因表达及生物大分子加工等均有密切关系。

二、细胞增殖和分化

（一）细胞增殖

细胞增殖（cell proliferation）是指亲代细胞经历物质准备后分裂产生子代细胞的过程，是细胞数量增加的方式，也是生命活动的基本特征，种族的繁衍、个体的发育、机体的修复等都离不开细胞增殖。

1. 细胞周期 指一个细胞从上一次分裂结束到下一次分裂结束所经历的过程，称细胞增殖周期或细胞周期。细胞周期可划分为四个阶段（图 1-18）：①DNA 合成前期（第一间隙期，G1 期），指从有丝分裂完成到 DNA 复制之前的间隙时间，主要是合成 rRNA、蛋白质、脂类和糖类等，为合成 DNA 做准备。②DNA 合成期（S 期），进行 DNA 合成、组蛋白合成、DNA 复制所需酶的合成。③DNA 合成后期（第二间隙期，G2 期），指 DNA 复制完成到有丝分裂开始之前的一段时间。此期大量合成 ATP、RNA 及细胞分裂相关的蛋白质，为细胞分裂做准备。④分裂期（M 期），从细胞分裂开始到结束。染色质被平均分配给子细胞，细胞一分为二，实现细胞增殖。前三个阶段，细胞在形态上基本无变化，是发挥功能的阶段，又称细胞分裂间期。

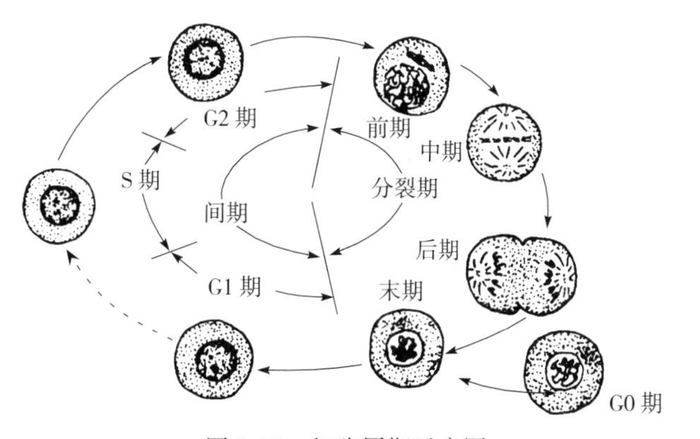

图 1-18 细胞周期示意图

从增殖角度可将高等动物的细胞分为三类：①连续分裂细胞，又称周期细胞，如表皮生发层细胞、部分骨髓细胞。②休眠细胞，又称G0期细胞，暂不分裂，但在适当的刺激下可重新进入细胞周期，如淋巴细胞、肝细胞等。③不分裂细胞，又称终端细胞，指不可逆地脱离细胞周期，不再参与分裂的细胞，如成熟红细胞、分化的神经元、骨骼肌细胞等。

2. 细胞分裂方式 可分为无丝分裂、有丝分裂和减数分裂三种类型。

（1）无丝分裂（amitosis）：又称直接分裂。表现为细胞核伸长，从中部缢缩，然后胞质分裂。其间不涉及纺锤体形成及染色体变化。见于某些高度分化的细胞，如肝细胞、肾小管上皮细胞和动物的胎膜细胞、间充质等。

（2）有丝分裂（mitosis）：是普遍见于高等动植物的一种分裂方式。根据细胞形态结构的动态变化，一般地分为前期、中期、后期、末期四个时期，由于前期和末期变化较大，故又可划分为6个时期：前期、前中期、中期、后期、末期及胞质分裂。

①前期（prophase）：染色质凝缩成染色体（由两条染色单体组成），中心体移向两极，分裂极确立，纺锤体开始装配，核仁消失，核被膜解体。

②前中期（premetaphase）：染色体进一步凝集浓缩，变粗变短，纺锤体形成，纺锤丝捕获染色体，并拉动染色体向纺锤体赤道面移动。

③中期（metaphase）：所有染色体排列到赤道板，纺锤体呈典型的纺锤样。

④后期（anaphase）：中期染色体的两条染色单体相互分离，并分别向两极运动。先是动粒微管缩短，拉动染色单体移向两极，后是星体微管延长，两极间距离逐渐拉大。

⑤末期（telophase）：染色单体到达两极，并开始去浓缩变成染色质，核仁重新出现，核膜开始重新装配，形成子核。

⑥胞质分裂（cytokinesis）：多数细胞的胞质分裂开始于细胞分裂的后期，完成于末期。胞质分裂开始时，大量肌动蛋白和肌球蛋白环绕细胞，形成收缩环。收缩环逐渐紧缩，亲代细胞的胞质和细胞器被分配到两个子代细胞中。

（3）减数分裂（meiosis）：此是生殖细胞成熟时的一种分裂方式。减数分裂是DNA复制一次，而细胞连续分裂两次，导致染色体数目减半，形成单倍体配子的分裂形式。通常第一次减数分裂分离的是同源染色体，第二次减数分裂分离的是姊妹染色体，染色体未复制，使形成的子细胞的染色体数目减半。减数分裂可分为减数分裂Ⅰ、减数分裂间期、减数分裂Ⅱ三个阶段。减数分裂Ⅰ又可分为前期Ⅰ、中期Ⅰ、后期Ⅰ和末期Ⅰ。

①前期Ⅰ：减数分裂的特殊过程主要发生于此期，通常分为5个时期。a. 细线期（leptotene），染色体呈细线状。虽然染色体已经复制，但光镜下分辨不出两条染色单体。b. 偶线期（zygotene），同源染色体配对，发生联会（synapsis），形成联会复合体。在光镜下可以看到两条结合在一起的染色体，称为二价体。每一对同源染色体都已经复制，含四条染色单体，所以又称为四分体。c. 粗线期（pachytene），同源染色体的非姊妹染色单体之间发生片段交换。这一时期合成少量的DNA，并合成减数分裂专有的组蛋白。d. 双线期（diplotene），联会的同源染色体开始分离。e. 终变期（diakinesis），二价体显著变短。核仁此时开始消失，核被膜解体。

②中期Ⅰ：同源染色体配对排列在赤道板上。每个二价体有4个动粒。

③后期Ⅰ：二价体的两条同源染色体分开，随机分向两极。染色体重组，染色体数目减半。

④末期Ⅰ：染色体到达两极后，解旋为细丝状、核膜重建、核仁形成，同时进行胞质分裂。

⑤减数分裂间期：存在两种类型，一是有较短间期，无DNA复制，无G1、S、G2之分；二是无间期，由末期Ⅰ直接转为减数分裂Ⅱ的前期。

⑥减数分裂Ⅱ：可分为前期、前中期、中期、后期、末期及胞质分裂期，与一般有丝分裂相似。

（二）细胞分化

细胞分化（cell differentiation）指多细胞生物在个体发育中，细胞在分裂的基础上，其后代细胞在形态结构和生理功能等方面产生稳定差异，出现互不相同的细胞类型的过程。细胞分化不仅发生在胚胎发育中，而且在一生中都进行着，以补充衰老和死亡的细胞。细胞分化的实质是基因的差次表达，导致合成特异性蛋白质。差次表达的机制是由于基因表达的组合调控。细胞癌变是正常细胞分化、增殖机制失控的表现。细胞分化的机理极其复杂，简单而言取决于两方面：一是细胞的内部特性，二是细胞的外部环境。前者与细胞的不对称分裂以及随机状态有关；后者表现为细胞应答不同的环境信号，启动特殊的基因表达。

三、细胞衰老和死亡

（一）细胞衰老

细胞衰老是指细胞随着年龄的增加，机能和结构发生退行性变化，不可逆地趋向死亡的现象。细胞衰老时，表现出代谢降低，生理功能减弱，同时结构也发生相应的变化，如体积变小，细胞器变形乃至破裂，核固缩乃至崩解等。

（二）细胞死亡

细胞死亡是指细胞生命现象不可逆的终止。细胞死亡有以下两种方式。

1. 细胞坏死（necrosis）　指由外部的化学、物理或生物性因素的侵害而造成的细胞损伤和被动死亡，引起细胞无序变化的死亡过程，属于意外死亡。

2. 细胞凋亡（apoptosis）　指细胞在一定的生理条件下，由内外环境诸多凋亡信号的调控而结束自己生命活动的死亡方式，属于主动死亡。细胞凋亡时形成凋亡小体，不引起周围组织炎症反应。细胞凋亡的生物学意义是：①在发育的形态构建、变态过程中起重要作用。②机体内细胞的自然更新。③清除体内受损的或已发生突变的细胞。④调节细胞的数量和质量。

细胞程序性死亡（programmed cell death，PCD）：指多细胞生物个体发育过程中，某些细胞按照个体发育中预定的严格程序主动进行的生理性死亡，并受到严格调控的一种生命现象或过程，是正常胚胎发育中的组成部分。细胞程序性死亡过程中的死亡方式基本与凋亡相同。

1. 名词解释：细胞膜　单位膜　生物膜　胞吞　胞吐　染色质　染色体　常染色质　异染色质　有丝分裂　减数分裂　细胞周期　细胞分化

2. 简述细胞的基本构造。

3. 细胞膜的基本组成和结构特征是什么？这些特征与膜的功能有何关系？

4. 简述膜性细胞器和非膜性细胞器的结构特点和主要功能。

5. 简述细胞核的基本结构及主要功能。

（李莲军　赵善廷）

第二章　上皮组织

上皮组织（epithelial tissue）简称上皮，由大量的细胞和少量的细胞间质组成。上皮细胞排列紧密，形态规则，具有明显的极性，即朝向体表或管腔的一面称为游离面，朝向深部结缔组织与基膜结合的一面，称为基底面；上皮组织大都缺乏血管和淋巴管，其营养由深层结缔组织内的组织液通过基膜渗透而获得；上皮组织内富含神经末梢，故感觉比较敏锐；上皮组织多分布于体表或衬于体内有腔器官内外表面和许多腺体内，具有保护、屏障、吸收、分泌、排泄和感觉等多种功能。

依据所在部位和功能的差异，上皮组织主要分为被覆上皮和腺上皮，另外还有特化的感觉上皮、生殖上皮和肌上皮等。被覆上皮和腺上皮在体表和体内分布广泛。感觉上皮（sensory epithelium）是一些能感受特殊刺激的细胞，主要分布在一些特殊的感觉器官内，如味蕾、听觉感受器及视网膜等。生殖上皮（germinal epithelium）特指分布于睾丸和卵巢的上皮。肌上皮（myoepithelium）则是指某些腺泡基部具有收缩功能的细胞。本章主要介绍被覆上皮和腺上皮。其他上皮的内容则在相应章节介绍。

一、被覆上皮

被覆上皮（covering epithelium）分布广泛，且形态多样，按其层次可分为单层、复层、假复层。其细胞形态常呈扁平状、立方状、柱状；有的还在游离面形成纤毛和微绒毛等特化结构。这些被覆上皮以不同的功能分布于机体的不同部位。组织学常根据细胞排列层次、细胞形态和分布进行综合分类（表 2-1）。

表 2-1　被覆上皮的类型和主要分布

类　型	名　称	主 要 分 布
单层上皮	单层扁平上皮	内皮：心脏、血管、淋巴管等处的管腔面 间皮：胸膜、腹膜、心包膜等处的腔面 其他：肺泡、肾小囊壁层、肾小管细段的腔面等
	单层立方上皮	肾小管、集合管、肝小叶间胆管等处的管腔面
	单层柱状上皮	胃、肠、子宫、胆囊等处的腔面
假复层上皮	假复层纤毛柱状上皮	上呼吸道、附睾管等处的腔面
	变移上皮	肾盂、输尿管、膀胱的腔面
复层上皮	复层扁平上皮	角化型：皮肤的表皮 非角化型：口腔、咽、食管等处的腔面
	复层立方上皮	汗腺导管的腔面
	复层柱状上皮	眼睑结膜、雄性动物尿道的腔面

单层上皮（simple epithelium）由一层细胞组成，复层上皮（stratified epithelium）由两层或两层以上细胞组成，假复层上皮（pseudostratified epithelium）是介于以上两者之间的上皮。下面对几种常见的被覆上皮分别做描述。

1. 单层扁平上皮（simple squamous epithelium）　是一种最薄的上皮，仅由一层不规则的扁平细胞组成（图 2-1）。表面观察细胞呈不规则形或多边形，胞核椭圆形，位于细胞中央，细胞边缘呈锯齿状或波浪状互相嵌合，似鱼鳞状，故又称单层鳞状上皮。细胞侧面呈梭形、胞质少，只在核两侧略有增厚。上皮通过薄层的基膜与深部的结缔组织相连。衬贴在心、血管和淋巴管腔面的单层扁平上皮称为内皮（endothelium）。内皮细胞很薄，表面光滑，有利于血液和淋巴液流动及物质渗透。分布在胸膜、腹膜和心包膜表面的单层扁平上皮称间皮（mesothelium），表面湿润光滑，利于内脏运动。单层扁平上皮还分布在肺泡腔面、肾小囊壁层和髓袢等处，有利气体交换或原尿滤入肾小管（二维码 1、二维码 2）。

二维码 1

二维码 2

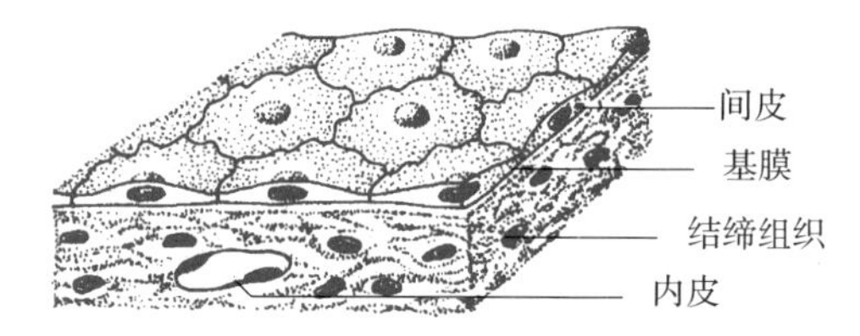

图 2-1　单层扁平上皮模式图（间皮）

2. 单层立方上皮（simple cuboidal epithelium）　由一层近似立方形的细胞组成。细胞侧面呈正立方形，胞核大而圆，位于中央，细胞表面观呈多边形（图 2-2）。有的细胞游离面还有微绒毛，如肾近曲小管。单层立方上皮除分布于肾小管外，还分布于肾集合管、外分泌腺的导管等处，具有吸收和分泌功能（二维码 3）。

二维码 3

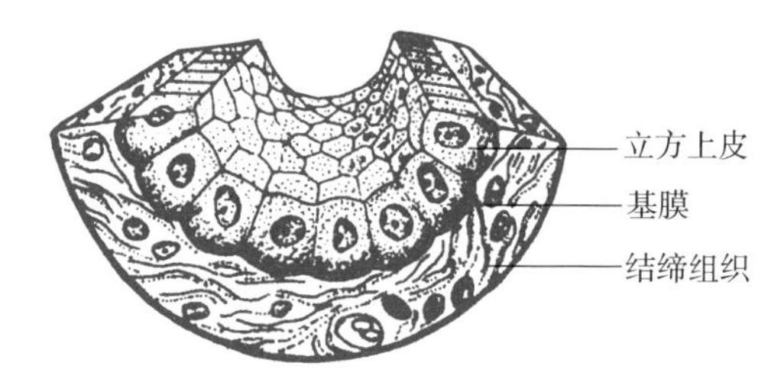

图 2-2　单层立方上皮模式图（肾小管）

3. 单层柱状上皮（simple columnar epithelium）　由一层高棱柱状细胞组成。表面观察，细胞呈六角形或多边形，在垂直切面上，细胞呈高柱状，核长椭圆形，与细胞长轴平行，位于细胞的基底侧，胞质丰富（图 2-3）。细胞游离缘有密集排列的微绒毛（microvilli），构成光镜下可见的纹状缘（striated border）或刷状缘（border brush）。单层柱状上皮分布于胃肠道、胆囊、子宫和腺体的大导管，具有吸收和分泌功能。在肠道的单层柱状上皮中还可见到一种散在的杯状细胞（goblet cell）（图 2-3），形似高脚酒杯，核小，位于基部，顶部充满黏原颗粒，可分泌黏液，起到润滑和保护上皮的作用（二维码 4）。

二维码 4

被覆在子宫和输卵管等腔面的单层柱状上皮，细胞游离面具有纤毛，称单层纤毛柱状上皮（simple ciliated columnar epithelium）（二维码 5）。

二维码 5

4. 假复层纤毛柱状上皮（pseudostratified ciliated columnar epithelium）　由一层高低不同的柱状细胞、梭形细胞和锥形细胞组成，其中夹有杯状细胞。柱状细胞数量多，表面有大量密集的可定向摆动的纤毛（cilium），利于黏液排出。所有的细胞底部都与基膜接触，但只有高柱状细胞和杯状细胞的顶端可达上皮的游离面；梭形细胞夹于中央，锥形细胞位于基底部，细胞小而密集，核深染，可分化为其他类型细胞。由于细胞的高低不同，因此细胞核不在同一水平面上，从侧面观察貌似复层，实为单层（图2-4）。此种上皮主要分布于上呼吸道黏膜，具有屏障和分泌功能（二维码 6）。

二维码 6

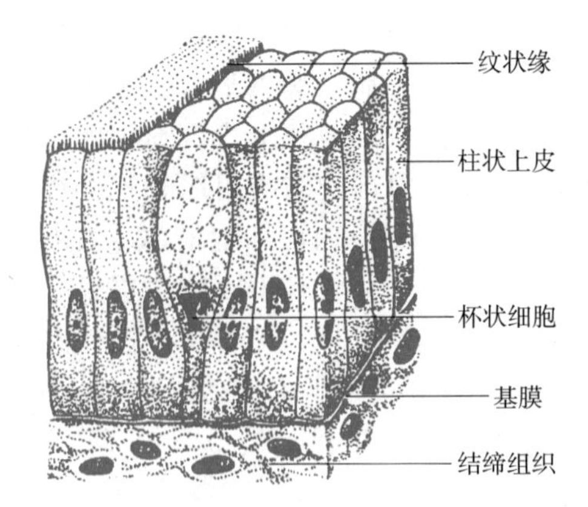

图 2-3 单层柱状上皮（小肠黏膜）

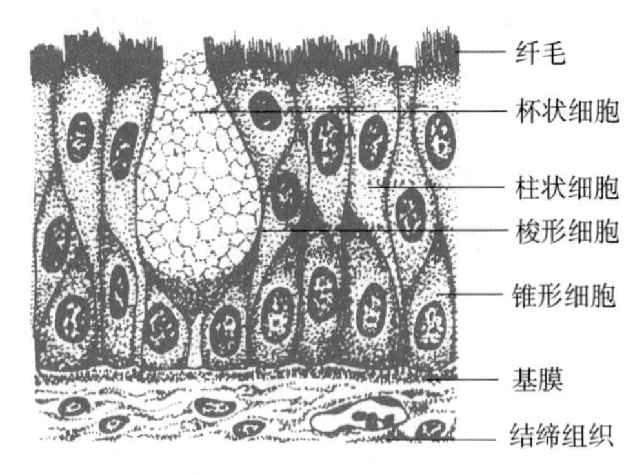

图 2-4 假复层纤毛柱状上皮（气管黏膜）

5. 变移上皮（transitional epithelium） 又名移行上皮，主要分布于输尿管、膀胱和尿道。光镜下上皮由多层细胞组成，可分为表层、中间层和基底层细胞。此种上皮的特点是细胞形态和层数可随器官的收缩与舒张状态而改变。如膀胱收缩时，上皮变厚，层数达5～6层之多，上皮最表层的细胞变大，呈圆盖状突向管腔，称盖细胞，偶见双核；中间层细胞为多边形，有些呈倒置的梨形；基底细胞为矮柱状或立方形。膀胱扩张时，上皮变薄，细胞层数减少到2～3层，细胞形状也变扁（图 2-5）；游离面的细胞质呈嗜酸性，形成较厚的壳层，有防止尿酸侵蚀和渗入的作用（二维码 7）。

二维码 7

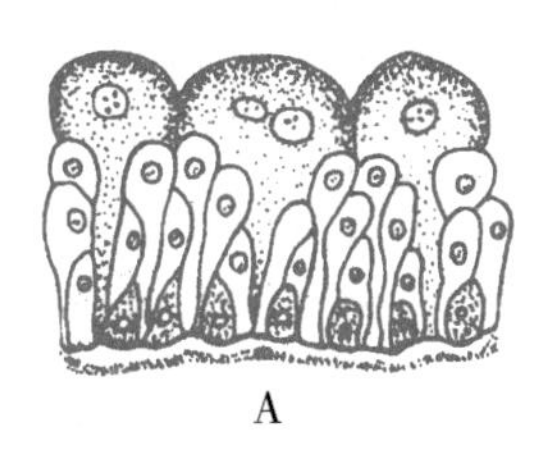

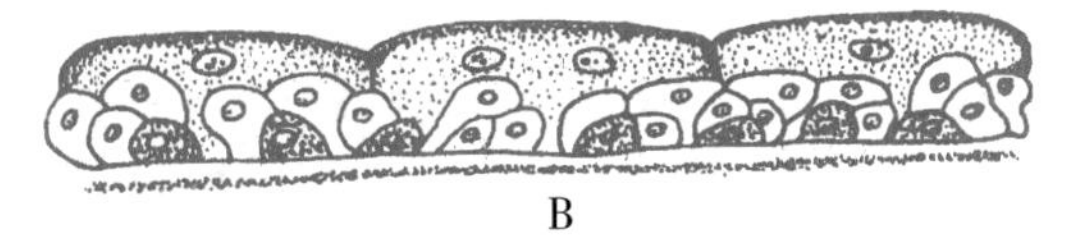

图 2-5 变移上皮模式图（膀胱）
A. 收缩状态 B. 扩张状态

变移上皮在光镜下观察为复层，故传统上将此列为复层上皮，但在电镜下观察变移上皮除基底层细胞附着于基膜外，表层和中间层细胞均有突起（脚突）附着于基膜，实际上为假复层，故也可列入假复层上皮。

6. 复层扁平上皮（stratified squamous epithelium） 又称为复层鳞状，是上皮中最厚的一种，可厚达十几层至数十层（图 2-6）。在垂直切面上可看到几种不同形态的细胞，近表面的几层细胞为扁平细胞，中间为多边形细胞，紧靠基膜的基底层细胞为一层立方形或矮柱状细胞。基底层细胞是一种分裂、增生、分化能力很强的干细胞，其子细胞向浅层移动，形成多边形细胞、扁平细胞等。基底层细胞与深部结缔组织的连接处凹凸不平，可增加接触面积，保证上皮组织的营养供应。位于皮肤表皮的复层扁平上皮，浅层细胞富含角蛋白，无细胞器和细胞核，形成角质层而不断脱落，称为角化的复层扁平上皮（图 2-6）；衬于口腔、咽、食管和阴道等腔面的复层扁平上皮，浅层细胞有核、胞质内角质蛋白较少，称为非角化复层扁平上皮。复层扁平上皮具有很强的耐摩擦性和阻止异物入侵的作用，且损伤后有很强的再生修复能力，形成天然的防护屏障，有极强的机械保护功能（二维码 8）。

二维码 8

7. 复层立方上皮（stratified cuboidal epithelium） 此种上皮很少见。上皮仅由两层立方形细胞组成，主要分布于汗腺导管。

8. 复层柱状上皮（stratified columnar epithelium） 由两层以上细胞组成。表层是柱状细胞，基底细胞呈立方或矮柱状，中间为数层多边形细胞。这种上皮只分布在很少的部位，如眼睑结膜，另外还可见于一些腺体的大排泄管，具有保护功能。

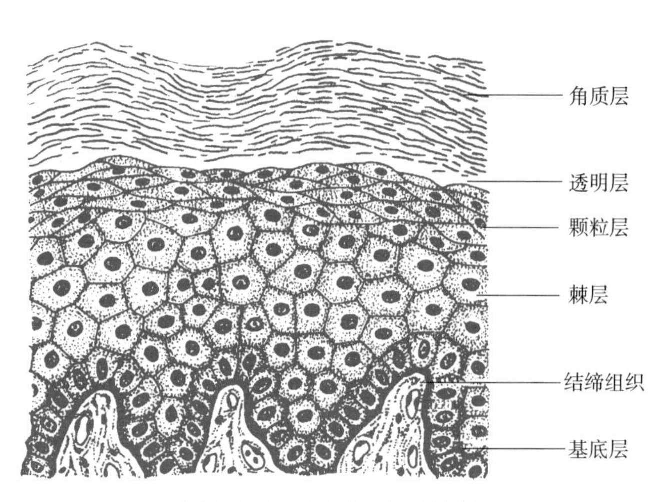

图 2-6　复层扁平上皮（角化）

二、腺上皮和腺

具有分泌功能的上皮称为腺上皮（glandular epithelium），以腺上皮为主要成分构成的器官称为腺（gland），这是传统的概念。经过深入的研究发现，许多非上皮的细胞同样有合成和分泌的功能，如某些神经细胞可分泌激素，浆细胞能分泌抗体等，因此，有些学者主张腺的概念和内容应加以扩展，但本部分论述仍以传统概念为主。

（一）腺的发生

腺上皮起源于胚胎期原始上皮，上皮细胞分裂增殖形成细胞索，长入深层的结缔组织中，逐渐具有分泌功能形成腺。腺细胞的分泌物经导管被输送到体表或某些器官的腔内，称为外分泌腺（exocrine gland）或有管腺，如各种消化腺、乳腺等。有些腺体在发生过程中导管逐渐消失，其分泌物渗入附近血液或淋巴，经循环系统输送并作用于特定的组织或器官，此种腺称为内分泌腺（endocrine gland）或无管腺（图 2-7）。本部分主要介绍外分泌腺的一般结构，内分泌腺详见第十二章。

（二）外分泌腺的分类与结构

外分泌腺种类很多，结构繁简不一，腺细胞分泌物的性质也不相同，因此只能按不同的侧重点分类。

1. 按腺细胞数目分类　可分为单细胞腺（杯状细胞）和多细胞腺。

2. 按腺体分布部位分类　可分为壁内腺（胃腺、肠腺）和壁外腺（肝、胰等）。

3. 按腺的形态分类　根据分泌部腺泡的形状可分为管状腺、泡状腺和管泡状腺；按导管的分支与否可分为单管腺和复管腺。通常把分泌部的形状和导管分支两个因素结合在一起，将腺分为单管状腺、单泡状腺、分支管状腺、分支泡状腺、分支管泡状腺、复管状腺、复泡状腺及复管泡状腺等（图 2-8）。

4. 按腺细胞分泌物的性质分类（图 2-9）　根据分泌物的性质，可将消化、呼吸及生殖管道中的某些腺体分为浆液腺、黏液腺及混合腺。

（1）浆液腺（serous gland）：分泌物为较稀薄清亮的浆液，内含各种消化酶和少量黏液。腺细胞呈锥形或柱状，围成圆形腺泡，细胞核位于中央或靠近细胞基底部。细胞顶部含有许多圆形的嗜酸性分泌颗粒，呈红色，称为酶原颗粒（zymogen granule）；细胞基底部胞质呈强嗜

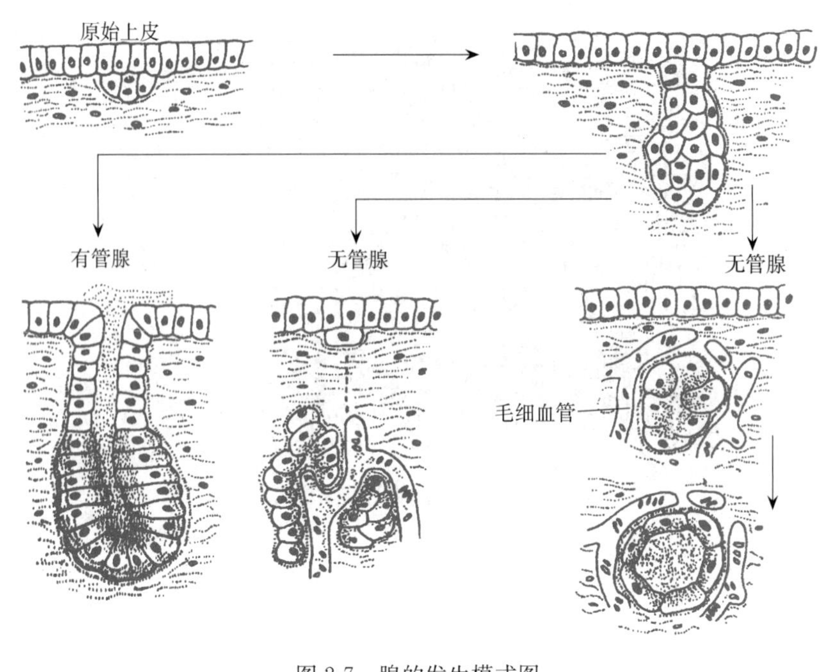

图 2-7　腺的发生模式图

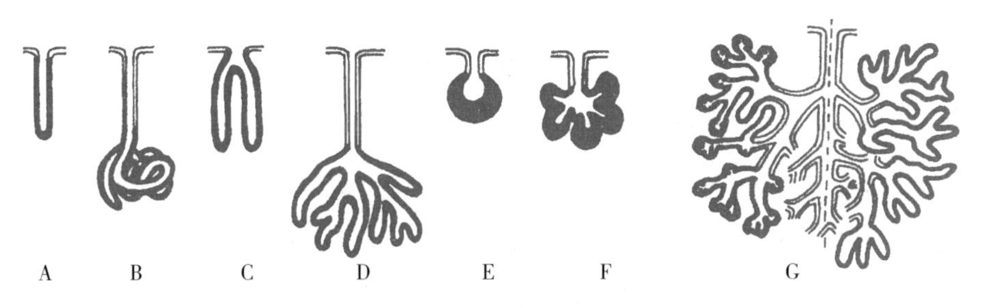

图 2-8　各种外分泌腺形态模式图

A、B. 单管状腺　C、D. 分支管状腺　E. 单泡状腺　F. 分支泡状腺　G. 分支管泡状腺

碱性，色淡蓝。电镜下，核下方可见密集排列的粗面内质网，而核上方则有发达的高尔基复合体。如腮腺和胰腺。

（2）黏液腺（mucous gland）：分泌物为黏稠的液体，主要成分是黏蛋白，PAS染色阳性。腺细胞呈锥体形或柱状，胞质内含大量的黏原颗粒，细胞核扁平，位于细胞基底部。切片上由于分泌颗粒被溶解，细胞着色浅、界限不清。电镜下可见细胞基底部有较多的粗面内质网和游离核糖体，核上方有发达的高尔基复合体。如十二指肠腺。

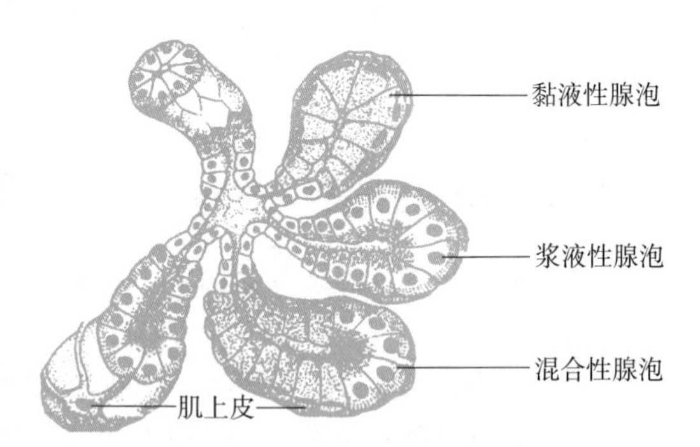

图 2-9　外分泌腺分泌部结构模式图

（3）混合腺（mixed gland）：同时分泌浆液和黏液，混合性腺泡是由浆液性腺细胞和黏液性腺细胞共同组成。由于在混合性腺泡中常见数个浆液性腺细胞位于腺泡的底部，因此切片上呈半月形排列，故称浆半月（serous demilune）。浆半月的浆液性腺细胞分泌物是经黏液细胞间小管进入腺泡腔的。如颌下腺。

在有些腺的腺泡基部，于腺泡细胞和基膜之间存在一种肌上皮细胞（myoepithelial cell），呈星形，有突起，胞质内含肌动蛋白丝，由胞体发出许多胞质突起，包裹在腺泡和一些小导管细胞周围。肌上皮细胞的收缩有助于腺细胞分泌物排入导管。此外，在汗腺、乳腺和曲细精管的基部，也有肌上皮细胞的分布。

（三）腺细胞的分泌方式

1. 透出分泌（diacrine）　分泌物以分子的形式从细胞膜渗出（图 2-10A），如肾上腺皮质细胞、胃腺壁细胞的分泌属于此类分泌方式。另外，睾丸和卵巢的内分泌细胞也呈透出分泌。分子水平的渗出不仅存在于腺上皮细胞，也存在于其他细胞，如成纤维细胞、神经细胞和浆细胞等。

2. 局浆分泌（merocrine）　又称开口分泌，腺细胞以胞吐方式排出分泌物（图 2-10B）。分泌物先在腺细胞内形成有单位膜包裹的分泌颗粒，逐渐移向细胞表面，然后分泌颗粒的包膜与细胞膜融合，将分泌物排出。这种以胞吐方式分泌的腺细胞不受损伤。如唾液腺和胰腺外分泌部的分泌。

3. 顶浆分泌（apocrine）　也称顶质分泌，腺细胞内形成的分泌颗粒移到细胞游离面，并向细胞表面突出，随之连同部分胞质由部分细胞膜包裹后与细胞断离（图 2-10C）。这种分泌会使细胞遭受部分损伤，但损伤部分的细胞膜很快被修复。根据顶部胞质的丢失程度不等又可分为微顶浆分泌（microapocrine）和巨顶浆分泌（macroapocrine），前者如胆汁的分泌，后者如乳腺和大汗腺的分泌。

4. 全浆分泌（holocrine）　多见于脂类分泌物的分泌。当分泌物不断形成并充满整个细胞时，细胞核浓缩、细胞器消失，细胞崩解，胞核、胞质连同分泌物一起排出（图 2-10D）。损失的细胞再由腺内部未分化的细胞分裂增殖的新细胞补充。如皮脂腺的分泌。

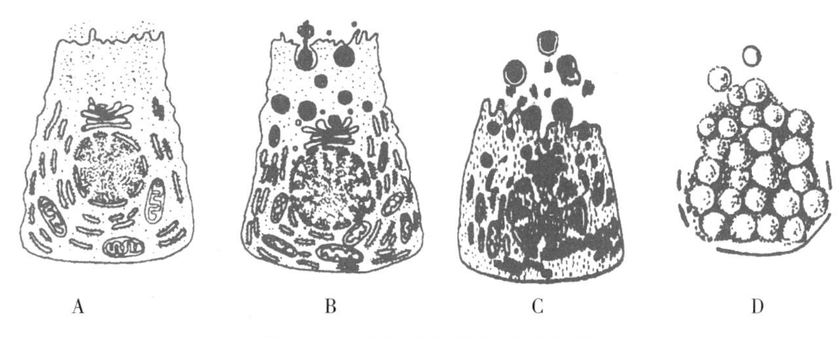

图 2-10　腺细胞分泌方式示意图

A. 透出分泌　B. 局浆分泌　C. 顶浆分泌　D. 全浆分泌

三、上皮组织的特化结构

上皮组织的细胞在其游离面、基底面和侧面一般都形成有与其功能相适应的一些特化结构。这些特化结构除存在于上皮组织的细胞外，在神经组织、结缔组织和肌组织内也可见到（图 2-11、表 2-2）。

表 2-2　上皮细胞的特化结构及主要功能简表

位置	名　称	结　构　特　点	功　能
游离面	细胞衣	附着于细胞表面的一层由糖蛋白构成的耸状结构	黏着、识别、保护
	微绒毛	细胞向表面伸出微小的指状突起，内含微丝	扩大吸收面
	纤毛	向表面伸出能摆动的较大突起，内含微管	摆动、清洁
	静纤毛	类似纤毛的细长突起，内含微丝，不能摆动	分泌、感觉
	鞭毛	与纤毛类似，更粗壮	摆动、运动

（续）

位置	名　称	结　构　特　点	功　能
侧面	紧密连接	围绕细胞上部四周，形成网格状的封闭索连接	连接、屏障
	中间连接	由致密丝状物相连，胞质内密集的微丝交织成终末网	强化黏着
	桥粒	散在的扣状连接，附着斑处张力细丝穿通相互勾连	牢固结合
	缝隙连接	细小的圆盘状间断融合，内有亲水小管相通	物质交换、通讯
	镶嵌连接	细胞膜互相交错形成锯齿状连接	扩大接触面
基底面	基膜	黏多糖和网状纤维，由透明板、基板和网板构成固定细胞	物质渗透
	质膜内褶	细胞膜内陷形成平行排列、长短不等的膜褶	扩大交换面积
	半桥粒	在胞质一侧的膜上形成半个桥粒样的结构	强化细胞固着力

（一）上皮细胞游离面的特化结构

1. 细胞衣（cell coat）　又称糖衣，为一薄层附着于细胞游离面的耸状结构，是细胞膜向外延伸的糖链部分，由细胞分泌的蛋白和多糖组成，属于细胞外基质。在细胞的基底面和侧面也有糖衣，但不如游离面明显。细胞衣具有黏着、保护、物质交换及识别等功能。

2. 微绒毛（microvillus）是细胞膜和细胞质共同突向腔面的细小指状突起，在电镜下才能辨认（二维码 9）。微绒毛直径仅 0.1 μm，长度因细胞种类或生理状态的不同而有很大差别，一般 0.5～1.4 μm。光镜下小肠吸收细胞的纹状缘及肾小管上皮细胞的刷状缘均为密集排列的微绒毛。在微绒毛内可见纵行的微丝，其上端可达微绒毛的顶端，微丝下行，与终末网（terminal web）相连，并固着于中间连接细胞质侧的膜面上。微丝中含肌动蛋白，终末网中含有肌球蛋白，两者互相作用，可使微绒毛伸长或缩短。微绒毛显著地扩大了细胞的表面积，具有活跃的分泌和吸收功能。除上皮细胞外，其他组织的一些细胞如白细胞、巨噬细胞和肝细胞等表面也有数量不等的微绒毛分布（图 2-12）。

二维码 9

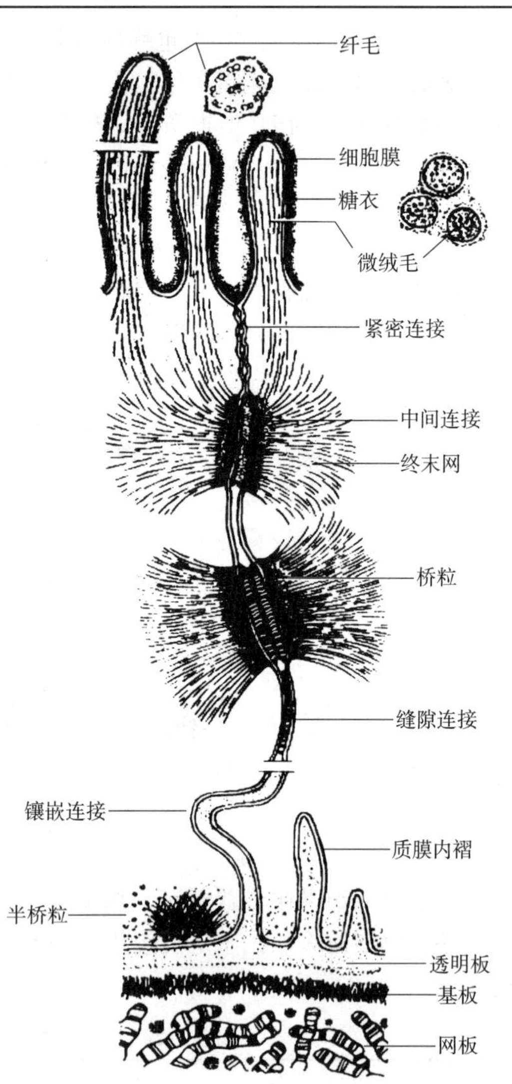

图 2-11　上皮细胞的特殊结构电镜模式图

3. 纤毛（cilia）　是细胞游离面伸出的能摆动的较长的突起，比微绒毛粗且长，直径 0.15～0.3 μm，长 5～10 μm。位于呼吸道黏膜的柱状细胞纤毛最为典型，光镜下呈细毛状。纤毛的内部结构比微绒毛复杂。电镜下可见纤毛表面有细胞膜，内部除含均质的胞质外，其中央有纵向排列的微管。微管的排列有一定规律，中央为 2 根完整的微管，周围为 9 组双联微管围绕（即 9+2 结构），双联微管的一侧伸出两条短小的动力蛋白臂。每根纤毛的基部有一基粒或称基体，它能控制和调节纤毛的活动，故

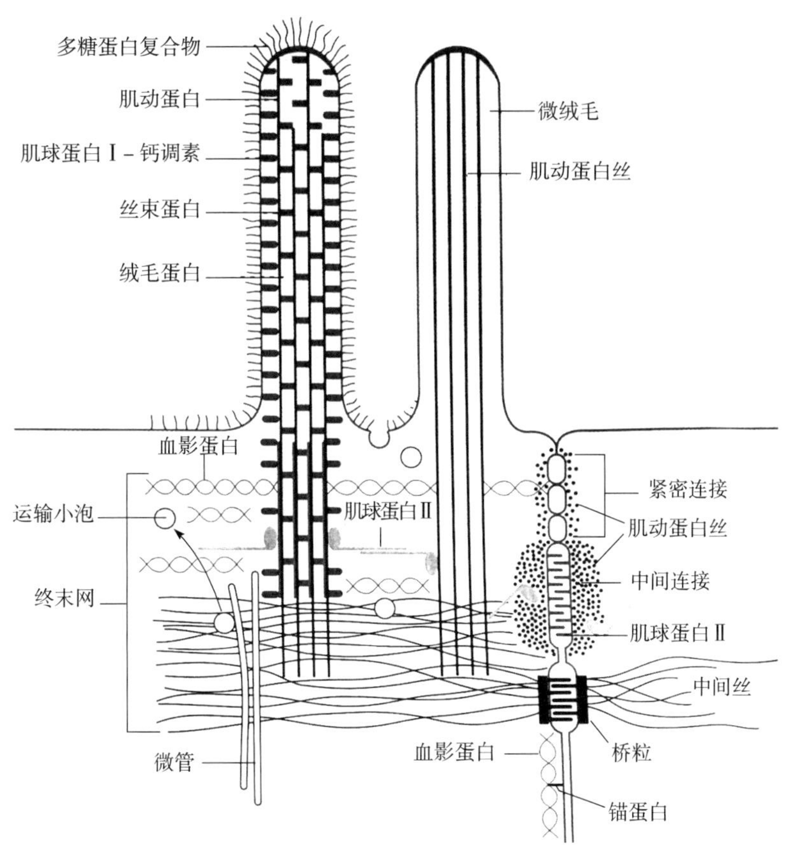

图 2-12　微绒毛与细胞连接模式图

又称动粒。基体的结构与中心粒基本相同，纤毛中的微管与基体的微管相连。微管由多种蛋白组成，其中的动力蛋白具有 ATP 酶活性，分解 ATP 后动力蛋白臂附着于相邻的二联微管，使微管产生位移或滑动，导致纤毛的整体运动。许多纤毛的协调摆动像风吹麦浪起伏，把黏附在上皮表面的分泌物和颗粒状物质定向推送。纤毛这种有规律的定向摆动，可清除吸入的灰尘和细菌等异物，起到保护和清洁作用。

鞭毛（flagellum）的结构与纤毛基本相同，较纤毛更粗壮，每个细胞一般仅有 1～2 条，可做波浪形摆动。如哺乳动物精子的尾部就是典型的鞭毛结构。

4. 静纤毛（stereocilium）　某些上皮细胞的游离面有类似于纤毛的细长突起，但不能运动，称静纤毛。典型的静纤毛见于附睾管上皮，上皮的柱状细胞表面可见多个细长突起成簇伸入管腔，突起的长度与纤毛相近或更长，还可见其分支。静纤毛内无微管，仅含微丝，故不能摆动，附睾管腔面的静纤毛有分泌和营养精子的功能。此外，内耳位觉和听觉感受器的毛细胞、视网膜的视杆和视锥的外节有静纤毛，其结构和功能均有差异（详见第十九章感觉器官）。

（二）上皮细胞侧面的特化结构

上皮细胞侧面分化形成的特化结构称为细胞连接（cell junction），在相邻细胞间呈点状、斑状或带状连接，这些特化结构需在电镜下进行观察。根据其结构和功能的不同可分为紧密连接、中间连接、桥粒、缝隙连接和镶嵌连接 5 类。这些结构不仅存在于上皮细胞之间，在其他细胞如肌细胞和神经细胞之间也可见到。

1. 紧密连接（tight junction）　又称闭锁小带（zonula occludens），呈箍状环绕于单层柱状细胞顶端的四周，此处相邻细胞膜的外层间断融合在一起，在质膜融合区相互吻合形成不规则的封闭索，其实质是细胞膜上镶嵌蛋白的融合（图 2-12）。封闭索处无间隙，而无封闭索的部分则有小的间隙，从侧面观察呈点状连接。紧密连接除起机械性连接作用外，还能封闭相邻细胞顶部的间隙，有效地防止细胞中的物质溢出，也可阻止细胞外的大分子物质进入组织内，具有屏障和连接作用。

2. 中间连接（intermediate junction） 又称黏着小带（zonula adherens），常位于紧密连接的下方，呈带状环绕于细胞四周，相邻细胞膜间有宽 15～20 nm 的间隙，其中充以电子密度较大的丝状物质，含有糖蛋白和钙离子（图 2-12）。在中间连接侧面的胞质可见电子致密层，有很多来自终末网的细丝附着于此处，微绒毛中的微丝也伸入终末网并与其相连接。中间连接除有黏着作用外，还能使终末网绷紧、保持细胞形状和调节微绒毛的活动。中间连接也可见于心肌细胞间的闰盘内。

3. 桥粒（desmosome） 又称黏着斑（macula adherens），是一种圆形或椭圆形的纽扣状连接，电镜下呈圆盘状，直径为 0.2～0.5 μm，位于中间连接的下方。相邻的两个连接区间有 20～30 nm 宽的间隙，其中充满丝状物与其相连，并在中间密集交叉组成中央一条致密的中央层。间隙两侧的胞质面有电子致密物质形成的附着板，板上有一些带钩的细丝，许多含角质蛋白的张力微丝呈袢状与细丝相钩。胞质内的张力细丝（tonofilament）直径约 10 nm，伸入附着板，复而折回细胞质。附着板处还有一些较细的丝伸入细胞间隙与中央层的细丝相连，称此细丝为膜横连接丝（图 2-12、图 2-13）。桥粒是上皮细胞间一种很牢固的连接，多见于易受机械刺激或摩擦的部位如皮肤、食管、子宫颈等处的复层扁平上皮内。

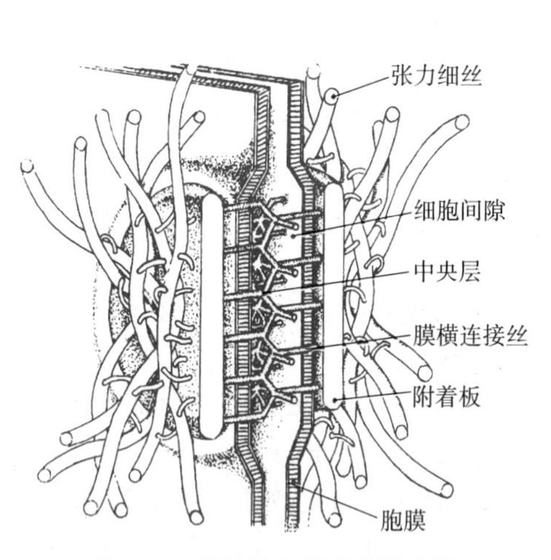

图 2-13 桥粒的超微结构模式图

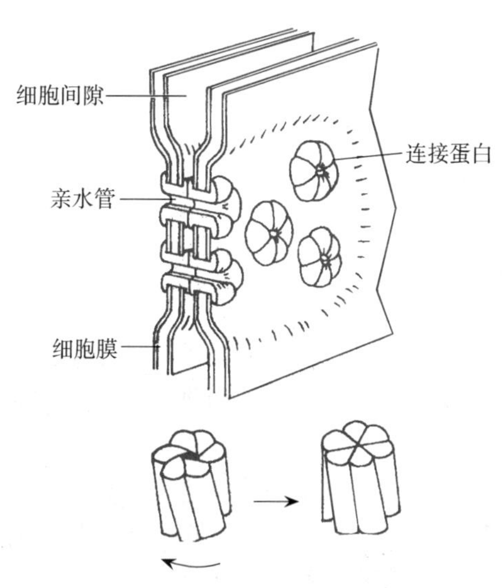

图 2-14 缝隙连接超微结构模式图

4. 缝隙连接（gap junction） 又称缝管连接或融合膜（nexus）。电镜下呈很小的圆斑状，连接处的相邻细胞膜紧密相贴，仅留有 2～3 nm 的间隙。冷冻蚀刻复型等方法的研究证实，相邻两细胞的胞膜中有许多规律分布的直径 7～9 nm 的柱状颗粒，称为连接小体（connexon），每个连接小体由 6 个亚单位合并组成，中央有一直径约 2 nm 的亲水管（hydrophilic channel）。相邻两细胞膜中的连接小体彼此对接，管腔也通连，成为细胞间直接交通的管道（图 2-14）。在钙离子和其他因素作用下，管道可开放或闭合。缝隙连接的功能：①强化连接，连接小体的连接融合，加强了细胞间连接的牢固性。②物质交换，水、离子及小分子物质可自由通过亲水管。③直接通讯，细胞的化学递质或电信息通过亲水管可互相传递。缝隙连接除广泛分布于吸收性或分泌性上皮组织外，也较常见于平滑肌细胞、心肌细胞、神经细胞、骨细胞及胚胎细胞之间。

以上四种连接方式，要是在近距离内存在两个或两个以上的连接，即称为连接复合体(junctional complex)。在光镜下观察单层柱状上皮游离端的闭锁堤（terminal bar），就是连接复合体的所在处。

5. 镶嵌连接（interdigitation）　位于上皮细胞的深处。电镜下，常见上皮的相邻细胞侧面，或上皮细胞与其他细胞之间，相邻细胞膜凹凸不平，互相形成锯齿状连接，细胞之间没有固定的特殊连接结构，仅有少量间质存在。镶嵌连接可加强细胞间结合，并可扩大细胞间接触面积。其分布也很广泛，在肾小管上皮细胞的基部侧面就存在较多的镶嵌连接。

（三）上皮细胞基底面的特化结构

1. 基膜（basement membrane）　是位于上皮与深部结缔组织之间的一薄层均质膜，HE染色光镜下一般不能分辨，但PAS及镀银染色可以显示。PAS法染色，因基膜中含有蛋白多糖故染成红色，在银浸标本上，因基膜中含有嗜银的网状纤维而呈黑色。电镜下可将基膜分为三层：①透明板（lamina lucida），靠近上皮细胞的基底面，厚10～50 nm，电子密度低，由上皮细胞的细胞衣构成。②基板（basal lamina），位于透明板下面，电子密度高，厚20～300 nm，由上皮细胞分泌的细丝交织成密网，并和富有蛋白多糖的无定形基质构成。③网板（reticular lamina），位于致密板之下，由结缔组织的成纤维细胞分泌产生，主要由网状纤维和基质构成，有时可有少许胶原纤维（图2-11）。基膜除有支持、连接和固定上皮细胞的作用外，还是个半透膜，具有选择性的通透作用，上皮细胞通过基膜的渗透从组织液中获得营养。另外，基膜对上皮细胞的移动、分化和再生也有重要影响。

2. 质膜内褶（plasma membrane infolding）　某些上皮细胞基底面的细胞膜向胞质内深陷，形成许多长短不一的膜褶（图2-11）。质膜内褶的主要作用是扩大细胞基底部的表面积，有利于水和电解质的迅速转运。由于转运过程中需要消耗能量，故在质膜内褶附近的胞质内，含有许多纵行排列的线粒体，形成光镜下可见的基底纹，如肾近曲小管的基底纹、唾液腺的纹管等。

3. 半桥粒（hemidesmosome）　位于上皮细胞基底面朝向细胞质的一侧，其结构相当于细胞侧面桥粒结构的一半（图2-11），主要作用是将上皮细胞固着在基膜上。

四、上皮组织的更新与再生

上皮细胞在正常状态下可不断地衰老、死亡和脱落，也不断有细胞再生而更新。上皮组织里存在有数量不等未分化的干细胞，在生理状态下，它可以不断分裂增生，补充新细胞。这种上皮细胞不断死亡脱落，又不断以新生细胞来迅速补充的过程，为生理性再生，如胃肠道上皮2～4 d即可更新一次，表皮细胞1～2个月更新一次。当上皮组织发生炎症或创伤时，其边缘未受损的上皮细胞增殖、分化进行修复。这些新生细胞，一般是来自上皮的基底层，迁移到损伤表面，形成新的上皮，此为病理性再生。

腺上皮的再生能力一般较被覆上皮弱，但再生情况因腺体种类和损伤程度不同而异，如表皮细胞和肝细胞具有很强的再生潜力。如果结构未完全破坏，仅部分细胞坏死，可由相邻健康细胞分裂增殖补充，上皮可恢复原状。如损伤严重，其结构和周围的组织严重破坏，上皮细胞虽有强的再生能力，也难以修复缺损，常由结缔组织填补形成瘢痕，失去正常功能。有些上皮如支气管黏膜上皮由于其分布特点，若长期受到一些烟雾或粉尘等毒素刺激，则支气管黏膜上皮可由假复层纤毛柱状上皮转化为复层扁平上皮。若上皮细胞发生变性呈无遏止的增生，则可变为肿瘤，上皮组织的恶性肿瘤就是癌（carcinoma）。

1. 名词解释：内皮　间皮　微绒毛　纤毛　桥粒　半桥粒　连接复合体　透出分泌　局浆分泌　顶浆分泌　全浆分泌

2. 试述被覆上皮的类型、结构和分布。

3. 上皮组织的特化结构有哪些？简述其结构特点和功能。

4. 简述外分泌腺的分类。

（卿素珠　陈正礼）

第三章　结缔组织

结缔组织（connective tissue）是由少量的细胞和大量的细胞间质构成。与上皮组织相比较，细胞数量虽少，但种类繁多、形态各异，且细胞无极性；细胞间质十分丰富，基质中含有大量不同性质的纤维，组织内富含血管、淋巴管和神经，不直接与外环境接触，故又称为内环境组织；结缔组织均来源于间充质，在体内分布非常广泛，具有连接、支持、营养、防御、修复等功能。

结缔组织可分为胚性结缔组织和成体结缔组织两大类。胚性结缔组织又包括间充质和黏液结缔组织，它们主要存在于动物胚胎时期。成体结缔组织又可分为固有结缔组织和特化结缔组织两类。固有结缔组织包括疏松结缔组织、致密结缔组织、网状组织和脂肪组织。特化结缔组织包括软骨组织、骨组织和血液等。

间充质（mesenchyme）是胚胎早期的间充质细胞从中胚层迁移到各胚层中的器官原基内形成一种排列疏松的网络结构，内含间充质细胞及其产生的大量无定形细胞间质。间充质细胞呈星形或梭形，并具有小而带分支的突起，细胞之间以突起相互连接成细胞网。间充质细胞胞质少，呈弱嗜碱性，胞核大，核仁明显（图 3-1）。细胞间质呈稀薄胶状，主要成分为蛋白多糖，其中无纤维物质。间充质细胞是一种未分化的多潜能干细胞，可分化成多种结缔组织细胞、内皮细胞和平滑肌细胞等。动物出生后，结缔组织内仍保留有少量间充质细胞作为高度特化细胞的储备细胞，如果这种细胞大量存在于某处，如子宫内膜固有层，则称为胚性结缔组织，具有很强的分裂增生潜力。

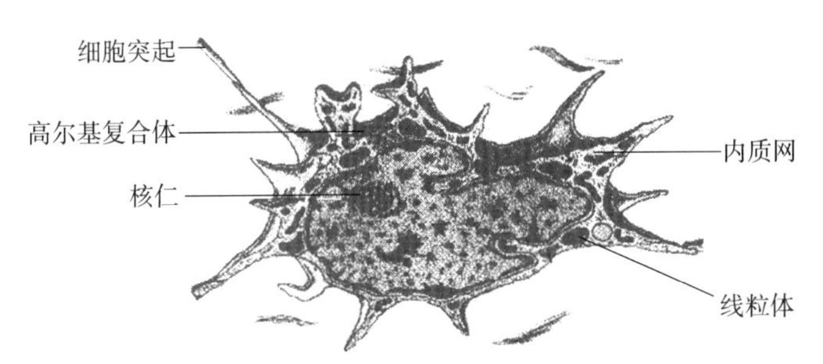

图 3-1　间充质细胞结构模式图

黏液结缔组织属于发育晚期的间充质，分化能力比间充质弱，主要存在于胎儿体内、脐带、眼球玻璃体以及牙髓等处，由大量细胞间质和少量细胞组成，基质中有很少量的细小胶原纤维。细胞通常是分化程度较低的、处于活动状态的成纤维细胞。

二维码 10

一、疏松结缔组织

疏松结缔组织（loose connective tissue）的结构疏松，质地柔软、形似蜂窝，故又称蜂窝组织（areolar tissue）（图 3-2、二维码 10、二维码 11）。疏松结缔组织广泛分布于皮下和各组织器官的间隙，其中最典型的是皮下疏松结缔组织。疏松结缔组织具有连接、保护、防御、营养交换和损伤修复等功能。

二维码 11

（一）细胞成分

疏松结缔组织中的细胞种类多而分散，主要有成纤维细胞、肥大细胞、脂肪细胞等。此外，还有从血液中游走出来的白细胞，如巨噬细胞、嗜中性粒细胞、嗜酸性粒细胞、淋巴细胞和浆细胞等。各种细胞的数量和分布随疏松结缔组织所在的部位和功能的变化而异。在损伤修复期成纤维细胞明显增多；在炎症反应时，巨噬细胞和一些白细胞显著增加。

1. 成纤维细胞（fibroblast） 由间充质细胞分化而来，是疏松结缔组织中数量最多、体积最大的细胞，具有很强的分裂增殖能力，因能产生纤维而得名。细胞扁平，多突起，呈星状；胞质丰富，富含粗面内质网和游离核糖体，高尔基复合体发达，HE染色标本上呈弱嗜碱性，着色浅，不易显现；胞核较大，扁卵圆形，染色质松散，着色浅，核膜与核仁明显（图3-3）。

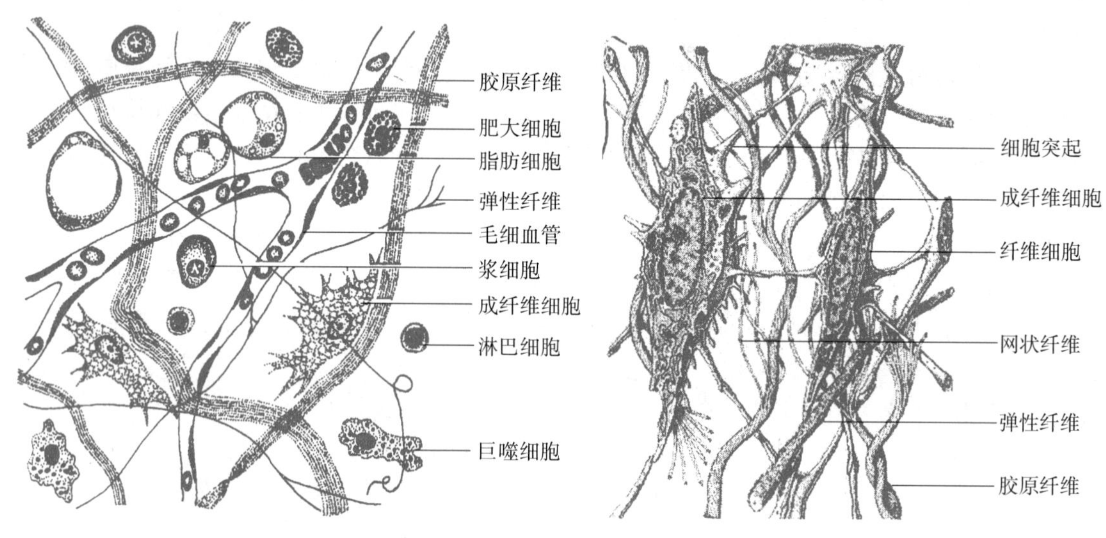

图3-2　疏松结缔组织结构模式图　　图3-3　成纤维细胞和纤维细胞模式图

成纤维细胞的功能，既能合成和分泌胶原蛋白、弹性蛋白，形成胶原纤维、网状纤维和弹性纤维，也能合成和分泌糖胺多糖、蛋白多糖和糖蛋白，形成基质。成纤维细胞生成胶原纤维的过程，可分为两个阶段：

（1）细胞内合成阶段：在粗面内质网合成前胶原蛋白分子并转入高尔基复合体，在此处加入糖基后分泌到细胞体外。

（2）细胞外合成阶段：在细胞外，前胶原蛋白分子在酶的作用下形成原胶原蛋白分子，经聚合排列成为具有64 nm的周期性横纹的胶原原纤维，若干根胶原原纤维由糖蛋白黏合成粗细不等的胶原纤维。

成纤维细胞处于功能相对静止状态时，体积变小，呈长梭形，胞核小，着色深，各种细胞器不发达，称为纤维细胞（fibrocyte）（图3-3）。在一定条件下，如创伤修复，结缔组织再生时，纤维细胞又能转化为成纤维细胞。因此，成纤维细胞和纤维细胞是同一种细胞处于不同功能阶段。

二维码12

2. 巨噬细胞（macrophage） 疏松结缔组织内的巨噬细胞又称为组织细胞（histocyte）。巨噬细胞是血液中的单核细胞游走出血管后分化而来，正常情况下多沿纤维散在分布，存活时间2个月以上（二维码12）。

巨噬细胞形态多样，常随功能状态改变而变化。通常呈较大圆球状，直径20～50 μm，表面多有钝圆形小突起，功能活跃者常伸出较长的伪足，则呈不规则形。胞质丰富，嗜酸性。

胞核较小，着色较深，呈卵圆形或肾形，稍偏向一侧，核仁不明显。电镜下，细胞表面有许多皱褶、微绒毛以及小球状空泡和吞噬泡；细胞质内含许多初级溶酶体、次级溶酶体、吞噬体（泡）和残余体，线粒体和高尔基复合体也较为丰富；胞核染色质细小，分布均匀，核仁较小，偏中心位（图 3-4）。

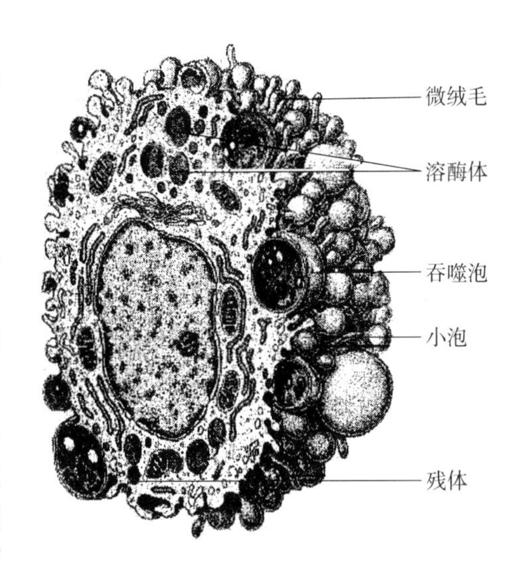

图 3-4 巨噬细胞超微结构模式图

巨噬细胞是机体内很重要的防御细胞，具有多种功能。

（1）趋化性运动：在组织发炎或出现异物时，巨噬细胞在趋化因子作用下，能伸出伪足沿着趋化因子浓度梯度朝向浓度高的部位定向运动，并集聚于产生和释放趋化因子的炎灶或异物处，继而发挥其活性作用。

（2）吞噬和消化：巨噬细胞具有很强的吞噬功能，可分为非特异性吞噬和特异性吞噬两种类型。非特异性吞噬是巨噬细胞直接黏附和吞噬异物，如粉尘、炭粒和衰老死亡的红细胞、淋巴细胞等。特异性吞噬是巨噬细胞以细胞表面各种识别受体与各种特异性抗体连接，再通过识别、结合抗原而吞噬异物，如细菌、病毒、异体细胞等。巨噬细胞吞噬过程是先用突起将被吞噬物包围起来，形成吞噬体或吞噬泡，接着是将吞噬体或吞噬泡裹入细胞内与初级溶酶体融合而形成次级溶酶体或吞噬溶酶体。最后，吞噬的异物被溶酶体酶消化，形成残体或被排出。巨噬细胞的溶酶体内包含多种酶，可消化分解多糖、脂肪、蛋白质等多种物质。

（3）合成与分泌：巨噬细胞能合成和分泌十多种生物活性物质，如参与机体防御机能的溶菌酶、过氧化物酶、脂酶和干扰素、补体、瘤细胞致死因子、白细胞介素等；还有能促进损伤修复的血管生成因子、造血细胞集落刺激因子、血小板活化因子等。

（4）调节免疫应答：巨噬细胞属于免疫效应细胞。它不但能杀死、杀伤病原体和肿瘤细胞，而且能捕捉、加工和递呈抗原。巨噬细胞将捕捉到的抗原经过加工处理后，形成带有信息的超抗原，呈递给淋巴细胞，启动淋巴细胞产生特异性抗体进行免疫应答。

3. 肥大细胞（mast cell） 在疏松结缔组织中常沿小血管和小淋巴管分布。肥大细胞体积较大（直径 20～30 μm），呈圆球或卵圆形，胞质内充满大小不等异染性颗粒，胞核小而圆，多位于中央。肥大细胞以胞质内含大量异染性颗粒为特征。此颗粒内容物易溶于水，HE 染色切片上不易看到，用碱性染料甲苯胺蓝染色时，颗粒呈紫红色。电镜下，肥大细胞膜上有许多突起的微绒毛，胞质内异染性颗粒丰富而大小不一，外包有单位膜，内部呈指纹状或细粒状，高尔基复合体较发达，线粒体和内质网较稀少，胞核较小，染色质多分布在核边缘（图 3-5、二维码 13）。

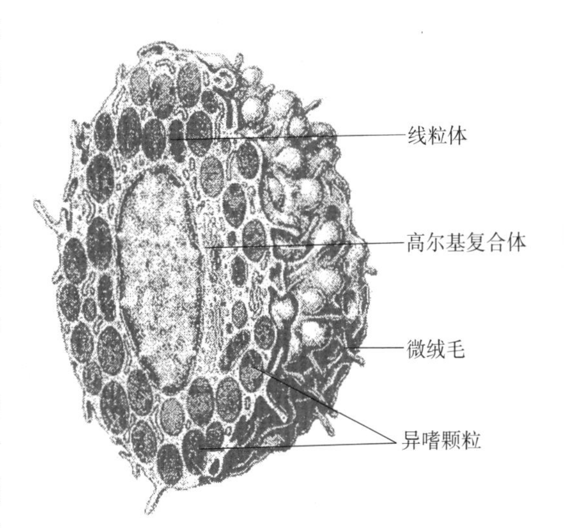

图 3-5 肥大细胞超微结构模式图

二维码 13

肥大细胞能合成和分泌多种细胞因子和活性物质，一般认为其功能与异染性颗粒内所含的组胺、嗜酸性粒细胞趋化因子、白三烯、慢反应物质和肝素等生物活性物质密切相关。这些活性物质被分泌或释放出来以后才能发挥其各自的作用。组胺、白三烯能使肺脏细支气管平滑肌收缩引起哮喘和呼吸困难；同时可使微静脉和毛细血管扩张，通透性增强，渗出增多，引起荨麻疹；组胺、嗜酸性粒细胞趋化因子能吸引嗜酸粒细胞到达反应部位，可以缓解炎症；肥大细胞受过敏原（花粉、某些药物等）刺激后，经过浆细胞的作用将组胺、白三烯等释放到细胞外，引起过敏反应；肝素有抗血凝作用，可防止血液凝固，能溶解血栓和消除弥散性的血管内凝血。

4. 浆细胞（plasma cell） 在疏松结缔组织中较少，但在慢性炎症部位较多。浆细胞个体较小（直径 8～20 μm），呈卵圆形或椭圆形；胞质丰富，嗜碱性，HE 染色呈淡蓝紫色，靠近胞核处有一浅染区；胞核大而圆，多偏位于细胞一端，核内异染色质较多且常沿核膜内侧呈放射状排列，俗称“车轮状核”。电镜下，浆细胞表面较平滑，仅有少量微绒毛样突起，胞质内有大量平行排列的粗面内质网和游离的多聚核糖体，高尔基复合体和中心粒常位于核旁浅染区（图 3-6、二维码 14）。

二维码 14

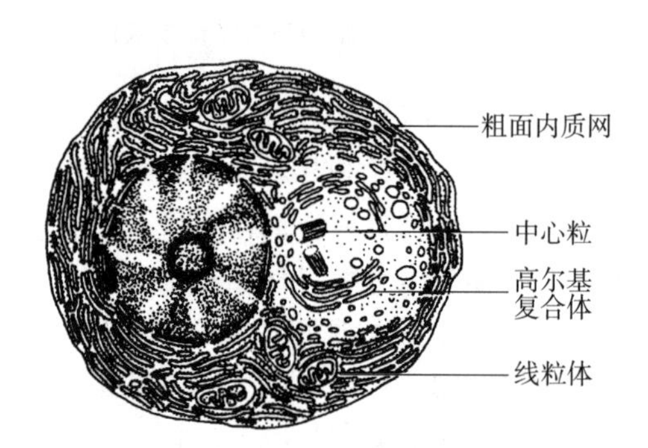

图 3-6 浆细胞超微结构模式图

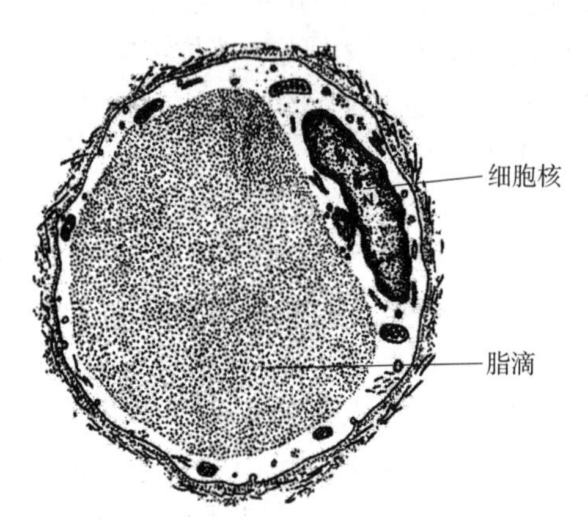

图 3-7 脂肪细胞超微结构模式图

浆细胞来源于 B 淋巴细胞，在抗原刺激下，B 淋巴细胞母细胞化分裂增殖，分化为浆细胞。浆细胞是一种重要的免疫活性细胞，种类多、具有特异性，其主要功能是合成、储存和分泌免疫球蛋白，即抗体（antibody），参与机体体液免疫和机体炎症反应，在炎症部位可见大量的浆细胞。成熟的浆细胞寿命较短，仅能存活数天或数周，衰老退化死亡以后，被巨噬细胞吞噬消化。

5. 脂肪细胞（adipocyte） 常沿血管分布，单个或成群存在，是储存脂肪的细胞。成熟脂肪细胞体积很大，常呈圆球形或相互挤压成多边形。胞质被一个大脂滴推挤到细胞周缘，包绕脂滴。核被挤压成扁圆形，连同部分胞质呈新月形，位于细胞一侧（图 3-7）。在 HE 染色标本中，脂滴被溶解，细胞呈空泡状，胞质和胞核位于边缘而呈环形戒指状。脂肪细胞有合成和储存脂肪、参与脂质代谢提供热能的作用。

6. 未分化的间充质细胞（undifferentiated mesenchymal cell） 在疏松结缔组织中，常分布于小血管尤其是毛细血管周围。它是保留在成体结缔组织内的一种较原始的细胞，胞体较小，形似纤维细胞。它们仍保持着间充质细胞再生、分化的潜能，在一定条件下可增殖分化为成纤维细胞、脂肪细胞以及血管壁的内皮细胞、外膜细胞、平滑肌细胞等。

7. 白细胞（leucocyte） 血液中的白细胞如嗜中性粒细胞、嗜碱性粒细胞、嗜酸性粒细胞、淋巴细胞、单核细胞等，在血管内就有免疫功能。当受到趋化因子吸引时，常能穿过通透性增高的毛细血管和微静脉，游走到疏松结缔组织内，参与免疫应答和抗炎症反应。

（二）间质成分

疏松结缔组织中的间质成分由无定形的基质和有形的纤维组成。

1. 基质（ground substance） 呈无色透明、有一定黏性的溶胶状态，由成纤维细胞分泌产生，主要化学成分是蛋白质和糖胺多糖的非硫酸化的透明质酸与硫酸化的硫酸软骨素、硫酸角质素、硫酸皮肤素、硫酸乙酰肝素等。透明质酸是一种卷曲盘绕的长分子结构。糖胺多糖与蛋白质结合，形成毛刷状蛋白多糖亚单位。大量毛刷状蛋白多糖亚单位连接在卷曲盘绕的长分子透明质酸上，共同构成具有无数微小孔隙的聚合体，称为分子筛（图 3-8）。小于孔隙的水、营养物质、代谢产物、激素和气体分子等可以通过，而大于孔隙的物质、细菌和肿瘤细胞等不能通过，从而使基质成为限制细菌等有害物质扩散的防御屏障，但含有透明质酸酶的细菌毒素和肿瘤细胞可破坏分子筛结构，引起扩散和转移。

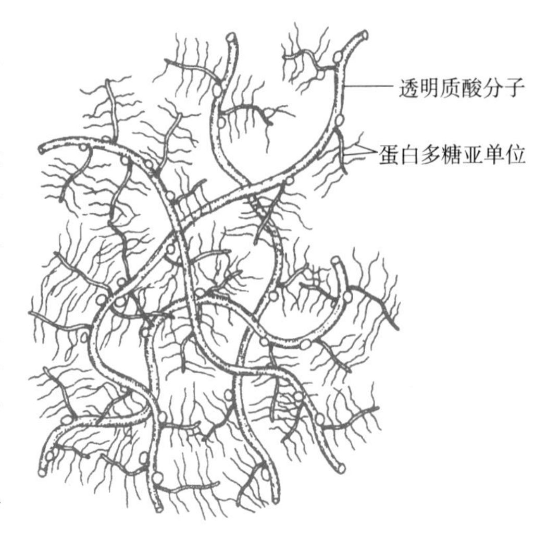

图 3-8 分子筛结构模式图

在基质中还有从毛细血管渗透出的不含大分子物质的液体，称组织液（tissue fluid），内含氧气和营养物质，与组织、细胞进行物质交换后含二氧化碳和代谢产物，由毛细血管的静脉端或毛细淋巴管吸收，回流入血液循环。组织液的不断循环和更新，为组织、细胞提供了动态的良好生活环境。

2. 纤维（fiber） 纤维是疏松结缔组织非细胞成分中的不溶性物质，包埋于基质内。根据其形态特征和理化性质可分为三种。

（1）胶原纤维（collagenous fiber）：数量最多、呈粗细不一的束状，新鲜标本呈白色，故又称为白纤维。在 HE 染色切片中呈淡红色，直径在 1～20 μm。胶原纤维具有很强的韧性和抗拉力性。

（2）弹性纤维（elastic fiber）：新鲜标本呈黄色，又称为黄纤维。弹性纤维较细，直径为 1～10 μm，有分支相互交织成网，醛复红染色呈紫红色。弹性纤维富有弹性，与胶原纤维相互交织，既有韧性又有弹性，可保持器官的固定形态，并具有一定的可塑性。

（3）网状纤维（reticular fiber）：含量较少，其化学本质属于Ⅲ型胶原蛋白，也是一种较细短而卷曲的纤维，直径为 0.2～1.0 μm，分支多并相互连接成网，在 HE 染色切片上不易显示，用镀银染色网状纤维呈棕黑色，故又称为嗜银纤维。

三种纤维特点比较见表 3-1。

表 3-1 三种纤维的特点

比较项目	胶原纤维	弹性纤维	网状纤维
数量与颜色	最多，新鲜时色白	次之，色黄	最少
形态特点	集合成束，粗细不等，呈波浪状	细长有分支，断端常卷曲	分支交织成网
纤维直径	1～20 μm	1～10 μm	0.2～1.0 μm
化学成分	Ⅰ、Ⅱ型胶原蛋白	弹性蛋白	Ⅲ型胶原蛋白
物理特性	韧性大，抗拉力强	弹性强，韧性次之	两者均弱
电镜结构	原纤维有横纹	无横纹	原纤维有横纹
煮沸	溶解成明胶	不溶	—
消化性	易被胃液消化，不易被胰液消化	不易被胃液消化，易被胰液消化	两者均消化微弱
HE 染色	呈粉红色	着色极浅	不着色
其他染色	PAS 阳性，复红染成红色	PAS 阴性，醛复红成蓝紫色	PAS 阳性，镀银染色呈黑色

二、致密结缔组织

致密结缔组织（dense connective tissue）的特点是具有大量密集的纤维成分，而细胞和基质成分少，结构较为致密，形态固定。细胞成分主要是成纤维细胞，有时也能见到肥大细胞和巨噬细胞。纤维为胶原纤维和弹性纤维。根据纤维的性质和排列方式可分为四类。

（一）规则致密结缔组织

基质中具有大量平行排列的胶原纤维，少量的糖胺聚糖和蛋白聚糖等。胶原纤维束，排列规整；在纤维束间分布有成纤维细胞，由于被胶原纤维束挤压而变形，胞体上伸出数个薄翼状突起，插入纤维束之间，又称腱细胞，主要构成肌腱和腱膜（图 3-9、二维码 15）。

二维码 15

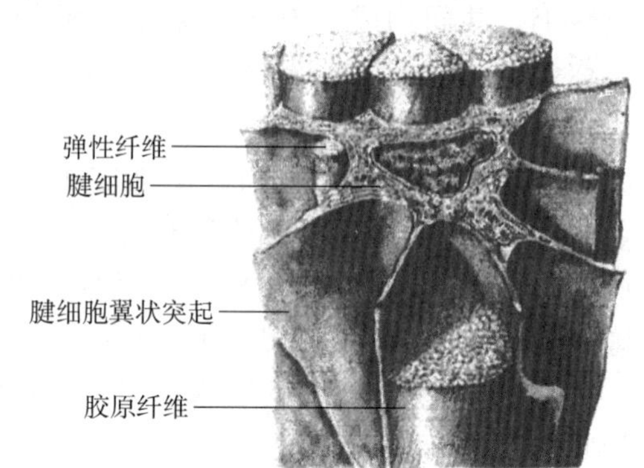

图 3-9　肌腱结构模式

（二）不规则致密结缔组织

二维码 16

具有大量的胶原纤维和弹性纤维，中等数量的糖胺聚糖和蛋白聚糖。纤维呈束状，排列不规则，纵横交错而构成坚固的纤维网或纤维膜，其间夹有少量成纤维细胞、小血管和神经，主要见于真皮网状层、骨膜、巩膜、器官的被膜等处（图3-10、二维码 16）。

（三）弹性结缔组织

具有大量的弹性纤维束和胶原纤维束，少量的糖胺聚糖和蛋白聚糖，弹性纤维呈束状平行排列，并以细小的分支彼此互相连接成网状结构，在弹性纤维之间有成纤维细胞及波纹状胶原纤维束分布，如项韧带、声带、大动脉壁等（图 3-11）。

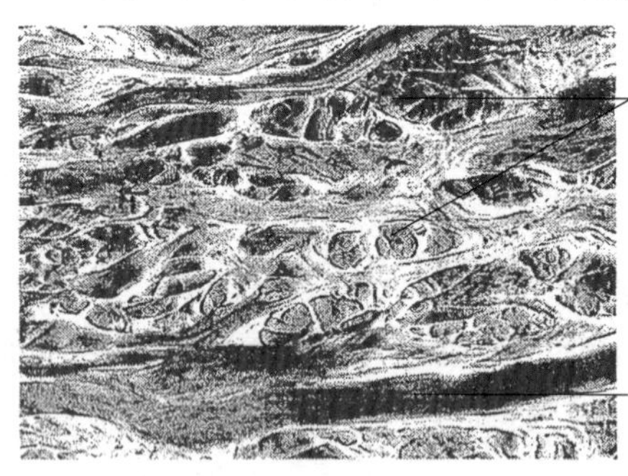

图 3-10　不规则致密结缔组织（真皮）

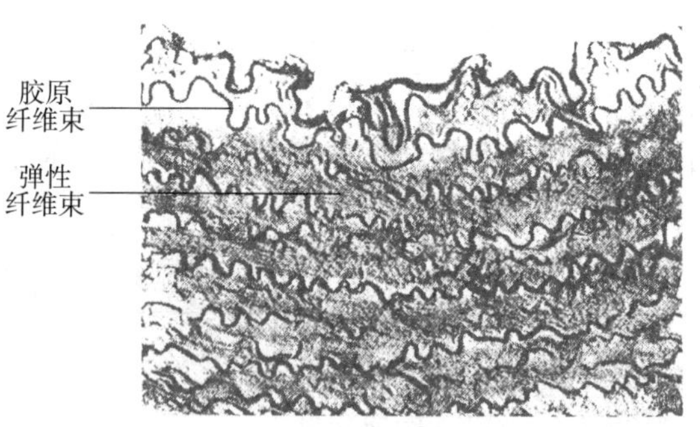

图 3-11　弹性结缔组织（大动脉壁）

（四）细密结缔组织

其结构介于疏松结缔组织和致密结缔组织之间，特点是纤维细密、交织成网，细胞种类和数量较多，有丰富的白细胞，如淋巴细胞、浆细胞、巨噬细胞、嗜酸性粒细胞等。主要分布于内脏器官黏膜固有层、心血管内皮下层等部位。

三、脂肪组织

脂肪组织（adipose tissue）由疏松结缔组织内聚集大量脂肪细胞而成。成群的脂肪细胞由富含毛细血管和神经的疏松结缔组织将其分隔成许多脂肪小叶。根据脂肪细胞的结构和功能不同，可分为白色脂肪组织和棕色脂肪组织两类。

（一）白色脂肪组织

白色脂肪组织即通常所指的脂肪组织（图 3-12）。脂肪细胞与疏松结缔组织中脂肪细胞结构相同，属于单泡脂肪细胞。白色脂肪组织主要分布于皮下、网膜及肠系膜、黄骨髓等处，是体内最大的储能库，参与能量代谢，并具有产生热量、维持体温、缓冲保护和支持填充等作用。

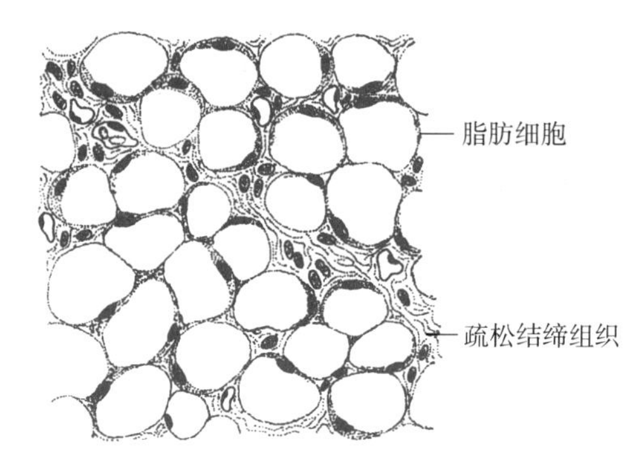

图 3-12　脂肪组织

（二）棕色脂肪组织

棕色脂肪组织主要存在于新生动物体内，一般成年动物体内含量很少，但在冬眠动物体内则较多。其主要特点如下。

（1）脂肪细胞呈多边形，胞核圆且位于细胞中央，胞质内有许多较小的游离脂肪滴和大而密集的线粒体，且两者常紧密相贴。由于细胞中含有多量含铁的细胞色素，故呈棕色。此种细胞又称多泡脂肪细胞（图 3-13）。

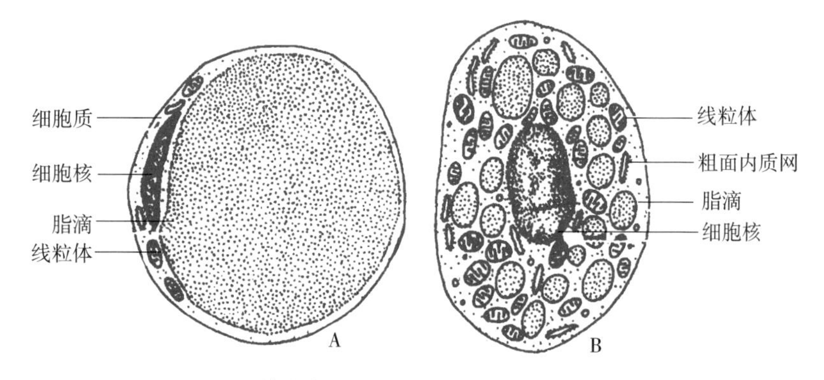

图 3-13　单泡脂肪细胞（A）和多泡脂肪细胞（B）

（2）棕色脂肪组织中含有丰富的血管和神经。在寒冷的环境条件下，棕色脂肪组织内的脂肪细胞可被迅速氧化，产生多量热能以维持冬眠动物的体温和新生动物抗寒需要。

四、网状组织

网状组织（reticular tissue）由网状细胞及其产生的网状纤维和基质构成，分布在骨髓、脾脏、肝脏和淋巴结等造血器官和免疫器官内，构成血细胞和淋巴细胞发育的微环境。细胞成分主要是网状细胞，在网眼内还有少量巨噬细胞、肥大细胞、淋巴细胞、浆细胞和脂肪细胞等。网状细胞属于一种分化程度较低的成纤维细胞，形态与间充质细胞相似，分布在由网状纤维构成的网架上。网状纤维的形态特点是细短而卷曲成网，且数量较多（图 3-14、图 3-15、二维码 17）。

二维码 17

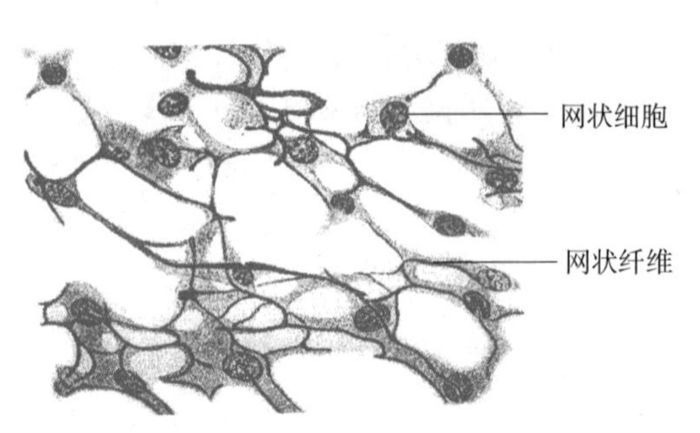

图 3-14　网状组织（已洗除淋巴细胞）

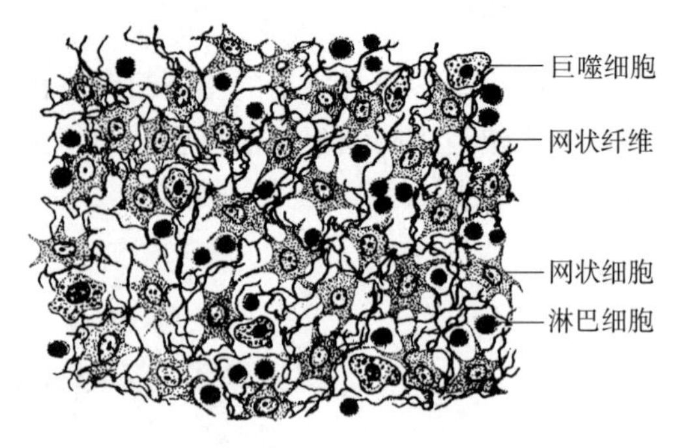

图 3-15　网状组织

1. 名词解释：间充质　固有结缔组织　分子筛　脂肪组织　网状组织
2. 简述结缔组织的概念、分类及分布。
3. 疏松结缔组织中主要有哪些细胞和纤维？其形态结构和功能如何？

（李莲军　赵善廷）

第四章　软骨与骨

软骨和骨共同组成骨骼系统，不但是动物体的支架，使动物具有一定体形，而且对动物的脑、脊髓和内脏均有重要的保护作用。它们的共同点是间质均呈固态，差异在于细胞间质中的无定形物质和纤维成分的性质、比例和排列不同。软骨在胚胎期已经形成，从胎儿期到出生以后，随着年龄的增长才逐渐被骨所代替，仅在局部保留着一些，如耳、鼻、喉、气管、椎间盘、肋软骨等。

一、软　　骨

软骨（cartilage）作为一种特殊器官，在机体不同部位有不同功能。软骨有一定的硬度，兼有弹性和韧性，对外来压力和冲击力有很强的反弹作用。软骨主要由软骨组织和表面的软骨膜构成。

（一）软骨组织

软骨组织由软骨细胞和软骨间质构成，间质又包括凝胶状的基质和纤维，软骨细胞和纤维均包埋于基质之中。

1. 软骨细胞　是软骨组织中仅有的细胞，被包埋于间质形成的软骨陷窝（cartilage lacuna）内。软骨陷窝周围有一层富含硫酸软骨素较多的基质，称为软骨囊（cartilage capsule），HE 染色呈强嗜碱性。软骨细胞的形状和在同一陷窝中的数量因在软骨所处的部位不同而异。在软骨组织表层是一些幼稚的软骨细胞，胞体小，呈梭形或椭圆形，其长轴与软骨表面相平行，常单个存在。越向软骨组织深部，软骨细胞越成熟，细胞体积增大，渐呈圆球形或卵圆形，在一个软骨陷窝内常包括 2～8 个软骨细胞，它们是由同一个幼稚软骨细胞分裂增殖而来，故称为同源细胞群（isogenous group）。软骨细胞核较小，呈卵圆形，核仁明显，有 1～2 个。软骨细胞的胞质丰富，常含脂肪滴。在生活状态下，软骨细胞充满软骨陷窝，但在 HE 染色时，由于脱水皱缩，细胞与陷窝之间常出现空隙，胞质因脂肪溶解而留下空泡（图 4-1）。电镜下软骨细胞的特点是细胞表面有较小突起，胞质内有丰富的粗面内质网和发达的高尔基复合体，线粒体较小（图 4-2）。

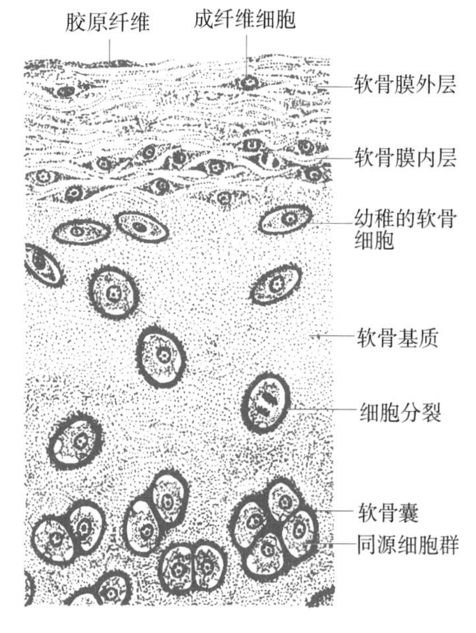

图 4-1　透明软骨显微结构模式图

2. 软骨间质　是由软骨细胞分泌而来，包括无定形基质和纤维，基质呈固体凝胶状。其化学成分与疏松结缔组织相似，也由毛刷样结构的大分子蛋白多糖与卷曲盘绕的透明质酸结合，形成分子筛聚合体。但软骨中蛋白多糖和硫酸软骨素含量高。此外，无定形基质还有软骨粘连蛋白和锚蛋白等，使得软骨成为坚固的凝胶状。纤维穿插于无定形基质中，使软骨具有弹性和韧性。纤维包括胶原纤维、弹性纤维等，但这些纤维的种类和数量在不同类型的软骨中是不同的。

（二）软骨膜

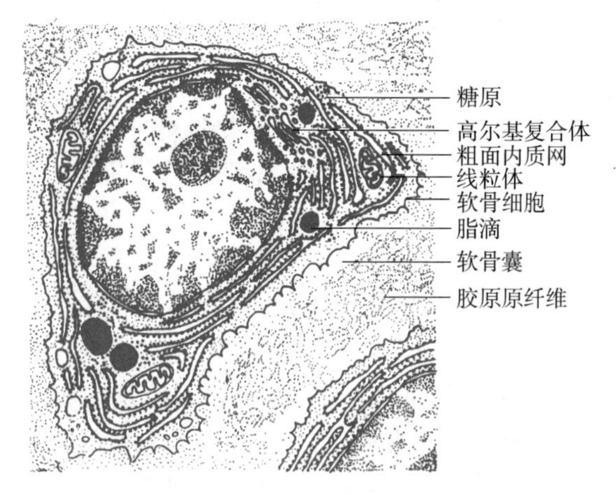

图 4-2　软骨细胞超微结构模式图

除关节软骨外，在其他软骨表面均覆盖有结缔组织膜，称软骨膜（perichondrium）。软骨膜可分为内、外两层，外层较致密，富含纤维、成纤维细胞和血管，主要起保护作用；内层较疏松，纤维少而成纤维细胞和毛细血管比较多，与软骨紧密相贴，之间无明显界线。内层紧贴软骨的成纤维细胞体积小，呈梭形，可增殖分化为软骨细胞，所以又称为骨祖细胞（osteoprogenitor cell），其功能与软骨生长密切相关。软骨内无血管，但无定形基质有很好的通透性，因此软骨的水和营养物质供给及代谢产物的排出，只能依赖于无定形基质与骨膜内层毛细血管进行渗透性交换。

（三）软骨类型

主要根据软骨基质内所含纤维种类或比例不同，可将软骨分为透明软骨、弹性软骨和纤维软骨三种类型。

二维码 18

二维码 19

二维码 20

1. 透明软骨（hyaline cartilage）　新鲜透明软骨呈瓷白色半透明固体状，故名透明软骨。主要见于关节面、肋软骨、鼻中隔、气管和支气管的软骨环等。透明软骨基质内的纤维是由Ⅱ型胶原蛋白组成的胶原原纤维，含量约为软骨基质的 40%。胶原原纤维交织成网络，细小且与无定形基质折光率一致，在 HE 染色切片上呈透明状而不易显现。此种软骨较脆，但抗压、耐磨，并具有一定弹性（二维码 18、二维码 19）。

2. 弹性软骨（elastic cartilage）　主要分布于耳壳、外耳道、咽鼓管、会厌和喉软骨等处。新鲜的弹性软骨呈不透明的浅黄色。软骨细胞的形态和分布基本同透明软骨，不同的是在无定形基质中含有大量交织排列的弹性纤维，而胶原纤维很少（图 4-3）。弹性纤维 HE 染色不能显示，醛复红染色呈紫红色。此种软骨有较强弹性，挤压后能恢复原状（二维码 20）。

3. 纤维软骨（fibrous cartilage）　主要分布于椎间盘、关节盘和耻骨联合等处。新鲜标本呈乳白色。其结构特点是软骨基质中含有大量平行或交织排列的粗大胶原纤维束，软骨细胞常成行分布于纤维束之间的软骨囊中（图 4-4）。HE 染色切片中，胶原纤维嗜酸性染成红色，纤

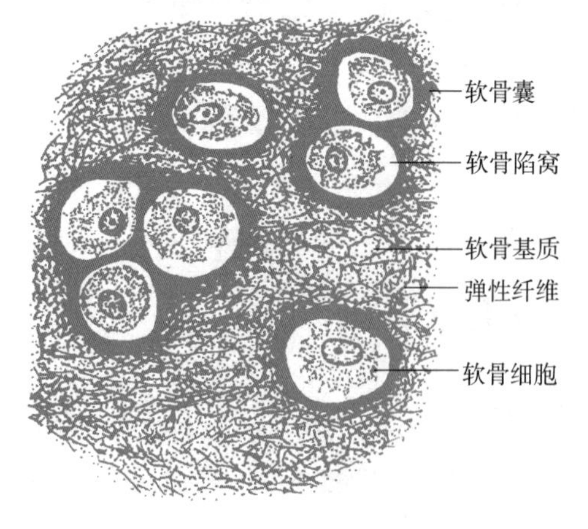

图 4-3　弹性软骨显微结构

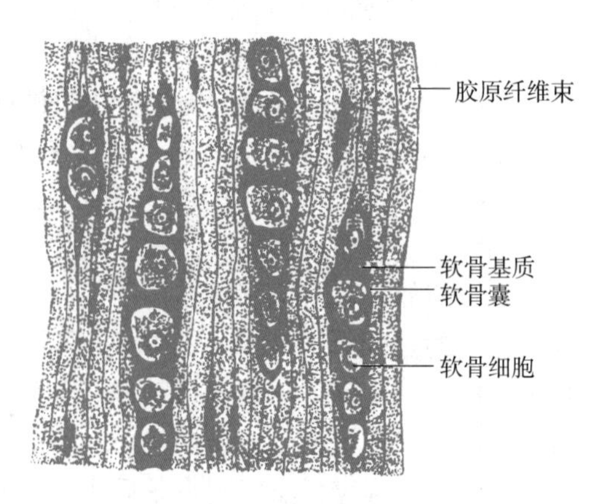

图 4-4　纤维软骨显微结构

维束之间无定形基质少，弱嗜碱性，软骨囊呈嗜碱性。此种软骨具有较强的抗压力和耐磨性，并具有较强的韧性。

二、骨

骨是动物体内除牙齿以外最坚硬的组织，因为在骨组织的基质中沉淀了大量的骨盐。骨不但有支持、保护功能，而且对机体活动起杠杆的平衡作用，骨还是机体钙、磷、镁等物质的储存库，其内的骨髓还是重要的造血器官。

（一）骨的组织成分

骨的形状多样，包括长骨、短骨、扁骨和不规则形骨等，但其构成内容是相同的，主要分为骨组织和骨膜两大部分。

1. 骨组织　骨组织（osseos tissue）由几种细胞和大量钙化的细胞间质组成（图 4-5）。

（1）细胞成分：骨组织的细胞分两类，一类与骨基质的生成有关，在分化的不同阶段分别称为骨原细胞、成骨细胞和骨细胞；另一类与骨基质的分解吸收有关，称为破骨细胞。

①骨原细胞（osteogenic cell）：又称骨祖细胞，是骨组织的干细胞，具有较强的分裂增殖能力，能分裂分化为成骨细胞，参与骨组织生长、改建或修复。骨原细胞多位于和骨内膜贴近骨组织处。细胞较少，呈梭形，有细小突起，胞质较少而嗜酸性，核椭圆，染色质分散而着色浅。

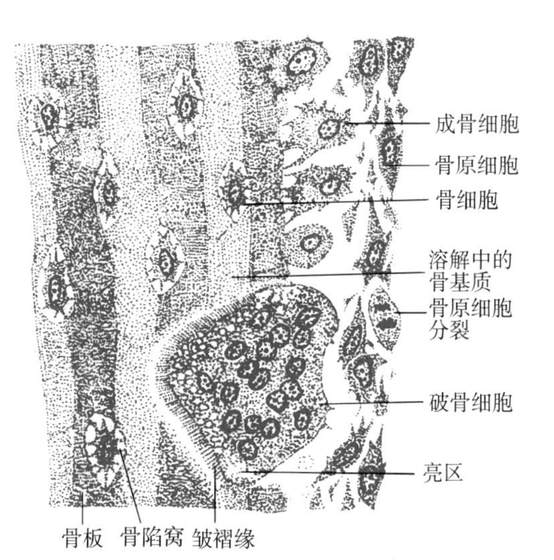

图 4-5　骨组织的各种细胞形态图示

②成骨细胞（osteoblast）：由骨原细胞增殖分化而来，体积稍大，呈矮柱状或椭圆球形，胞体常有细小突起伸入骨组织的骨小管内，并与此层骨细胞的突起相连接。胞质呈弱嗜碱性，含碱性磷酸酶和 PAS 颗粒，RNA 丰富。胞核大而圆，核仁明显。电镜下可见胞质内有大量粗面内质网、发达的高尔基复合体、较多的线粒体和游离核糖体等。成骨细胞能分泌骨基质的有机成分，形成类骨质（osteoid），同时能以细胞膜出芽方式向基质释放小泡，称基质小泡（matrix vesicle）。基质小泡在类骨质钙化过程中有重要作用。另外，成骨细胞还能分泌特异性糖蛋白和一些细胞因子。对调节骨组织生长、吸收和代谢也有重要影响。当成骨细胞被类骨质包埋以后，即成为骨细胞。

③骨细胞（osteocyte）：由成骨细胞分化而来。骨细胞单个分散的存在于骨板之间的骨陷窝中，也具有产生类骨质的能力。随着类骨质的钙化，骨细胞渐渐成熟。成熟的骨细胞较小，胞体呈扁卵圆形，胞质弱嗜碱或嗜酸性，细胞器较少，胞核呈短梭形。骨细胞是一种多突起细胞，相邻的骨细胞突起在骨小管内形成缝隙连接，以传递细胞间信息和沟通细胞间的代谢（图 4-6）。相邻的骨陷窝通过骨小管彼此连通，内含的组织液可以营养骨细胞并带走代谢产物。骨细胞可以维持和更新骨基质促进骨的成长。骨细胞及其突起，与骨基质相接触，对骨陷窝组织液中钙和血钙的交换及其维持血钙浓度相对恒定有一定作用。

④破骨细胞（osteoclast）：一般认为是由多个单核细胞融合而成的一种多核巨细胞（图 4-5）。破骨细胞数量较少，个体较大，直径 30～100 μm，胞核有 2～50 个，胞质嗜酸性，含丰富的溶酶体、高尔基复合体、线粒体等细胞器。功能旺盛的破骨细胞具有极性，位于骨基质表面被

分解吸收后形成的凹陷处。电镜下，此处破骨细胞的表面有形似纹状缘的指状突起，称皱褶缘（图 4-5），能释放多种水解酶，以溶解骨盐和基质。皱褶缘下方的胞质内集中了大量的溶酶体和吞噬泡，表明破骨细胞有很强的溶骨、吞噬和消化骨组织能力，与成骨细胞相辅相成，共同参与骨的成长和改建。

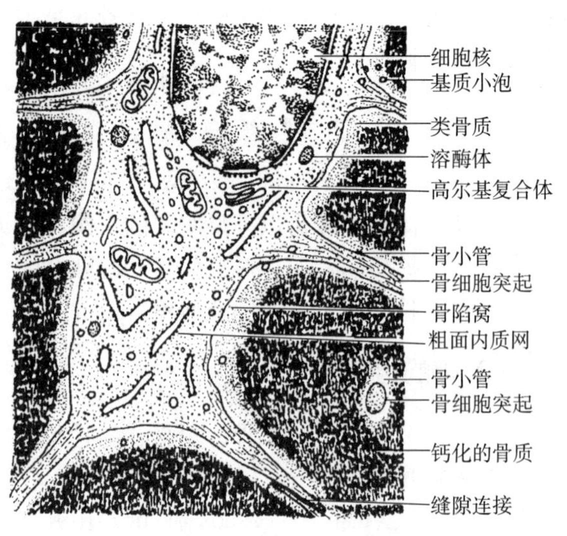

图 4-6　骨细胞超微结构模式图

（2）骨基质成分：骨基质为坚硬的固体，由有机成分和无机成分构成。有机成分约占骨重的 35%，无机成分约占 65%。有机成分是成骨细胞分泌形成的大量骨胶纤维（约占有机成分的 90%）及少量无定形基质。无定形基质中有骨黏蛋白和骨钙蛋白等，呈凝胶状，分布于纤维之间，起黏合作用。骨胶纤维与胶原纤维相似，主要也是由 I 型胶原蛋白组成，但在胶原蛋白分子间有其共价键横向交联，不溶于稀酸，分子间的空隙较大，可沉淀大量的无机盐。无机成分主要为羟基磷灰石结晶［Ca_{10}（PO_4）$_6$（OH）$_2$］，主要以钙、磷离子为主，并吸附镁、锌、铜等其他多种微量元素，因而骨又是体内钙、磷、镁等元素的储存库。

骨胶纤维有规律地排列成层，称骨板（bone lamella），其厚薄不一，一般为 3～7 μm。同一层骨胶纤维平行排列，相邻骨板的纤维则呈一定角度排列，纤维与骨盐及有机质紧密结合。这种胶合板式的组合方式使骨具有强大的坚韧性。骨细胞则位于相邻骨板之间的骨陷窝内。

2. 骨膜（periost）　由致密结缔组织组成。除关节面以外，覆盖在骨外表面的致密结缔组织称骨外膜，衬被于骨髓表面的结缔组织称骨内膜。

（1）骨外膜（periosteum）：分为两层，外层较厚，胶原纤维束密集而粗大，有的纤维可横向穿入外环骨板，称为穿通纤维（perforating fiber），有固定骨外膜的作用。内层较薄，组织疏松，含骨原细胞和成骨细胞及小血管和神经。骨外膜不仅营养、保护骨组织，在骨的生长、改建和修复中起着重要作用。

（2）骨内膜（endosteum）：被覆于骨髓腔面和骨小梁的表面，中央管及穿通管的内表面。骨内膜的纤维细而少，主要由一层骨被覆细胞（bone lining cell）组成。此种细胞扁平有突起，不但彼此有缝隙连接，而且以突起与邻近的骨细胞也有缝隙连接。由于这层细胞的分隔，形成了骨细胞周围和骨髓腔内的两种含钙、磷浓度不同的组织液，故可能具有离子屏障功能，使骨细胞周围组织液维持较高的钙、磷浓度，有利于骨盐结晶的形成。骨被覆细胞也是一种特殊的骨祖细胞，能增殖分化为成骨细胞，还能吸引破骨细胞贴附于骨表面，二者共同参与正常的成骨和破骨过程。

（二）骨组织的种类与结构

二维码 21

骨虽然有各种不同形态，但基本结构相似，现以长骨为例说明。长骨（long bone）由骨膜、密质骨、松质骨、骨髓、关节软骨及血管神经组成（二维码 21）。

1. 密质骨（compact bone）　主要构成长骨的骨干，由于其组成的骨板排列方式不同，又可分为环骨板、骨单位和间骨板三种（图 4-7）。

（1）环骨板（circumferential lamella）：指位于骨干的外侧部分和环绕骨髓腔的内侧部分的骨板，前者称为外环骨板，后者称为内环骨板。外环骨板较厚，由 10～40 层骨板整齐地环绕骨干平行排列。骨外膜中的小血管横穿外环骨板深入内部，称为穿通管（perforating canal），又称伏克曼管。穿通管与纵行排列的骨单位的中央管相交通，它们都是骨质的小管道，呈纵横交错态，内含血管、神经，并有组织液，实现骨内外的物质交换。内环骨板较薄，排列不甚规则，与骨髓腔内的骨小梁相连，并有骨内膜覆盖。

（2）骨单位（osteon）：又称哈佛系统（Haversian's system），数量多，是骨干密质骨的主要成分。骨单位呈不规则圆筒状，中心的小管称中央管，又称哈佛管。有 4～20 层骨板围绕中央管呈同心圆排列，骨板间有骨陷窝及骨小管存在，内含骨细胞及其突起。骨单位的血管彼此通连，最内层的骨小管开口于中央管。在骨单位周围有一明显的黏合线，是骨单位间的分隔线，此处含骨盐较多，而胶原纤维很少，外缘的骨小管均在黏合线以内返折，不与邻近骨单位内骨小管相通。

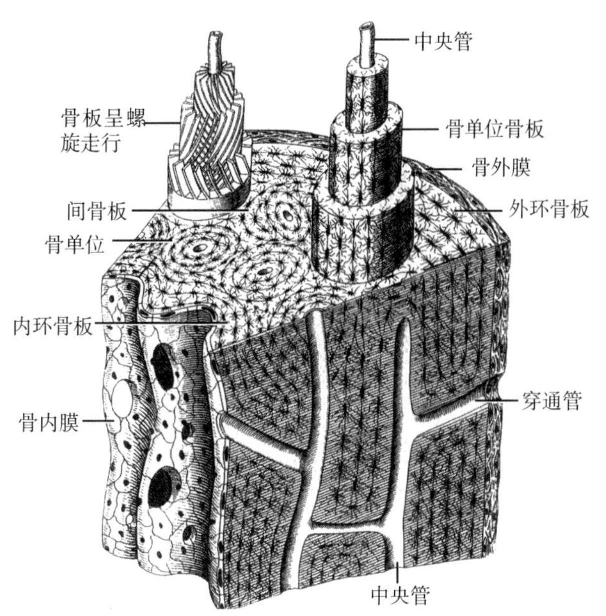

图 4-7　长骨骨干结构模式图

（3）间骨板（interstitial lamella）：位于骨单位之间的一些不规则的骨板，其大小、形态均有差异，也由骨板组成，也有黏合线分隔但无血管通过，乃是旧的骨单位或环骨板在重建过程中被吸收溶解后残留的部分。

2. 松质骨（spongy bone）　分布于长骨两端的骨骺和骨干的内侧面。形成许多针状或片状的骨小梁，相互连成多孔隙的网架结构，骨小梁粗细不一，直径 0.1～0.4 mm，由不规则排列的骨板和骨细胞构成。

3. 骨髓（bone marrow）　由多孔的松质骨作为支架，其内充满骨髓。骨髓是主要的造血组织，在幼年期，造血机能旺盛，为红骨髓；随着年龄的增长，脂肪组织逐渐增多而变成黄骨髓，造血机能衰退，但在扁骨、长骨的骨骺及不规则骨则终生保留红骨髓。

骨膜及关节软骨构造见前述。长骨虽有一定的硬度，但由于经常承受巨大压力和外力冲击，或体内含钙量不足，容易发生骨折。骨折后的长骨要及时复位固定，因其内含有丰富的血管和神经，尤其是骨膜，内有骨原细胞，可分化变成骨细胞，参与骨的愈合与修复。因此，骨折后，保护好骨膜是非常重要的。

（三）骨的发生与生长

骨的发生和生长均包括骨组织的形成和骨组织的吸收两个同时进行的过程。成骨的基本方式有膜内成骨与软骨内成骨两种（二维码 22）。

二维码 22

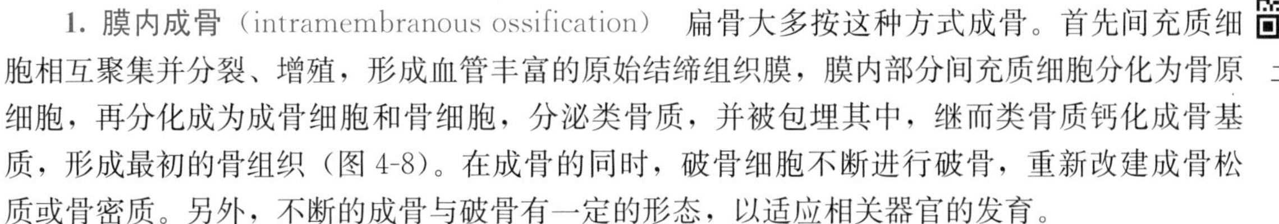
1. 膜内成骨（intramembranous ossification）　扁骨大多按这种方式成骨。首先间充质细胞相互聚集并分裂、增殖，形成血管丰富的原始结缔组织膜，膜内部分间充质细胞分化为骨原细胞，再分化成为成骨细胞和骨细胞，分泌类骨质，并被包埋其中，继而类骨质钙化成骨基质，形成最初的骨组织（图 4-8）。在成骨的同时，破骨细胞不断进行破骨，重新改建成骨松质或骨密质。另外，不断的成骨与破骨有一定的形态，以适应相关器官的发育。

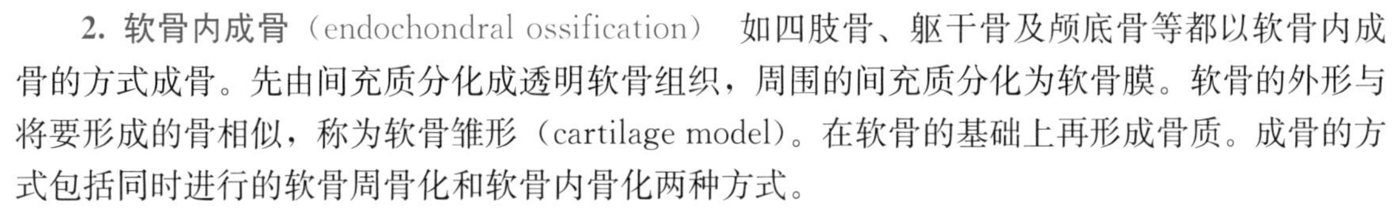
2. 软骨内成骨（endochondral ossification）　如四肢骨、躯干骨及颅底骨等都以软骨内成骨的方式成骨。先由间充质分化成透明软骨组织，周围的间充质分化为软骨膜。软骨的外形与将要形成的骨相似，称为软骨雏形（cartilage model）。在软骨的基础上再形成骨质。成骨的方式包括同时进行的软骨周骨化和软骨内骨化两种方式。

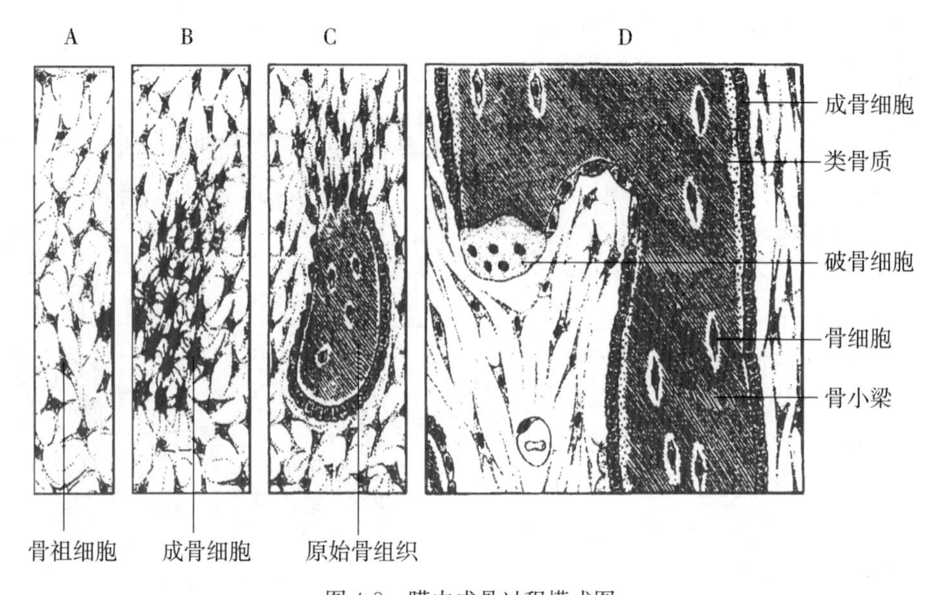

图 4-8 膜内成骨过程模式图

A. 未分化间充质细胞阶段，含骨祖细胞 B. 骨祖细胞分化为成骨细胞 C. 成骨细胞开始成骨，形成原始骨组织 D. 原始骨组织进一步生长和改建，形成骨小梁

（1）软骨周骨化（perichondral ossification）：此过程与膜内成骨类似。软骨雏形形成后不久，在软骨中段的软骨膜内层的细胞分化为成骨细胞，在软骨表面形成一圈骨组织，形似领圈，故名骨领（bone collar）。骨领表面的软骨膜从此改称骨外膜。骨领不断增厚、钙化将软骨变为骨组织，并向骨的两端扩展，逐渐形成骨干。

（2）软骨内骨化（endochondral ossification）：是软骨雏形的增长并被骨组织所替代的过程。变化过程复杂，经历了以下几个变化过程。

①初级骨化中心形成：在骨领形成的同时，软骨雏形中央的软骨细胞肥大并分泌碱性磷酸酶使软骨基质钙化；随之软骨细胞退化死亡，留下较大的软骨陷窝，此为初级骨化中心（primary ossification center）形成。在此基础上，骨外膜的血管和骨原细胞、破骨细胞以及间充质细胞等穿过骨领进入初级骨化中心。骨原细胞不断分化为成骨细胞和骨细胞，也不断地将形成的类骨质钙化形成骨组织。而破骨细胞不断溶解吸收钙化的骨基质，两者共同作用，参与骨的生长和骨髓腔的形成。

②骨髓腔的形成与骨的生长：主要是破骨细胞破坏、重吸收原始骨松质，使骨干中央出现骨小梁结构并有血管和骨髓样组织分布的大腔，称为骨髓腔。由于骨领外表面骨细胞不断成骨，而骨领内表面不断被破骨细胞溶解吸收，在骨干增粗的同时骨两端初级骨化中心软骨不断生长推移，使骨生长。

③次级骨化中心出现与骺板形成：次级骨化中心（secondary ossification center）是新出现在骨干两端的骨化中心，大多在出生后形成。次级骨化中心形成骨组织的过程与初级骨化中心相似，以初级骨松质取代大部分软骨，使骨干两端形成早期骨骺。骨骺关节面终身保留薄层软骨，即关节软骨。早期骨骺与骨干之间亦保留一定厚度的软骨层，即骺板（epiphyseal plate）。成年以后，骺板软骨细胞不断分裂增殖及退化，破骨细胞及成骨细胞则不断向两端推进，长骨因而不断增长。接近成年期，骺板停止生长。

④骨单位的形成及改建：构成原始骨干的初级骨松质通过骨小梁增厚而使小梁之间的网孔变小，逐渐成为初级骨密质。初级骨密质既无骨单位及间骨板，也不存在内、外环骨板。出生后不久，破骨细胞在原始骨密质外表面顺着骨的长轴进行分解吸收。骨外膜的血管及骨原细胞等随之进入，由骨细胞分化为成骨细胞造骨。成骨细胞围绕血管自外向内不断形成呈同心圆排

列的骨单位骨板。其中央的血管称中央管，管内尚存的骨原细胞贴附于最内层骨单位骨板内表面，成为骨内膜，形成第一代骨单位。以后第一代骨单位逐渐被第二代骨单位取代，残留的骨单位碎片便成为间骨板。后代骨单位替换前代的过程，称为骨单位改建。

1. 名词解释：软骨囊　骨陷窝　同源细胞群　骨单位　骨板　密质骨　松质骨
2. 简述软骨的组成、分类及分布。
3. 骨组织的细胞成分有哪些？各有何功能？
4. 骨膜的结构和意义是什么？

（沈霞芬　常　兰）

第五章 血　液

二维码 23

血液（blood）是一种在心脏和血管构成的循环系统中周而复始不断流动的液态特化结缔组织。言其特殊在于呈液态，言其为结缔组织不但在于来源于早期胚胎的间充质，而且也是由细胞和基质、纤维组成。细胞成分包括红细胞、白细胞和血小板；基质指的就是血清；纤维则是血浆中的纤维蛋白原，在一定条件下可转化为丝状的纤维蛋白。在血液中加入抗凝剂（肝素或柠檬酸钠）静置后，可分为三层，上层为淡黄色的血浆，下层为深红色的红细胞，中间灰白色薄层是白细胞和血小板（图 5-1、二维码 23）。

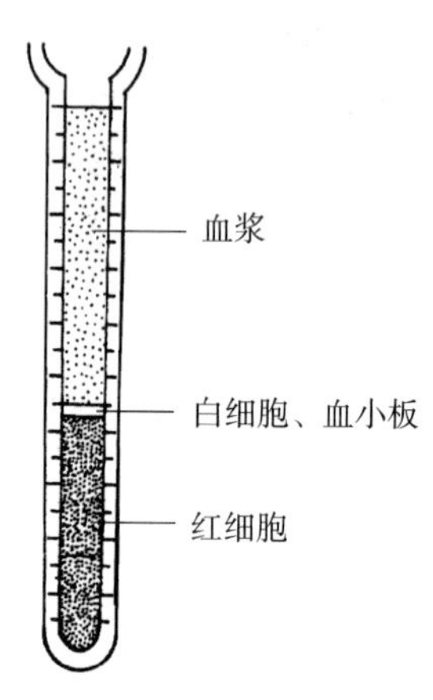

图 5-1　血浆和红细胞以及白细胞、血小板比容示意图

大多数哺乳动物的全身血量约占体重的 7%～8%，其中细胞成分占血液容积 35%～55%，血浆占 45%～65%。

血液的成分如表 5-1 所示。

表 5-1　血液成分表

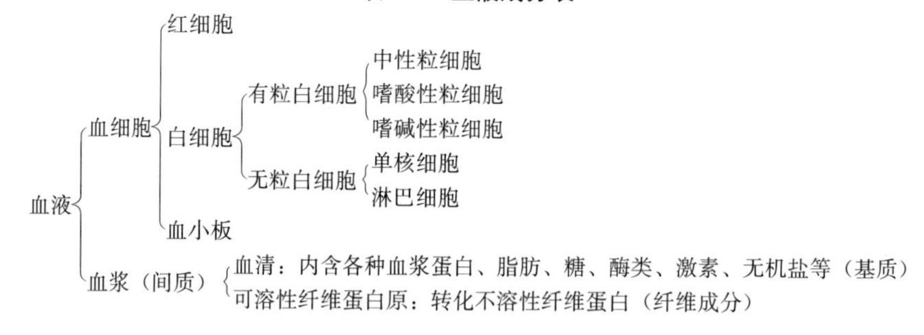

一、血 细 胞

二维码 24

血细胞包括红细胞、白细胞和血小板。这些细胞主要由骨髓干细胞经过分裂增殖，分化而成熟。成熟的各种白细胞其形态结构、数量、比例以及血红蛋白含量等方面均不同，在正常生理情况下稳定在一定范围内，在病理情况常出现明显变化。因此，检查血象对诊断疾病和了解机体状况具有十分重要的意义（二维码 24）。

观察血细胞结构常用的方法是血涂片染色法。将一滴待检血液在载玻片上涂一薄层，用瑞特（Wright’s）或姬姆萨（Giemsa’s）染色法染色，各类血细胞中的不同成分与各种染料均有不同的亲和力并产生不同的颜色反应，若对亚甲蓝等碱性染料有亲和性的细胞（或物质）称嗜碱性，呈蓝色；对伊红等酸性染料有亲和性的称嗜酸性，呈红色；对天青有亲和性的称嗜天青，呈紫红色；对酸性染料和碱性染料都没有强亲和性的称嗜中性，呈极浅的淡红或淡蓝色。

（一）红细胞

哺乳动物成熟的单个红细胞（erthrocyte，red blood cell，RBC）呈淡黄绿色，若大量红细胞在一起则呈红色。红细胞表面光滑，呈双面凹的圆盘状，直径5～7 μm，胞质内充满血红蛋白，无细胞核和细胞器（图5-2）。鱼类、两栖类、爬行类和鸟类动物的红细胞都有细胞核。哺乳动物成熟的红细胞则由于高度分化，细胞核和细胞器完全的丢失。红细胞中央薄而周边厚的外形，可比同样体积的圆形球表面积增大20%～30%，这有利于气体的交换。红细胞具有一定弹性和可塑性，它可以经变形而通过直径比自己小的毛细血管。

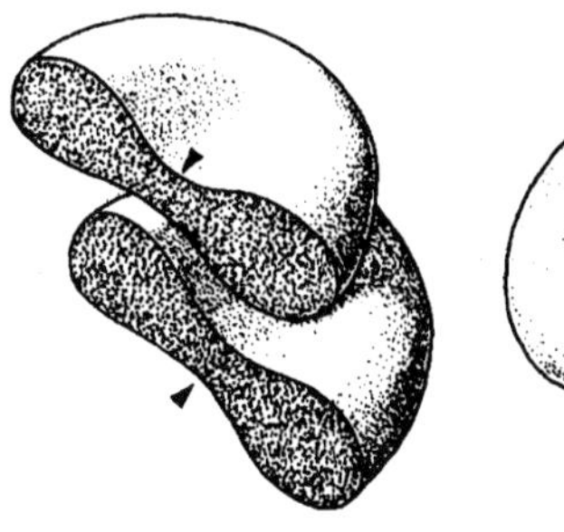
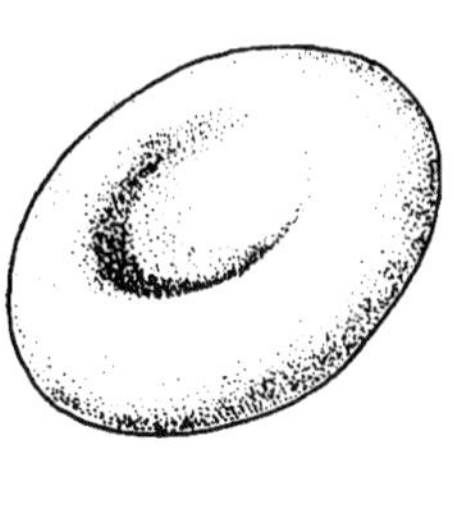

图5-2　红细胞立体形态结构模式图

正常的血液中，还有少量尚未完全成熟的红细胞，称为网织红细胞（reticulocyte），仅占红细胞总数的0.5%～1.5%。网织红细胞体积略大，在血涂片上难以与红细胞区别，若用煌焦油蓝染色，可见网织红细胞内有蓝色的细网或颗粒，这是胞核被排出后残留的核蛋白体，另外还可见到少量线粒体。网织红细胞仍有合成血红蛋白的能力，血液中存在1～3 d后核蛋白体和线粒体等可消失，变为成熟红细胞。正常情况下，红细胞质内的渗透压和血浆渗透压相等，以保持红细胞的正常形态。若血浆渗透压降低，水分就会进入红细胞内，使其肿胀破裂，称为溶血（hemolysis），残留的红细胞膜称血影（ghost）。红细胞的数量与所含血红蛋白减少，可引起贫血。

各种动物红细胞的形态结构、数量、大小有差异。禽类红细胞呈椭圆球形且有核；羊的红细胞较小而犬的较大；骆驼和鹿的红细胞呈椭圆形（二维码25）。红细胞的数量与动物种类、性别、年龄、营养状况及生活环境有关，但均保持在一个正常范围内（表5-2）。

二维码25

表5-2　成年畜禽红细胞大小与数量

种别	直径（μm）	数量（$\times10^6$个/mm^3）
猪	6.2	7.0
马	5.6	8.5
驴	5.3	6.5
牛	5.1	6.0
绵羊	5.0	9.0
山羊	4.1	14.4
兔	6.8	5.6
犬	7.0	6.8
猫	5.9	7.5

成熟红细胞平均寿命约120 d。衰老红细胞虽无形态上的特殊标志，但易破碎，血红蛋白减少，携氧力下降。衰老死亡的红细胞多在脾、肝等处被巨噬细胞吞噬、分解，同时由红骨髓产生和释放等量的红细胞，补充到血液中，以维持红细胞数量的相对恒定。红细胞的功能主要有以下几方面：

1. 运输氧气和二氧化碳　红细胞中充满血红蛋白（hemoglobin，Hb）。血红蛋白由珠蛋白和含铁的血红素结合而成。当血液流经肺时，由于肺泡的氧气分压高，二氧化碳分压低，促使血红蛋白释放二氧化碳而与氧气结合，形成氧合血红蛋白；相反，当血液流经其他组织器官时，由于这些组织器官中二氧化碳分压高，氧气分压低，氧合血红蛋白释放氧气供细胞氧化利用，而血红蛋白又与二氧化碳结合，形成二氧化碳血红蛋白，循环到肺再释放排出。要注意的是一氧化碳也能与血红蛋白结合，而且亲和力比氧气大很多倍，且不易分离，如空气中一氧化碳增多时，大量血红蛋白与一氧化碳结合，而不能再与氧气结合，从而出现一氧化碳中毒的缺氧症状，严重的可导致死亡。

2. 调节酸碱平衡 红细胞内的血红蛋白具有结合酸碱离子的作用，故对血液的 pH 有调节和缓冲功能。

3. 红细胞膜具有血型抗原 在红细胞的质膜上有不同的血型抗原，它们是具有不同分子结构的膜糖蛋白，根据血型抗原的不同，可决定不同的血型，在临床输血中具有重要意义。

4. 红细胞的免疫功能 红细胞通过表面存在的一些受体和活性分子，参与机体多种免疫应答和免疫调节。红细胞可吸附并运输抗原-抗体复合物并促进巨噬细胞吞噬；还可分泌多种细胞因子，参与免疫调节；也有识别和递呈抗原的功能；还可增强 NK 细胞的抗肿瘤活性；促使 B 细胞产生免疫球蛋白等。

（二）白细胞

白细胞（leukocyte，white blood cell，WBC）的种类比较多但均为球形并有细胞核和细胞器，都具有游走性并有一定的防御和免疫功能。白细胞数量远比红细胞少，其总数中各种白细胞所占百分比，因动物种类、年龄、个体和生理状况等不同而有差异。但正常情况下在一定范围内波动（表 5-3）。

表 5-3 成年动物白细胞数值与分类百分比

动物	白细胞总数（$\times10^3$ 个/mm^3）	各种白细胞百分比（%）					
		中性粒细胞		嗜酸性粒细胞	嗜碱性粒细胞	单核细胞	淋巴细胞
		杆状核	分叶核				
猪	14.8	3.0	40.0	4.0	1.4	2.1	48.0
马	8.8	4.0	48.4	4.0	0.6	3.0	40.0
驴	8.0	2.5	25.3	8.3	0.5	4.0	59.4
牛	8.2	6.0	25.0	7.0	0.7	7.0	54.3
绵羊	8.2	1.2	33.0	4.5	0.6	3.0	57.7
山羊	9.6	1.4	47.8	2.0	0.8	6.0	42.0
兔	5.7～12.0	8～50		1～3	0.5～30	1～4	20～90
犬	3.0～11.4	42～47		0～14	0～1	1～6	9～50
猫	8.6～32.0	31～85		1～10	0～2	1～3	10～69
鸡	30.0	24.1		12.0	4.0	6.0	53.0

1. 中性粒细胞（neutrophilic granulocyte） 细胞呈圆球形，数量较多，占白细胞总数的 30%～40%，直径 7～15 μm。胞核嗜碱、形态多样是其特点，有的呈香肠状，称为杆状核，有的核分为 2～3 叶，甚至更多，中间有细丝相连，称为分叶核，核分叶越多越近衰老。胞质嗜中性，色极浅，含有许多直径为 0.3～0.7 μm 的淡紫色和淡红色颗粒。电镜下颗粒分两种：一种为嗜天青颗粒，为溶酶体，约占颗粒总数的 20%，体积较大，呈圆形或椭圆形，内含酸性磷酸酶、过氧化物酶等，能消化分解吞噬的异物。另一种为特殊颗粒，体积细小，约占颗粒总数的 80%，呈圆形、椭圆形或哑铃形，内含碱性磷酸酶、吞噬素和溶菌酶等，能杀菌和溶菌。此外，胞质内还有少量线粒体、内质网和核蛋白体，胞质周缘部有大量肌动蛋白丝

(图 5-3)。

中性粒细胞能做变形运动并有吞噬功能，又称小吞噬细胞。在正常情况下，嗜中性粒细胞进入血液循环约 12 h 后，进入组织后可存活 3～5 d。当机体受到感染或出现异物时，中性粒细胞伸出伪足，以变形运动聚集到病原微生物或异物周围，用伪足将其包围，形成吞饮小泡或吞噬体，然后与溶酶体和特殊颗粒相融合，将其消化分解。这些中性粒细胞被巨噬细胞吞噬，或变性坏死成为脓细胞。

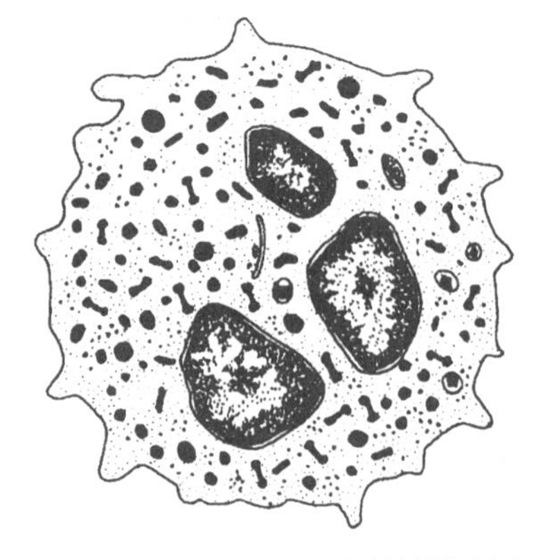
图 5-3 中性粒细胞超微结构模式图

动物种类不同，中性粒细胞的大小、形态和结构也不一致，甚至有些动物的颗粒并不是嗜中性而具有嗜酸性，可称为异嗜性粒细胞（heterophil）。小鼠的异嗜性粒细胞的颗粒细小呈棕红色，兔的呈红色，犬的细小呈紫红色，猫的细小呈杆状、棕红色，鸡的为粗大杆状，呈红色，因此鸡的异嗜性粒细胞又称为假嗜酸性粒细胞。

2. 嗜酸性粒细胞（eosinophilic granulocyte） 数量较少，占白细胞总数的 3%～8%，细胞呈球形，直径 8～20 μm。核常分为 2 叶，胞质内充满大小均匀、略带折光性的圆形嗜酸性颗粒，颗粒较大，直径 0.5～1.0 μm，橘红色。但不同动物的嗜酸性粒细胞的颗粒大小有差异，马和犬的颗粒较大，直径可达 3 μm。电镜下，颗粒有膜包被，颗粒内有高电子密度的方形或长方形结晶体，含有酸性磷酸酶、组胺酶、芳基硫酸酯酶和过氧化物酶等（图 5-4）。

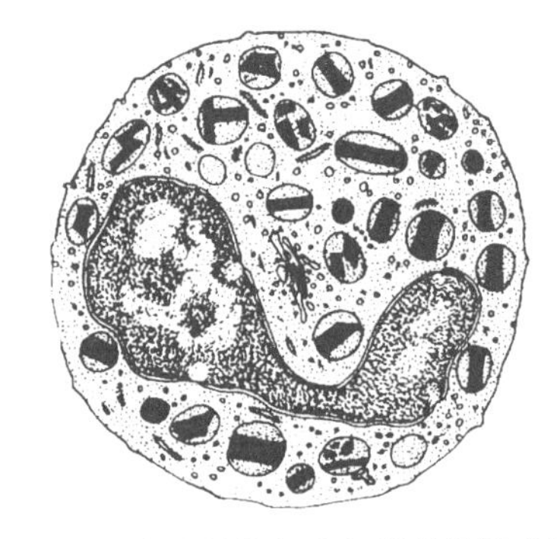
图 5-4 嗜酸性粒细胞超微结构模式图

嗜酸性粒细胞能吞噬抗原-抗体复合物，释放组胺酶灭活组胺，从而减弱过敏反应和变态反应。另外，嗜酸性粒细胞还能借助抗体与某些寄生虫表面结合，释放颗粒内物质，杀灭寄生虫。因此，在发生过敏性疾病或寄生虫病时，血液中嗜酸性粒细胞增多，且寄生虫所在组织可见嗜酸性粒细胞大量聚集。嗜酸性粒细胞在骨髓内停留 3～4 d 成熟后进入血液循环，数小时后离开血管进入结缔组织，在结缔组织中发挥功能可生存 8～12 d。

3. 嗜碱性粒细胞（basophilic granulocyte） 在白细胞中数量最少，仅 0.5%～1%。细胞呈球形，直径 10～15 μm，胞核分叶或呈肾形，着色较浅，胞质内含大小不等（直径0.1～1.2 μm）、分布不均、色深浅不同的嗜碱性颗粒。电镜下，嗜碱性颗粒呈圆形或椭圆形，有膜包被，颗粒内充满细小微粒，呈杆状或螺纹状分布（图 5-5）。颗粒内含有肝素（heparin）、组胺和白三烯（leukotriene）等。肝素具有抗凝血作用，组胺和白三烯参与过敏反应和变态反应。

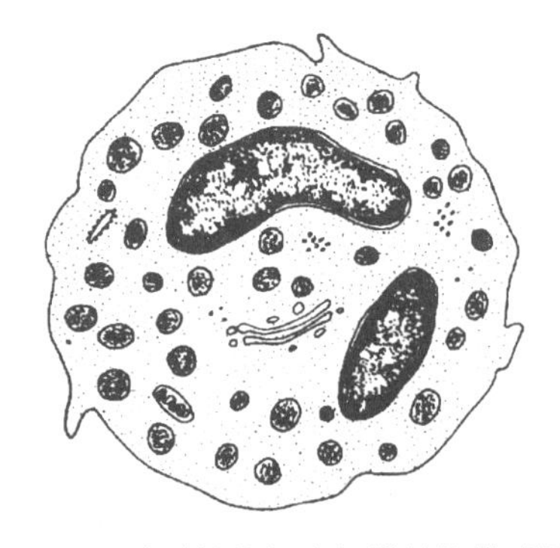
图 5-5 嗜碱性粒细胞超微结构模式图

嗜碱性粒细胞与肥大细胞都有嗜碱性颗粒，颗粒内都含有肝素、组胺和白三烯等成分，功能上有相似之处，但在分布、胞核的形态以及颗粒的大小与结构上均有所不同。目前已知两种细胞都来源于骨髓，但中间型细胞不是同系细胞。嗜碱性粒细胞在骨髓内完成其最后的分化；而肥大细胞则在尚未完成分化之前即离开骨髓进入血液，成为淋巴细胞样的肥大细胞前体，它进入结缔组织后才完成最后的分化，成为肥大细胞。嗜碱性粒细胞的寿命约 10 d，肥大细胞的寿命可长达 1～3 个月。

4. 单核细胞（monocyte） 数量比嗜酸性粒细胞略少，占白细胞总数的 3%～6%。细胞呈球形，是白细胞中体积最大的细胞，直径 10～20 μm。细胞核分叶少，呈卵圆形、肾形、马蹄形等，常偏位，着色较浅。马和牛的单核细胞的核常为分叶形。胞质丰富，因弱嗜碱性而呈浅灰蓝色，有很少的小嗜天青颗粒，直径 0.1～0.2 μm。电镜下，细胞表面有皱褶和微绒毛，胞质内有许多吞噬泡、线粒体和粗面内质网，嗜天青颗粒为溶酶体结构，内含过氧化物酶、酸性磷酸酶、脂酶和溶菌酶等物质（图 5-6）。

单核细胞具有活跃的变形运动和趋化性，在血管中功能并不活跃，在血流中停留 1～2 d 后，穿过毛细血管进入结缔组织或一些器官内，分化为巨噬细胞后吞噬功能得以充分发挥，并有各特定的名称，如组织细胞、枯否细胞（肝）、尘细胞（肺）、破骨细胞（骨）、小胶质细胞（脑）等，由于它们都来源于单核细胞，形态大致相似，且都有强的吞噬功能，故将这类细胞统称为单核吞噬细胞（mononucler phagocyte）。此类细胞除具有吞噬功能外，尚有免疫和防御功能（详见第十一章免疫系统）。

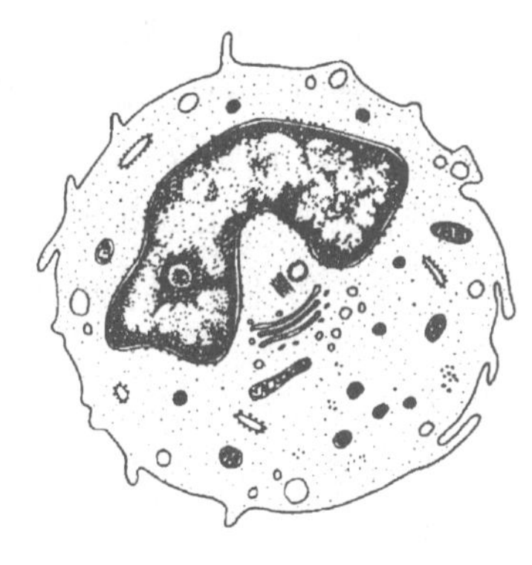

图 5-6 单核细胞超微结构模式图

5. 淋巴细胞（lymphocyte） 数量占白细胞总数的 25%～40%。细胞呈球形，依其体积可分小、中、大三种类型，直径分别为 5～8 μm、9～12 μm、13～20 μm。在正常循环血中主要是小淋巴细胞，中淋巴细胞很少，大淋巴细胞仅见于骨髓、脾和淋巴结。小淋巴细胞数量占血液淋巴细胞总数的 90%，细胞核大，呈圆形或椭圆形，胞核的一侧常有小凹陷，着色深。细胞质少，位于核周围，呈淡蓝色，含少量嗜天青颗粒（图 5-7）。中淋巴细胞核椭圆形或肾形，染色质疏松，着色较浅，胞质较多。

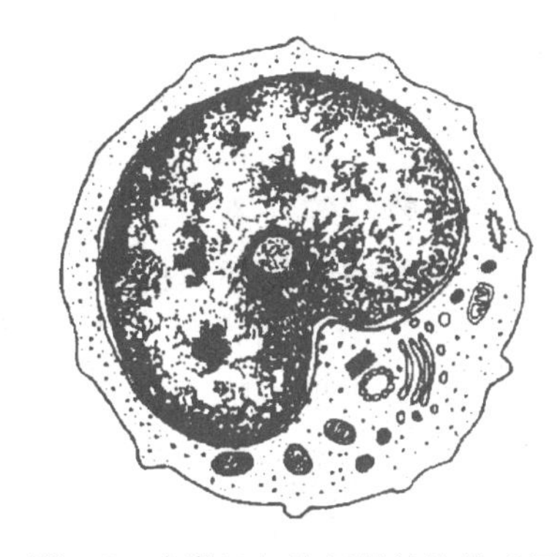

图 5-7 小淋巴细胞超微结构模式图

在组织或免疫器官内，三种大小不同的淋巴细胞可以互相转变，在某些因子刺激下小淋巴细胞可母细胞化变成大淋巴细胞，大淋巴细胞经过几次分裂后，最后又变成小淋巴细胞。形态相似的淋巴细胞，并非单一类群，根据其发生部位、表面特征和免疫功能等的不同，一般可分为 T 细胞、B 细胞、K 细胞和 NK 细胞四类（详见第十一章免疫系统）。

（三）血小板

血小板（blood platelet）是从骨髓内的巨核细胞（megakaryocyte）脱离下来的胞质小片，直径 2～4 μm，单个的血小板呈圆形或椭圆形，机能旺盛有小突起而呈不规则形，表面有完整的细胞膜和含有凝血因子的薄层血浆，内部无细胞核，有线粒体内质网等小管系统，还有一些在中央部有紫色颗粒，周围部均质较透明，含微管和微丝。血涂片上，往往十几个乃至几十个血小板聚集成群，故血小板常无明显的轮廓（图 5-8）。血液中血小板的数量为 15 万～50 万个/mm^3。

血小板的主要功能是止血和凝血。当小血管破损时，血小板受到刺激而变形，并凝聚成团，立即黏附于破损处形成血凝块。同时，血小板表面的凝血因子激活血浆中的凝血酶原，变为凝血酶使其纤维蛋白原变为丝状纤维蛋白，使血液凝固成血栓而止血。血小板还能释放 5-羟色胺等多种细胞因子，促进血管收缩、内皮细胞增生、血管的新生与修复等；血小板胞膜上的磷脂分子对嗜中性粒细胞有趋化作用，可促进其吞噬和免疫作用的发挥。血小板在血液中存留 7～14 d。

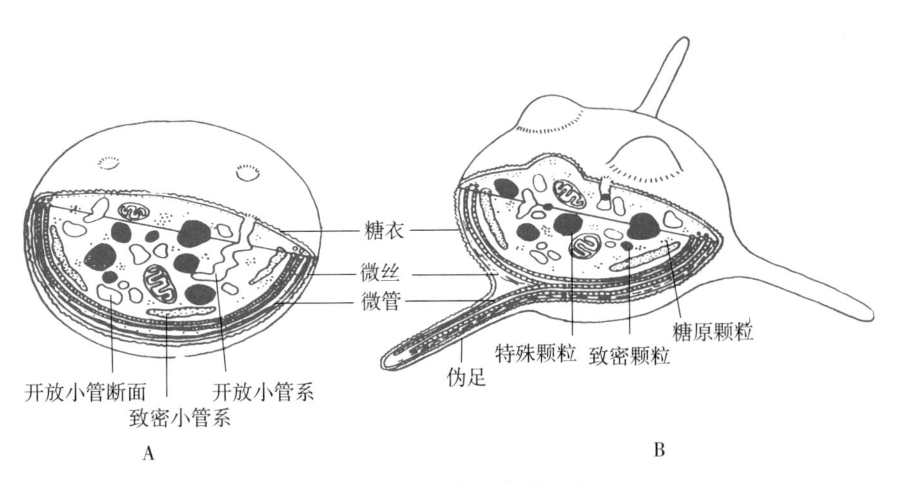

图 5-8　血小板超微结构模式图
A. 静止相　B. 机能相

禽类没有血小板而有凝血细胞（thrombocyte）。凝血细胞呈椭圆形，有一深染的核，与禽类红细胞形态相似，比红细胞略小，胞质嗜碱性，其中含少量颗粒。血液中凝血细胞的数量为2万～10万个/mm^3。

二、血　　浆

血浆（plasma）相当于血液的间质成分，即除去血细胞的血液为血浆，为淡黄色具有黏滞性的胶状液体，其中水分占91%，其余的9%含有血浆蛋白、脂蛋白、糖类代谢物、酶类、激素、无机盐等各种物质，成分十分丰富，功能又很广泛，可以用作输血。若除去血浆中的纤维蛋白原或者血液凝固后析出的液体则称为血清（serum），是血浆的基质成分，呈透明清朗的淡黄色液体，是血液临床检验的重要材料。用暗视野或相差显微镜观察新鲜血液（浆）时，可观察到其中有微小的颗粒，称为血尘（hemoconia），是血细胞和内皮细胞的残片或是脂肪小滴。血浆的功能包括以下很多方面。

1. 运输功能　血浆在血管内的循环流动，把体内所需的氧气和营养物质（蛋白质、脂肪、糖、纤维素、无机盐等）运至全身，又将二氧化碳及其他代谢产物运至相应器官排出；可携带各种激素，送至特定的靶细胞发挥作用；运送物质代谢产生的体热，使体温保持恒定等。

2. 防御与免疫功能　血浆中含有各种抗体、补体、溶菌酶、细胞因子等多种抗菌、杀菌、抑菌物质，又将白细胞等运至各组织器官发挥吞噬作用，参与机体各种特异性及非特异性防御和免疫作用，血浆中还含有一些抗炎化学介质（如激肽类）又强化了防御功能的发挥。

3. 调节体液功能　血浆中含有调节体液酸碱平衡的各种阴性和阳性离子，可防止机体酸中毒或碱中毒。水分和无机盐又能维持毛细血管正常的渗透压作用，若水、盐的过多丢失，则会造成电解质紊乱和脱水。

4. 凝血与止血功能　血浆中的纤维蛋白酶原在血小板凝血酶原的作用下，发生凝血反应，若在伤口处凝血则可止血，若在血管内凝血（病理状态）则能形成血栓，可造成不良后果。

三、血细胞的发生

二维码 26

血细胞在血液中的寿命是有限的，衰老的血细胞主要由肝、脾或分布于各处的巨噬细胞来清除，同时骨髓中又有新的血细胞产生，从而使外周循环血中的各种血细胞的数量和比例保持动态平衡。血细胞的这种生成过程称为血细胞发生（hemopoiesis）（二维码 26）。

（一）血细胞的起源和造血器官的演变

高等脊椎动物早期胚胎期血细胞起源于中胚层，即卵黄囊壁的间充质细胞。它们聚集成细胞团，能形成血岛（blood island）。随胚体发育，血岛造血迁移到肝、脾和骨髓，动物出生后，骨髓是主要的造血器官。成年动物的造血仅限于躯干骨，四肢骨已无造血能力。

（二）骨髓的结构

骨髓由网状组织形成支架，填充在骨髓腔中。网状细胞同网状纤维一起交织连接成网，网状细胞不仅起支持作用，还在骨髓内形成许多特定区域，成为血细胞生成的微环境。网眼中存在着各种造血干细胞，可分别分化为不同发育阶段的红细胞系、白细胞系及巨核细胞系等。骨髓中有丰富的血窦，为有孔的毛细血管，形成形状不规则的迂回腔隙，分化成熟的各种血细胞很容易钻入毛细血管进入血液（图 5-9）。

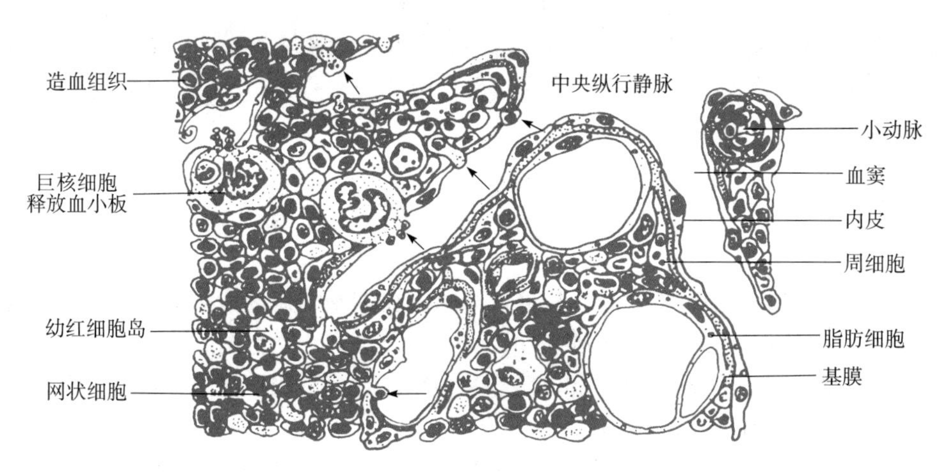

图 5-9　红骨髓组织结构示意图

胚胎时期和初生动物的骨髓都是红骨髓，造血机能旺盛。随年龄的增长，逐渐被黄骨髓代替而失去造血功能。红骨髓的红色是由于红细胞及其前体细胞的颜色所形成的，黄骨髓主要是脂肪细胞大量生长填入所致。红骨髓和黄骨髓在一定条件下可以转化，如在大量慢性出血、溶血、骨折等病理变化时，黄骨髓可转化为红骨髓，恢复造血机能。

红骨髓不仅是造血器官，还是体内主要的免疫器官，是培育 B 淋巴细胞的场所（详见第十一章免疫系统）。

（三）血细胞的生成过程

血细胞生成是造血干细胞经增殖、分化直至成为各种成熟血细胞的过程。造血干细胞（hemopoietic stem cell）又称多能干细胞（multipotential stem cell），起源于胚胎卵黄囊血岛，是生成各种血细胞的原始细胞，具有自我复制能力和多向分化能力，而且具有很强的增殖潜能。出生后，造血干细胞主要存在于红骨髓，约占骨髓有核细胞的 0.5%，在脾、肝、淋巴结和外周血中也有少量分布。

造血祖细胞（hemopoietic progenitor cell）又称定向干细胞（committed stem cell），由造血干细胞分化而来，已失去多向分化能力，在一定环境及因素的调节下，只能向一种或几种血细胞系定向增殖分化。

各系血细胞在发生过程中，一般都经历原始、幼稚（又分早、中、晚三期）和成熟三个阶段，一般有如下变化规律：①胞体由大变小（巨核细胞则由小变大）。②胞核由大变小（粒细胞核分叶，红细胞核最后消失），染色质由细疏变粗密，核仁由有到无。③细胞质由少变多，嗜碱性由强变弱，胞质内出现特殊颗粒或特殊产物，如血红蛋白。④细胞分裂能力由活跃到丧失。

1. 名词解释：血浆　血清　红细胞　网织红细胞　中（嗜酸、嗜碱）性粒细胞　异嗜性粒细胞　血小板　红骨髓　黄骨髓

2. 简述红细胞的形态结构特点与功能。

3. 试述各类白细胞在光镜和电镜下的形态结构特点及主要功能。

4. 简述血小板的来源、形态特点及功能。

（沈霞芬　陈正礼）

第六章 肌 组 织

肌组织能够收缩，是躯体和内脏运动的动力组织。肌组织由大量的肌细胞和少量的结缔组织构成。结缔组织内含有较多的血管、淋巴管和神经，构成肌组织的间质成分。肌细胞呈细长纤维状，又称肌纤维（muscle fiber）。肌纤维不同于其他组织中作为间质成分的纤维，是肌组织中的细胞成分。肌纤维膜又称肌膜（sarcolemma），细胞质称肌浆（sarcoplasma）或肌质，肌浆中含有肌原纤维（myofibril）是肌肉收缩的形态学基础。

肌组织分为骨骼肌、心肌、平滑肌三种（图 6-1），前两种的肌纤维上有横纹，又称横纹肌。骨骼肌受躯体神经支配，属随意肌，主要分布于躯体和四肢。心肌和平滑肌受自主神经支配，属不随意肌，平滑肌主要分布于内脏器官。

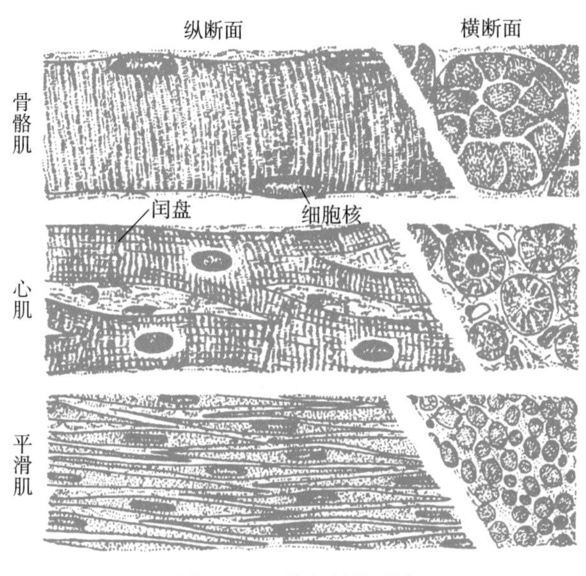

图 6-1　三种肌纤维形态

一、骨 骼 肌

大多数骨骼肌（skeletal muscle）借肌腱附着于骨骼，亦有例外，如食管壁的横纹肌、皮肌等。每一块肌肉表面均有较致密的结缔组织构成的肌外膜（epimysium），肌外膜内伸分隔、包围大小不等的肌束，为肌束膜（perimysium），最后包绕在每一根肌纤维表面的结缔组织称肌内膜（endomysium）。结缔组织内伸的同时，将血管、神经、淋巴管导入，这些结缔组织膜除有支持、营养、连接、保护肌肉组织的功能外，尚对肌纤维乃至整块肌肉的精细活动起着调节作用（二维码 27）。

二维码 27

在肌内膜与肌膜之间，有一薄层基膜，是由糖蛋白构成的基质中含有纤细的网状纤维组成的，而在基膜与肌膜之间还有一扁平有突起的细胞，称肌卫星细胞（muscle satellite cell），肌纤维若受损，卫星细胞可分化形成肌纤维。

（一）骨骼肌纤维的光镜结构

骨骼肌纤维呈长圆柱状，长短与粗细均有差异，直径 10～100 μm 不等，长度一般为 1～40 mm，最长可达 10 cm 以上。骨骼肌纤维是多核细胞，有数十至数百个扁椭圆形核，位于肌浆周边，即肌膜下方。肌浆中有许多与肌纤维长轴平行排列的肌原纤维，呈细丝状，直径1～2 μm。肌原纤维最显著的特点是有明暗相间的条带，而且每条肌原纤维上的明暗带都是对应排列在同一个平面上，故呈现出明暗相间的横纹（图 6-2）。明带（light band）又称 I 带，暗带（dark band）又称 A 带；在铁苏木素染色的切片上可清楚见到暗带中有一浅色的窄带（约 0.2 μm），称 H 带；H 带中央有一条电镜下可见的深色线，称 M 线；明带内有一条深色的 Z 线。两条相邻 Z 线之间的一段肌原纤维称肌节（sarcomere），每一个肌节都由 1/2 I 带＋A 带＋1/2I 带组成。静止时的一个肌节长2.1～2.5 μm，其中暗带的长度是恒定的为 1.5 μm，明带的长度因肌纤维的收缩或扩张状态而不同，在 1.5～3.5 μm，肌节是骨骼肌纤维结构和功能的基本单位（二维码 28）。

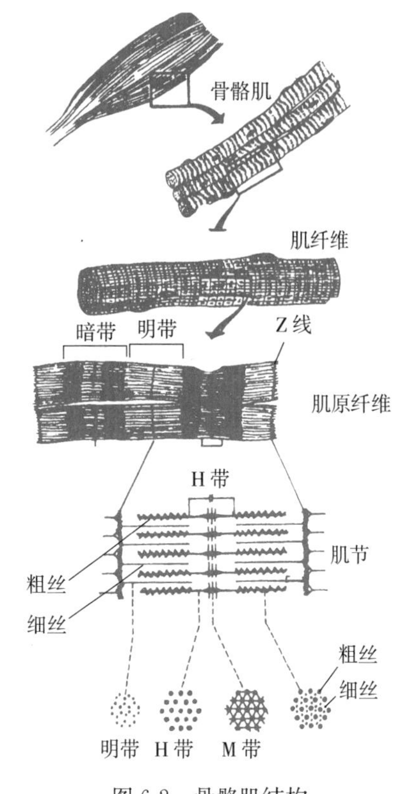

图 6-2　骨骼肌结构

二维码 28

除肌原纤维外，在肌浆内还有肌红蛋白、线粒体、糖原颗粒和少量脂滴，这些均为肌纤维收缩的供能系统。

（二）骨骼肌的超微结构

1. 肌原纤维　电镜下的肌原纤维由更纤细的肌丝构成，肌丝有粗肌丝（直径 15 nm）和细肌丝（直径 8 nm）两种。粗肌丝由肌球蛋白分子构成，位于肌节中部，中央由 M 线固定，M 线是把许多粗丝横向连接的一层薄膜。粗丝两端有许多小突起，是肌球蛋白分子的头部，称横桥（cross bridge）。细丝由肌动蛋白、原肌球蛋白和肌钙蛋白三种分子组成，位于肌节两侧，一端附着于 Z 线，另一端游离在粗丝之间，止于 H 带外侧。因此肌节的 A 带（暗带）含粗、细两种肌丝，I 带（明带）仅有细丝，H 带仅有粗丝，Z 线则是两侧明带细丝的附着盘，故又称 I 盘（图 6-3）。

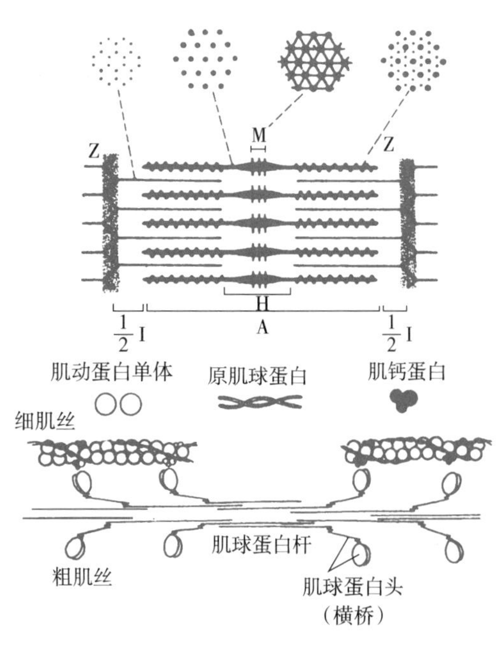

图 6-3　肌节的超微结构及肌丝的分子结构

2. 横小管（transverse tubule）　简称 T 管，是肌膜向肌浆内凹陷形成的小管，方向与肌原纤维垂直，环绕于每条肌原纤维外面。哺乳动物的横小管位于 A 带和 I 带交界处，故一个肌节可有两条横小管。横小管可将肌膜的电位变化迅速传至肌纤维内部，引起肌纤维的收缩反应。

3. 肌浆网（sarcoplasmic reticulum） 称肌质网，是肌纤维内发达的滑面内质网，位于相邻两横小管之间，成条网状纵向包绕在每条肌原纤维周围，又称纵小管（longitudinal tubule），简称L管。L管两侧在接近横小管处扩大成束状，称为终池（terminal cisterna）。每条横小管与两侧终池组合成三联体（triad）。肌浆网膜上有 Ca^{2+} 泵，可储存较多的 Ca^{2+}，肌浆网与三联体对肌肉的收缩有重要的作用（图 6-4）。

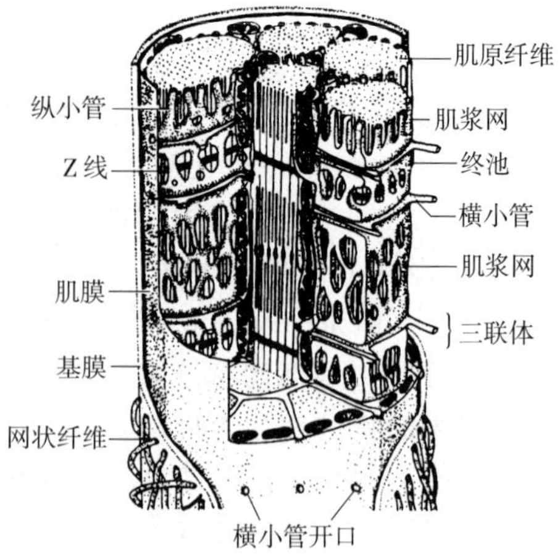

图 6-4 骨骼肌超微立体结构模式图

（三）骨骼肌纤维收缩机理

现较为公认的是“肌丝滑动”学说，内容大致如下。

（1）神经冲动由运动终板传至肌膜，沿横小管进入肌纤维内迅速传向三联体的终池及肌浆网。

（2）肌浆网储存的 Ca^{2+} 释放入肌浆内，Ca^{2+} 与细丝上的肌钙蛋白相结合。

（3）细丝发生构型和位置的改变，暴露出肌动蛋白结合位点，使之与粗丝的肌球蛋白分子的横桥结合。

（4）粗丝横桥上的 ATP 酶被激活，分解 ATP，牵动细丝向 M 线滑动引起肌节缩短。

（5）收缩完毕，Ca^{2+} 被泵回肌浆网内，粗细丝分离，肌节恢复原状。

肌纤维收缩时，A 带宽度保持不变，由于细丝滑入 A 带内，使 H 带和 I 常变窄，甚至消失，肌节缩短，肌纤维收缩，继而恢复原状（图 6-5）。若 ATP 和 Ca^{2+} 不足，粗细丝不能分离，肌原纤维一直处于收缩状态，称为肌纤维强直收缩。

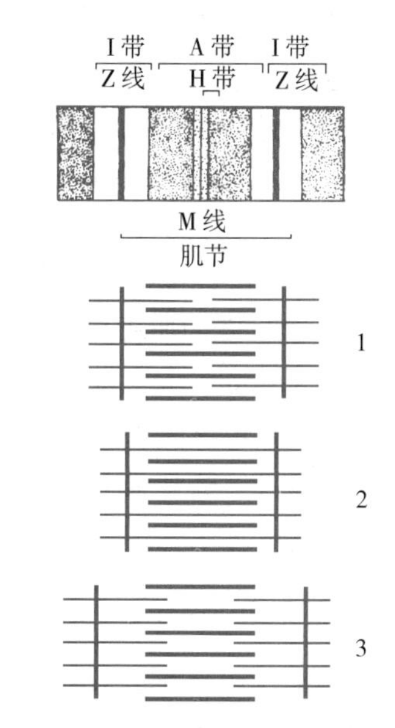

图 6-5 不同收缩状态肌微丝滑动简化图解
1. 静止状态 2. 收缩状态 3. 舒张状态

（四）骨骼肌的分型

由于躯体运动的耐力及速度要求不同，骨骼肌纤维一般分为三型。

1. 红肌纤维 红肌纤维周围毛细血管较多，肌纤维较细小，内含肌红蛋白丰富，肌原纤维较少，故色红。内含肌浆和线粒体多，行有氧氧化产生能量；收缩力较小，但持续时间长，有耐力，不易疲劳，也称慢肌纤维。

2. 白肌纤维 肌纤维周围毛细血管较少，肌纤维较粗大，肌红蛋白少，肌原纤维多，色发白。肌浆和线粒体少，行无氧酵解产生能量；收缩力较大，持续时间短，有爆发力和速度，易疲劳，也称快肌纤维。

3. 中间纤维 其形态功能介于上两者之间。

骨骼肌是由这三种肌纤维混合组成的，只是比例不同而已，其耐力和速度亦不相同。若要较长时间以保持姿势为主，需较多的红肌纤维；若要快速灵活则以白肌为主。一块肌肉中的肌纤维数目是相对恒定的，但后天良好的锻炼（运动）、营养、环境等因素，可使其中的肌原纤维数目增加，从而使肌肉变粗大和强壮。

二、心　　肌

心肌（cardiac muscle）由心肌纤维构成，分布于心壁及邻近心的大血管壁内，能行有节律而持久的收缩，受植物性神经支配，属不随意肌，心肌周围的结缔组织内含有丰富的血管和淋巴管等（二维码 29）。

二维码 29

（一）心肌纤维的显微构造

心肌纤维呈短圆柱状，长 80～150 μm，直径 10～30 μm，有短的分支，且互相吻合成网；每条心肌纤维有一个位于中央的椭圆形核，偶见双核；肌原纤维较骨骼肌少，故横纹不甚明显，但肌浆内含有发达的线粒体、高尔基复合体、糖原、脂滴及脂褐素颗粒等。在心肌纤维之间有特化的连接装置，称为闰盘（intercalated disk）；与横纹的方向基本一致，但呈不规则阶梯状。

（二）心肌纤维的超微结构

心肌纤维的超微结构与骨骼肌相似，主要的不同之处有以下几方面：

（1）肌原纤维的排列不如骨骼肌的规则，由于肌浆丰富，肌丝被线粒体、肌浆网、横小管等分隔成粗细不等的肌丝束，所以造成了肌原纤维和横纹均不明显。

（2）心肌纤维横小管较粗，位于 Z 线水平处，一个肌节只有一条横小管，肌浆网（纵小管）末端不形成典型的终池，储存 Ca^{2+} 的能力较低，与横小管相贴，形成二联体（diad）（图 6-6）。

（3）闰盘是相邻两个心肌纤维的肌膜相互嵌合形成的结构，在电镜下可见到阶梯状的横位部分和纵位部分。横位部分是以黏合小带和桥粒的方式连接，可强化细胞间的牢固结合；纵位部分则是缝隙连接，有利于细胞间化学信息和电位变化传递，从而使心肌细胞收缩同步化（图 6-7）。

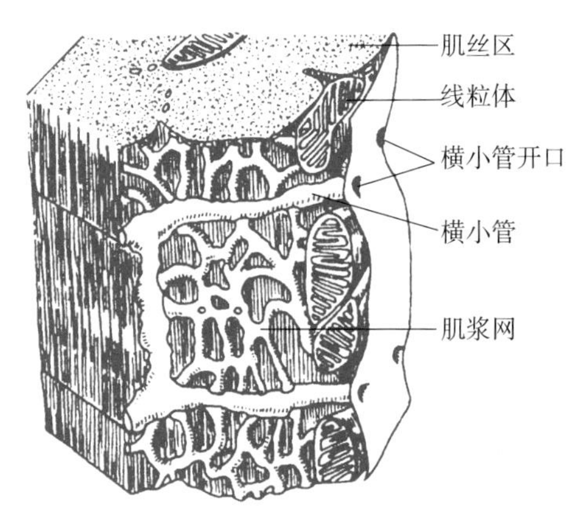

图 6-6　心肌超微结构模式图

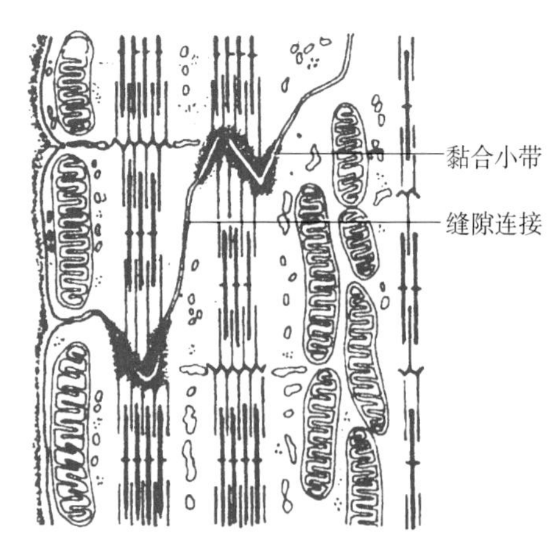

图 6-7　心肌纤维闰盘超微结构模式图

（三）心肌纤维分型

根据心肌纤维的形态结构、分布和功能不同，可分为三型。

1. 工作心肌　是具有收缩功能的绝大部分心肌，其形态特点见前述。

2. 传导心肌　即有传导功能的心肌纤维，包括窦房结、房室结和房室束，组成心脏传导系统（详见第九章循环系统）。

3. 内分泌心肌　心房、心室的某些心肌，除收缩功能外，还可分泌心钠素、抗心律失常肽、血管紧张素等多种心肌激素，具有利尿、利钠、降压等功能，而且对整个机体均能产生显著的调节和影响作用。

三、平滑肌

平滑肌（smooth muscle）广泛分布在内脏各器官的管壁肌层及血管、淋巴管肌层，又有内脏肌之称，收缩缓慢而持久，属不随意肌。

（一）平滑肌显微结构

平滑肌纤维是细长梭形，长100～200 μm，宽处直径5～20 μm，但有差异，小血管壁上平滑肌短至20 μm，而妊娠子宫壁平滑肌可长达500 μm。胞质嗜酸，无横纹，含有一个位于中央的核，棒状或椭圆形，着色较深，有1～2个核仁，肌纤维收缩时，核可扭曲或呈螺旋状。平滑肌纤维可单独存在，但大部分细胞紧密排列相互交错，成束或成层分布。

（二）平滑肌纤维超微结构

平滑肌纤维超微结构与横纹肌有较大的不同：首先，平滑肌细胞内不形成肌原纤维也无肌节和横纹，但具有粗丝和细丝。细丝主要由肌动蛋白构成，粗丝主要由肌球蛋白构成，但粗丝只有当胞质中的ATP、Ca^{2+}、Mg^{2+}达一定浓度时，肌球蛋白才聚合成粗丝。其次是胞质内有发达的细胞骨架系统，该系统由密斑、密体和中间丝组成，密斑位于肌膜内侧，密体则分布于肌浆，两者都是电子密度较高的小体，中间丝连接密斑和密体，呈螺旋形的网状排布成为细胞内骨架系统（图6-8）。另外，细胞内无Z线，而密斑和密体相当于Z线，上有细丝附着，细丝另一端游离，包围着粗丝。肌纤维收缩也是细丝向粗丝滑动引起的，但由于粗细丝排列方向与细胞长轴并不一致，而是顺着骨架方向，故收缩是螺旋式的扭曲。在相邻平滑肌之间还有缝隙连接，同时肌膜和密斑之间有肌膜内陷形成的小凹，相当于骨骼肌的横小管，这些结构均可传递信息和神经活动，有利于平滑肌的整体同步收缩功能（图6-9）。

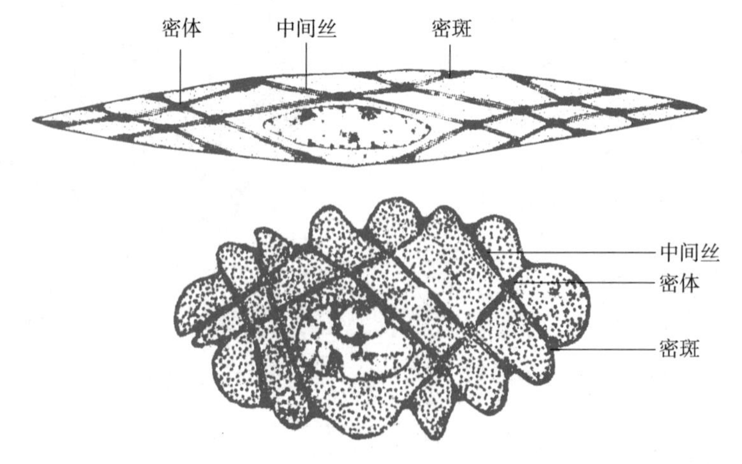

图6-8　平滑肌骨架系统结构及收缩示意图

在相差显微镜下，观察活的平滑肌细胞收缩是从细胞的两端开始，仅细胞末端旋转成螺旋状，继而螺旋变紧，发生扭转成S样收缩，细胞增粗并缩短。

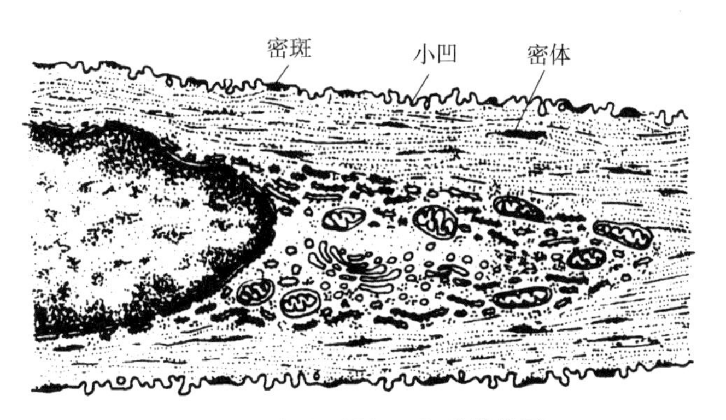

图 6-9 平滑肌纵切面超微结构图

1. 名词解释：肌纤维 肌原纤维 肌节 A带 I带 闰盘 终池 横小管 纵小管 三联体 二联体 肌丝 红肌纤维 白肌纤维

2. 简述肌组织的分类、结构及分布。

3. 试比较骨骼肌、心肌、平滑肌的结构特点。

4. 骨骼肌的超微结构如何？试述骨骼肌肌纤维的收缩机理。

（沈霞芬 常 兰）

第七章　神经组织

神经组织（nerve tissue）由神经细胞和神经胶质细胞组成，是构成神经系统的主要成分。神经细胞（nerve cell）又称神经元，是神经组织的结构和功能单位，具有感受刺激、整合信息和传导冲动的功能。神经元之间通过特化的连接结构（突触）彼此相连，形成复杂的神经通路和网络，支配和调节各器官的功能活动。有些神经元具有内分泌功能，称为神经内分泌细胞（neuroendocrine cell）。神经胶质细胞（neuroglial cell）相当于神经组织的细胞间质，无传递信息的功能，对神经元起支持、营养、分隔、绝缘、保护和修复等作用。

一、神 经 元

（一）神经元的结构

神经元（neuron）是高度分化的细胞，由胞体和突起两部分构成（图 7-1）。

二维码 30

1. 胞体（soma）　是神经元的营养代谢中心，表面有细胞膜，内含细胞质和细胞核。位于脑和脊髓的灰质以及神经节内。大小不一，直径 5～150 μm。形态各异，有星形、梨形、锥体形和圆球形等（二维码 30）。

（1）细胞膜：细胞膜是可兴奋膜，能够接受刺激、处理信息、产生和传导神经冲动。这些特性取决于膜蛋白，有些膜蛋白构成离子通道，如 Na^{+} 通道、K^{+} 通道、Ca^{2+} 通道和 Cl^{-} 通道等；有些膜蛋白是受体，与神经递质结合后，离子通道开放，选择性地允许某些离子进出细胞，使细胞膜内外电位差发生改变，从而形成神经冲动。

（2）细胞核：一个神经元只有一个细胞核，多位于胞体中央，大而圆，核仁明显。常染色质丰富，多位于细胞核中央，染色浅，呈空泡状。异染色质少，多位于细胞核边缘。

（3）细胞质：神经元的细胞质又称核周质（perikaryon），含有神经元特有的尼氏体、神经原纤维、神经递质和神经调质，以及丰富的滑面内质网、线粒体、溶酶体和发达的高尔基复合体等各种细胞器。此外，还含一些内含物，主要是脂褐素，呈棕黄色，随年龄的增长而增加。经电镜和细胞化学证实，脂褐素是次级溶酶体形成的残余体，含有溶酶体消化后残留的脂类和异物等。神经内分泌细胞还含分泌颗粒。

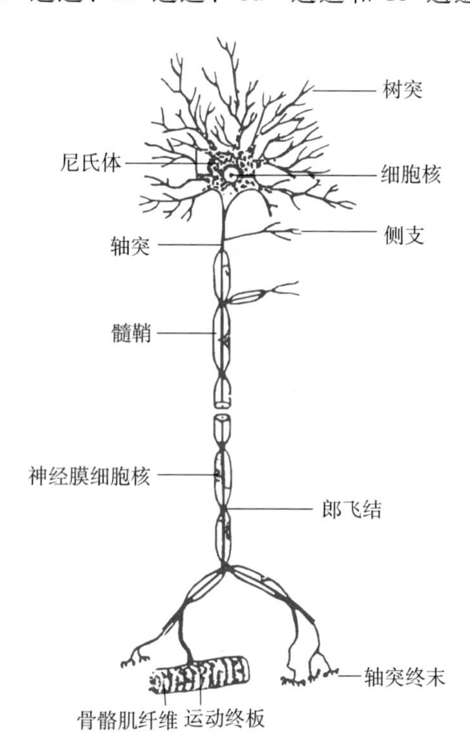

图 7-1　运动神经元模式图

①尼氏体（Nissl body）：为嗜碱性物质，又称嗜染质（chromophilic substance），光镜下呈斑块状或细粒状散在分布。在一些大型的运动神经元，尼氏体

大而多，宛如虎皮花纹，故又称“虎斑”（图 7-2A）。电镜下，尼氏体由大量平行排列的粗面内质网和其间的游离核糖体组成（图 7-2B）。尼氏体能合成蛋白质，包括更新细胞器所需的结构蛋白、合成神经递质所需的酶以及肽类的神经调质等。当神经元受损或中毒时，可引起尼氏体减少，甚至消失。若损伤恢复或除去有害因素后，尼氏体又可恢复。因此，尼氏体的形态结构及数量可作为神经元功能状态的一种标志。

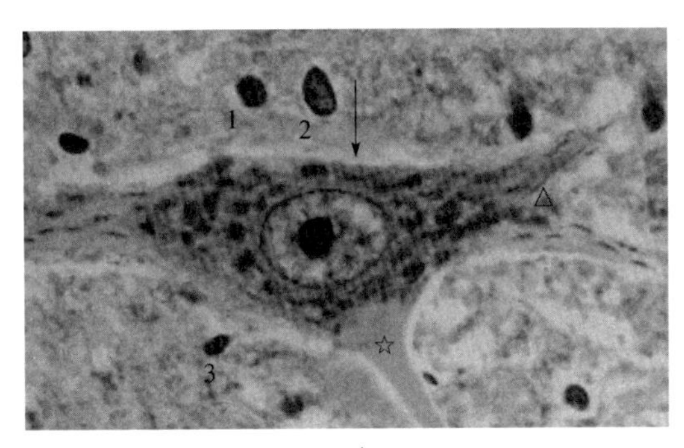

A

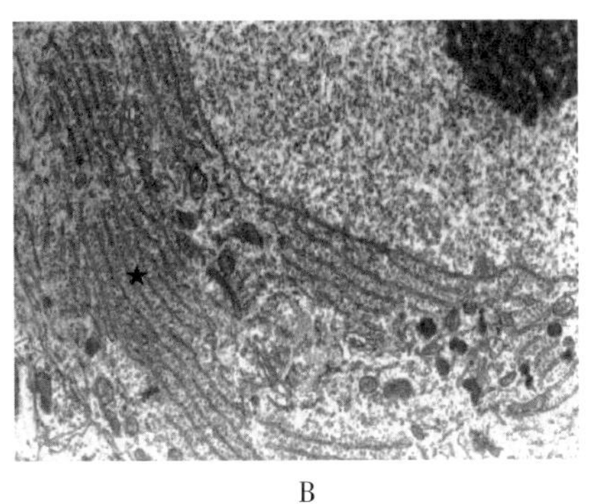

B

图 7-2　尼氏体光镜图（脊髓运动神经元）

A. 光镜图　B. 电镜图

1. 少突胶质细胞核　2. 星形胶质细胞核　3. 小胶质细胞核

↓脊髓运动神经元　★尼氏体　☆轴突　△树突

②神经原纤维（neurofibril）：在镀银染色的标本上呈棕黑色细丝状，在胞体内交织成网，并呈束状伸入突起内（图 7-3A）。电镜下，神经原纤维主要由聚集成束的神经丝和微管组成，此外还有短而分散的微丝（图 7-3B）。神经丝是由神经纤维蛋白构成的中间丝。神经原纤维构成神经元的细胞骨架，具有支持和参与细胞内物质运输的作用。患中枢神经系统退行性疾病——阿尔茨海默病（Alzheimer disease）时，在大脑皮质和海马的神经元内可见大量的神经原纤维缠结。

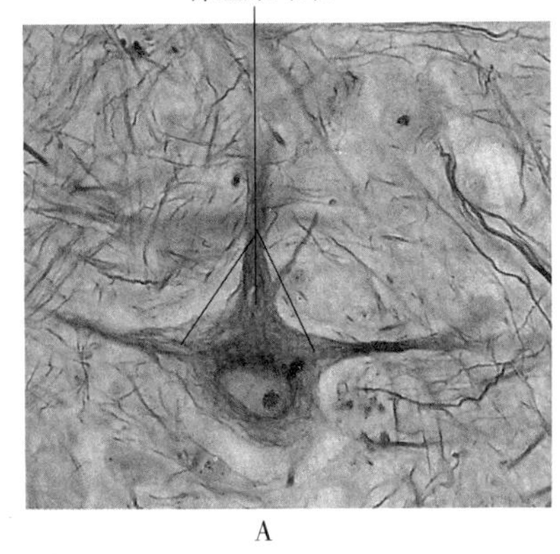

A

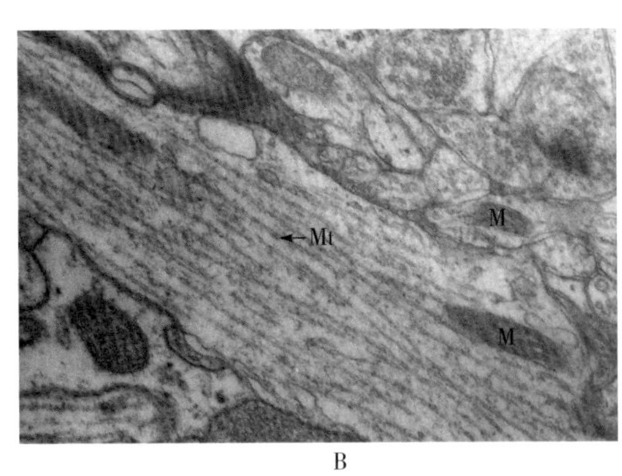

B

图 7-3　神经原纤维

A. 光镜图（镀银染色）　B. 电镜图

Mt. 微管　M. 线粒体

③神经递质（neurotransmitter）：是神经元分泌的并向其他神经元或效应细胞传递的化学信息物质，一般为小分子物质，如乙酰胆碱、去甲肾上腺素等。

④神经调质（neuromodulator）：是存在于神经元内的肽类物质，如脑啡肽、神经降压素等，故又称神经肽（neuropeptide），通常不直接引起效应细胞的变化，而是改变神经元对神经递质的反应，从而对神经递质的效用起调节作用。

2. 突起（neurite） 是神经元胞体的延伸部分，依其结构和功能，分为树突和轴突。

（1）树突（dendrite）：一个神经元有一个或多个树突，从胞体发出后呈树枝状分支，能接受刺激并将之转变为神经冲动传入胞体。其结构与胞体相似，也含尼氏体、神经原纤维和线粒体等，但无高尔基复合体（图 7-2A）。在镀银染色标本上，树突表面可见许多棘状小突起，称为树突棘（dendritic spine），是神经元之间形成突触的主要部位。树突的分支和树突棘扩大了神经元接受刺激的表面积。

（2）轴突（axon）：一个神经元只有一个轴突，自胞体或主树突基部发出，能将神经冲动自胞体传出。胞体发出轴突的部位常呈圆锥状，称为轴丘（axon hillock），此处不含尼氏体，染色浅，光镜下常依此区分树突和轴突（图 7-2A）。轴突常较树突细，粗细较均匀，表面光滑。分支较少，常呈直角分出。但轴突末端分支较多，形成特殊的轴突终末，与其他神经元或效应细胞接触。轴突长短不一，短的仅数微米，长的可达 1m 以上。

轴突表面的细胞膜称为轴膜（axolemma），内含的细胞质称为轴质（axoplasm）。轴突起始段的轴膜较厚，膜下有电子密度高的致密层，此段轴膜易引起电兴奋，常是产生神经冲动的部位，神经冲动形成后沿轴膜向终末传递。轴质内含有神经原纤维、滑面内质网、线粒体和多泡体等，但不含尼氏体和高尔基复合体，因此不能合成蛋白质。

轴突与胞体之间进行频繁的物质交流，称为轴突运输（axonal transport），包括由胞体运向轴突终末的顺向运输和反向的逆向运输。神经元胞体新合成的微管、微丝、神经丝、基质蛋白和可溶性酶等，以缓慢的速度（1～4 mm/d）顺向运输。慢速运输也称轴质流动。线粒体等膜性细胞器以中等速度（50～100 mm/d）顺向运输。轴膜更新所需的蛋白质、突触小泡以及合成神经递质所需的酶等，以较快的速度（200～400 mm/d）顺向运输，主要经长管状的滑面内质网和沿微管表面流向轴突终末。轴突的代谢产物以及轴突终末经内吞作用摄取的蛋白质和神经营养因子等，则以较快的速度（100～300 mm/d）逆向运输，这种运输主要由多泡体完成。某些病毒和细菌毒素，如狂犬病毒、脊髓灰质炎病毒、蛇毒、破伤风毒素等，也可经逆向运输迅速侵入神经元胞体而致病。在科学研究中，可以利用轴突的逆向运输来研究神经通路。如将标记物（辣根过氧化物酶等）注射于轴突终末处，经过一定时间后检查这些标记物的流向和分布，即可知神经通路的分布和该物质的运行状况。

（二）神经元的分类

1. 根据神经元突起的数目分

（1）假单极神经元（pseudounipolar neuron）：从胞体发出一个突起，但在离胞体不远处呈 T 形分为两支，其中一支伸向周围器官，称为周围突（peripheral process），其功能相当于树突；另一支伸向中枢神经系统，称为中枢突（central process），其功能相当于轴突(图 7-4、图 7-5)。如脊神经节内的感觉神经元属于此类。

（2）双极神经元（bipolar neuron）：从胞体两端各发出一个突起，其中一个是树突，另一个是轴突（图 7-4、图 7-5）。如耳蜗神经节和视网膜内的感觉神经元等，属于此类。

（3）多极神经元（multipolar neuron）：从胞体发出多个树突和一个轴突（图 7-4、图 7-5）。体内绝大多数神经元属于此类。多极神经元又可根据轴突的长短和分支的特征分为下列两型。

①高尔基Ⅰ型神经元（Golgi type Ⅰ neuron）：胞体大，轴突长，在行经途中发出侧支，如脊髓腹角的运动神经元。

②高尔基Ⅱ型神经元（Golgi type Ⅱ neuron）：胞体小，轴突短，在胞体附近发出侧支，如大脑皮质内的联合神经元等。

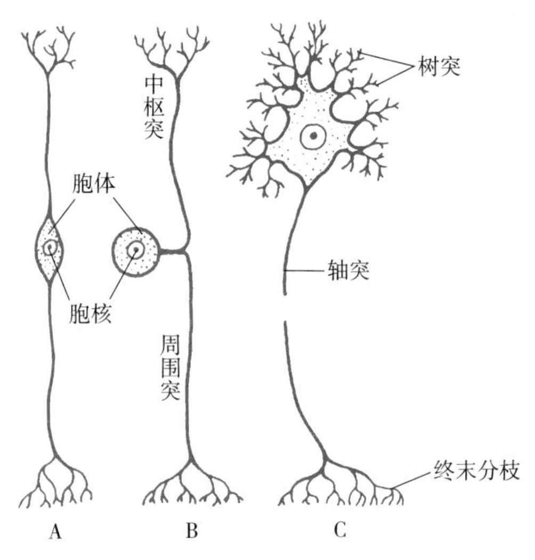

图 7-4　三种神经元模式图

A. 双极神经元　B. 假单极神经元　C. 多极神经元

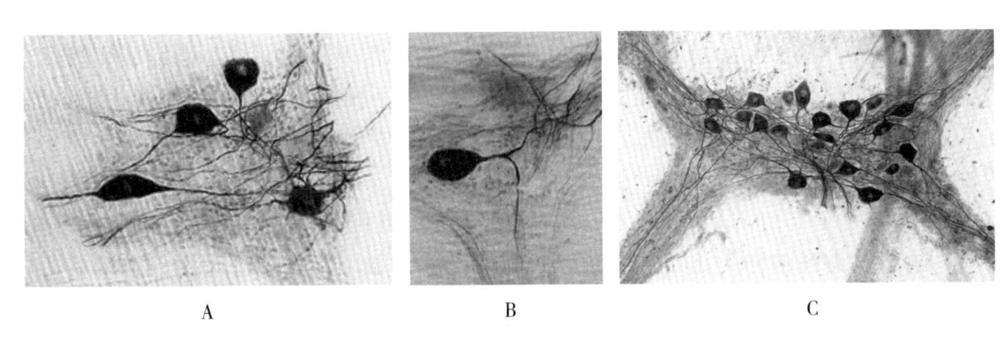

图 7-5　三种神经元（镀银染色）

A. 双极神经元　B. 假单极神经元　C. 多极神经元

2. 根据神经元的功能分（图 7-6）

（1）感觉神经元（sensory neuron）：也称传入神经元（afferent neuron），多为假单极神经元，胞体位于脑脊神经节内，能感受刺激并将神经冲动自周围器官传向中枢神经系统。

（2）运动神经元（motor neuron）：也称传出神经元（efferent neuron），多为多极神经元，胞体位于中枢神经系统的灰质和植物性神经节内，能将神经冲动自中枢神经系统传向周围器官。

（3）联合神经元（associated neuron）：也称中间神经元（interneuron），多为多极神经元，位于感觉神经元与运动神经元之间，起联络作用。中间神经元数量最多，而且动物越进化，中间神经元越多，在中枢神经系统内构成复杂的神经网络。

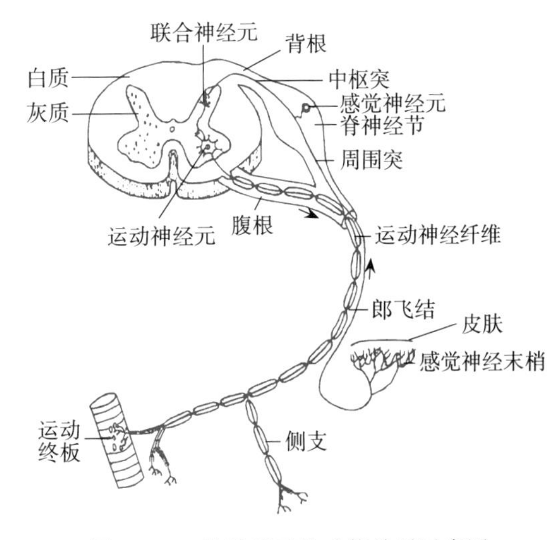

图 7-6　三种神经元的功能关系示意图

3. 根据神经元释放的神经递质和神经调质的化学性质分

（1）胆碱能神经元（cholinergic neuron）：这类神经元释放乙酰胆碱，如脊髓腹角的运动神经元等。

（2）胺能神经元（aminergic neuron）：这类神经元释放单胺类神经递质，如肾上腺素、去甲肾上腺素、多巴胺、5-羟色胺、组胺等。交感神经节内的神经元属于此类。

(3) 氨基酸能神经元 (amino acidergic neuron)：这类神经元释放谷氨酸、甘氨酸、γ氨基丁酸等，如小脑皮质的颗粒细胞释放谷氨酸。

(4) 肽能神经元 (peptidergic neuron)：这类神经元释放神经肽，如脑啡肽、血管活性肠肽、神经降压素、加压素、P物质等。下丘脑的一些神经元，属于此类。

一般来说，一个神经元只释放一种神经递质，同时还可释放一种神经调质。另外，一氧化氮 (NO) 也是一种神经递质。

除上述分类方法外，还可根据胞体的形态，将神经元分为锥体细胞、星形细胞、梭形细胞等。根据神经元的兴奋或抑制作用，分为兴奋性神经元 (excitatory neuron) 和抑制性神经元 (inhibitory neuron)。有些神经元还以研究者的名字命名，如蒲肯野细胞 (Purkinje cell)、高尔基细胞 (Golgi cell) 等。

二、突　触

突触 (synapse) 是神经元与神经元、或神经元与非神经元 (肌细胞、腺细胞等) 之间一种特化的细胞连接，是神经元传递信息的结构。神经元彼此相邻的部位都能形成突触，最常见的是一个神经元的轴突与另一个神经元的树突或胞体构成突触，分别称为轴-树突触和轴-体突触，此外还有轴-轴突触、树-树突触、体-体突触等。根据突触的性质，可分为化学性突触和电突触两种。

1. 化学性突触 (chemical synapse)　多数神经元利用化学物质 (神经递质) 作为传递信息的介质，故将这类突触称为化学性突触，通常所说的突触即指化学性突触。电镜下，化学性突触由突触前成分、突触间隙和突触后成分组成。突触前、后成分相对应的细胞膜，分别称为突触前膜和突触后膜，因其胞质面附有一些致密物质，故比一般的细胞膜略厚 (图7-7、图7-8)。

(1) 突触前成分 (presynaptic element)：突触前成分通常是构成突触的前一个神经元呈球状膨大的轴突终末部分。光镜下，在镀银染色标本上呈扣环状，附着于后一个神经元的胞体或树突上，称为突触小体或突触扣结 (synaptic button) (图7-7、图7-9)。电镜下，突触小体内含有许多突触小泡，还有少量线粒体、微管、微丝等结构 (图7-8)。突触小泡 (synaptic vesicle) 形态不一，大小不等，内含神经递质。含有乙酰胆碱的突触小泡多为圆形清亮型，含氨基酸类递质的为扁平清亮型，含单胺类递质的为小颗粒型，而含神经肽的往往是大颗粒型。突触小泡表面附有一种蛋白质，称为突触素 (synapsin)，它将突触小泡与细胞骨架连接在一起。

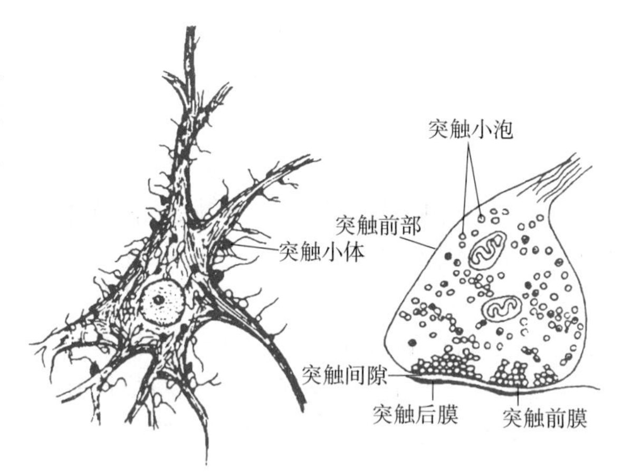

图7-7　突触结构模式图

(2) 突触间隙 (synaptic cleft)：突触前、后膜之间的狭窄间隙即为突触间隙，宽15～30 nm (图7-7、图7-8)，内含糖蛋白和糖胺多糖 (如唾液酸等)，这些物质能够与神经递质结合，促进神经递质由突触前膜移向后膜，使其不向外扩散，同时还能清除多余的神经递质。

(3) 突触后成分 (postsynaptic element)：突触后成分通常是构成突触的后一个神经元的胞体或树突表面，包括突触后膜等结构 (图7-7、图7-8)，突触后膜上有神经递质的受体。

当神经冲动沿着前一个神经元的轴膜传至轴突终末时，导致突触前膜上的 Ca^{2+} 通道开放，

Ca^{2+} 进入突触小体内，在 ATP 的参与下，使突触小泡表面的突触素磷酸化。磷酸化的突触素与突触小泡的亲和力降低而与小泡分离，致使突触小泡脱离细胞骨架，移向突触前膜并与之融合，通过胞吐作用将突触小泡内的神经递质释放于突触间隙内，然后神经递质作用于突触后膜上相应的受体，导致突触后膜上的离子通道开放，使相应的离子进出，改变突触后膜内、外离子的分布，从而使后一个神经元产生兴奋性或抑制性变化，进而调节所支配的效应细胞的活动。

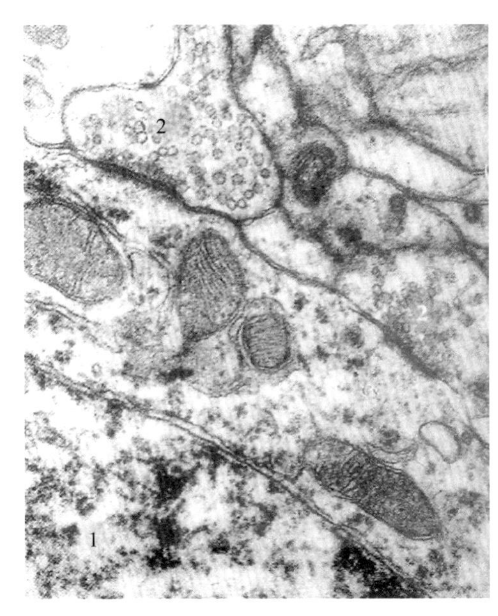

图 7-8　突触结构电镜图
1. 神经元细胞核　2. 突触小体

凡能使后一个神经元产生兴奋性变化的突触，称为兴奋性突触（excitatory synapse）；使后一个神经元产生抑制性变化的突触，称为抑制性突触（inhibitory synapse）。突触的兴奋性或抑制性，取决于神经递质的性质和受体的种类。化学性突触的信息传递是单向性、特异性和一次性的。神经递质在产生效应后，立即被相应的酶灭活或被吸收入轴突终末内被分解，迅速消除其作用。突触的这些特性可以保证其传递的灵敏性和精确性。

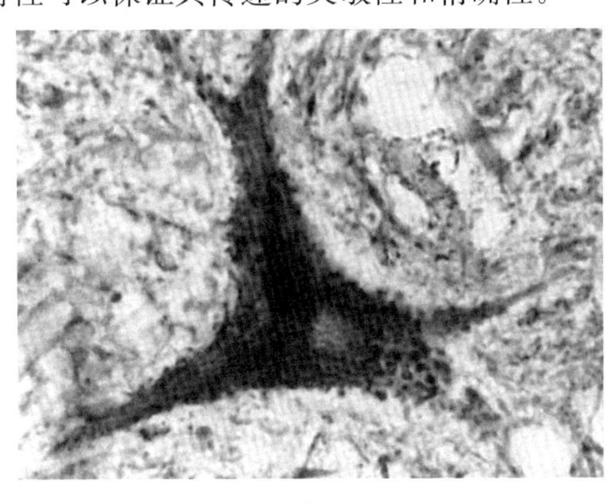

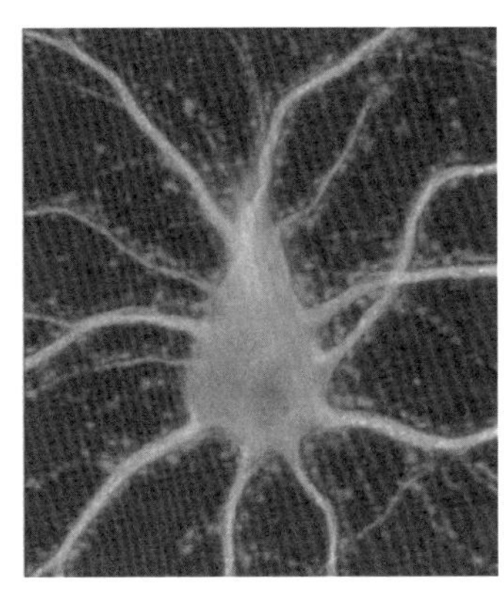

A　　　　B

图 7-9　突触结构光镜图
A. 镀银染色　B. 荧光染色

一个神经元可以通过突触将信息传递给许多神经元。同样的，一个神经元也可通过突触同时接受许多神经元的信息。在这些信息中，兴奋性的和抑制性的都有，如果兴奋性突触活动的总和超过抑制性突触活动的总和，并足以刺激轴突起始段产生神经冲动，该神经元即表现为兴奋；反之，则表现为抑制。突触的数目在不同神经元有很大差异，如小脑颗粒细胞上只有几个突触，而一个运动神经元上可有上万个突触，小脑蒲肯野细胞的树突上则有数十万个突触。

2. 电突触（electrical synapse）　是神经元之间的缝隙连接，它是低电阻通道，可经此传递神经冲动。电突触是神经元之间传递信息的最简单方式，这种信息传递是双向性的，在低等动物中较发达，而哺乳动物则较少见。哺乳动物大脑皮质的星形细胞，小脑皮质的篮状细胞、星形细胞，视网膜的水平细胞、双极细胞以及一些神经核的神经细胞，可有电突触分布。

此外，在一些相邻的神经元之间可同时存在化学性突触和电突触，这种突触称为混合性突触（mixed synapse），但较少见，可存在于鼠外侧前庭核、鸡睫状神经节、鱼脊髓前柱神经元内。

三、神经胶质细胞

神经胶质细胞简称神经胶质（neuroglia）或胶质细胞（glial cell），也由胞体和突起构成，但胞体较小，突起多而不规则，无树突、轴突之分，也不能感受刺激和传导冲动。神经胶质细胞较神经元多10倍以上，广泛分布于神经系统内，其功能相当于神经组织的细胞间质成分，具有支持、营养、保护、分隔、绝缘和修复等作用。

（一）中枢神经系统的神经胶质细胞

分布于中枢神经系统的神经胶质细胞有星形胶质细胞、少突胶质细胞、小胶质细胞和室管膜细胞（图7-10）。HE染色，只能显示其胞核和周围少量的胞质，可以依据其胞核的形状、大小和染色的深浅，大致识别不同的胶质细胞。镀银染色可以显示胶质细胞的全貌。

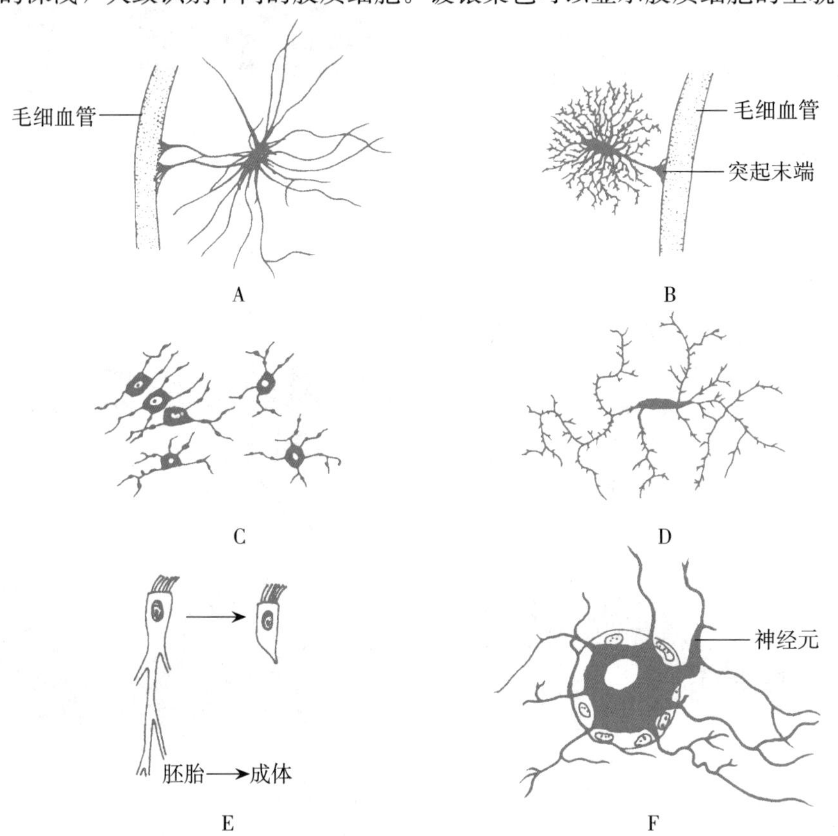

图7-10　几种神经胶质细胞模式图

A. 纤维性星形胶质细胞　B. 原浆性星形胶质细胞　C. 少突胶质细胞　D. 小胶质细胞　E. 室管膜细胞　F. 被囊细胞

1. 星形胶质细胞（astrocyte）　星形胶质细胞是胶质细胞中体积最大、数量最多的细胞。胞体呈星形，胞核大，圆形或椭圆形，染色浅。胞质内含神经胶质丝，是一种由胶质原纤维酸性蛋白构成的中间丝。从胞体发出许多放射状的突起，部分突起末端膨大形成脚板（end feet）附着于毛细血管上，或伸到脑和脊髓的表面形成胶质界膜，参与血-脑屏障的形成。星形胶质细胞的突起伸展充填于神经元之间，具有支持和分隔神经元的作用。星形胶质细胞还能分泌神经营养因子，具有维持神经元的存活和促进神经元突起生长的作用。中枢神经系统受损伤的部位，也常由星形胶质细胞增生修复。星形胶质细胞又可分为下列两种。

（1）纤维性星形胶质细胞（fibrous astrocyte）：分布于白质，突起细长而直行，分支较少，表面光滑（图 7-11）。胞质内神经胶质丝丰富。

（2）原浆性星形胶质细胞（protoplasmic astrocyte）：分布于灰质，突起粗短而弯曲，分支繁多，表面粗糙（图 7-12）。胞质内神经胶质丝较少。

2. 少突胶质细胞（oligodendrocyte）　分布于灰质和白质，数量较多。胞体和胞核均较小，圆形或椭圆形，胞核染色较深。突起少，分支也少，其末端扩展成扁平膜状，包绕神经元的轴突构成髓鞘，是中枢神经系统内的髓鞘形成细胞（图 7-13）。

3. 小胶质细胞（microglial cell）　也分布于灰质和白质，但数量很少。胞体最小，呈梭形或椭圆形。胞核扁平形、杆状、卵圆形或三角形，染色很深。从胞体两端发出数个突起，细长而有较多分支，表面有许多小棘突（图 7-14）。中枢神经系统受损伤时，小胶质细胞可以变为巨噬细胞，具有变形运动和吞噬能力，吞噬细胞碎片和退化变性的髓鞘。一般认为，小胶质细胞来源血液的单核细胞，属单核吞噬细胞系统的成员。但也有人认为，小胶质细胞可能与其他胶质细胞一样，均起源于神经外胚层。

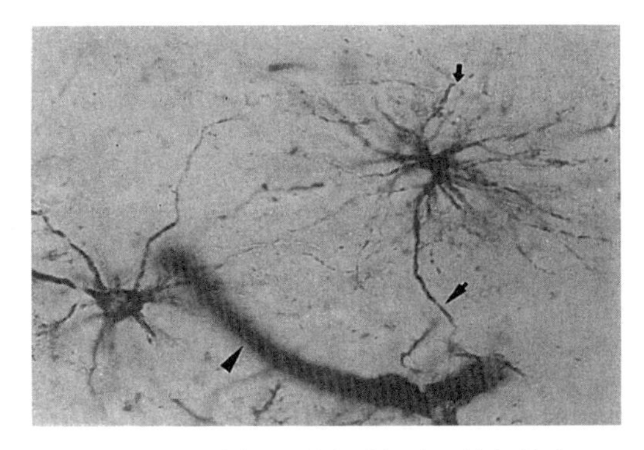

图 7-11　纤维性星形胶质细胞（镀银染色）

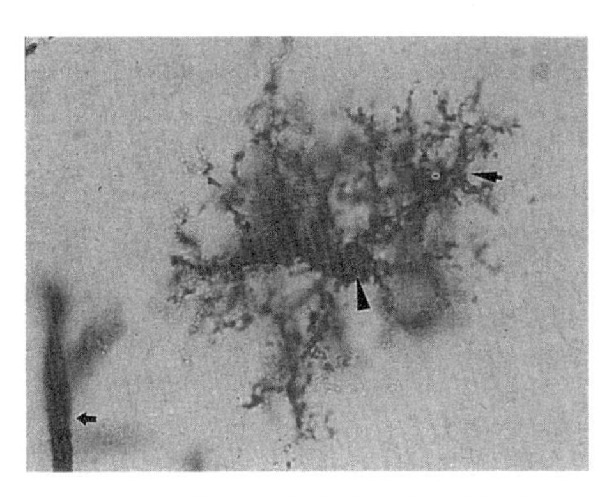

图 7-12　原浆性星形胶质细胞（镀银染色）

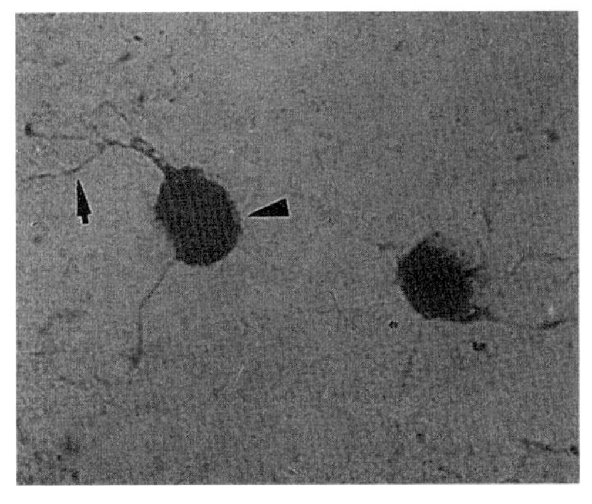

图 7-13　少突胶质细胞（镀银染色）

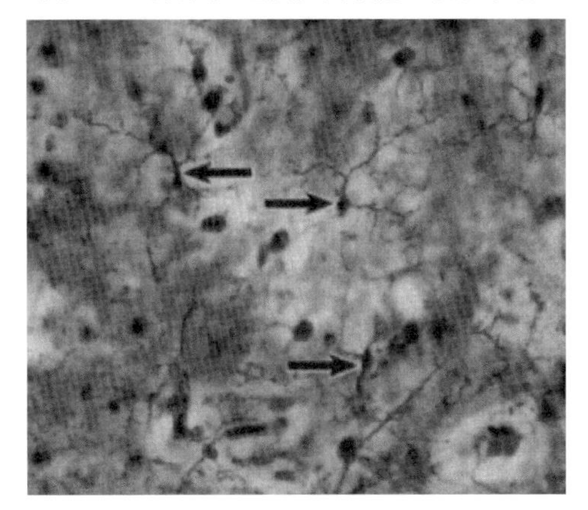

图 7-14　小胶质细胞（镀银染色）

4. 室管膜细胞（ependymal cell）　覆盖在脑室和脊髓中央管壁上，构成室管膜，具有保护作用。细胞呈立方形或柱状（图 7-15），游离面有许多微绒毛，有些细胞表面有纤毛。有些细胞基底部发出细长突起伸向脑和脊髓深层，称之为伸长细胞（tanycyte），对发育中的中枢神经系统起支持作用。在脑室壁形成脉络丛处，室管膜细胞特化，能够分泌脑脊液，称为脉络丛上皮细胞（choroid plexus epithelial cell），该上皮之间有连接复合体封闭细胞间隙，构成血-脑脊液屏障。

研究表明，室管膜及其下层含有神经干细胞（neural stem cell），在一定条件下可以分化为神经细胞和神经胶质细胞。在嗅球和嗅束还有一种神经胶质细胞称为嗅鞘膜细胞，它对中枢神经再生具有重要作用。

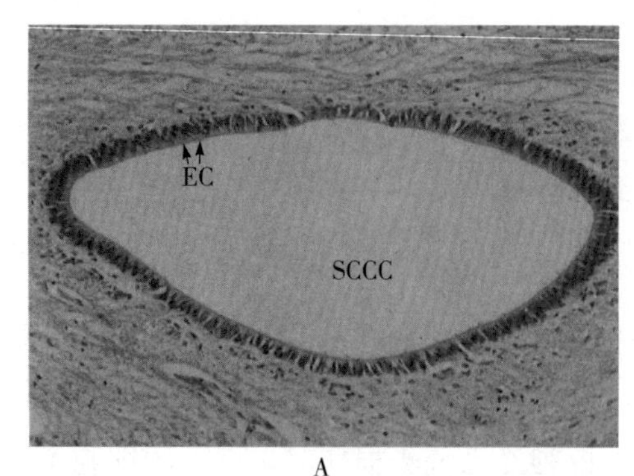

A

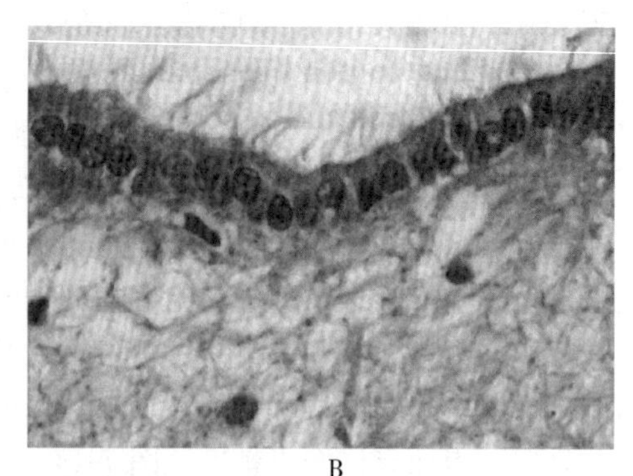
B

图 7-15 室管膜细胞

A. 低倍光镜图 B. 高倍光镜图

EC. 室管膜细胞 SCCC. 脊髓中央管

（二）周围神经系统的神经胶质细胞

分布于周围神经系统的神经胶质细胞有卫星细胞和神经膜细胞。

1. 卫星细胞（satellite cell） 包在神经节细胞的表面形成被囊，故又称被囊细胞（capsular cell）。细胞呈扁平形，胞核圆形，染色较深（图 7-16）。卫星细胞具有营养和保护神经节细胞的作用。

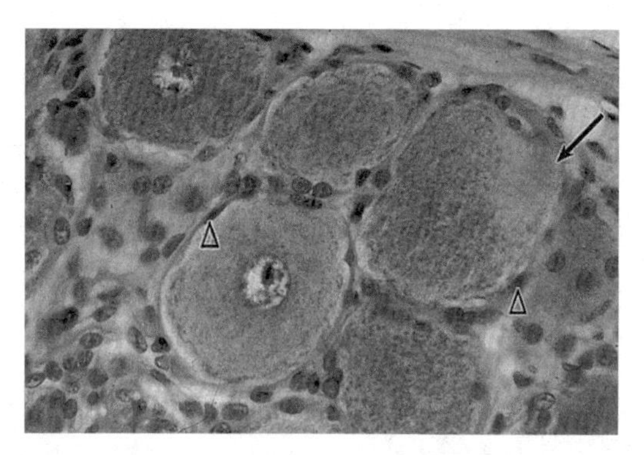

图 7-16 卫星细胞（△）和神经节细胞（↑）

2. 神经膜细胞（neurolemmal cell） 又称施万细胞（Schwann cell）或鞘细胞（sheath cell），呈扁平梯形，胞核长椭圆形，胞核和绝大部分胞质分布于梯形底部，其余部分的细胞膜紧贴在一起。神经膜细胞包绕在周围神经纤维的表面，形成髓鞘和神经膜（图 7-17 至图 7-19）。神经膜细胞还能分泌神经营养因子，维持受损伤的神经元存活，促进其轴突再生。

神经轻度损伤后，损伤部位近端残存的神经膜细胞能够分裂增殖，向远端形成细胞索，轴突沿细胞索生长直至原来轴突终末所在部位，新生的轴突终末分支与相应细胞组织重新建立联系，恢复生理功能，此过程称为神经再生（regeneration）。不过，严重的神经损伤尤其是中枢神经纤维的损伤，由于损伤部位的神经胶质细胞快速增生，形成胶质瘢痕，以致神经难以再生。近年研究表明，神经营养因子、神经干细胞、胚胎脑组织或周围神经移植，能够促进神经再生。

四、神经纤维

神经纤维（nerve fiber）由神经元的轴突或长树突（合称轴索）及其表面包裹的神经胶质细胞构成。根据神经胶质细胞是否形成髓鞘，将其分为有髓神经纤维（myelinated nerve fiber）和无髓神经纤维（unmyelinated nerve fiber）两种。

（一）有髓神经纤维

1. 周围神经系统的有髓神经纤维　这种神经纤维由轴突、髓鞘和神经膜构成。髓鞘和神经膜是神经膜细胞的两部分（图 7-17）。在有髓神经纤维的发生过程中，伴随轴突一起生长的神经膜细胞表面凹陷形成纵沟，轴突陷入纵沟内，沟缘的细胞膜相贴并反复缠绕轴突，形成同心圆排列的板层状结构即为髓鞘（myelin sheath），而含细胞核和细胞质的部分则包在髓鞘的表面构成神经膜（neurolemma）（图 7-20）。髓鞘富含类脂和蛋白质，HE 染色时由于类脂溶解，仅残留呈网格状的蛋白质，故染色浅淡（图 7-18）。髓鞘具有绝缘和保护作用，类似于电线的塑料皮，可防止神经冲动的扩散。在周围神经常见病急性感染性多发性神经炎和多发性硬化症中，神经纤维的髓鞘损伤脱落，导致神经"短路"，造成神经冲动传导异常，甚至裸露的轴突形成缠结硬化，其周围聚集大量的星形胶质细胞以及淋巴细胞、巨噬细胞、浆细胞等炎性细胞，以致神经冲动传导中断，使患者的肌肉丧失运动和协调能力，皮肤失去知觉。

有髓神经纤维的轴突，除起始段和终末部分外，其余段落均有神经膜细胞包裹。一个神经膜细胞包裹一段轴突，相邻两个细胞之间形成间断，形似藕节，称为神经纤维节或郎飞结（Ranvier node）（图 7-18），此处无髓鞘和神经膜，轴膜裸露，可发生膜电位变化。相邻郎飞结之间的一段神经纤维，称为结间体（internode）。有髓神经纤维的神经冲动传导，是从一个郎飞结跳到相邻的另一个郎飞结。长的神经纤维，轴突粗，髓鞘厚，结间体长，故神经冲动传导速度快；反之，传导速度就慢。大部分脑脊神经属于有髓神经纤维。

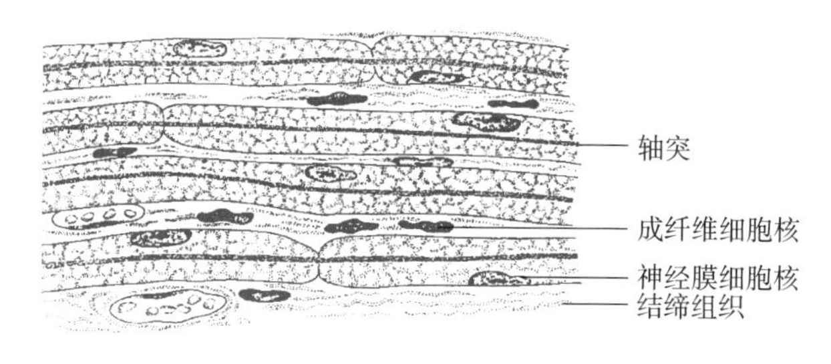

图 7-17　周围有髓神经纤维模式图

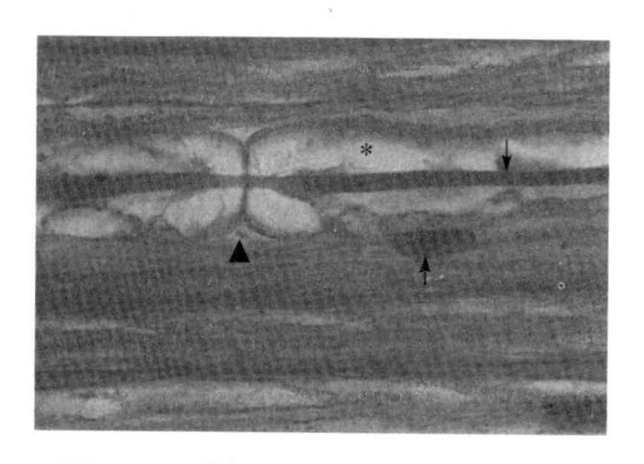

图 7-18　周围有髓神经纤维光镜图

↓轴突　*髓鞘　↑神经膜细胞核　▲郎飞结

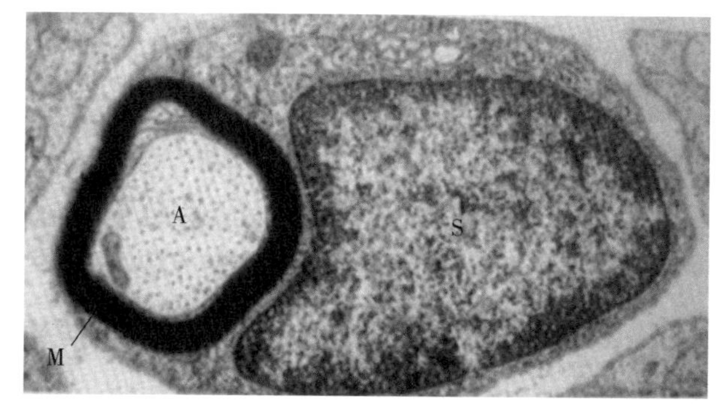

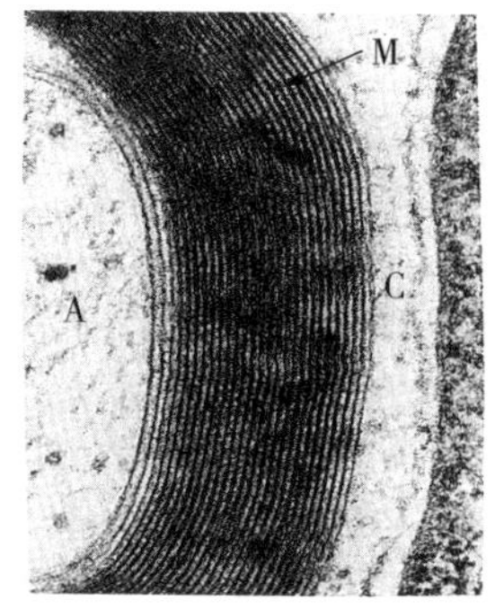

图 7-19　周围有髓神经纤维电镜图

A. 轴突　S. 神经膜细胞核　M. 髓鞘（神经膜细胞膜）　C. 神经膜细胞质

2. 中枢神经系统的有髓神经纤维　这种神经纤维由神经元的轴突或长树突及其表面包裹的髓鞘组成，无神经膜。构成髓鞘的是少突胶质细胞，而非神经膜细胞。一个少突胶质细胞有数个突起，可以缠绕数条轴突形成几节髓鞘，其胞体位于神经纤维之间，而不贴于神经纤维表面，故不形成神经膜。此外，少突胶质细胞不像神经膜细胞那样靠拢排列，因而神经纤维的一些短段落没有髓鞘（图 7-21）。

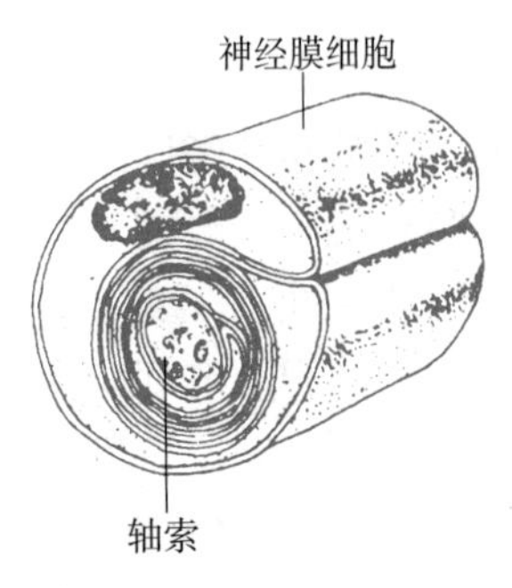

图 7-20　周围有髓神经纤维髓鞘形成示意图

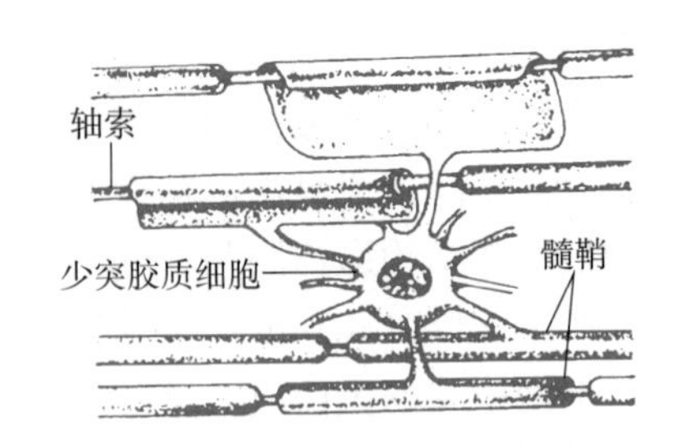

图 7-21　中枢有髓神经纤维髓鞘形成示意图

(二) 无髓神经纤维

1. 周围神经系统的无髓神经纤维　这种神经纤维由神经元的轴突及其表面包裹的神经膜细胞构成。电镜观察，轴突陷于神经膜细胞凹槽内，神经膜细胞沿轴突连续排列，不形成髓鞘，也无郎飞结。一个神经膜细胞可以包裹多条轴突（图 7-22、图 7-23）。

无髓神经纤维较细，神经冲动传导是沿轴突连续进行的，其传导速度比有髓神经纤维慢得多。植物性神经的节后纤维和部分感觉神经纤维属于无髓神经纤维。

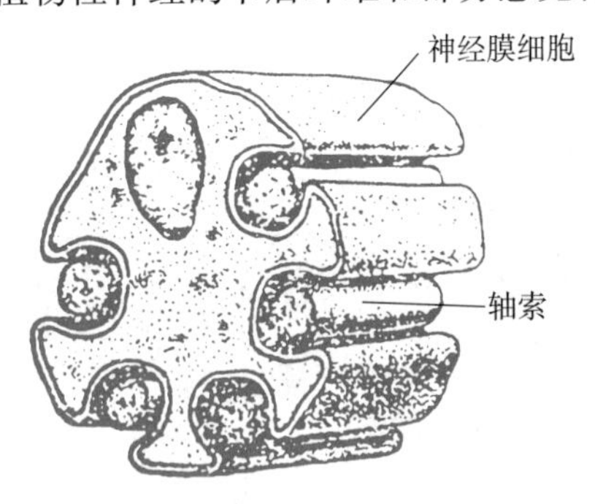

图 7-22　周围无髓神经纤维模式图

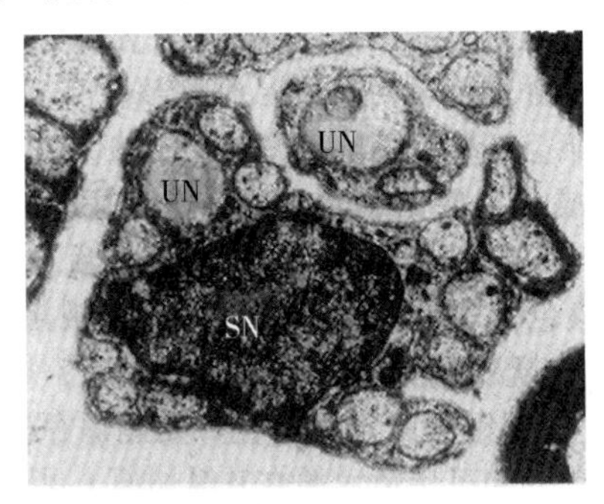

图 7-23　周围无髓神经纤维电镜图
SN. 神经膜细胞　UN. 无髓神经纤维轴突

2. 中枢神经系统的无髓神经纤维　这种神经纤维由神经元的轴突或长树突及其表面包裹的少突胶质细胞构成。一个少突胶质细胞可以包裹多个神经元的突起，但不形成髓鞘。在一些脑区，无髓神经纤维可被星形胶质细胞的突起分隔成束。

1. 名词解释：尼氏体　神经原纤维　树突　轴突　突触　郎飞结
2. 试述神经元的形态结构和分类。
3. 突触有哪几种类型？化学性突触的结构如何？
4. 比较有髓神经纤维和无髓神经纤维的结构。
5. 神经胶质细胞分为哪些类型？各自的结构和功能有何不同？

（李玉谷）

第八章　神经系统

神经系统（nervous system）主要由神经组织构成，分为中枢神经系统和周围神经系统。中枢神经系统（central nervous system）由大脑、小脑、脑干和脊髓构成。周围神经系统（peripheral nervous system）由周围神经、神经节和神经末梢构成。神经系统是体内一个重要的调节系统，通过数量庞大的神经元及其突触建立一个复杂的神经网络，来调节机体各个器官系统的活动，以对内外环境的瞬息变化做出迅速而准确的反应。神经系统还与内分泌系统和免疫系统密切配合，形成神经内分泌免疫网络（neuro-endocrine-immune network），共同调节机体的生理活动。

一、中枢神经系统

（一）大脑

二维码 31

大脑（cerebrum）分成左右大脑半球，每一半球均由灰质和白质构成。灰质（gray matter）位于表面，又称大脑皮质（cerebral cortex），主要由神经元的胞体和树突构成（二维码 31）。白质（white matter）位于深部，又称大脑髓质（cerebral medulla），主要由有髓神经纤维构成，包括：联络纤维（associative fiber），联系同侧大脑半球内的各个脑回；联合纤维（commissural fiber），联系左右大脑半球，构成胼胝体；投射纤维（projective fiber），联系大脑皮质、小脑、脑干和脊髓。在皮质和髓质内还有大量的神经胶质细胞，其中髓质内主要是形成髓鞘的少突胶质细胞。

大脑皮质是神经系统产生高级神经活动的部位。在患一些中枢神经系统退行性疾病时，如阿尔茨海默病，由于大脑皮质内的胆碱能神经元大量死亡，使得大脑皮质广泛萎缩，尤其是掌管记忆功能的海马区最为严重，于是记忆、认知和思维能力逐渐丧失。显微镜检查，在大脑皮质和海马中可见大量的由淀粉样蛋白沉积形成的老年斑，神经元内出现许多绞扭成团的神经原纤维缠结，其病变基础是微管相关蛋白过度磷酸化。

1. 大脑皮质的神经元　大脑皮质的神经元数目庞大，按其胞体的形态分为锥体细胞、颗粒细胞和梭形细胞三类，它们都是多极神经元（图 8-1、图 8-2）。

（1）锥体细胞（pyramidal cell）：数量较多，胞体呈锥形，大小不一，高度为 10～120 μm，一般分为大、中、小三型。胞核圆形，染色浅，核仁明显。胞质内尼氏体丰富。从胞体顶端发出一条较粗的顶树突，伸向皮质表面，沿途分出一些细支。从胞体基部周围发出一些较细的基树突，呈水平走向，沿途分出细支扩展至四周。树突表面有许多鼓槌状小突起，即树突棘，以顶树突及其分支上最多。轴突自胞体底部发出，长短不一，短者不越出所在皮质区；长者离开皮质进入髓质，组成联络纤维、联合纤维或投射纤维（图 8-3）。

（2）颗粒细胞（granular cell）：数量最多，胞体较小，呈颗粒状，直径 6～15 μm。树突短，有许多分支和树突棘。轴突也短但分支多，一般不离开所在皮质区，而与邻近的神经元建立大量的突触联系，构成皮质内信息传递的复杂微环路。颗粒细胞种类繁多，主要有星形细胞（stellate cell）、篮状细胞（basket cell）、水平细胞（horizontal cell）、上行轴突细胞

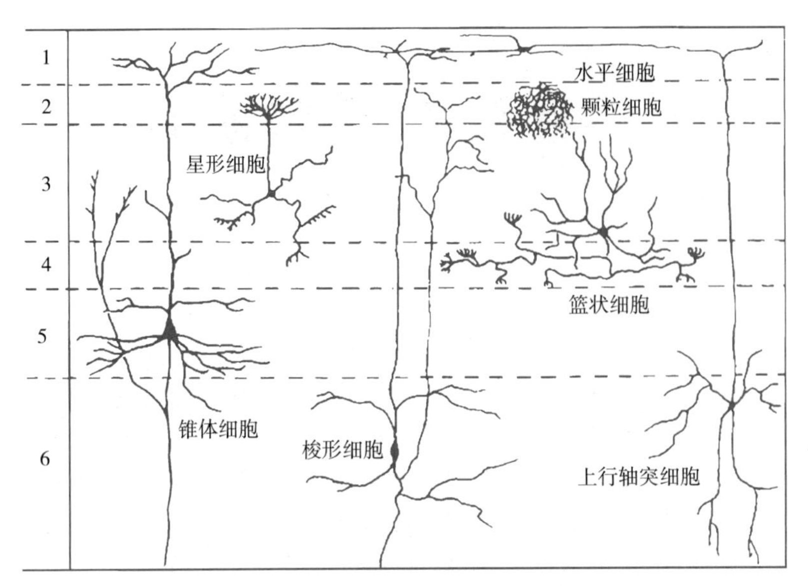

图 8-1　大脑皮质神经元模式图

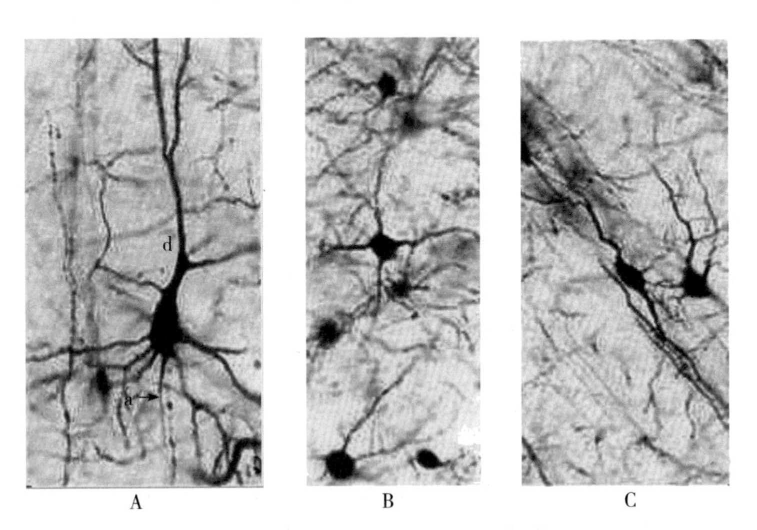

图 8-2　大脑皮质神经元光镜图（镀银染色）
A. 锥体细胞　B. 颗粒细胞　C. 梭形细胞
a. 轴突　d. 树突

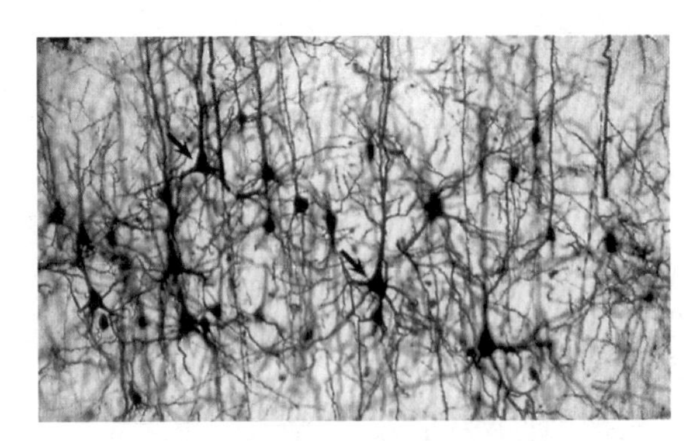

图 8-3　大脑皮质锥体细胞光镜图（镀银染色）

(ascending axonic cell）等。上行轴突细胞又称为马丁诺提细胞（Martinotti cell)。

(3）梭形细胞（fusiform cell)：数量较少，胞体呈梭形，直径 5～8 μm。树突自胞体上、下两端发出，上端多达皮质表面。轴突自下端树突主干发出，较短，一般不离开所在皮质区。

有的梭形细胞较大，轴突较长，进入髓质组成联络纤维、联合纤维或投射纤维。

2. 大脑皮质的分层 大脑皮质的结构具有层次性，由表入里一般分为六层，即分子层、外颗粒层、外锥体层、内颗粒层、内锥体层和多形细胞层（图 8-4、图 8-5）。但各个脑区并不完全相同，有些部位没有典型的六层结构，如海马回、齿状回等处的皮质仅能区分出三层，即分子层、锥体层和多形细胞层。此外，不同动物之间，各层的发达程度也有差异。

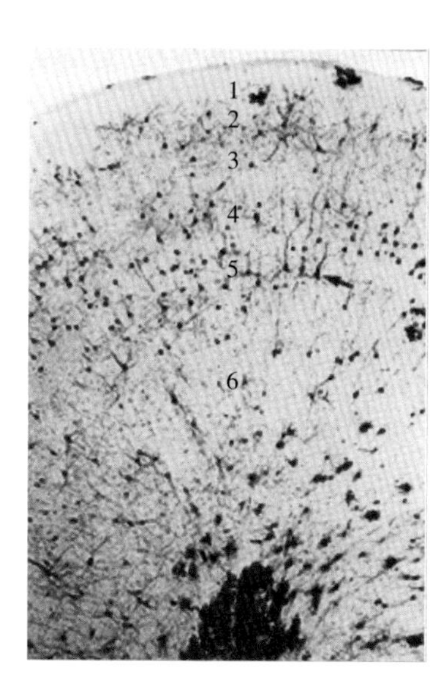

图 8-4 大脑皮质结构光镜图（镀银染色）
1. 分子层 2. 外颗粒层 3. 外锥体层 4. 内颗粒层 5. 内锥体层 6. 多形细胞层

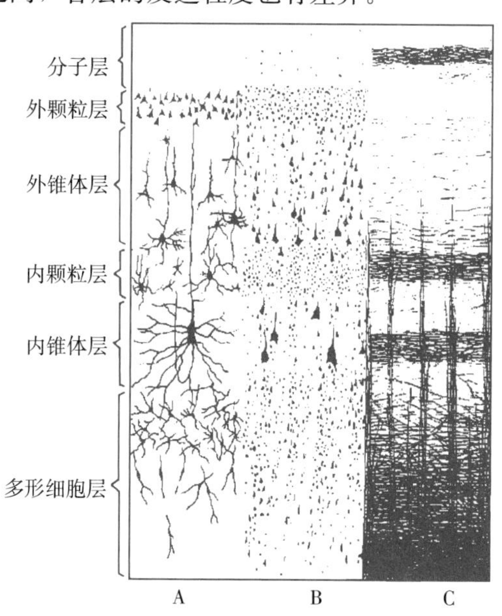

图 8-5 大脑皮质结构模式图
A. 镀银染色法 B. 尼氏染色法 C. 髓鞘染色法

（1）分子层（molecular layer）：位于皮质最表层，神经元少而小，主要是水平细胞和星形细胞。水平细胞的树突和轴突均与皮质表面平行。在分子层内含有大量的神经纤维，它们是来自深层的锥体细胞和梭形细胞的树突以及上行轴突细胞的轴突，组成致密的纤维丛，故此层又称为丛状层（plexiform layer）。

（2）外颗粒层（external granular layer）：主要由星形细胞构成，另有少量小型锥体细胞和篮状细胞等。细胞排列致密。锥体细胞的顶树突伸入分子层，轴突下行可达各层。

（3）外锥体层（external pyramidal layer）：此层较厚，主要由中、小型锥体细胞和星形细胞构成，另有少量篮状细胞和梭形细胞。细胞排列较疏松。锥体细胞的顶树突伸入分子层，轴突下达皮质深层。

（4）内颗粒层（internal granular layer）：主要由星形细胞构成，另有少量中型锥体细胞和篮状细胞等。细胞排列较致密。从丘脑来的传入纤维在此层内分支，形成密集的横行纤维丛，称为 Baillarger 外线。

（5）内锥体层（internal pyramidal layer）：又称节细胞层（ganglionic layer），主要由大、中型锥体细胞构成，另有少量小型锥体细胞、篮状细胞和上行轴突细胞。在中央前回运动区，此层内的大型锥体细胞，胞体高达 120 μm，宽达 80 μm，称为 Betz 细胞。大型锥体细胞的顶树突伸入分子层，轴突在皮质内分出侧支后进入髓质，组成联络纤维、联合纤维或投射纤维。在此层内有一明显的横行纤维丛，由来自各方面的神经纤维构成，称为 Baillarger 内线。

（6）多形细胞层（polymorphic layer）：主要由梭形细胞构成，另有少量星形细胞、上行轴突细胞和小型锥体细胞。一些较大的梭形细胞，轴突较长，伸入髓质组成联络纤维、联合纤维或投射纤维。

3. 大脑皮质神经元之间的联系 大脑皮质各层神经元之间的结构和功能联系是非常复杂的。其中，第一到四层主要接受传入冲动，如从丘脑来的特殊感觉传入纤维主要进入第四层，与星形细胞形成突触，星形细胞又与其他神经元建立广泛的联系。起自同侧大脑半球的联络纤维和起自对侧大脑半球的联合纤维则进入第二、三层，与锥体细胞形成突触。大脑皮质的投射纤维主要起自第五层的锥体细胞和第六层的大梭形细胞，下行至脑干和脊髓。联络纤维和联合纤维起自第三、五、六层的锥体细胞和梭形细胞，分布于同侧或对侧大脑半球的皮质区。第二、三、四层的神经元主要与各层神经元相互联系，构成复杂的神经微环路，对信息进行分析、整合和储存。大脑的高级神经活动与其复杂的神经微环路密切相关。

虽然大脑皮质结构呈现层次性，但近年来研究发现，皮质各层神经元及其纤维垂直排列成许多柱状结构，称为垂直柱（vertical column），并认为垂直柱是大脑皮质的基本功能单位。垂直柱大小不等，但均贯穿六层，其中包含传入神经纤维、中间神经元和传出神经元。传入神经纤维直接或间接通过柱内各层细胞构成复杂的反复回路，最后作用于传出神经元。皮质垂直柱内除垂直方向的反复回路外，还可通过星形细胞和锥体细胞的基树突使兴奋横向扩布，影响更多垂直柱的神经元活动。

（二）小脑

二维码 32

二维码 33

小脑（cerebellum）的表面有许多横沟，将小脑分隔成许多叶片，每个叶片均由灰质和白质构成。灰质位于表层，又称小脑皮质（cerebellar cortex）（二维码 32、二维码 33）。白质位于深部，又称小脑髓质（cerebellar medulla）。在髓质内分布有多个神经核团。

小脑的功能是调节肌张力，调整肌群的协调动作和维持体位的平衡。动物发生的“疯牛病”、“羊瘙痒症”、传染性水貂脑软化病、鹿和马鹿慢性消瘦病、猫海绵状脑病等朊病毒病，主要侵害中枢神经系统尤其是小脑。临床上，患病动物表现为兴奋、搔痒、震颤、共济失调，逐渐丧失运动能力直至瘫痪死亡；显微镜检查，可见脑特别是小脑呈退行性变化，神经元内发生进行性空泡化，星形胶质细胞增生，灰质中出现海绵状病变等。

1. 小脑皮质的神经元和分层 小脑每一叶片的皮质结构基本相同，均含有五种神经元，即星形细胞、篮状细胞、颗粒细胞、高尔基细胞（Golgi cell）和蒲肯野细胞（Purkinje cell）（图 8-6）。小脑皮质自外向内明显地分为三层，即分子层、蒲肯野细胞层和颗粒层（图 8-7）。

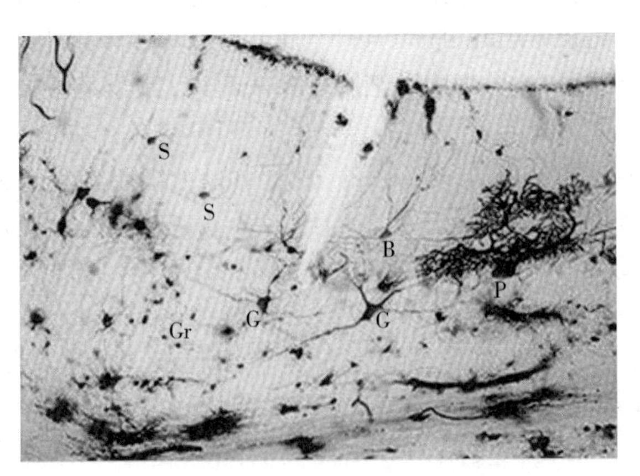

图 8-6 小脑皮质神经元光镜图（镀银染色）

S. 星形细胞 B. 篮状细胞 Gr. 颗粒细胞 G. 高尔基细胞 P. 蒲肯野细胞

（1）分子层（molecular layer）：含神经纤维较多，神经元较少。有两种局部神经元：一种是星形细胞，位于浅层，胞体较小，树突较少；轴突细而短，与蒲肯野细胞的树突形成突触。另一种是篮状细胞，位于深层，胞体较大，树突分支较多；轴突较长，其走向与小脑表面

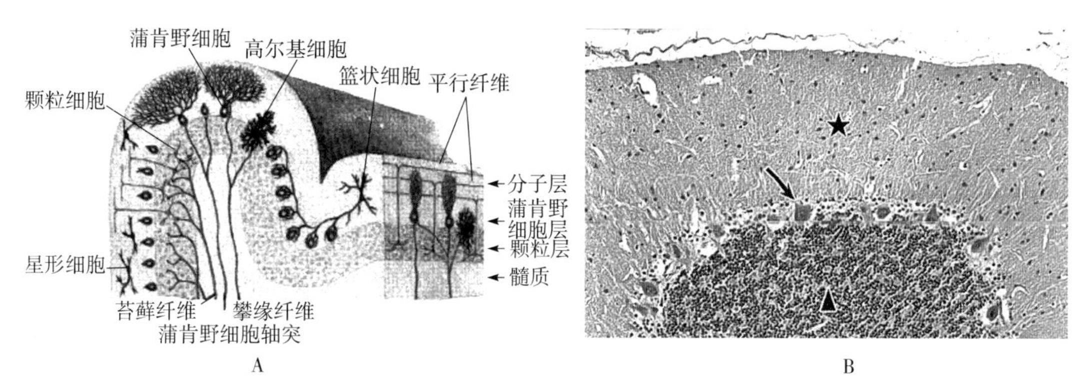

图 8-7　小脑皮质结构

A. 模式图　B. 光镜图

★分子层　↓蒲肯野细胞层　▲颗粒层

平行但与小脑叶片长轴垂直，沿途分出侧支呈篮状包绕于蒲肯野细胞的胞体上，与之构成突触。这两种神经元的树突均与平行纤维构成突触（图 8-7A）。

（2）蒲肯野细胞层（Purkinje cell layer）：由一层蒲肯野细胞（胞体）构成。蒲肯野细胞是小脑皮质内最大的神经元，胞体呈梨形，直径达 30 μm。胞核圆形，染色浅，核仁明显。胞质内核糖体、内质网、溶酶体等细胞器丰富。从胞体顶端发出 2～3 个树突主干伸入分子层，然后反复分支，并在与小脑叶片长轴相垂直的平面上呈扇形展开，树突上密布有树突棘，大量的平行纤维垂直穿过一排排蒲肯野细胞的扇形树突，与其形成数十万个突触，但每条平行纤维与每个蒲肯野细胞只有一个突触连接。从胞体基部发出一长轴突，穿过颗粒层伸入髓质内，组成小脑皮质唯一的传出纤维，大多终止于髓质深部的神经核团（图 8-6 至图 8-9）。

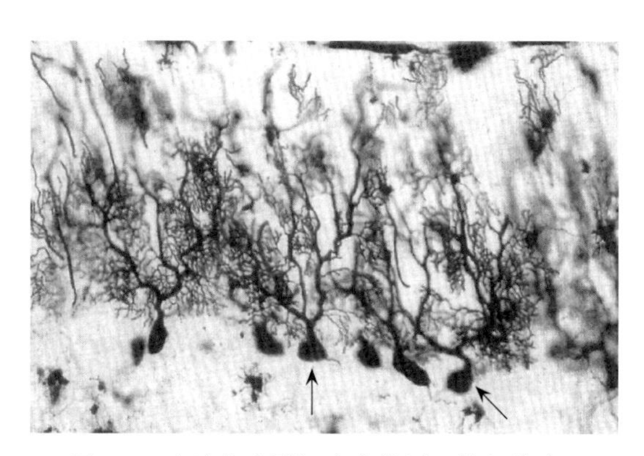

图 8-8　小脑蒲肯野细胞光镜图（镀银染色）

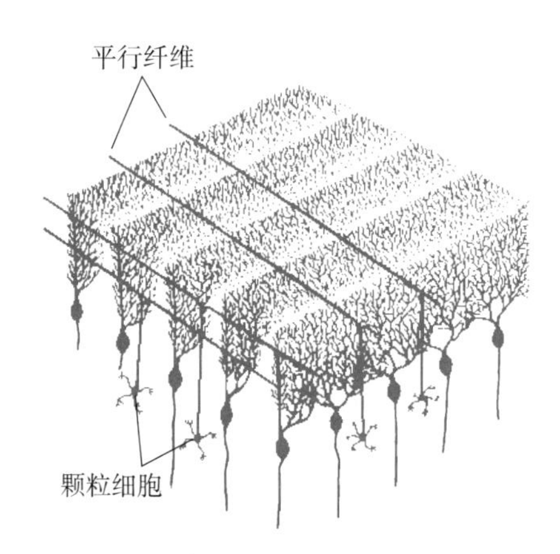

图 8-9　蒲肯野细胞与平行纤维的关系

（3）颗粒层（granular layer）：由密集的颗粒细胞和一些高尔基细胞构成。颗粒细胞的胞体呈圆形，直径 4～8 μm。胞核大染色深，胞质少。短树突数个，分支如爪，与苔藓纤维形成突触。轴突长，伸入分子层，末端呈 T 形分支，其走向与小脑叶片长轴平行，故称平行纤维（parallel fiber），与蒲肯野细胞、高尔基细胞、星形细胞和篮状细胞的树突形成突触。高尔基细胞的胞体较大，直径 9～11 μm，多分布于颗粒层的浅层。树突分支较多，大部分伸入分子层，与平行纤维形成突触。轴突在颗粒层内呈丛密分支，与颗粒细胞的树突形成突触（图 8-6 至图 8-9）。HE 染色时，颗粒层内可见一些呈弱嗜酸性的小团块状结构，称为小脑小球（cerebellar glomerulus）或小脑岛（cerebellar island）。电镜下，小脑小球是苔藓纤维的膨大末端与颗粒细胞的树突、高尔基细胞的轴突或近端树突形成的复杂突触群，它被一层胶质膜包裹（图 8-10）。

2. 小脑皮质神经元与传入纤维的联系 小脑皮质的五种神经元中，蒲肯野细胞是唯一的传出神经元，其他为中间神经元，其中颗粒细胞是谷氨酸能兴奋性神经元，其他中间神经元为γ-氨基丁酸能抑制性神经元。从小脑髓质进入皮质的传入纤维有攀登纤维、苔藓纤维和去甲肾上腺素能纤维，它们起自脊髓和脑干，前两者是兴奋性纤维，后者是抑制性纤维。攀登纤维（climbing fiber）与蒲肯野细胞的树突形成突触兴奋蒲肯野细胞。苔藓纤维（mossy fiber）先与颗粒细胞的树突形成突触兴奋颗粒细胞，继而通过其平行纤维兴奋蒲肯野细胞、星形细胞、篮状细胞和高尔基细胞，星形细胞和篮状细胞又通过其轴突抑制蒲肯野细胞，而高尔基细胞则通过其轴突制止颗粒细胞进一步活动。去甲肾上腺素能纤维（norepinephrinergic fiber）与蒲肯野细胞的树突形成突触，抑制蒲肯野细胞的活动。总之，三种纤维将冲动传入小脑皮质后，最后都作用于蒲肯野细胞，调节其功能活动（图 8-10）。

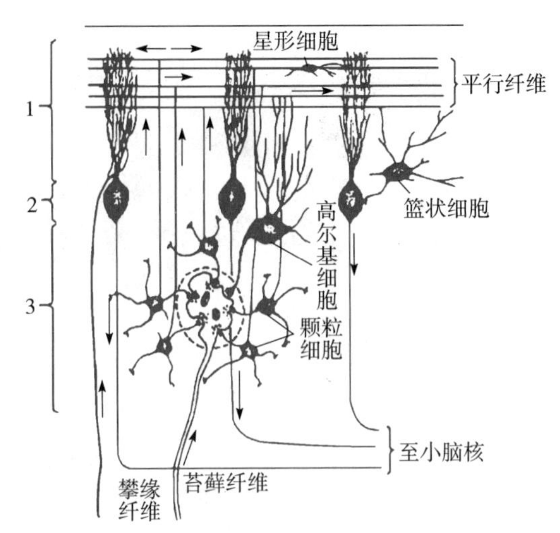

图 8-10 小脑皮质神经元与传入纤维的关系示意图
1. 分子层 2. 蒲肯野细胞层 3. 颗粒层
（虚线内代表一个小脑小球）

（三）脑干

脑干的结构也分为灰质和白质。灰质分散存在于白质中，形成许多神经核（nuclei）。白质由上、下行的传导纤维束组成，联系大脑、小脑和脊髓。

（四）脊髓

二维码 34

脊髓（spinal cord）的横断面呈椭圆形，中央是灰质，周围为白质（二维码 34）。在脊髓背侧中央有软膜伸入形成背正中隔（dorsal median septum），腹侧中央有一裂缝称为腹正中裂（ventral median fissure）（图 8-11）。

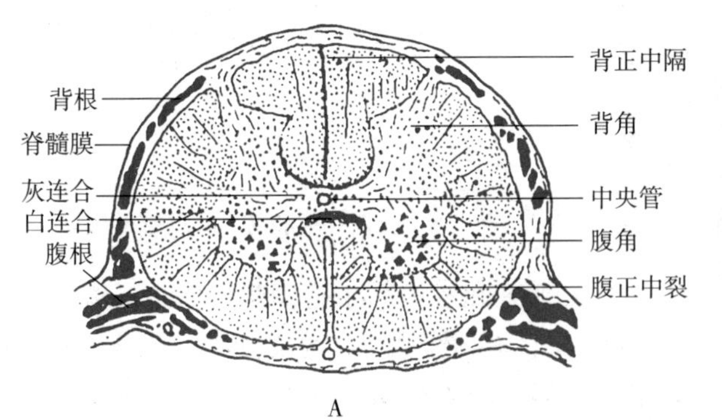

A

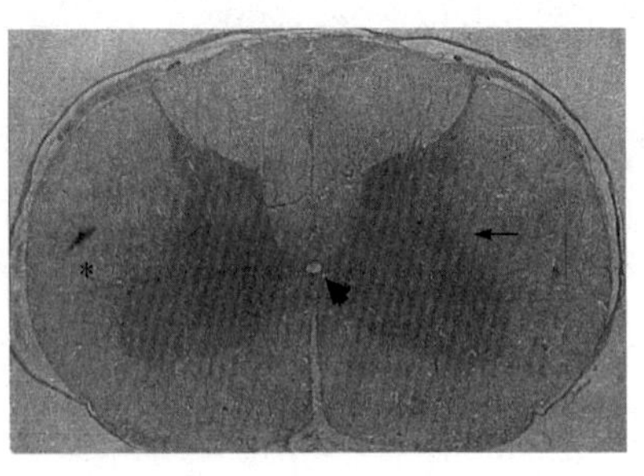

B

图 8-11 脊髓横切面
A. 模式图 B. 光镜图
↑灰质 ▲脊髓中央管 * 白质

1. 灰质 在脊髓的横切面上，灰质呈蝶形或 H 形，由一对较细长的背角和一对较粗短的腹角以及连接左右灰质的灰连合（gray commissure）组成。在胸段和腰前段的脊髓，背角与腹角之间还有一个三角形的外侧角。灰连合的中央有脊髓中央管，内含脑脊液，管壁上衬以室管膜上皮。灰连合的腹侧有神经纤维交叉经过，称为白连合（white commissure）（图8-11）。

（1）背角（dorsal horn）：背角内的神经元属中间神经元，接受从脊神经背根传入的感觉冲动。其中一些神经元的轴突较长，进入白质组成上行传导束到达脑干、小脑和丘脑，此类中间神经元又称束细胞（tract cell），属高尔基Ⅰ型细胞。其他的中间神经元，属高尔基Ⅱ型细胞，轴突较短，不离开脊髓，而在脊髓前后穿行，终止于本节段或前后节段的背角与束细胞发生联系；或伸入腹角与运动神经元（二维码35）发生联系，参与脊髓反射弧的形成。

二维码35

（2）腹角（ventral horn）：腹角内含有α、γ两种躯体运动神经元和许多中间神经元，均属多极神经元。α神经元的胞体较大，直径约70 μm，胞质内尼氏体丰富，呈块状，轴突长，支配普通的骨骼肌纤维（梭外肌）。γ神经元的胞体较小，直径34～45 μm，轴突较细，支配肌梭内的骨骼肌纤维（梭内肌）（图8-12）。这两种神经元的轴突出脊髓后参与组成脊神经腹根。此外，腹角内还有一种小神经元，称为任绍细胞（Renshaw cell），轴突短，与α神经元的胞体构成突触，通过释放甘氨酸抑制α神经元的活动。

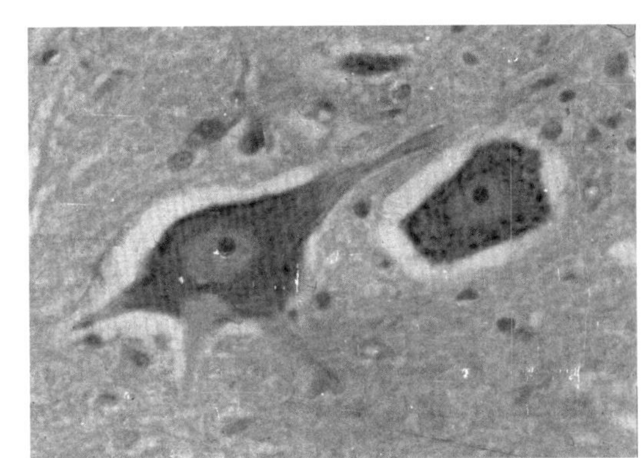

图8-12　脊髓腹角运动神经元光镜图

（3）外侧角（lateral horn）：外侧角内含有内脏运动神经元，为植物性神经元的交感节前神经元，胞体小，呈星形或三角形，其轴突经脊神经腹根出脊髓后组成交感神经的节前纤维，终止于交感神经节内，与交感神经节细胞（交感节后神经元）构成突触。交感节后神经元的轴突组成交感神经的节后纤维。

2. 白质　主要由上、下行的神经纤维束构成，被灰质分为三部分：背索、腹索和外侧索。背索（dorsal funiculus）位于左右背角之间。腹索（ventral funiculus）位于左右腹角之间。外侧索（lateral funiculus）位于背角与腹角之间，左右各一（图8-11）。贴近灰质周围的白质纤维束只限于脊髓内，称为固有束（proper bundle）。

脑与躯体、四肢的联系是通过脊髓内上、下行神经纤维的神经冲动传递实现的，使机体获得各种感觉和运动功能。如果脊髓被横断性损伤，将导致上、下行神经冲动传递中断，损伤部位以下的躯体将丧失感觉和运动功能，造成动物截瘫。

（五）血-脑屏障

在血液与脑组织之间存在一种保护性结构，它能阻止血液中的某些大分子物质进入脑组织内，这种结构称为血-脑屏障（blood-brain barrier）。例如，将一种活性染料台盼蓝（trypan blue）注入动物血液后，很多器官被染上蓝色，但脑组织不着色。血脑屏障由毛细血管内皮、内皮外的基膜和神经胶质膜三部分组成。这些毛细血管属连续型的，内皮上无窗孔，内皮细胞间有紧密连接，是血脑屏障的主要结构。内皮外有完整的基膜。星形胶质细胞的突起末端膨大成脚板，附于毛细血管外周形成神经胶质膜，覆盖85%以上的血管面积（图8-13）。血-脑屏障可以阻止微生物、毒素、异物等有害物质进入脑组织内，但营养物质和代谢产物可以顺利通过。

（六）脑脊膜

在脑和脊髓的表面都包有3层结缔组织被膜，从表至里依次为硬膜、蛛网膜和软膜（图8-14）。

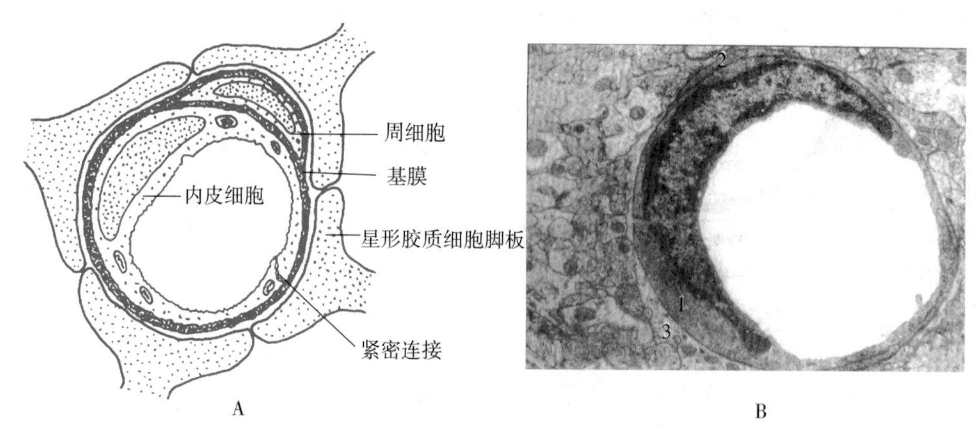

图 8-13　血-脑屏障结构
A. 模式图　B. 电镜图
1. 内皮细胞　2. 周细胞　3. 星形胶质细胞脚板

1. 硬膜（dura mater）　由致密结缔组织构成，厚而坚韧，包括硬脑膜和硬脊膜。硬脑膜与颅骨膜仅在静脉窦处分开，其余部位皆融为一体。在硬脊膜与椎骨膜之间有一硬膜外腔，内含疏松结缔组织、脂肪组织和静脉丛，脊髓硬膜外麻醉即自腰荐间隙将麻醉剂注入硬膜外腔，以阻滞腔内脊神经根的传导作用。

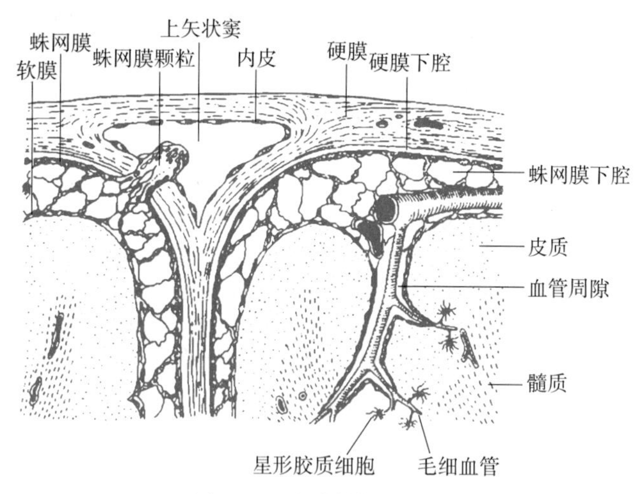

图 8-14　脑膜结构模式图

2. 蛛网膜（arachnoid）　由疏松结缔组织构成。在硬膜与蛛网膜之间有一小间隙称为硬膜下腔，内含少量透明液体。在蛛网膜与软膜之间空隙较大，两膜之间有结缔组织小梁相连，蛛网膜内外表面和小梁表面衬以单层扁平上皮，小梁之间的间隙为蛛网膜下腔，腔内充满脑脊液。在颅部的蛛网膜，有许多绒毛状突起伸入静脉窦内，称为蛛网膜颗粒或蛛网膜绒毛，是脑脊液回流入静脉的途径。

3. 软膜（pia mater）　为薄层疏松结缔组织，紧贴脑和脊髓的表面，并深入到沟裂内，其外表面也覆有单层扁平上皮。软膜内含有丰富的血管，供应脑和脊髓的营养。但软膜并不紧包血管，两者之间有空隙，称为血管周隙，与蛛网膜下腔相通，内含脑脊液。脑脊膜具有保护、支持和供给营养等作用。

（七）脉络丛与脑脊液

1. 脉络丛（choroid plexus）　是由第三、四脑室顶壁和部分侧脑室壁的软膜及室管膜共同突向脑室的皱襞状结构，此处的室管膜上皮又称脉络丛上皮，能够分泌脑脊液。上皮下为基膜，基膜深部为结缔组织，内含丰富的血管。

2. 脑脊液（cerebrospinal fluid）　为无色透明液体，含有高浓度的钾离子、钠离子和氯离子，但蛋白质很少。脑脊液充满脑室、脊髓中央管、蛛网膜下腔和软膜血管周隙，最后通过蛛网膜颗粒吸收入血液，形成脑脊液循环。脉络丛上皮和毛细血管内皮共同构成血-脑脊液屏障（blood-cerebrospinal fluid barrier），使脑脊液保持稳定的成分而不同于血液。脑脊液具有营养以及保护脑和脊髓的作用。

二、周围神经系统

（一）周围神经

在周围神经系统，神经纤维聚集在一起并由结缔组织包裹构成神经（nerve），分为脑神经、脊神经和植物性神经，植物性神经又分为交感神经和副交感神经。神经的表面包有一层较厚的结缔组织，称为神经外膜（epineurium）。神经外膜的结缔组织伸入神经内部将神经纤维分隔成大小不等的神经纤维束，这些包裹神经纤维束的结缔组织称为神经束膜（perineurium）。神经束膜内层有数层扁平上皮细胞，称为神经束膜上皮，上皮细胞之间有紧密连接，上皮基底面有基膜，因而对进出神经的物质具有一定的屏障作用。神经束的结缔组织又伸入内部分隔包裹每条神经纤维，这些结缔组织称为神经内膜（endoneurium）（图 8-15A、图 8-15B）。多数神经既含感觉神经纤维，又含运动神经纤维，只有少数神经仅含单一类型的神经纤维；这些神经纤维可以是有髓的，也可以是无髓的，通常一条神经内既含有髓神经纤维，又含无髓神经纤维。

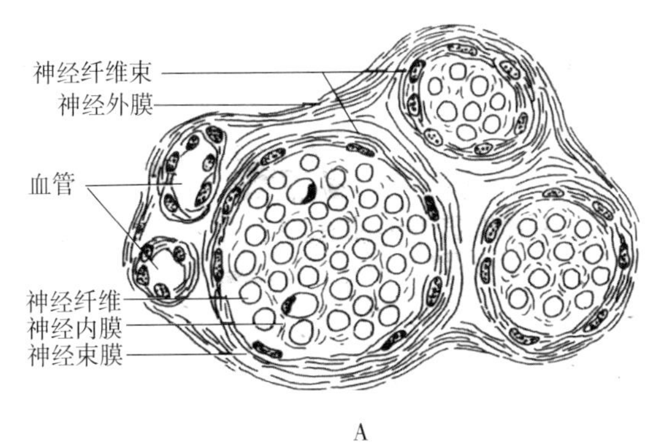

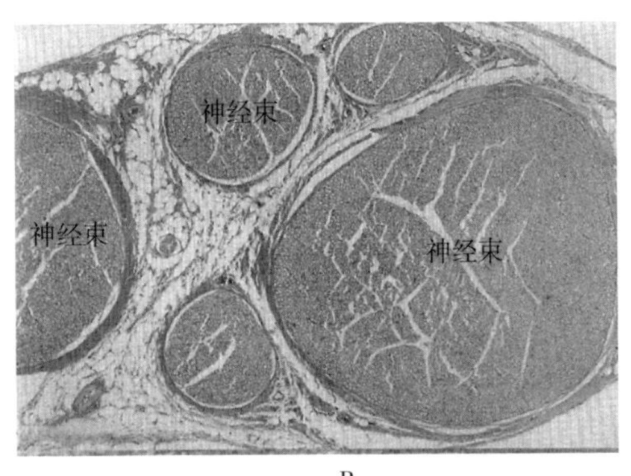

图 8-15　神经横切面模式图
A. 模式图　B. 光镜图

（二）神经节

在周围神经系统内，神经元胞体聚集的部位称为神经节（ganglion），包括脑脊神经节和植物性神经节。

1. 脑脊神经节（cerebrospinal ganglion）　包括位于脊髓两侧脊神经背根上的脊神经节（spinal ganglion）和某些脑神经干上的脑神经节（cerebral ganglion）（二维码 36）。二者结构基本相同，呈卵圆形，外包结缔组织被膜，内含大量的神经元（神经节细胞）、神经胶质细胞（卫星细胞）和神经纤维（图 8-16）。

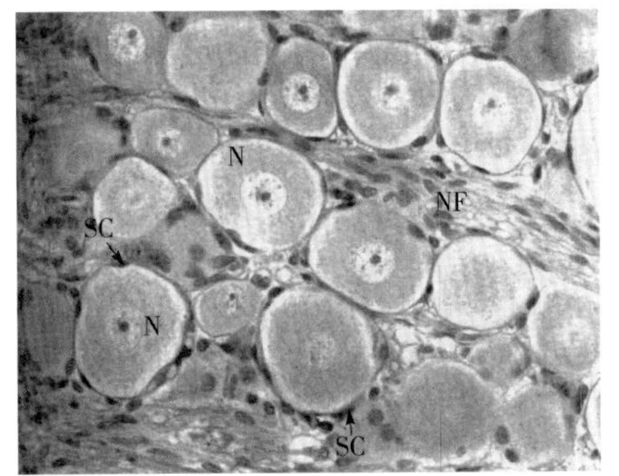

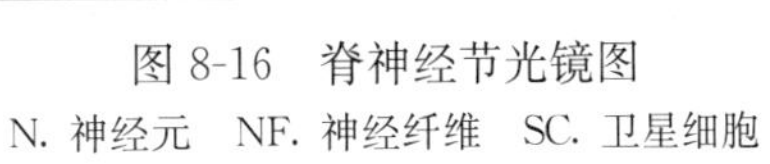
图 8-16　脊神经节光镜图
N. 神经元　NF. 神经纤维　SC. 卫星细胞

二维码 36

（1）神经节细胞（ganglion cell）：为假单极神经元（感觉神经元），多成群分布。胞体圆形或卵圆形，大小相差悬殊，直径 15～120 μm。胞核圆形，位于中央，常染色质较多，异染色较少，染色浅，核仁明显。胞质内含颗粒状的尼氏体，染色深浅不一。神经节细胞从胞体发出一个突起，其根部在胞体附近盘曲，然后呈 T 形分支，一支为中枢突，走向中枢；另一支为周围突，分布到皮肤、肌肉和内脏等处，其终末形成感觉神经末梢。

（2）卫星细胞：呈扁平状，包裹神经节细胞的胞体及其附近盘曲的突起形成被囊，故又称被囊细胞。

（3）神经纤维：大多为有髓神经纤维，被结缔组织分隔成束。

2. 植物性神经节（vegetative ganglion） 也称自主神经节（autonomic ganglion），包括位于脊柱附近的交感神经节（sympathetic ganglion）和位于器官附近或器官内的副交感神经节（parasympathetic ganglion）。植物性神经节的结构与脑脊神经节相似，也由神经节细胞、卫星细胞和神经纤维组成（图 8-17、图 8-18）。

（1）神经节细胞：为多极神经元，均匀分布。胞体较小，直径 15～60 μm。胞核常处于偏心位置，有的可见双核。胞质内尼氏体呈颗粒状，均匀分布。

交感神经节细胞有两种：一种称主节细胞（principal ganglion cell），体积较大，数量较多，多数为肾上腺素能神经元，少数为胆碱能神经元。另一种为小强荧光细胞（small intensely fluorescence cell），体积较小，数量较少，常聚集成群，经醛类试剂处理后可诱发强烈的荧光，为多巴胺能神经元。副交感神经节细胞一般为胆碱能神经元。近年来研究表明，植物性神经节内还存在肽能神经元。

（2）卫星细胞：数量较少，不完全包裹神经节细胞的胞体。

（3）神经纤维：大多为无髓神经纤维，不规则分散排列，包括节前纤维和节后纤维。节前纤维来自中枢，与神经节细胞的胞体或树突构成突触；节后纤维为神经节细胞的轴突，分布到心肌、平滑肌和腺体，其终末形成内脏运动神经末梢。

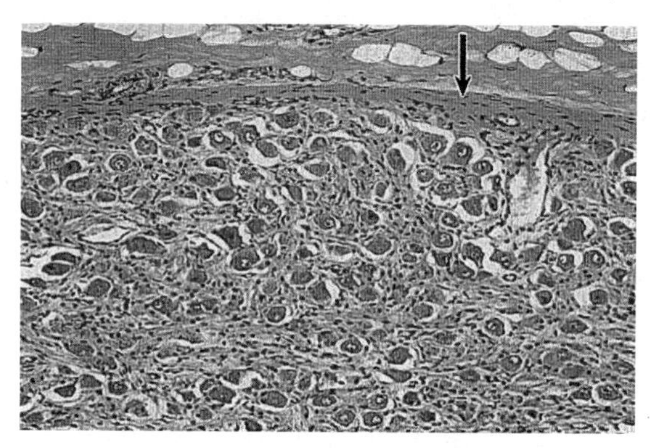

图 8-17 交感神经节光镜图
箭头所指为被膜，下方为神经节

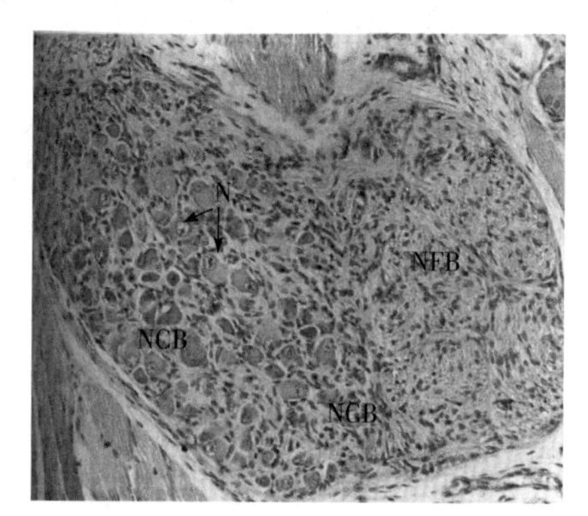

图 8-18 副交感神经节光镜图
N. 细胞核 NCB. 神经节细胞体 NFB. 神经纤维束

（三）神经末梢

神经末梢（nerve ending）是周围神经纤维的终末部分，终止于全身各组织器官内，并与其他组织共同形成形式多样的特殊结构。按其功能，分为感觉神经末梢和运动神经末梢。

1. 感觉神经末梢（sensory nerve ending） 是感觉神经元（假单极神经元）周围突的终末部分，通常与周围的其他组织共同形成感受器（receptor）。感受器能够接受体内外各种刺激，并转化为神经冲动传向中枢，产生感觉。感觉神经末梢又分为游离神经末梢和有被囊神经末梢。

（1）游离神经末梢（free nerve ending）：感觉神经元的周围突在接近终末时失去神经膜细胞，裸露的突起呈树枝状分支，分布于上皮组织、结缔组织和肌组织内，感受冷、热、疼痛和轻触的刺激（图 8-19）。在表皮、角膜、毛囊、牙髓、脑膜、骨膜、筋膜、肌腱、韧带、关节囊和血管外膜等处，游离神经末梢丰富。

（2）有被囊神经末梢（encapsulated nerve ending）：由感觉神经元的周围突终末及其表面

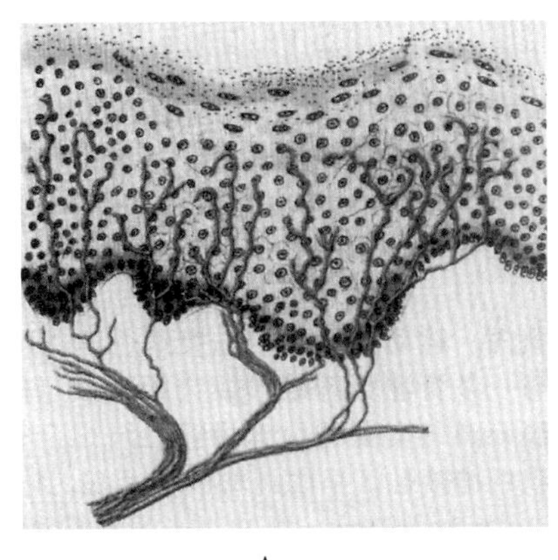
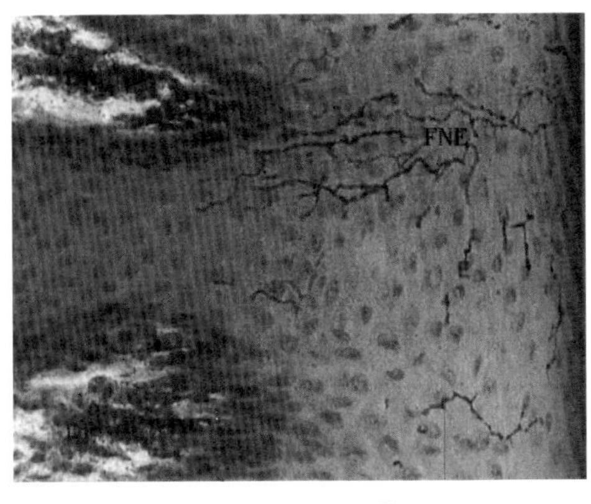

A　　B

图 8-19　表皮内游离神经末梢（FNE）模式图

A. 模式图　B. 光镜图（镀银染色）

包裹的结缔组织被囊构成，主要有下列几种。

①触觉小体（tactile corpuscle）：又称 Meissner 小体，呈卵圆形，分布于真皮乳头内，长轴与表皮垂直，以指、趾掌侧皮肤居多，感受触觉。其被囊内有许多横行排列的扁平细胞，有髓神经纤维失去髓鞘后进入被囊内，分成细支盘绕在扁平细胞之间（图 8-20）。

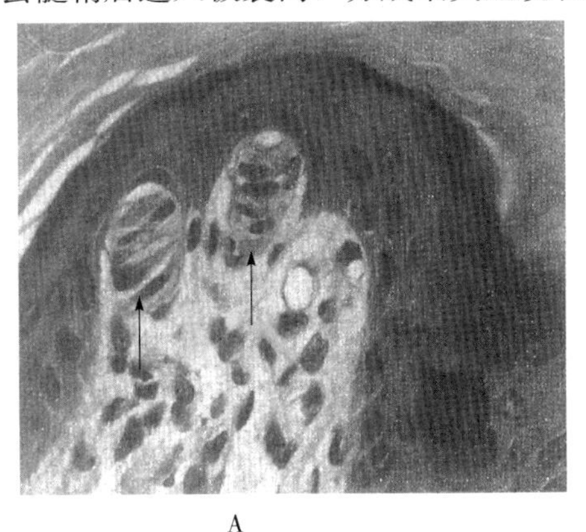

A　　B

图 8-20　触觉小体光镜图

A. HE 染色　B. 镀银染色

②环层小体（lamellar corpuscle）：又称 Pacinian 小体，呈圆形或椭圆形，分布于真皮深层、皮下组织、肠系膜、韧带、关节囊、骨骼肌、胰腺等处，感受压力、振动和张力觉。其被囊由数十层同心圆排列的扁平细胞构成，小体中轴有一均质性的圆柱体称为内棍（inner bulb），有髓神经纤维失去髓鞘后进入内棍内（图 8-21、二维码 37）。

二维码 37

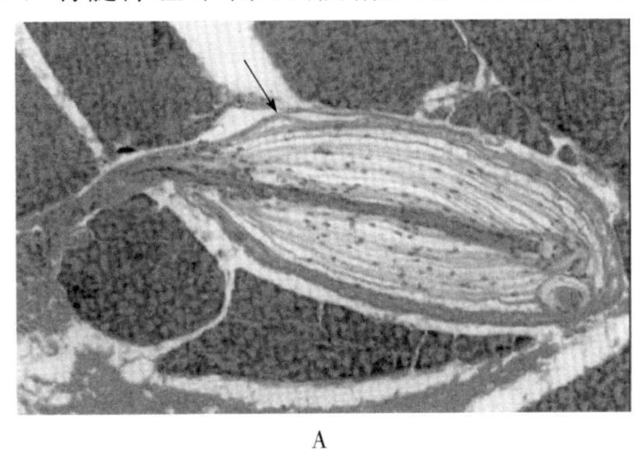
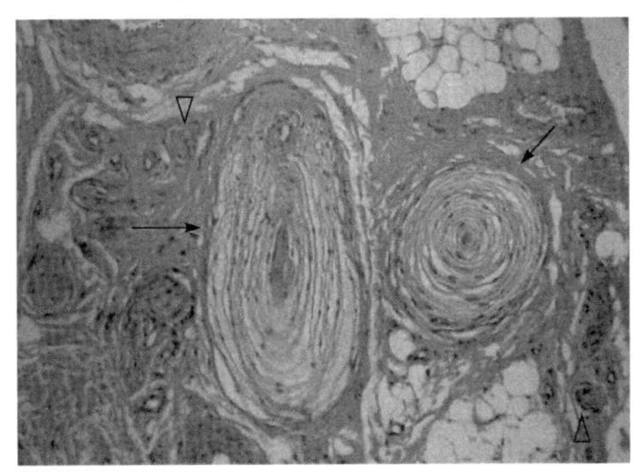

A　　B

图 8-21　环层小体

A. 纵切（胰腺）　B. 横切（皮下组织）

↑环层小体　▽毛细血管

③肌梭（muscle spindle）：呈梭形，分布于骨骼肌内。其被囊内有数条较细的肌纤维（梭内肌纤维），这些肌纤维的细胞核沿肌纤维纵轴成串排列或集中于中段而使该处膨大，肌质较多，肌原纤维较少。感觉神经纤维失去髓鞘后进入肌梭内并反复分支，呈环状或螺旋状盘绕于梭内肌纤维中段，或呈花枝样附着于近中段。肌梭内还有运动神经纤维，来自脊髓腹角的运动神经元的轴突终末形成运动终板，分布于梭内肌纤维的两端（图 8-22）。肌梭是一种本体感受器，主要感受肌纤维的伸缩变化，在调节骨骼肌的运动中起重要作用。当肌肉收缩或伸张时，梭内肌纤维被牵拉，刺激神经末梢产生神经冲动，传向中枢而产生感觉。

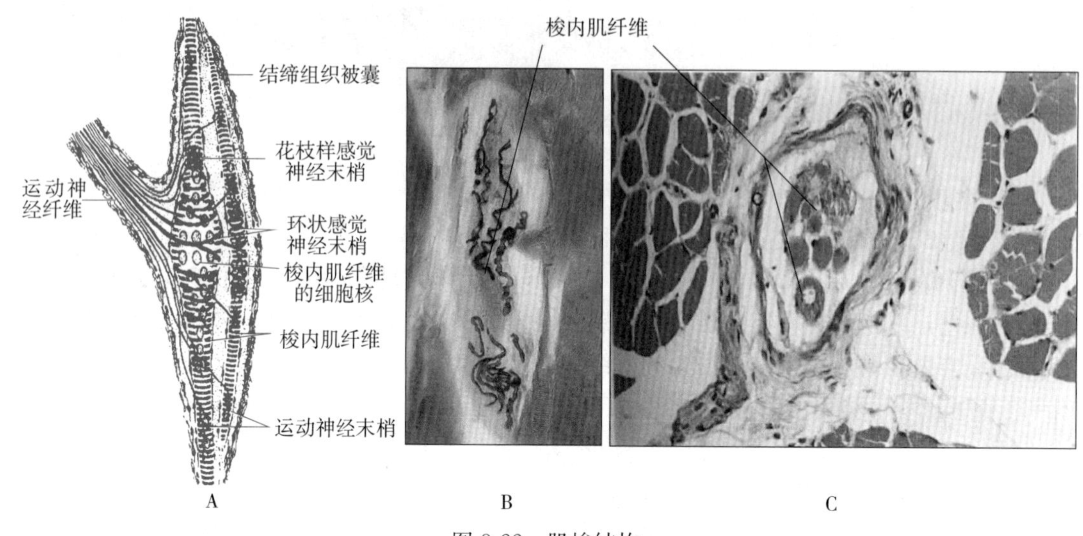

图 8-22　肌梭结构

A. 模式图　B. 纵切光镜图（镀银染色）　C. 横切光镜图（HE 染色）

2. 运动神经末梢（motor nerve ending）　是运动神经元轴突的终末部分，分布到肌组织和腺体，与其他组织共同构成效应器（effector），支配肌纤维的收缩和腺体的分泌。其可分为躯体运动神经末梢和内脏运动神经末梢。

（1）躯体运动神经末梢（somatic motor nerve ending）：是分布于骨骼肌的运动神经元轴突与骨骼肌纤维形成的化学性突触样结构。来自脊髓腹角或脑干的运动神经元的轴突到达骨骼肌时失去髓鞘，形成许多分支，每一分支在接近终末时又分出许多爪状细支，每一细支末端再形成小球状膨大，形似葡萄状，附着于肌纤维的表面形成神经肌肉连接。因神经肌肉连接处呈椭圆形的板状隆起，故又称运动终板（motor end plate）（图 8-23）。一条轴突可以通过其众多

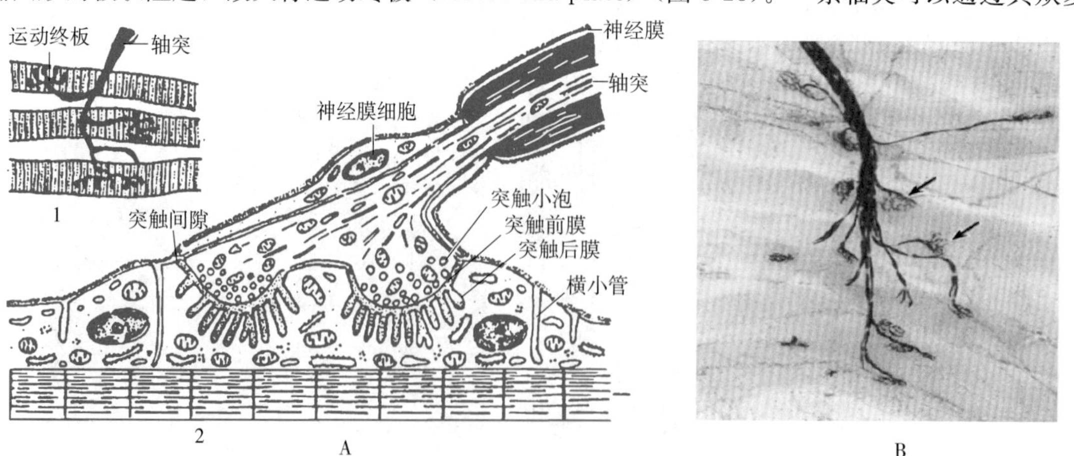

图 8-23　运动终板

A. 模式图　B. 光镜图（镀银染色）

1. 光镜结构　2 超微结构

的分支支配多条肌纤维，但一条肌纤维通常只接受一个轴突分支的支配。一个运动神经元及其所支配的全部骨骼肌纤维，合称一个运动单位。运动单位越小，则运动越精细。

电镜下，运动终板处的肌纤维内含较多的细胞核和线粒体，肌膜凹陷成浅槽，轴突分支的葡萄状终末嵌入浅槽内，此处的轴膜为突触前膜；与突触前膜相对应的槽底的肌膜为突触后膜，它又向肌质内凹陷形成深沟和皱褶，使其表面积增大，上面有乙酰胆碱 N 型受体。突触前后膜之间的间隙为突触间隙。轴突终末内含有许多线粒体、微管、微丝以及含有乙酰胆碱的圆形突触小泡（图 8-23）。当神经冲动传到轴突终末时，突触前膜上的钙离子通道开放，钙离子进入轴突终末内，使突触小泡移向突触前膜，通过胞吐作用将小泡内的乙酰胆碱释放于突触间隙内，并作用于突触后膜上的受体，使肌膜内外侧的离子发生变化，导致肌膜兴奋并经横小管传至肌纤维内，引发粗、细肌丝滑动，肌节缩短，最终导致肌纤维收缩。

（2）内脏运动神经末梢（visceral motor nerve ending）：是植物性神经节后纤维的终末部分，分布于心肌、腺体、内脏和血管的平滑肌，支配心肌、平滑肌的收缩和腺体的分泌。内脏运动神经纤维较细，无髓鞘，在接近终末时反复分支，每一分支常形成串珠状膨大，称为膨体（varicosity），附着于肌纤维上或穿行于腺细胞之间，与肌细胞和腺细胞建立突触样连接（图 8-24）。膨体内含有许多突触小泡，小泡内含乙酰胆碱、去甲肾上腺素或肽类神经递质。当神经冲动传至终末时，神经递质释放，作用于肌细胞或腺细胞膜上相应的受体，引起心肌、平滑肌收缩或腺体分泌。

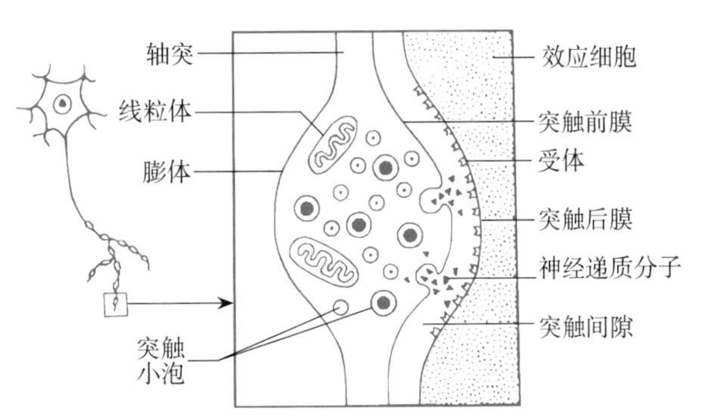

图 8-24　内脏运动神经末梢及其膨体超微结构示意图

1. 名词解释：神经节　神经末梢　环层小体　触觉小体　肌梭　运动终板　灰质　白质　大脑垂直柱　小脑小球　脑脊液　血-脑屏障　血-脑脊液屏障　脑脊膜

2. 试述大脑皮质和小脑皮质的神经元类型和分层。

3. 试述脊髓灰质的结构。

4. 脑脊神经节与植物性神经节有何区别？

5. 常见的神经末梢装置有哪些？

（李玉谷）

第九章　循环系统

循环系统（circulatory system）包括心血管系统和淋巴管系统两部分。心血管系统由心脏、动脉、毛细血管和静脉组成，是一个分支的封闭的管道系统。心脏是促使血液流动的动力泵，将血液输入动脉。动脉经各级分支将血液输送到毛细血管。毛细血管广泛分布于体内各组织器官内，其管壁极薄，血液在此与周围组织进行物质交换。静脉由毛细血管汇合移行而来，起始端亦有物质交换功能，但主要是将经过物质交换后的血液回流至心脏。淋巴管系统由毛细淋巴管、淋巴管和淋巴导管组成，是一个分支的向心回流的管道系统。毛细淋巴管以盲端起始于组织间隙，收集组织液。进入毛细淋巴管的组织液称为淋巴液。淋巴管由毛细淋巴管汇合而成，在其径路上有淋巴结分布，在此淋巴细胞加入淋巴液中。淋巴导管由淋巴管汇合而成，包括左淋巴导管（胸导管）和右淋巴导管，它们与大静脉相连通。

一、心　　脏

心脏（heart）为中空的肌性器官，是心血管系统的动力装置。通过其节律性的收缩和舒张，推动血液在血管中不断地循环流动，使体内各组织器官得到充足的血液供应。

（一）心壁的结构

二维码 38

心壁从内向外分为心内膜、心肌膜和心外膜三层（图 9-1、二维码 38）。

1. 心内膜（endocardium）　从内向外又分为三层：①心内皮（cardiac endothelium），为单层扁平上皮，与血管内皮相连。②内皮下层，为薄层疏松结缔组织，在近室间隔处含有少许平滑肌。③心内膜下层，为疏松结缔组织，与心肌膜相连，内含血管和神经，在心室的心内膜下层还含蒲肯野纤维。

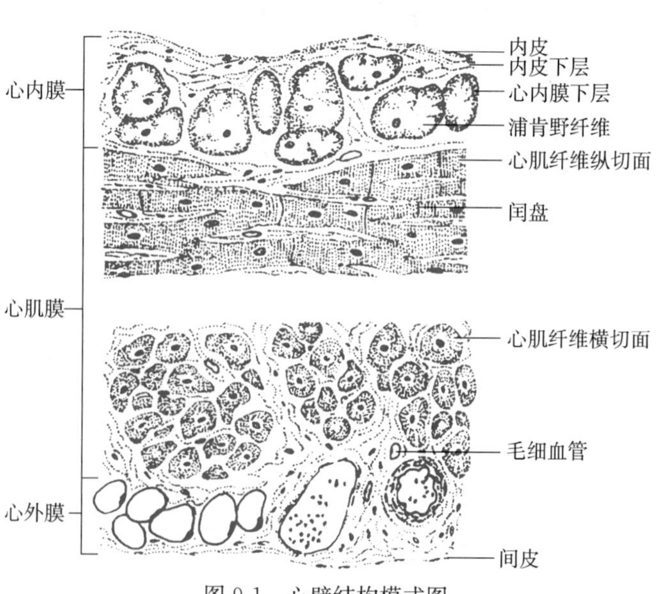

图 9-1　心壁结构模式图

2. 心肌膜（myocardium）　主要由心肌纤维构成。心肌纤维呈螺旋状排列，大致分为内纵肌、中环肌和外斜肌三层。它们多集合成束，肌束间有较多的结缔组织和毛细血管。心肌膜在心房较薄，左心室最厚。

心室的肌纤维较粗长，直径 10～15 μm，长约 100 μm，有分支，横小管较多；心房的肌纤维较细短，直径 6～8 μm，长 20～

30 μm，无分支，横小管很少或无，但彼此间有大量的缝隙连接。电镜下，心肌纤维内含有大量的线粒体，因而对缺氧极为敏感，当冠状动脉硬化而使管腔变窄时，可引起心脏相应部位缺氧，如果狭窄部位突然形成血栓，可导致心肌大面积坏死，即心肌梗死。有些心肌纤维还含电子密度较高的特殊颗粒，颗粒有膜包裹，直径 0.3～0.4 μm，主要分布于胞核的周围，尤其密集于胞核的两端；由于这种颗粒主要存在于心房肌，故称心房特殊颗粒（specific atrial granule），内含属肽类激素的心钠素。此外，心肌纤维还能合成和分泌多种其他生物活性物质。

3. 心外膜（epicardium） 属心包膜的脏层，为浆膜，表面是间皮，间皮下是薄层结缔组织，内含血管、神经和脂肪组织。

在心房与心室交界处，还有构成心脏支架的结构，称为心骨骼（cardiac skeleton）。猪和猫的心骨骼为致密结缔组织；羊和犬还含透明软骨；马和大反刍动物则有骨片存在。心房和心室的肌纤维分别附着于心骨骼，但两部分心肌并不直接相连。

此外，心内膜还向心腔内突出，形成片状皱褶，称为心瓣膜。心瓣膜附于心骨骼上，包括房室瓣和动脉瓣，能使血液做定向流动；其两面是内皮，中轴是富含弹性纤维的致密结缔组织。

（二）心脏的传导系统

心脏壁内有由特殊心肌纤维组成的传导系统，使心房和心室按一定的节律收缩。这些心肌纤维聚集成结或束，包括窦房结、房室结、房室束及其分支（图 9-2）。窦房结位于右心房前腔静脉入口处的心外膜深部，其余分布于心内膜下层。该系统由下列三型细胞组成。

1. 起搏细胞（pacemaker cell） 简称 P 细胞，主要分布于窦房结，房室结也有少量。细胞呈梭形或多边形，有分支，无闰盘。胞核大，卵圆形，位于中央。胞质内细胞器较少，肌浆网不发达，有少量肌原纤维和吞饮小泡，但含较多的糖原。P 细胞周围有丰富的神经末梢。该细胞是心肌兴奋的起搏点，使心脏产生自动节律性收缩。

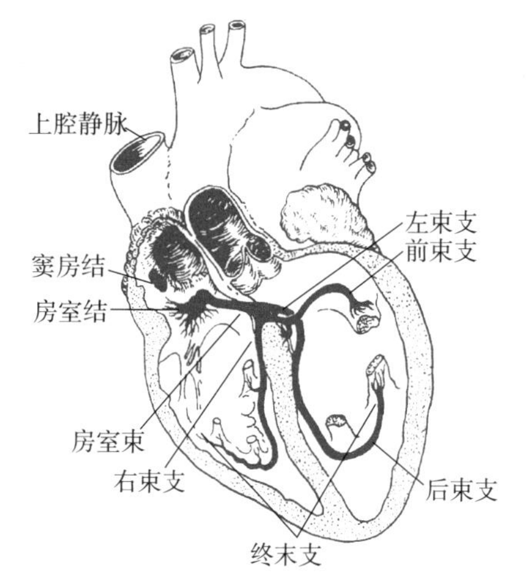

图 9-2 心脏传导系统分布模式图

2. 移行细胞（transitional cell） 主要分布于窦房结和房室结的周边以及房室束，起传导冲动的作用。细胞呈细长形，比普通心肌纤维细而短，但较 P 细胞大，胞质内含肌原纤维较多，肌浆网亦较发达。

3. 蒲肯野纤维（Purkinje fiber） 又称束细胞（bundle cell），组成房室束及其分支。束细胞比普通心肌纤维短而粗，中央有 1～2 个胞核。胞质内含丰富的线粒体和糖原；肌原纤维较少，位于周边；HE 染色时，胞质浅淡。房室束分支末端的蒲肯野纤维与普通心肌纤维相连，将冲动快速传到心室各部。

（三）心脏的内分泌功能

近年来的研究表明，心肌纤维不仅具有节律性收缩能力，而且还能合成和分泌多种激素和生物活性物质，如心钠素、脑钠素、内源性类洋地黄素、抗心律失常肽、肾素、血管紧张素、心肌生长因子、醛固酮分泌抑制因子等，对促进心肌细胞生长，增强心肌收缩力等具有重要作用。

1. 心钠素（cardionatrin） 又称心房利钠尿多肽（atrial natriuretic polypeptide），是一种由 28 个氨基酸残基组成的多肽，存在于许多器官，如心、脑、肺、甲状腺、垂体、生殖器官等，以心的含量为最高，并且心房远高于心室，右心房又高于左心房约一倍。心钠素具有强大的利尿、利钠效应，是目前已知最强的利尿、利钠剂，同时还有强烈的舒张血管和降低血压的作用。对肾而言，心钠素通过增强肾小球的滤过率，增加肾的血流量，减少肾小管对水分的重吸收而产生利尿、利钠效应；还可抑制肾素-血管紧张素-醛固酮系统，抑制抗利尿激素的释放和作用。对心血管系统，心钠素可使动脉和静脉扩张，降低血压，舒张毛细血管，增加微循环的血流量，从而改善心律失常和调节心脏功能。

2. 脑钠素（brainonatrin） 是一种由 32 个氨基酸残基组成的多肽，最初从猪脑内分离纯化，因而得名。近年来发现，脑钠素广泛存在于心、脑、脊髓、肺等多种器官，以心的含量为最高，主要由心室尤其是左心室分泌。脑钠素亦可提高肾小球滤过率，利钠、利尿；扩张血管、降低体循环血管阻力、增加血容量，从而调节血压和维护心脏功能；同时还能抑制醛固酮的分泌；阻止心肌细胞的纤维化和平滑肌的增殖；抑制血管内皮细胞表达组织因子和纤溶酶原激活抑制剂-1，有助于防止在充血状态下形成血栓。

3. 抗心律失常肽（antiarrhythmic peptide） 由 6 个氨基酸残基组成，在体内分布广泛，但以心房含量最高，并随年龄增长而增加，具有强大的抗心律失常和抗血栓作用。

4. 内源性类洋地黄素（endogenous digitalis-like factor） 简称内洋地黄素，是体内合成和分泌的具有洋地黄样生物活性的物质，存在于心、脑、肝、肺、肾、肌肉、肾上腺、胎盘等多种组织以及脑脊液、血液和尿液中，具有强心、利尿、利钠和收缩血管的作用。分离于心脏的类洋地黄分子又称心洋地黄素。

5. 肾素（renin）**和血管紧张素**（angiotensin） 可在许多器官中合成，如心、脑、肺、子宫、卵巢和睾丸等。心房和心室均可合成肾素和血管紧张素原。内源性肾素-血管紧张素系统作为自分泌和旁分泌激素，调节心脏的功能，具体功能为：收缩冠状血管，调节冠脉循环；促进心内交感神经末梢释放儿茶酚胺，增强心肌收缩力；促进心肌细胞的蛋白质合成，使心肌肥厚，刺激心肌生长；还可加重心肌缺血和再灌注损害时对心肌代谢的有害作用。

二、动　　脉

动脉（artery）从心脏发出后，反复分支，管径逐渐变细。一般将其分为大、中、小、微动脉四级，但它们之间并无严格的界限，而是逐渐移行的。近心脏的大动脉，管壁中含有丰富的弹性纤维和弹性膜，具有较大的弹性，能维持血液持续匀速的流动。中动脉管壁内平滑肌发达，平滑肌的收缩和舒张，可调节分配到机体各部和各器官的血流量。小动脉和微动脉也含少量平滑肌，其收缩和舒张可调节器官和组织内的血流量，并能改变外周血流的阻力，调节血压。心脏的跳动和血管壁的舒缩，使血液流动并产生血压。动脉管壁结构相似，均由内膜、中膜和外膜组成，尤以中动脉最为典型，故以其为代表介绍动脉的一般结构。

（一）中动脉

二维码 39

除主动脉、肺动脉、颈总动脉、锁骨下动脉和髂总动脉等大动脉外，凡解剖学上有名称的管径大于 1 mm 的动脉均属中动脉（medium-sized artery）（二维码 39）。因其管壁内富含平滑肌，故又称肌性动脉（图 9-3、图 9-4）。

1. 内膜（tunica intima） 紧贴腔面，较薄，自内向外又分以下三层。

（1）血管内皮（vascular endothelium） 为单层扁平上皮，衬于血管腔面。内皮细胞多呈梭形，基底面附于基膜上，游离面光滑，长轴多与血流方向一致，有胞核部分略凸向腔面，其余部分很薄。在动脉分支处，血流形成漩涡，内皮细胞可变为圆形。电镜观察，内皮细胞腔面可见少许胞质突起，表面覆以厚 30～60 nm 的细胞衣，它们扩大了细胞的表面积，有助于内

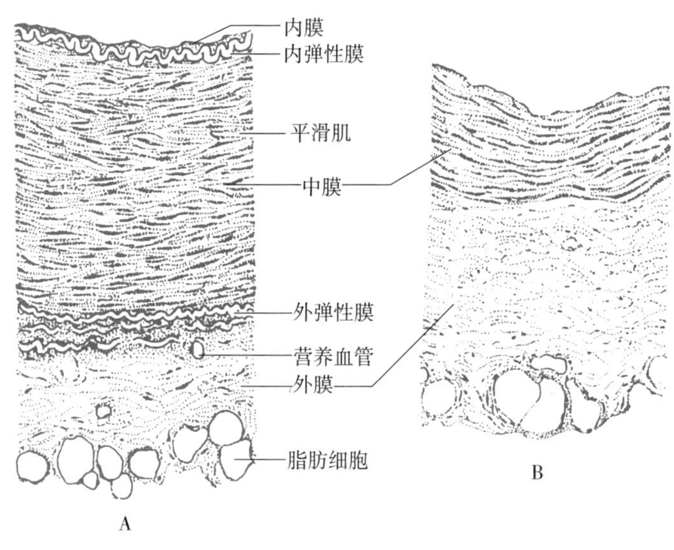

图 9-3 中动脉（A）和中静脉（B）模式图

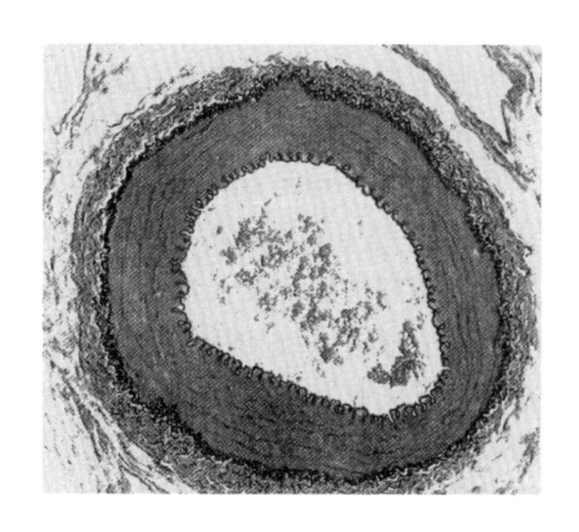

图 9-4 中动脉

皮细胞的物质吸收和转运作用，同时，还对血液的流动产生影响。相邻内皮细胞间有紧密连接和缝隙连接。胞核居中，以常染色质为主，异染色质较少，核仁大而明显。胞质内除含高尔基复合体、内质网、吞饮小泡和成束的微丝外，还有一种膜性杆状细胞器，称为 W-P 小体（Weibel-Palade body），与凝血有关。

①吞饮小泡：又称质膜小泡，直径 60～70 nm，由内皮细胞游离面或基底面的细胞膜凹陷，将吞饮物包围，然后与细胞膜脱离而来。吞饮小泡是内皮细胞进行物质交换的一种主动方式。这些小泡可以互相连通，形成穿过内皮的暂时性管道，加快物质交换速度。

②W-P 小体：又称细管小体，是血管内皮细胞特有的细胞器，长约 3 μm，直径 0.1～0.3 μm，外包单位膜，内含 6～26 条直径约 15 nm 的平行细管，包埋于中等电子密度的基质中。其功能是合成和储存凝血因子Ⅷ相关抗原（FⅧ）。当血管内皮受损时，FⅧ能使血小板附着于内皮下的胶原纤维上面，形成血栓，阻止血液外流。

③微丝：内皮细胞中的微丝具有收缩能力。5-羟色胺、组胺和缓激肽等可以刺激微丝收缩，改变细胞间隙的宽度和细胞连接的紧密程度，影响和调节血管的通透性。

（2）内皮下层（subendothelial layer）：为薄层结缔组织，内含少量胶原纤维、弹性纤维，有时含有少许纵行的平滑肌纤维。

（3）内弹性膜（internal elastic membrane）：由弹性蛋白构成，膜上有许多小孔。在血管横切面上，因血管壁收缩，内弹性膜常呈波浪状，可作为动脉管壁内膜与中膜的分界线。

2. 中膜（tunica media） 较厚，主要由数十层环行平滑肌组成，肌纤维间夹有少许弹性纤维和胶原纤维。血管平滑肌间有中间连接和缝隙连接，并可与内皮形成肌内皮连接，借此与内皮细胞或血液进行化学信息的交流。血管平滑肌细胞能够分泌肾素和血管紧张素原，与内皮细胞表面的血管紧张素转换酶共同作用调节血压。在某些病理情况下，动脉中膜的平滑肌细胞可以移入内膜，增生并产生结缔组织，使内膜增厚，弹性减弱，这是动脉硬化的重要病理变化。

3. 外膜（tunica adventitia） 厚度与中膜相近，由疏松结缔组织构成，内含螺旋状或纵向分布的弹性纤维和胶原纤维，以及小的营养血管、淋巴管和神经纤维。结缔组织的细胞成分以成纤维细胞为主，当血管受到损伤时，具有修复外膜的能力。在中膜与外膜的交界处，密集的弹性纤维组成外弹性膜。

随着年龄的增长，动脉管壁内的结缔组织成分增多。至老龄，内膜出现钙化和脂类物质呈粥样沉积，管壁增厚，硬度变大，外周阻力增加，血压升高。

4. 血管壁的营养血管和神经 管径 1 mm 以上的动脉和静脉，其管壁中都有小血管分布，称为自养血管或营养血管。这些血管进入外膜后分支成毛细血管，分布到外膜和中膜。内膜一般无血管，其营养由腔内血液通过渗透供给。

动脉和静脉管壁上包绕有网状神经丛，神经纤维主要分布于中膜与外膜交界处，有的可伸入中膜平滑肌层，它们具有调节血管舒缩的作用。毛细血管是否存在神经分布，尚有争议。

5. 血管壁的特殊感受器 血管壁内有一些特殊的感受器，如颈动脉体（carotid bodies）、颈动脉窦（carotid sinuses）和主动脉体（aortic bodies）等。颈动脉体位于颈总动脉分支处，是直径 2～3 mm 的扁平小体，主要由排列不规则的上皮细胞团或细胞索组成，细胞之间有丰富的血窦和神经纤维。颈动脉体是感受动脉血内氧、二氧化碳含量和 pH 变化的化学感受器，参与对心血管系统和呼吸系统功能的调节。主动脉体位于主动脉壁，其结构和功能与颈动脉体相似。颈动脉窦是颈总动脉分支处的一个膨大部，该处血管壁中膜薄，外膜较厚，外膜中含有许多来自舌咽神经的感觉神经末梢。颈动脉窦是压力感受器，能够感受血压上升所致血管壁扩张的刺激，参与对血压的调节。

（二）大动脉

大动脉包括主动脉、肺动脉、颈总动脉、锁骨下动脉和髂总动脉等，管壁内含有大量的弹性膜和弹性纤维，具有较大的弹性，故又称弹性动脉（elastic artery）。大动脉与中动脉相比，其结构特点是：①内皮下层较明显，其中含有胶原纤维、弹性纤维和少量平滑肌纤维。②内弹性膜与中膜的弹性膜相连，故内膜与中膜的界限不清晰。③中膜较厚，有较多弹性纤维，形成数十层环行弹性膜，还有少量环行平滑肌纤维和胶原纤维以及含硫酸软骨素的异染性基质。④外膜较中膜薄，由结缔组织构成，其中大部分是胶原纤维，还有少量弹性纤维。没有明显的外弹性膜，故中膜与外膜的分界也不清楚（图 9-5）。

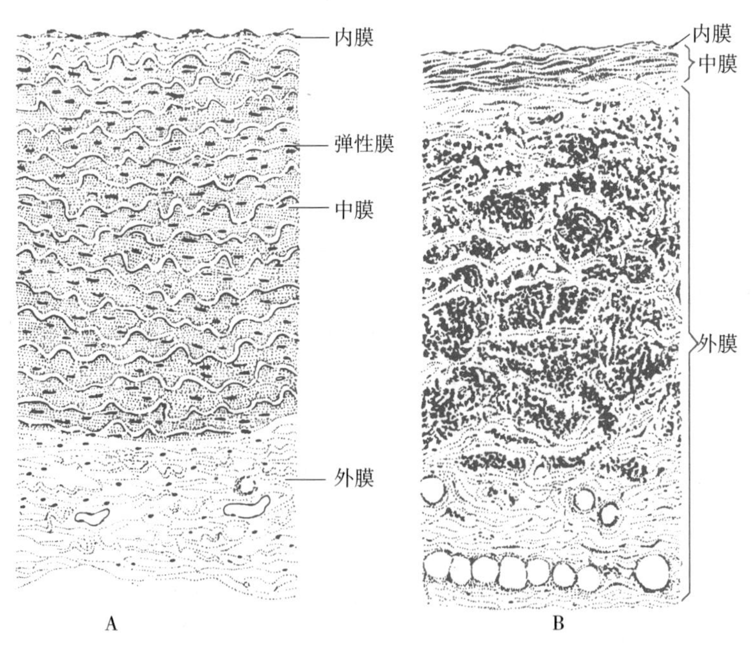

图 9-5 大动脉（A）和大静脉（B）模式图

二维码 40

（三）小动脉

小动脉也属肌性动脉，管径为0.3～1 mm，肉眼已难以分辨（二维码 40）。其结构特点是：①内膜较薄，但仍有明显的内弹性膜。②中膜薄，只有几层环行平滑肌。③外膜厚度与中膜相近，一般无外弹性膜（图 9-6、图 9-7）。

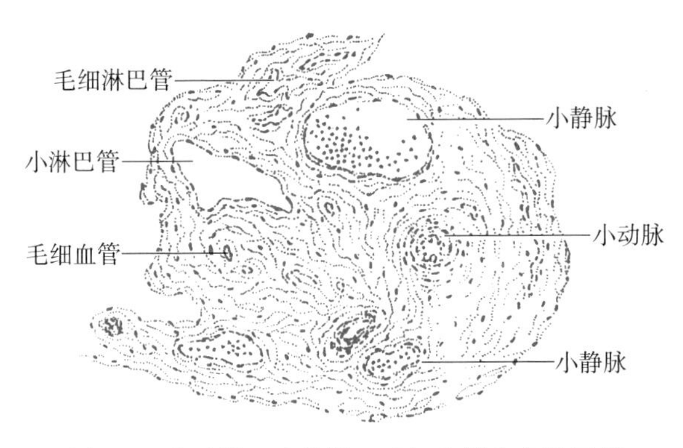

图 9-6　小动脉、小静脉、毛细血管和小淋巴管

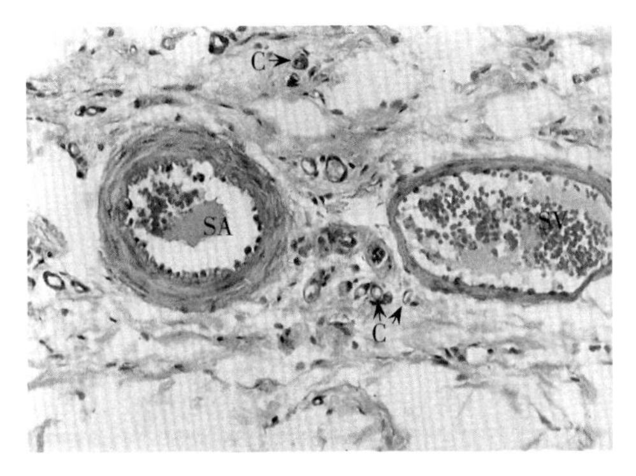

图 9-7　小动脉（SA）、小静脉(SV)、毛细血管（C）

（四）微动脉

微动脉（arteriole）管径在 0.3 mm 以下，要在显微镜下才能分辨（二维码 41）。其结构特点是：①内膜、中膜和外膜均较薄。②无内、外弹性膜。③中膜只有 1～2 层平滑肌。

二维码 41

三、静　　脉

静脉（vein）是将血液运回心脏的管道，常与动脉伴行。由毛细血管汇合移行而来，也可分为微静脉、小静脉、中静脉和大静脉四级。其管壁结构也大致分为内膜、中膜和外膜三层（图 9-3 至图 9-7）。与同级的动脉相比，静脉有如下特点：①管腔大，管壁薄，弹性小，故在切片中，管腔常呈不规则塌陷，并有血液潴留。②内、外弹性膜不明显，故管壁三层结构分界不清楚。③管壁内平滑肌和弹性纤维较少，结缔组织较多。④外膜较中膜厚，大静脉尤为明显，外膜结缔组织中含有纵行的平滑肌束。⑤较大的静脉常有静脉瓣（图 9-8），防止血液倒流。

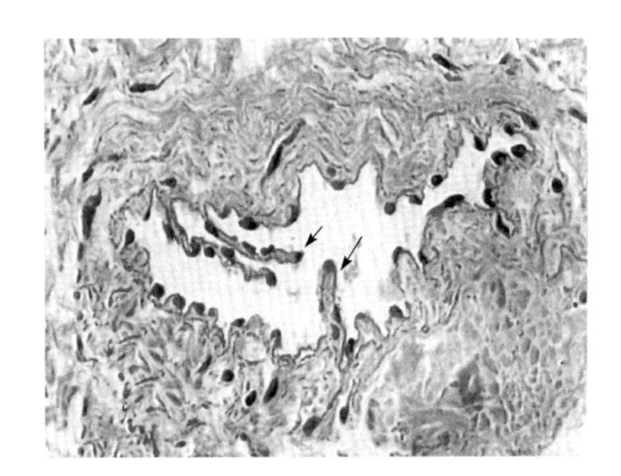
图 9-8　静脉瓣

（一）微静脉

微静脉（venule）由毛细血管汇合而成，管径 50～200 μm，管腔不规则，内皮外平滑肌很薄或无，外膜薄。

（二）小静脉

小静脉由微静脉汇合而成，管径 0.2～1 mm，内皮外逐渐有一层较完整的平滑肌，较大的小静脉则有数层平滑肌。外膜逐渐变厚（图 9-6、图 9-7）。

（三）中静脉

中静脉由小静脉汇合而成，管径 1～10 mm，内膜薄，内弹性膜不发达或不明显。中膜比相伴行的中动脉薄得多，环行平滑肌稀疏。外膜比中膜厚，没有外弹性膜，有的中静脉外膜含有纵行的平滑肌束（图 9-3）。

（四）大静脉

大静脉由中静脉汇合而成，管径在 10 mm 以上。内膜较薄。中膜不发达，只有几层疏松的平滑肌，有的甚至没有平滑肌。外膜则厚，结缔组织内常有纵行的平滑肌束。前腔静脉、后腔静脉、颈静脉等属大静脉（图 9-5）。

（五）静脉瓣

管径 2 mm 以上的静脉常有静脉瓣（vein valve），是血管内膜向腔内突出形成的皱褶，为两个半月形的薄片，彼此相对，其游离缘朝向血流方向，能阻止血液倒流。静脉瓣表面衬有内皮，中间是结缔组织（图 9-8）。

四、毛细血管

毛细血管（capillary）是动物体内分布最广、分支最多、管径最小、管壁最薄的血管。毛细血管一般位于动脉和静脉之间，但也有极少数毛细血管位于动脉和动脉或静脉和静脉之间，如肾入球微动脉和出球微动脉之间的血管球、门静脉和肝静脉之间的肝血窦等。毛细血管在组织器官内相互通连并吻合成网（图 9-9）。代谢功能旺盛的组织器官，毛细血管网稠密，如肝、肺、肾、胃肠黏膜、中枢神经系统等；反之，毛细血管网稀疏，如韧带、肌腱等。少数组织器官，无毛细血管分布，如上皮、软骨、角膜、晶状体、蹄匣等。

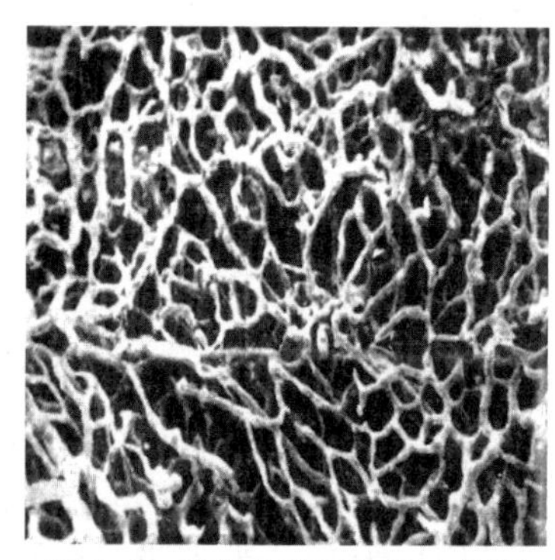

图 9-9　毛细血管网扫描电镜图

（一）毛细血管的一般结构

毛细血管结构简单，仅由内皮和基膜构成。有的毛细血管外侧有少量周细胞和结缔组织。毛细血管的平均管径为 7～9 μm，在横切面上，一般由 2～3 个内皮细胞围成。有的毛细血管只由一个细胞围成，仅能通过一个红细胞（图 9-10）。

1. 内皮　为单层扁平上皮，含胞核部分略隆起凸向腔内，周边菲薄。

2. 基膜　位于内皮细胞的外侧，较薄。基膜除起支持作用外，尚能诱导内皮再生。

3. 周细胞（pericyte）　为一种胞体扁长、有许多突起的细胞，位于基膜内，紧贴于内皮细胞。周细胞的功能有人认为主要起机械性支持作用，也有人认为属间充质细胞，在血管生长或损伤修复时可分化为内皮细胞、平滑肌细胞和成纤维细胞。周细胞含有肌动蛋白、肌球蛋白和原肌球蛋白，因此很可能还有收缩作用。

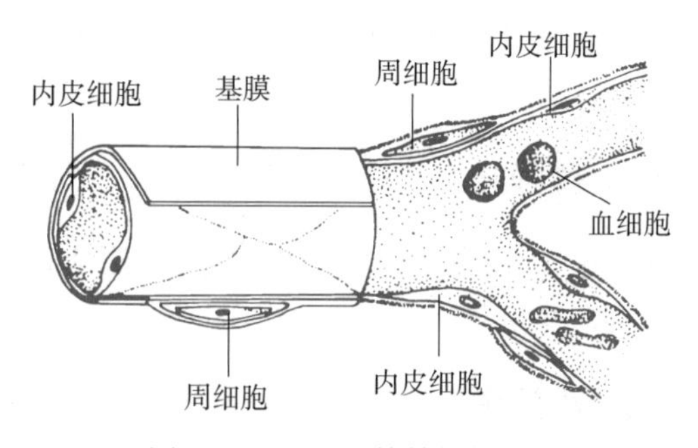

图 9-10　毛细血管结构模式图

（二）毛细血管的类型

光镜下，各处的毛细血管相似。电镜下，根据其结构差别，将毛细血管分为下列三种。

1. 连续毛细血管（continuous capillary）　其结构特点是：①内皮连续，内皮细胞间有紧密连接或桥粒封闭。②内皮细胞内有许多吞饮小泡，它们具有转运营养物质和代谢产物的作用。③内皮外有完整的基膜。④周细胞较常见（图 9-11）。连续毛细血管主要分布于结缔组织、肌组织、中枢神经系统、皮肤、肺和性腺等处。

2. 有孔毛细血管（fenestrated capillary）　其结构特点是：①内皮连续，内皮细胞间也有紧密连接。②内皮细胞内吞饮小泡较少，但细胞不含核的部分很薄，上面有许多贯穿细胞的小孔，直径为 60～80 nm，小孔上一般覆盖有一层厚 4～6 nm 的隔膜。小孔可加大细胞的通透性。③内皮外有完整的基膜。④周细胞较少（图 9-11）。有孔毛细血管主要分布于肾血管球、胃肠黏膜、脉络丛和某些内分泌腺等需要快速渗透的部位。

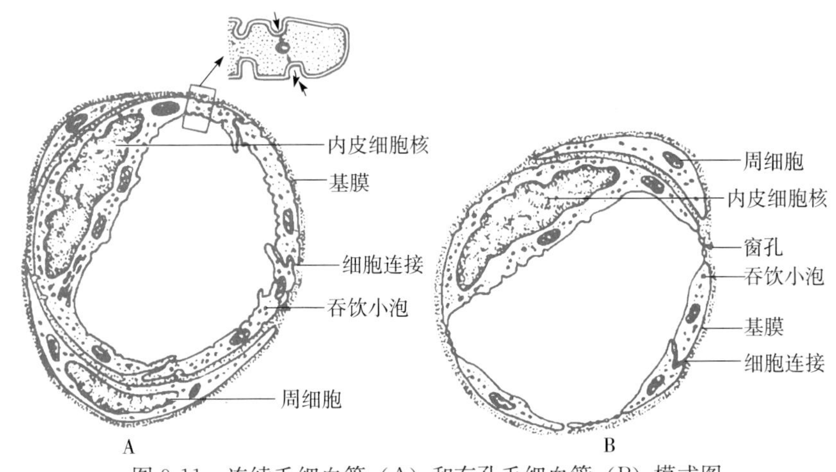

图 9-11　连续毛细血管（A）和有孔毛细血管（B）模式图

3. 窦状毛细血管（sinusoid capillary）　又称血窦，是一种不连续毛细血管，其结构特点是：①管壁薄，管径一般较大，形状极不规则。②内皮细胞内吞饮小泡很少，但细胞上有小孔，而且相邻细胞之间有较大的间隙。物质交换通过这些小孔或间隙来完成。③基膜一般不连续或缺如。④周细胞极少或无。窦状毛细血管主要分布于物质交换频繁的器官内，如肝、脾、红骨髓和某些内分泌腺等处。

（三）毛细血管的功能

毛细血管的行程迂回曲折，血流缓慢，是血液与组织细胞之间进行物质交换的主要部位。毛细血管与组织液之间可通过以下几种方式进行物质交换：①氧气、二氧化碳和一些脂溶性的小分子等，可以通过简单扩散的方式直接透过内皮细胞。②非脂溶性物质和钠离子、氯离子、葡萄糖等可通过毛细血管壁上的窗孔进行扩散。③分子较大的物质如血浆蛋白、激素和抗体等可通过内皮细胞的吞饮选择性地进行物质交换。④基膜也可透过小分子、阻挡铁蛋白等大分子物质。

毛细血管的通透性是可变的，如体温升高、缺氧可使其通透性增大；维生素 C 缺乏时可使内皮细胞之间的连接开大，基膜和血管周围的胶原纤维减少或消失，从而引起毛细血管性出血；某些血管活性物质、组胺和去甲肾上腺素等，能够引起内皮细胞收缩，细胞间隙增大，于是大分子物质可以透过内皮间隙。

五、微循环

微循环（microcirculation）是指微动脉到微静脉之间的血液循环，是血液循环的基本功能单位。在此，血液与组织细胞之间进行充分的物质交换。

组成微循环的血管一般包括微动脉、毛细血管前微动脉、后微动脉（中间微动脉）、真毛细血管、直捷通路、毛细血管后微静脉、动静脉吻合、微静脉等几个部分（图 9-12）。

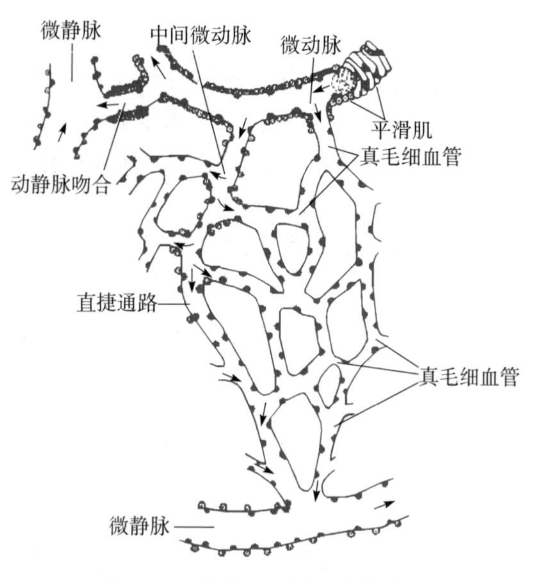

图 9-12　微循环血管组成模式图

1. 微动脉　是小动脉的分支，其管壁中平滑肌的收缩活动，起着调节微循环“总闸门”的作用。

2. 毛细血管前微动脉和后微动脉　微动脉的分支称为毛细血管前微动脉，继而分支成中间微动脉，或称后微动脉。

3. 真毛细血管（true capillary）　即毛细血管，是后微动脉的分支，起始端有少许环行平滑肌，称为毛细血管前括约肌，起着调节微循环“分闸门”的作用。

4. 直捷通路（thoroughfare channel）　是后微动脉与微静脉直接相通的距离最短的毛细血管。

5. 动静脉吻合（arteriovenous anastomosis）　是由微动脉发出的直接与微静脉相连的特殊血管，其管壁较厚，有发达的纵行平滑肌和丰富的运动神经末梢，主要分布于指、趾、唇、鼻等处的皮肤和某些器官。

6. 毛细血管后微静脉和微静脉　微静脉由毛细血管汇合而成，紧接毛细血管的微静脉称为毛细血管后微静脉（postcapillary venule），其管壁与毛细血管相似，但管径略粗，内皮细胞间隙较大，故通透性亦较大，也有物质交换功能。但分布于淋巴组织和淋巴器官内的毛细血管后微静脉具有特殊的结构和功能，其内皮通常为单层立方上皮，是淋巴细胞穿越血管壁的重要部位。

血液流经微循环时，可以根据功能的需要进行调节。当机体组织处于静息状态时，大部分毛细血管前括约肌收缩，真毛细血管内仅有少量血液通过，微循环的大部分血液经直捷通路或动静脉吻合快速流入微静脉；当机体组织处于功能活跃时，毛细血管前括约肌松弛，微循环的大部分血液流经真毛细血管，血液与组织细胞之间进行充分的物质交换。因此，根据机体局部需要，血液流经微循环的路径有三条：①微动脉→真毛细血管→微静脉。②微动脉→直捷通路→微静脉。③微动脉→动静脉吻合→微静脉。

六、淋巴管系统

淋巴管系统能够协助静脉导回部分组织液。机体内除中枢神经系统、骨、软骨、骨髓、眼球、内耳、牙齿等少数器官外，其余器官都有淋巴管分布。

1. 毛细淋巴管（lymphatic capillary）　其结构与毛细血管相似，但管径粗细不均，管壁很薄，一般仅由内皮和极薄的结缔组织构成，无周细胞（图 9-6）；内皮细胞之间有较大的间隙，基膜不连续或缺如，故通透性大，大分子物质易于通过。在淋巴结等一些淋巴组织丰富的器官，毛细淋巴管管腔大、壁薄，形状不规则，称淋巴窦。

2. 淋巴管（lymphatic vessel）　其结构与静脉相似，但管径大而壁薄，管壁由内皮、少量平滑肌和结缔组织构成。为防止淋巴倒流，淋巴管腔面瓣膜较多（图 9-13）。

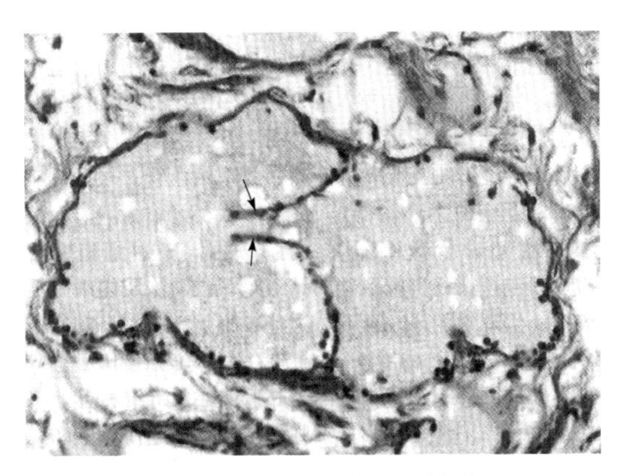

图 9-13　淋巴管（箭头示瓣膜）

3. 淋巴导管（lymphatic duct）　其结构类似大静脉，但三层结构难以区分，也无内弹性膜。中膜为一至数层排列松散的平滑肌纤维。外膜由纵行的胶原纤维、弹性纤维和少量的平滑肌束构成。

思考题

1. 名词解释：心脏传导系统　蒲肯野纤维　心瓣膜　静脉瓣　肌性动脉　弹性动脉　内弹性膜　外弹性膜　毛细血管　微循环
2. 试述心壁的组织结构。
3. 试述大、中、小动脉的结构特点，说明其结构如何与功能相适应。
4. 毛细血管分为哪几种类型？它们在结构、功能和分布上有何不同？
5. 简述微循环的组成和功能。

（李玉谷）

第十章　被皮系统

被皮系统包括皮肤和由皮肤衍化而来的器官，如家畜的蹄、枕、趾、爪、角、毛、汗腺、皮脂腺及乳腺等，称为皮肤的衍生物，其中汗腺、皮脂腺和乳腺称为皮肤腺。被皮系统除有保护和感觉作用外，还有调节体温、分泌、排泄和储存物质的作用。另外，皮肤尚有一定的吸收功能。

一、皮　　肤

二维码 42

二维码 43

皮肤（skin）是畜体最大的器官之一。皮肤由表皮和真皮组成，借皮下组织与深部组织相连（图 10-1）。皮肤的厚度随动物的种类不同而有很大差异；同种动物因性别、年龄和分布部位不同皮肤厚度也不相同，如牛的皮肤厚、羊的皮肤薄；身体背侧面和四肢外侧面的皮肤厚，身体腹侧面和四肢内侧面的皮肤薄；无毛皮肤（二维码 42）厚，有毛皮肤（二维码 43）薄。围绕鼻腔外口的皮肤，在每一种家畜也都稍有不同。犬和猫的鼻镜是由厚的角化表皮构成，表皮表面上有清晰的隆突和沟，这些隆突和沟构成与指纹相似的鼻纹，是进行检验鉴定的基础。

（一）表皮

表皮（epidermis）由角化的复层扁平上皮组成，自深层向浅层依次分为基底层、棘细胞层、颗粒层、透明层和角质层，上述各层细胞由基底层向浅层的移行过程中，它们的形状和结构逐渐变化，角质成分逐渐增多，最后死亡脱落，因此这类细胞称为角质形成细胞。在角质形成细胞之间有散在的黑素细胞、郎格罕斯细胞和梅克尔细胞，它们各有特殊的机能，与表皮角化无直接关系，称为非角质形成细胞，这几种细胞在 HE 切片上不易辨认，用特殊染色法可显示。表皮中有丰富的神经末梢但无血管，营养通过基膜从真皮渗透而来。

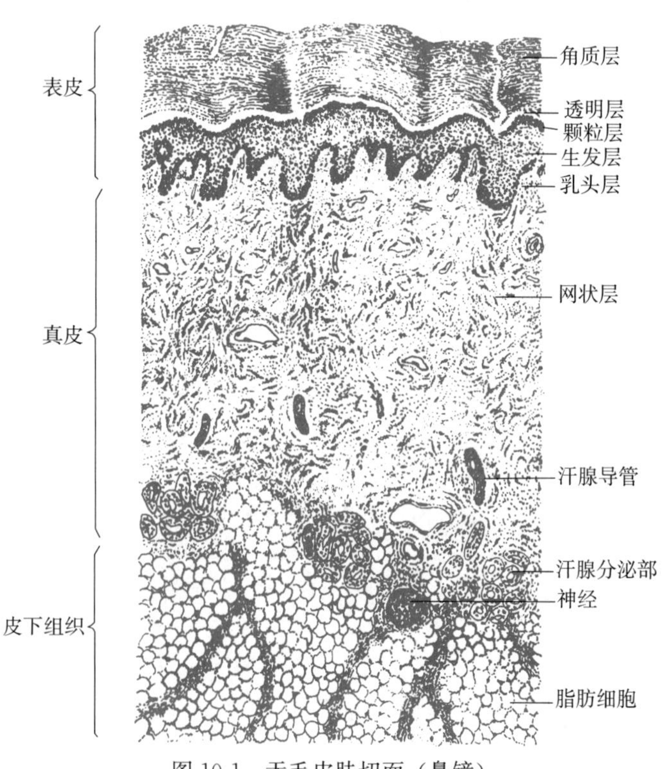

图 10-1　无毛皮肤切面（鼻镜）

1. 角质形成细胞

（1）基底层（statum basale）：位于表皮最深层，是一层紧密排列在基膜上的立方或矮柱状细胞，胞核圆形，染色深。胞质较少，含有许多游离的核蛋白体，故在光镜下呈强嗜碱性。电镜下，胞质内有角蛋白丝，又称张力丝，是合成角蛋白的前体物质。细胞的基底面借半桥粒与基膜相连。基底细胞分化增殖能力强，新生的细胞向浅层移动，分化成表皮其余各层细胞。

（2）棘细胞层（stratum spinsum）：是由基底层细胞分化而来的数层多边形细胞，胞核圆形，胞质丰富，呈弱嗜碱性。细胞表面有许多细小的突起，相邻细胞的突起借桥粒相连，棘突明显，故名棘细胞。越向浅层，细胞逐渐变扁平，细胞间有清晰的间隙，营养物质和代谢产物借此弥散。电镜下，胞质内的角蛋白丝常聚集成束，并附着到桥粒上。在足枕等经常受到摩擦和挤压的部位，角蛋白丝特别丰富，交织成束分布在胞质内。棘细胞也有分裂能力，但较弱，仅限于深部的2～3层棘细胞。因此，常将基底层和棘细胞层合称为生发层。

（3）颗粒层（stratum granulosum）：位于棘细胞层的上面，由2～4层梭形或较扁平的细胞组成。主要特点是胞质中出现许多强嗜碱性的颗粒，称为透明角质颗粒。电镜下，颗粒的形状不规则，大小不等，无膜包被，呈致密的均质状，角蛋白丝常埋于其中。细胞间隙内有膜状结构的脂类物质填充，相邻细胞的桥粒仍可见，细胞开始死亡。薄皮肤的颗粒细胞不形成明显的层次。

（4）透明层（stratum lucium）：位于颗粒层的上面，鼻唇镜、乳头、足枕等无毛的厚皮肤才能看到。由2～3层无核的扁平细胞构成，细胞排列紧密，界限不清，胞核退化消失，胞质为均质嗜酸性，呈红色，并有强折光性，故名透明层。电镜下，胞质内核糖体和线粒体等均消失，但充满角蛋白丝，细胞膜较厚，细胞已死亡。

（5）角质层（stratum corneum）：在表皮最浅层，由多达数十层扁平的角质细胞叠积而成，是完全角化的死亡细胞。无细胞核，细胞轮廓不清，胞质中充满角蛋白，是透明角质颗粒中富含组氨酸的蛋白质，靠近表层的角质细胞连接松散，细胞间桥粒解体，随后呈鳞片状脱落。

由于表皮角质细胞的剥落和生发细胞的分裂增殖处于平衡，因此表皮各层得以保持正常的结构和厚度。表皮是皮肤重要的保护层和天然的屏障，角质细胞内充满角蛋白，细胞膜加厚，细胞间隙中含有的脂类物质，均可使表皮能抵抗外界的机械刺激和化学刺激，并防止异物进入及体液丢失。

2. 非角质形成细胞

（1）黑素细胞（melanocyte）：能生成黑色素，多散布于基底层细胞之间，细胞呈星状，多突起，HE染色切片上不易辨认。电镜下，可见胞质内含有丰富的核糖体、粗面内质网和高尔基复合体。细胞的主要特点是胞质中有椭圆形的小体，称黑素小体（melanosome）。这种小体由高尔基复合体形成，有单位膜包裹，内含酪氨酸酶，能将酪氨酸转化成黑色素（图10-2）。黑素细胞能将形成的黑素小体输送到邻近的细胞内，因而使周围的角质细胞也含有黑色素颗粒。皮肤和毛的颜色取决于黑素细胞中色素颗粒的含量和种类。同时，黑色素能吸收紫外线，防止日光灼伤深部组织。

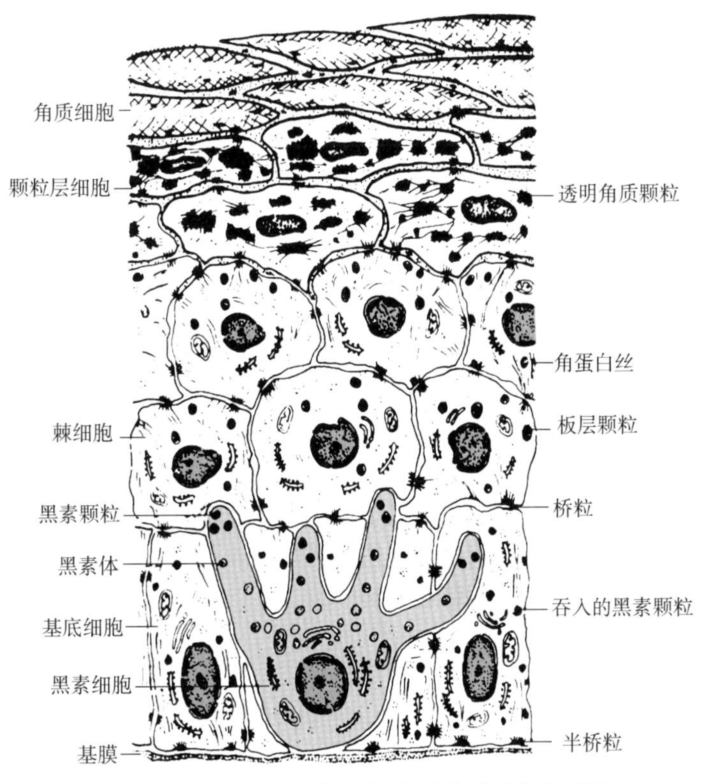

图10-2　角质形成细胞和黑素细胞超微结构模式图

（2）郎格汉斯细胞（Langerhans

cell)：主要存在于棘细胞层，HE 染色不易辨认，特染可显示细胞有树枝状突起，呈不规则形状。电镜下胞质中溶酶体较多，其他细胞器少，可见一些由单位膜包裹的特征性伯贝克颗粒（Birbeck granule），呈杆状或网球拍状，中等电子密度。郎格汉斯细胞具有保护功能，主要是捕获和处理侵入皮肤的抗原，参与免疫应答，属单核吞噬细胞系统。

（3）梅克尔细胞（Merkel's cell）：是一种具有短指状突起的细胞，数目很少，胞质色浅，核分叶，散在于毛囊附近的基底细胞之间，与传入神经终末形成突触，能感受触觉和其他机械刺激（图 10-3）。

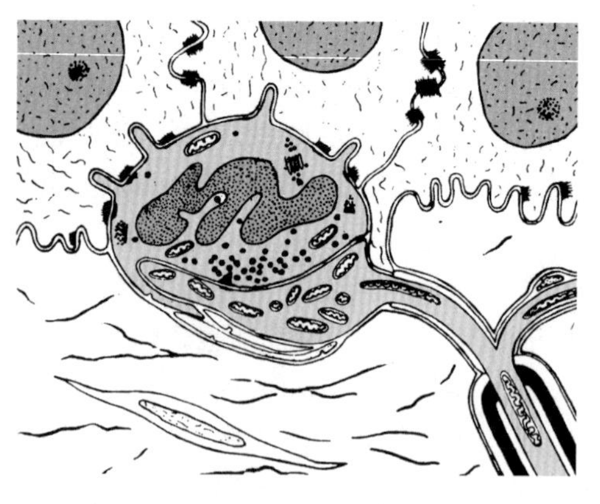

图 10-3　梅克尔细胞超微结构模式图

（二）真皮

真皮（dermis）位于表皮下面，由致密结缔组织组成，含有大量的胶原纤维和少量的弹性纤维、网状纤维和细胞成分。真皮坚韧，皮革即由真皮鞣制而成。在真皮层内埋置着毛囊、汗腺、皮脂腺、竖毛肌、血管、淋巴管、神经等（图 10-1、图 10-4）。

真皮由浅至深分为乳头层和网状层，二者之间无明显的分界线。

1. 乳头层（papillary layer）与表皮基膜紧密相连，较薄，由纤细的胶原纤维、弹性纤维和网状纤维及成纤维细胞组成，结缔组织向表皮底部突出，形成许多圆锥状突起，称真皮乳头，乳头坚固并扩大了表皮与真皮的连接和营养供应。在无毛或少毛皮肤，乳头高而细；在多毛皮肤或薄皮肤，乳头矮小。乳头层有丰富的神经末梢和毛细血管网，血管的扩张和收缩有助于动物的体温调节。

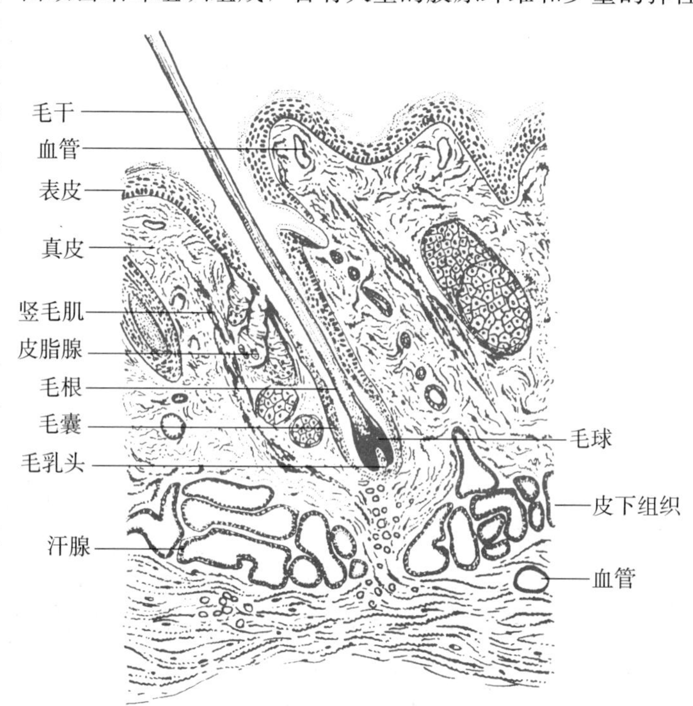

图 10-4　皮肤结构模式图

2. 网状层（reticular layer）　较厚，由不规则排列的致密结缔组织构成，细胞成分较乳头层少，含有粗大的胶原纤维束和弹性纤维。胶原纤维的主要排列方向与所在部位真皮所受的机械力的作用方向有关。网状层深层的胶原纤维粗大，与皮下组织相连。

阴囊、乳头和阴茎，这些特殊区域的真皮内有平滑肌纤维存在。皮肌的骨骼肌纤维可伸入真皮内，使皮肤能做随意运动。

（三）皮下组织

皮下组织（subcutis）是一层疏松结缔组织，把真皮牢固地连于其下面的肌肉或骨骼上。有人认为它不是皮肤的组成部分，仅起连接作用。但皮下组织是真皮网状层的延续，只是此层中的胶原纤维和弹性纤维排列很疏松，而且此层还常见毛囊、汗腺、皮脂腺的分布，故还是皮肤的一部分。另外，由于此层柔韧疏松，又富含血管，故在临床上是皮下注射的适合部位。这一层中还含有脂肪组织，它可以小群细胞的形式存在或形成大块的脂肪或趾枕。趾枕的特征在于其皮下组织内有大量的脂肪蓄积，起减震器的作用。皮下组织中脂肪的多少是动物营养水平的标志，猪的皮下脂肪特别发达，形成一层皮下脂膜（膘）。

二、皮肤衍生物

(一) 毛和毛囊

毛（hair）可以分为皮肤以上的毛干和埋在皮肤内的毛根（hair root），毛根末端与毛囊共同形成毛球，毛球的底面内凹，其内容纳毛乳头（hair papilla），后者是富有血管和神经的结缔组织。毛球是毛和毛囊的生长点，毛乳头对毛的生长点起营养和诱导作用（图 10-4、图 10-5）。

1. 毛干（hair shaft） 横断面由三层组成，最外层为毛小皮，由单层角化的扁平细胞构成，细胞的游离缘朝着毛干的远端，呈覆瓦状重叠排列；其内是皮质，由致密排列的多边形或梭形角化细胞构成，细胞的长轴与毛干平行，细胞内有细胞核的残余和色素颗粒存在，近毛球处，皮质细胞呈卵圆形，含有球形的胞核；中心是髓质，是疏松排列的立方形或扁平角化细胞。

2. 毛球（hair bulb） 毛球底面凹陷，由上皮性的毛母质细胞和黑素细胞组成。毛母质细胞较幼稚，与表皮基底层细胞相似，呈柱状或立方形，胞核大，胞质含许多游离核糖体，线粒体较多，粗面内质网稀疏，高尔基复合体小，有少量角蛋白丝。细胞相邻面有桥粒。毛母质细胞是一群密集的多能性生发细胞，能向几个不同的方向分化：位于毛乳头尖部的细胞分化为髓质；乳头斜面的形成皮质；侧面的生成毛小皮；乳头颈周围的分化为内根鞘；再下方的分化为外根鞘。毛球的毛母质细胞间有许多黑素细胞，它们的突起伸到了毛球正分化的细胞之间，以与表皮中同样的方式将色素颗粒输入形成毛干的细胞中（图 10-4、图 10-6）。

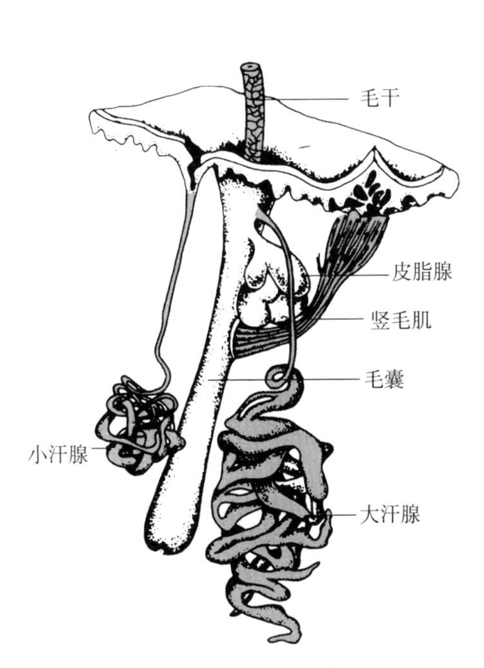

图 10-5 皮肤附属器模式图

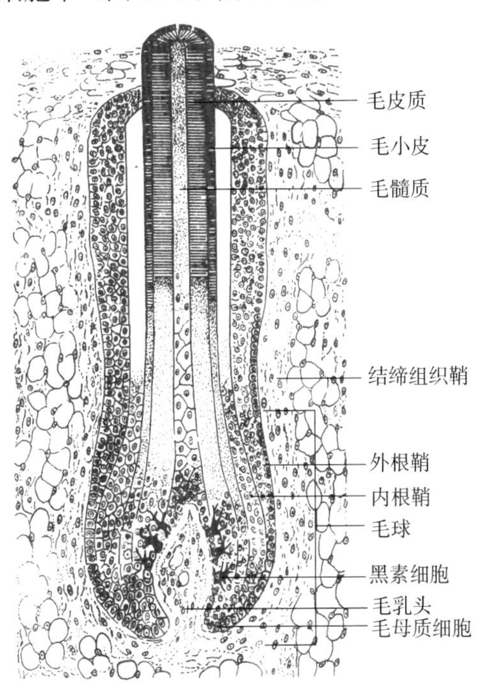

图 10-6 毛囊纵切模式图

毛的颜色主要取决于皮质和髓质中黑素细胞的含量和种类，也受光的吸收和反射的影响，棕色和黑色毛含大椭圆形并富有色素的正黑素体，红色毛含球形的淡黑素体，灰色和白色的毛皮，其毛球中黑素细胞少，黑素体内含色素也少。

3. 毛囊（hair follicles） 毛囊是胚胎的外胚层向其下面的中胚层内生长发育而成。长毛的毛囊位于真皮和皮下组织中，短毛的毛囊位于真皮中。毛囊由结缔组织鞘与上皮根鞘（毛根鞘）组成。结缔组织鞘由环行和纵形的胶原纤维和弹性纤维构成，富有血管、神经，尤其是在真皮乳头内更为丰富。结缔组织鞘与上皮根鞘之间借一折光性强的厚基膜隔开，称为玻璃膜。上皮根鞘又分为内根鞘和外根鞘。

内根鞘不包裹整个毛根，向上仅包到皮脂腺开口处。内根鞘由数层角化的上皮细胞构成，自内向外由三层构成，即内层的内根鞘小皮层，中层的赫氏层和外层的亨氏层。内根鞘小皮层由覆瓦状排列的角化细胞组成，细胞游离缘朝向毛球，与毛小皮细胞的方向相反，使毛根牢固的植于毛囊内。赫氏层由1～3层富含透明蛋白颗粒、未完全角化的细胞构成。亨氏层由单层角化的扁平细胞组成。紧靠皮脂腺开口的下方，大毛囊的内根鞘出现褶皱，形成几个环行皱襞。内根鞘以后逐渐变薄，细胞融合，崩解成为皮脂的一部分。

外根鞘包裹整个毛根，是表皮生发层的延续，并在毛囊上部与表皮的棘细胞层相连接。外根鞘在毛根基部是一层，至毛根中部则变为复层上皮（图10-6、图10-7）。

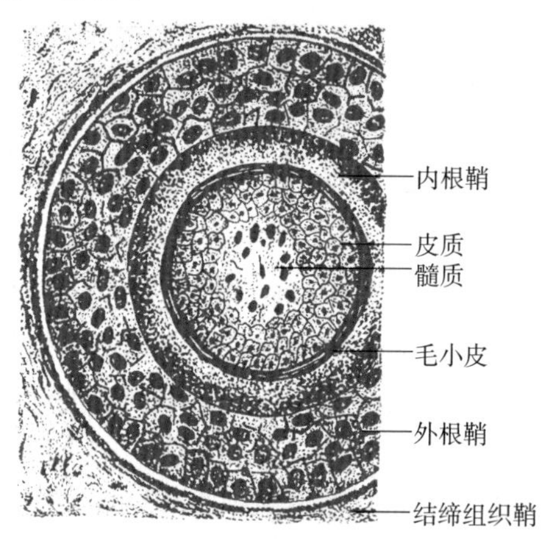

图 10-7 毛囊横切模式图

毛囊有初级毛囊和次级毛囊之分。初级毛囊直径大，毛根深入真皮，通常伴有皮脂腺、汗腺和竖毛肌。次级毛囊的直径较初级毛囊小，毛根浅，可伴有皮脂腺，但缺乏汗腺和竖毛肌。毛囊也有单毛囊和复毛囊之分，单毛囊仅有一根毛露出皮肤，复毛囊有几根毛从单一的开口内伸出。复毛囊的每一根毛都有各自的毛乳头和根鞘，在皮脂腺开口的水平位上，几个毛囊汇合成单一的毛囊外口。

家畜毛囊的排列随着物种不同存在差异，马和牛的单毛囊均匀散在分布。猪也为单毛囊，但由2～4个毛囊聚集成一个毛囊群，其中以3个毛囊组成的毛囊群最为常见。这种毛囊群通常被致密结缔组织围绕。绵羊皮肤有发毛生长区和细毛生长区，发毛生长区主要含有单毛囊，而细毛区为大量的复毛囊，典型的毛囊群含有2～3个初级毛囊和若干次级毛囊（图10-8）。山羊的初级毛囊以3个为一组，每组附有3～6个次级毛囊。犬的复毛囊由一根长的初级毛囊和一组较小的次级毛囊组成。猫的毛囊排列方式是一个大的初级毛囊，围以2～5个复毛囊组成的复毛囊群，每个复毛囊由三根粗的初级毛和6～12根细毛或次级毛组成。

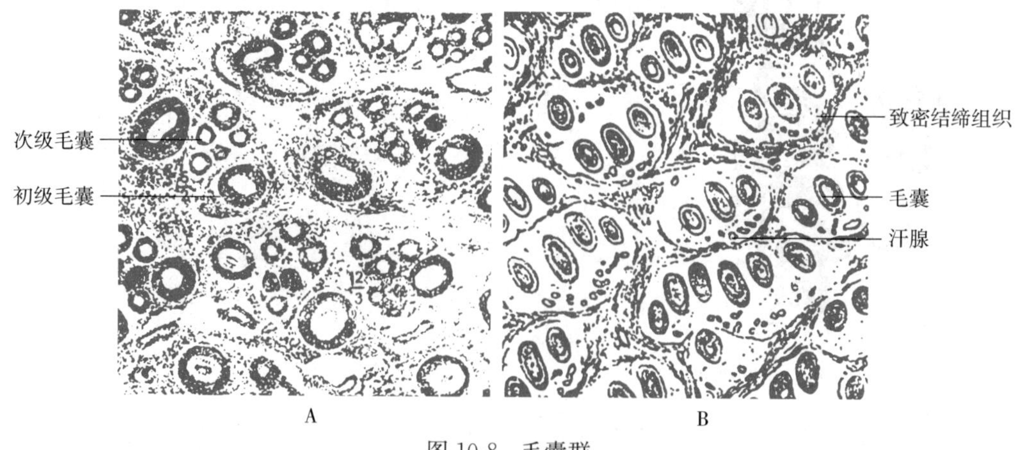

图 10-8 毛囊群
A. 蒙古绵羊 B. 猪

4. 竖毛肌（arrector pili muscle） 由平滑肌细胞束组成，它起于毛囊中部的结缔组织鞘，斜向上行，止于真皮乳头层。犬的脊背部，竖毛肌特别发达。竖毛肌受交感神经支配，收缩时，毛发竖立，挤压汗腺和皮脂腺分泌，是动物恐惧和准备攻击的行为表现。

5. 窦毛囊（sinus hair follicles） 猫、鼠等动物面部的窦毛囊或触毛囊是高度分化的毛囊，司触觉。它们是非常大的单毛囊，其结构特点是在真皮鞘的内、外两层之间，有一充满血液的环状窦。毛囊上有梅克尔细胞分布，并有骨骼肌抵达窦毛囊的外鞘，从而使窦毛囊接受随意控制。马、猪和反刍动物的环状窦内有小梁分布，许多神经纤维进入外鞘，并有分支到小梁和真皮内鞘，所以感觉很灵敏。

6. 毛的脱落与更新 毛有一定的生长周期，各部位的生长周期长短不一。生长期的毛囊较长，毛球和毛乳头较大，毛母细胞分裂活动强。由生长期转入终止期，是换毛的开始。此时毛囊逐渐变短，毛球缩小；毛乳头萎缩，血液停止供应，毛母细胞分裂减少或停止分裂并发生角化，毛易脱落。在旧毛开始脱离之前，先在毛囊低端形成新的毛球和毛乳头，开始产生新毛。新毛长入原有毛囊内，将旧毛推出的同时伸出皮肤表面。

（二）皮肤腺

皮肤腺包括汗腺、皮脂腺和乳腺。犬、猫的鼻镜无汗腺和皮脂腺。马鼻孔周围的皮肤含有细毛和许多皮脂腺。某些动物，在身体的许多部位聚集变形的皮脂腺和汗腺，包括猪的腕腺，绵羊的趾间腺，犬、猫的尾上腺，犬的肛周腺，犬、猫的肛囊腺，麝的香囊腺。

1. 皮脂腺（sebaceous gland） 为全浆分泌型腺体。几乎没有腺腔，分泌部由多角形细胞组成，细胞内不断形成类脂颗粒而逐渐变大，胞核固缩、浓染并逐渐消失，细胞崩解后的细胞碎片连同细胞内的脂类物质构成皮脂（图 10-9）。靠近基部的细胞体积小，略扁，胞质显嗜碱性，核染色淡，核仁明显，这些细胞有增殖能力，补充因分泌而崩解的细胞。在唇、阴茎头、包皮、乳头等无毛处有皮脂腺，而在足垫、掌等无毛部位没有皮脂腺。皮脂腺常与毛囊伴行。有些学者将皮脂腺、毛囊、竖毛肌看作一个解剖单位，称为毛-皮脂腺复合体（pilo-sebaceous complex）。

2. 汗腺（sweat gland） 大多数哺乳动物均有，但鼹鼠、针鼹、穿山甲、海牛、鲸等哺乳动物没有汗腺。根据其形态和功能特点，汗腺分为顶浆分泌和局浆分泌两种类型。

（1）顶浆分泌型汗腺：又称大汗腺，在家畜中存在极广，皮肤中的汗腺多是顶浆分泌型汗腺，马的这类汗腺分泌旺盛，山羊和猫的分泌活动不旺盛。顶浆分泌型汗腺是单泡状腺或单管状腺，有一个盘曲的分泌部和一个直的导管（图 10-5、图 10-10）。分泌部有一个大

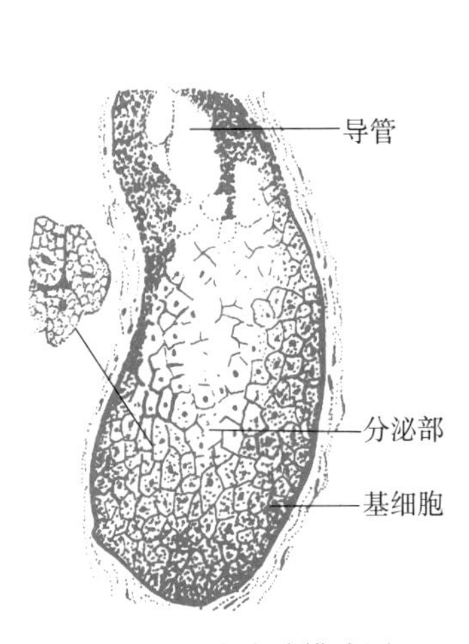

图 10-9 皮脂腺模式图

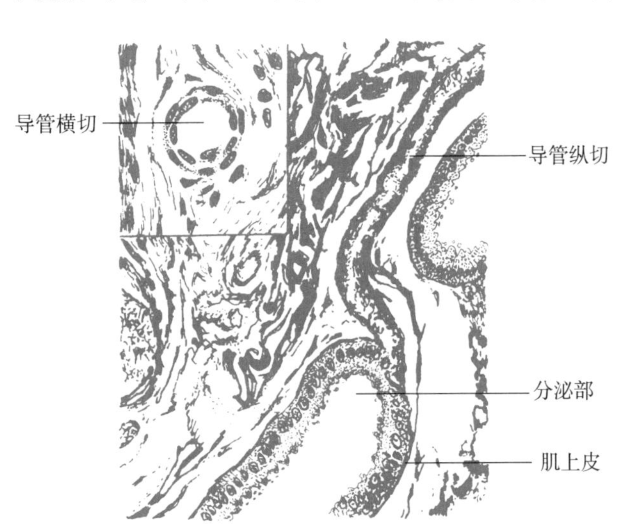

图 10-10 顶浆分泌型汗腺

的管腔，随汗腺分泌活动时期的不同，衬以矮立方形到低柱状上皮细胞，周围有较厚呈透明状的基膜，细胞质内含有糖原、脂类和色素颗粒。导管部由两层矮立方形上皮细胞构成，管径较细；在接近毛囊处转变成复层扁平上皮，开口于毛囊。分泌物为较黏稠的乳状液，可分为白色、黄色、红色和黑色，含有蛋白质、糖类、脂类和铁，并含有色素和脂肪酸。由于受毛囊漏斗和皮肤表面的细菌的作用，使其易于产生类似氨味等令人不快的气味，在多种动物，其为有强烈作用的信息素，分泌活动受性激素影响，与求爱、母子识别和地域性行为有关。

（2）局浆分泌型汗腺：又称小汗腺，为盘曲的单管状腺，主要存在于灵长类，尤以人类最为发达，家畜中较少分布，在骆驼、犬和猫的趾枕，有蹄类动物的蹄叉，猪的腕部以及猪和反刍动物的鼻唇部有较多分布。

此腺分泌部较粗并高度盘曲，位于真皮深部和皮下组织中，腺细胞为一层，细胞大小不一，呈锥体形、立方形或柱形。普通染色标本上能见明、暗两型细胞。导管部较直，直接开口于皮肤表面。最初与腺泡相连的导管管壁由两层细胞组成，胞质呈强嗜碱性，周围有厚基膜。周边的一层细胞的胞核较小，略扁。腔面的一层细胞核较大，呈圆形。随后，导管穿行于真皮内，管壁增厚为复层扁平上皮，但管腔较窄。在表皮内穿行的导管，腔面的细胞完全角化，形成松散的角质层。

汗腺在受热刺激时分泌出汗，排出汗液，pH 为 4.5～5.5，除含有水分外，还含有钠、钾、镁、铁、锌、尿素、乳酸盐、碘化物、硅酸盐、蛋白和免疫球蛋白等。这些物质的含量与出汗速度有关。出汗是身体散热的主要方式，对调节体温起主要作用。此外，汗腺分泌也有湿润皮肤和排出废物的作用。

3. 乳腺（mammary gland） 主要指母畜的乳腺，公畜的乳腺发育不全，仅仅由埋于脂肪内的初级和次级导管组成。母畜的乳腺结构随动物生理状况、营养状况、年龄和泌乳周期等而变化。

（1）乳腺的一般结构：乳腺为复管泡状腺，由被膜、间质和腺实质构成。被膜被覆于乳腺组织表面，是富含脂肪的结缔组织膜。被膜的结缔组织伸入实质内，将其分为许多小叶。小叶之间为富有血管、淋巴管和神经纤维的疏松结缔组织构成的间质。每一腺叶由分泌部和导管部组成。分泌部呈泡状和管状。导管部包括小叶内导管、小叶间导管、输乳管、乳池（窦）和乳头管。

①分泌部：腺泡衬以单层立方上皮，电镜观察显示，腺上皮细胞的游离缘有发达的高尔基复合体，脂滴无单位膜包裹，蛋白颗粒有界膜包裹。细胞的基部有十分发达的粗面内质网。在泌乳周期的不同阶段，上皮的高度有显著的变化。当细胞顶部聚集着脂滴和被界膜包裹的蛋白颗粒时，细胞呈高柱状；随后，脂滴移向细胞表面，呈泡状突出于细胞的顶端。这时，整个腺泡腔狭窄。当脂滴从细胞上脱落时外面包有部分细胞质和细胞质膜。而包有界膜的乳蛋白微粒移向细胞表面时，界膜与细胞膜融合，随后乳蛋白微粒就被释放到腺泡腔内。这个过程是典型的局部分泌方式。因此，乳汁是通过脂滴的顶浆分泌和乳蛋白微粒的局部分泌两种方式产生的。不断分泌出来的乳汁使腺腔扩大，上皮细胞呈低立方形。乳腺的全部腺小叶并不是同时处于相同分泌期。因此，在一张组织切片上可含有许多处于不同分泌周期的腺小叶，通常在一个腺小叶内的所有分泌单位大体上是处于同一分泌期（图 10-11）。

梭形的腺泡基部有比较发达的肌上皮细胞，腺泡上皮细胞与肌上皮细胞之间有桥粒连接，肌上皮细胞与基膜之间有半桥粒连接。垂体释放的催乳素可引起肌上皮细胞收缩，促使乳汁的分泌。

②导管部：导管系统始于小叶内导管，管壁是单层立方上皮，有梭形肌上皮细胞包绕。小叶内导管进入结缔组织间隔后，变成小叶间导管，由两层矮立方上皮构成。当几个小叶间导管汇合形成大的输乳管时，管壁仍为双层立方上皮，有纵行的平滑肌纤维分布。在反刍动物，数

条输乳管在乳头基部，扩大成乳窦，乳窦衬以双层立方细胞，平滑肌纤维增多，并形成平滑肌层。犬的每一条输乳管均在乳头基部扩张，因此形成数个乳窦。乳头内含有导管系统的终末部分——乳头管。乳头管管壁为复层扁平上皮，开口于乳头顶端的皮肤表面，黏膜内有环行平滑肌束形成的括约肌，控制乳汁不致排出。直到挤乳或哺乳时，强力将乳汁挤出。而其他家畜的乳头有细毛及发达的汗腺和皮脂腺。

（2）泌乳期乳腺的结构：雌性动物进入性成熟期后，由于雌激素增加，乳腺发育生长。随着妊娠开始，乳腺生长速度大大加快，在分娩后不久的哺乳期中，乳腺发育达到顶峰。此时，腺泡发达，间质少，大量泌乳。雌性动物在分娩后短时间所分泌的乳汁称初乳，内含大量的免疫球蛋白、抗体、维生素和溶菌酶，同时还含有初乳小体，初乳小体是穿过腺泡壁进入腺泡腔的巨噬细胞，细胞内含有吞噬的脂肪颗粒。

（3）静止期乳腺的结构：在性成熟前及两个泌乳期之间的泌乳间期，母畜乳腺主要是间质组织，腺泡很少。泌乳后期，腺体的分泌活动停止，残留在腺泡及导管内的乳汁逐渐被吸收，腺泡及上皮细胞萎缩，间质组织大量增生，可见到成群的脂肪细胞和散在的淋巴细胞和浆细胞（图 10-12）。

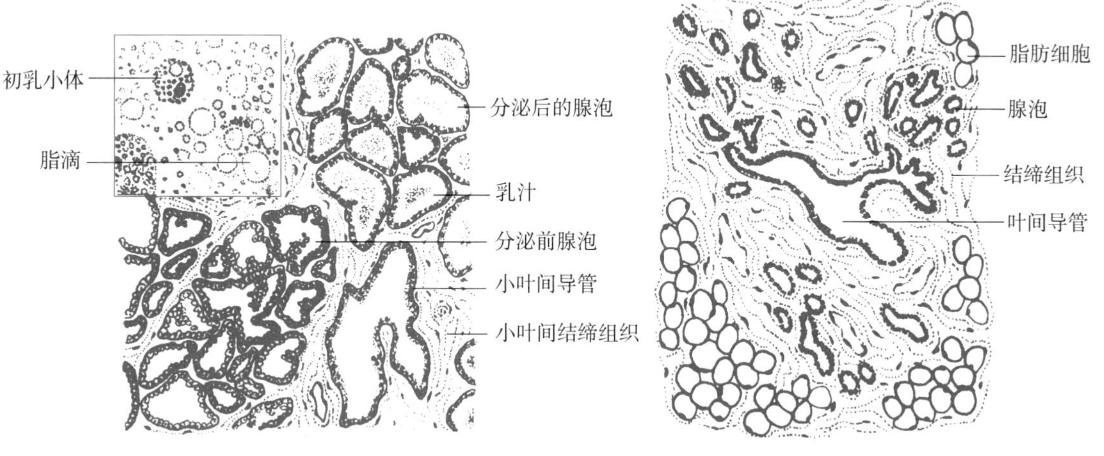

图 10-11 泌乳期乳腺结构模式图

图 10-12 静止期乳腺结构模式图

4. 特殊皮肤腺

（1）趾间窦（interdigital sinus）：绵羊的趾间窦位于趾间，恰好在蹄的上方。窦的开口在趾间隙的背侧端。窦壁衬以复层扁平上皮，真皮内含有散在的毛囊和皮脂腺。窦壁的深部充满大的顶浆分泌型腺体，此处的上皮细胞表面有泡状的细胞质突起。趾间窦内的这些腺体统称趾间腺。

（2）腕腺（carpal gland）：猪的腕腺位于腕部的内侧面，是由局部分泌型汗腺大量聚集而成，经由 3～5 个肉眼可见的小憩室开口于皮肤表面，憩室内衬以复层扁平上皮。腺组织位于皮下组织内，由许多腺小叶组成。腺小叶内密集典型的局部分泌型汗腺的分泌细胞。分泌细胞有明、暗两型。另外，可见肌上皮细胞。每一腺小叶有一条衬以双层立方上皮细胞的导管，其在真皮内的径路是弯弯曲曲的；通过表皮时，其径路呈盘旋状，开口于憩室的底面。

（3）肛周腺（cirumanal gland）：犬的肛周腺是特化的皮脂腺，位于肛门括约肌（骨骼肌）肌束之间，由两个不同的部分组成。浅部是典型的皮脂腺，由一明显的导管通入毛囊内深部。深层是非皮脂腺部，由密集的细胞团组成，细胞内充满蛋白性胞质颗粒。非皮脂腺部是无导管的，由一微细的实心上皮样细胞索连接到皮脂腺部。

（4）肛囊（anal sac）：又称肛门窦，是位于肛门内括约肌（平滑肌）和外括约肌（骨骼肌）之间的皮肤憩室。导管开口于肛门内，开口部恰好在肛黏膜与皮肤接合部。导管和肛囊内均衬以复层扁平上皮。猫的肛囊囊壁内含有皮脂腺和顶浆分泌型汗腺，犬只有顶浆分泌型汗腺。犬的肛囊管易阻塞，导致囊内填满分泌物和碎屑，阻塞后常继发感染，需要挤出囊内的内容物或通过外科手术摘除此囊。

(5) 麝香腺囊（musk glandular sac）：麝香是名贵的中药材和高级动物香料，它是雄麝特有的麝香腺囊分泌物，是对麝群行使化学通讯机能的一种信息素。麝香腺囊由香腺部和香囊部组成。香腺部和香囊部的大小随泌香活动而异。香腺部的腺泡上皮以顶浆分泌方式分泌的初香，经导管输送到香囊腔内，香囊分泌的皮脂亦进入香囊腔内，与香腺部分泌的初香一起逐渐转化成为成熟的麝香。

①香腺部：香腺部主要由腺泡上皮细胞与基膜组成的腺泡和疏松结缔组织组成。腺泡上皮细胞有暗、明两型，两种细胞的比例在不同的分泌时期有变化。暗细胞是主要的分泌细胞。泌香前期，腺小叶分界清楚，腺泡已开始肥大饱满，腺泡上皮由立方形增高为低柱状，核圆形或椭圆形，染色较深。泌香盛期可见腺泡上皮呈高柱状，暗细胞多，明细胞少。胞质中见淡蓝紫色微小颗粒，形成蓝紫色的分泌小泡突向腺泡腔，并脱离腺泡细胞进入腺泡腔，腺泡腔内可见有分泌物积蓄，此分泌物即为初香。在基膜与腺上皮之间可见肌上皮细胞。泌香盛期后，腺泡变小，腺泡间的结缔组织相对增多；与泌香盛期相反，明细胞多，暗细胞少，腺泡细胞多呈立方形。

②香囊部：香囊部主要由管、颈和体组成。囊壁由数十层扁平的角质细胞所组成，浅层细胞已成为角质鳞片，无胞核及细胞器。角质层深部是致密结缔组织。囊颈和囊管部有纵行和环行平滑肌层，在平滑肌细胞间有丰富的皮脂腺。香囊部皮脂腺的结构无周期性变化，其分泌的皮脂与香腺部分泌的初香共同形成麝香。

(三) 趾器官

1. 蹄 蹄位于第三指（趾）节，可分为蹄褶、蹄壁和蹄底三部分。

蹄褶为一皮肤褶，较柔软，覆盖于蹄壁背侧面上部，由表皮和真皮构成。其表皮与无毛部位的表皮相似，由基底层、棘层、颗粒层、透明层和角质层组成；真皮内有乳头，伸入表皮的角质小管中。

蹄壁由外层、中层和内层组成。内层又称小叶层，由表皮小叶和真皮小叶构成。表皮小叶和真皮小叶呈指状嵌合。每种小叶又分为初级小叶和次级小叶。表皮初级小叶中轴为角质细胞构成，外覆基底细胞和棘细胞；表皮次级小叶没有角质细胞，完全由棘细胞和基底细胞构成。皮肤的真皮突入表皮形成真皮小叶，由致密结缔组织构成。各种动物的小叶结构不同。马蹄壁内层有初级小叶和发达的次级小叶。牛、羊等反刍动物和猪蹄壁内层仅有初级小叶，但无次级小叶；双峰驼蹄壁不仅有初级小叶，而且还有次级小叶，但不发达（二维码44）。犬和猫爪壁内表面基本无小叶，仅在其背嵴边缘处有少量发育不全的小叶。

二维码44

2. 趾枕 趾枕是动物全身皮肤中最厚的部分，也由表皮、真皮和皮下组织构成。表皮由角化的复层扁平上皮构成，包括基底层、棘层、颗粒层、透明层和角质层。

马、牛、羊的趾枕不发达，犬和猫的趾枕发达，双峰驼的非常发达，形成“团蹄”。双峰驼趾枕的角质层很厚，为0.5～1 cm，由角质小管和管间物质组成；真皮内有肉眼可见直径约1 mm的发达的分支局部分泌型汗腺，50～80个/cm^2。分泌部呈卷曲的管状，导管壁初为两层细胞；离开腺体后，管壁增厚为复层扁平上皮，近腔面上皮逐步角化，导管穿过真皮和表皮直接开口于趾枕表面。皮下组织发达，每趾形成三个梭形的脂肪垫和一个弹性纤维垫，每个脂肪垫的主要成分是脂肪组织。犬、猫的趾枕除表面的结构不同外，其余的结构相似：犬的趾枕表面粗糙，有角质化的锥状乳头分布，真皮有显著的真皮乳头，它们与表皮的突起呈指间嵌合；猫的趾枕表面光滑，有常见的真皮结构。盘曲的局部分泌型汗腺存在于真皮和趾垫内。皮下脂肪组织被胶原纤维和弹性组织围绕，分隔成团块。

1. 名词解释：汗腺　皮脂腺　毛球　毛囊　毛乳头　梅克尔细胞　朗格汉斯细胞　黑素细胞

2. 简述皮肤的组织结构，比较有毛皮肤与无毛皮肤的区别。

3. 简述毛干和毛囊的组织结构。

4. 简述乳腺的组织结构特点。

5. 皮肤腺都有哪些？有何结构特点？

（崔　燕）

第十一章　免疫系统

免疫系统（immune system）是动物体内一个极其重要的防御系统，该系统组织庞大，分布于全身各处，能有效的识别自我和非我的抗原物质和细胞，产生免疫反应，完成免疫保护、免疫稳定和免疫监视三大功能，即防御和消除病原体（抗原）的侵袭；清除体内衰老、受损死亡的细胞；监视、识别并销毁体内变异的细胞，清除异体细胞等，以维持机体免疫功能的平衡与稳定。机体免疫反应的过高或过低都会引起病理变化，如过敏反应或免疫缺陷引起的反复感染等。

免疫的分子学基础是体内所有细胞的表面都具有组织相容性复合分子（MHC 分子），且有种属和个体的特异性。淋巴细胞是免疫反应的中心，其细胞膜上有识别各种各样特异性抗原的受体，识别能力极强，每个淋巴细胞表面只有一种受体，分工非常精细，但因机体淋巴细胞总数很多，其受体种类可超过百万种。

免疫系统由免疫细胞、免疫组织、免疫器官组成（表 11-1）。它们在体内虽分布广泛，而且分散，但通过血液和淋巴循环相互联系、相互协调，可形成一个统一的防御整体。同时免疫系统与神经系统、内分泌系统一起还可形成一个更加广泛的相互调节的网络系统。

表 11-1　免疫系统的组成

免疫系统	免疫细胞	淋巴细胞：T 细胞、B 细胞（浆细胞）、K 细胞、NK 细胞
		抗原呈递细胞：巨噬细胞、单核吞噬细胞系统、树突状细胞类群
		其他免疫细胞：有粒白细胞、肥大细胞、红细胞、血小板等
	免疫组织	弥散淋巴组织：无定形的网状淋巴组织
		淋巴小结：圆形或椭圆形的淋巴组织
	免疫器官	中枢淋巴器官：胸腺、骨髓（哺乳类）、腔上囊（鸟类）
		周围淋巴器官：淋巴结、脾、扁桃体、血结、血淋巴结等

一、免疫细胞

免疫细胞（immune cell）是指参与免疫应答或与免疫应答有关的细胞，此类细胞种类多、数目大，本章主要阐述淋巴细胞和抗原呈递细胞，其他免疫细胞在相关章节内做介绍。

（一）淋巴细胞

淋巴细胞（lymphocyte）是构成免疫系统最主要的细胞群，由淋巴干细胞发育分化而来，具有特异性、转化性和记忆性三个重要特征。也就是说，各种淋巴细胞表面具有特异性的抗原受体，能分别识别不同的抗原。当淋巴细胞受到抗原刺激时，即转化为淋巴母细胞，继而增殖分化形成大量效应淋巴细胞和记忆淋巴细胞。效应淋巴细胞能产生抗体、淋巴因子或释放细胞素，发挥直接杀伤作用，从而清除相应的抗原，即引起免疫应答。记忆淋巴细胞在分化过程中会转为静息状态的小淋巴细胞，能记忆抗原信息，并可在体内长期存活和不断循环，当受到相应抗原的再次刺激时，能迅速增殖形成大量效应淋巴细胞，使机体长期保持对相应抗原的免疫力。接种疫苗可使体内产生大量记忆淋巴细胞，从而起到预防感染性疾病的作用。各种淋巴细胞的寿命长短不一，效应淋巴细胞仅存活 1 周左右，而记忆淋巴细胞可存活长达数年甚至终生。

淋巴细胞虽有不同的类群，但它们的形态相似，在一般光镜下不易互相区分。各种淋巴细胞具有不同的表面标志，电镜下的超微结构也有所不同。表面标志分为表面抗原和表面受体，它们能用免疫学或免疫细胞化学方法检出。根据发育部位、形态结构、表面标志和免疫功能的不同，一般将淋巴细胞分为下列四种。

1. 胸腺依赖淋巴细胞（thymus dependent lymphocyte） 简称 T 细胞，在胸腺内发育分化成熟，是淋巴细胞中数量最多功能最复杂的一类，有 3 个主要亚群。

（1）辅助性 T 细胞（Th 细胞）：约占 T 细胞的 65%，能识别抗原、分泌多种淋巴因子，辅助 T 细胞、B 细胞产生免疫应答，它们本身也有一定的免疫功能。

（2）抑制性 T 细胞（Ts 细胞）：数量少，约占 T 细胞的 10%，能识别抗原、分泌抑制因子，从而减弱或抑制 T 细胞、B 细胞的免疫应答不至于过度强烈。Ts 细胞常在免疫应答后期增多。

（3）细胞毒性 T 细胞（Tc 细胞）：占 T 细胞的 20%～30%，在抗原刺激下增殖分化为效应 Tc 细胞，能与靶细胞结合后释放穿孔蛋白，分泌细胞毒导致靶细胞中毒死亡（如肿瘤细胞、受病毒感染的细胞等），而本身无损伤，可重新攻击其他靶细胞。这种通过淋巴细胞直接杀伤异物的免疫方式称为细胞免疫。Tc 细胞在抗微生物感染免疫，尤其在皮肤、黏膜表面的免疫防御中发挥重要功能，是机体第一线的防御细胞。

2. 骨髓依赖淋巴细胞（bone marrow dependent lymphocyte）**或囊依赖淋巴细胞**（bursa dependent lymphocyte） 简称 B 细胞，在骨髓（哺乳类）或腔上囊（鸟类）内发育分化成熟。B 细胞较 T 细胞略大，胞质内溶酶体少见，含少量粗面内质网，其表面标志有 B 细胞抗原受体（膜抗体）等。B 细胞受到抗原刺激后增殖分化为浆细胞，分泌抗体（免疫球蛋白）进入组织液，抗体与相应的抗原结合后可抑制细菌或靶细胞的代谢，从而杀伤细菌或靶细胞，并可加速巨噬细胞等对产生该抗原的病原体的吞噬，共同清除病原体的致病作用。这种通过抗体介导的免疫方式称为体液免疫。浆细胞主要针对蛋白性抗原产生高亲和力的抗体，杀伤力很大，但是一个浆细胞只能分泌一种抗体，针对一种抗原，然而浆细胞的数量非常多，因此特异性极强。

3. 杀伤淋巴细胞（killer lymphocyte） 简称 K 细胞，在骨髓内发育分化成熟，数量较少，占外周血中淋巴细胞的 5%～7%。K 细胞较 T 细胞、B 细胞大，直径 9～12 μm，胞质内含溶酶体和分泌颗粒。K 细胞本身无特异性，但细胞膜表面有抗体的受体，能与带有抗体的靶细胞相结合，使靶细胞迅速失去活性而杀伤靶细胞。K 细胞主要攻击比微生物大的细胞（如受肝炎病毒感染的肝细胞等），对肿瘤细胞也有杀伤作用。

4. 自然杀伤淋巴细胞（nature killer lymphocyte） 简称 NK 细胞，在骨髓内发育分化成熟，数量更少，仅占外周淋巴细胞的 2%～5%。NK 细胞体积大，直径 12～15 μm，表面有短小的微绒毛，胞核呈卵圆形，染色质丰富，异染色质多位于边缘，胞质较多，胞质内有许多大小不等的嗜天青颗粒，故又称大颗粒淋巴细胞，嗜天青颗粒实为溶酶体。NK 细胞不需抗体的协助，也不需抗原的刺激，即能杀伤某些肿瘤细胞和受病毒感染的细胞，在防止肿瘤发生中起重要作用。

（二）抗原呈递细胞

抗原呈递细胞（antigen-presenting cell）又称免疫辅佐细胞，是指参与免疫应答，能捕获、加工、处理抗原，并将抗原呈递给淋巴细胞的一大类免疫细胞（图 11-1）。

1. 巨噬细胞（macrophage） 巨噬细胞不但有强大的吞噬功能，还是主要的抗原呈递细胞，其来源、形态详见第三章相关内容。在正常情况下，巨噬细胞处于静息状态，一旦受到外源或内源性因子的刺激，可立刻活化，细胞变大，代谢增强，趋化性加快，迅速到达炎症部位进行吞噬活动，在吞噬过程中对抗原进行加工处理并呈递给淋巴细胞，启动特异性免疫应答，并能释放趋化因子与粒细胞、肥大细胞共同作用，相互促进杀伤抗原物质和突变的细胞。活化的巨噬细胞代谢和吞噬功能特别旺盛，但寿命不长，2个月左右就会死亡。

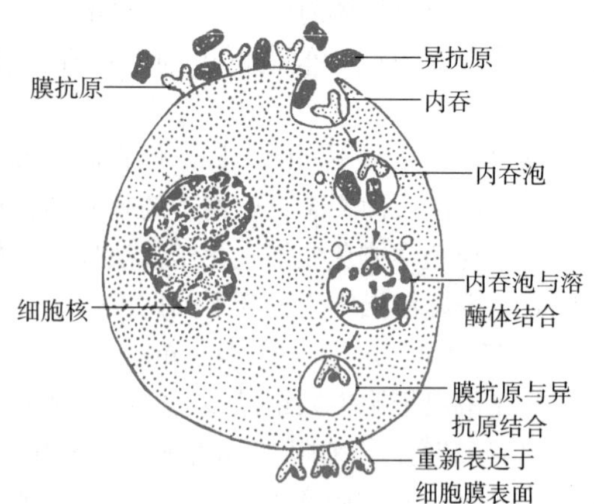

图 11-1 抗原呈递细胞处理抗原过程示意图

2. 树突状细胞（dendritic cell，DC） 是一类具有很强免疫刺激能力，能启动淋巴细胞进行免疫应答的专职性抗原呈递细胞。因细胞具有树枝状突起而得名，突起能伸展和收缩，具有一定的运动能力和分泌功能。

（1）郎格汉斯细胞（Langerhans cell）：主要存在于皮肤的表皮，能捕获、识别、处理侵入表皮内的抗原（异物或细菌），并将抗原呈递给T细胞，启动Tc细胞的免疫应答。

（2）滤泡树突细胞（follicular dendritic cell）：分布于淋巴结、脾脏及黏膜的淋巴小结等处，该细胞能捕获、处理和呈递进入周围淋巴器官和淋巴组织的抗原或抗原抗体复合物。

（3）交错突细胞（interdigitating cell）：分布于胸腺髓质和周围淋巴器官的胸腺依赖区内，可分泌胸腺素并将抗原呈递给邻近的T细胞。

（4）微皱褶细胞（microfold cell）：主要分布于肠相关淋巴组织处，位于黏膜上皮之间，能从肠道捕捉抗原，处理后呈递给上皮下的淋巴细胞。

以上各类细胞并不是各自独立的细胞群体，一些树突状细胞，实际上可能是同一类的细胞摄取抗原后，携带着抗原在移行过程中不同成熟阶段的表现而已。如有一种较为少见的面纱细胞（veiled cell），实际上是表皮内的郎格汉斯细胞在吞噬抗原后经输入淋巴管进入淋巴结的过程中形成薄膜状突起，似面纱样，当进入淋巴结后，转移到副皮质区，即成交错突细胞。

3. 单核吞噬细胞系统（mononuclear phagocyte system，MPS） 在免疫系统中的这一类细胞，虽然名称不同、形态各异、分布不一，但它们均由血液中单核细胞分化而来，都有活跃的趋化性和吞噬功能，1972年科学家Van Furth把它们归纳在一起称为单核吞噬细胞系统，巨噬细胞是其中重要的一种，此外还有结缔组织中的组织细胞，肝窦内的枯否细胞，肺间质中的尘细胞，神经组织中的小胶质细胞，骨组织内的破骨细胞等。以前曾有学者把巨噬细胞、网状细胞、血窦内皮细胞统称为网状内皮系统（reticuloendothelial system，RES）。以后许多实验证明，网状细胞和内皮细胞的吞噬功能十分低下，且起源也不相同。另外，中性粒细胞虽然有吞噬和游走功能，也能分泌一些细胞因子，但它不是由单核细胞分化而来，故不全属于此系统。单核吞噬细胞系统是体内一个重要的防御系统，其功能是：①吞噬和杀伤病原微生物，识别和清除体内衰老损伤的自身细胞。②杀伤肿瘤细胞和受病毒感染的细胞。③摄取、加工、处理、呈递抗原给淋巴细胞，激发免疫应答，增强机体免疫力。若该系统功能失调时，可导致多种疾病。④分泌作用，该系统均有分泌功能，仅巨噬细胞就能分泌50多种细胞因子，如补体、白细胞介素、干扰素、凝血因子、肿瘤生长抑制因子等。

二、免疫组织

免疫组织（immune tissue）又称淋巴组织（lymphoid tissue），是一种以网状组织为支架，网眼内填充有大量淋巴细胞和一些其他免疫细胞的特化组织。淋巴组织依其形态，一般可分为下列两种（图 11-2）。

1. 弥散淋巴组织（diffuse lymphoid tissue） 淋巴细胞呈弥散性分布，与周围组织无明显分界，主要含 T 细胞，有的也含较多的 B 细胞和浆细胞。弥散淋巴组织中常见有单层立方形内皮的毛细血管后微静脉，是淋巴细胞穿越血管壁的重要部位。抗原刺激可使弥散淋巴组织扩大，甚至形成淋巴小结。

2. 淋巴小结（lymphoid nodule） 为圆形或椭圆形的密集淋巴组织，与周围组织界限清楚，主要含 B 细胞，周边含少量 T 细胞。发育完善的淋巴小结，在其中央有一淡染的区域称为生发中心，细胞常见分裂象。生发中心再分暗区和明区，暗区主要含大淋巴细胞，染色较深；明区主要含中淋巴细胞，染色较淡。明区的上方覆盖着由密集小淋巴细胞构成的小结帽。淋巴小结单独存在时，称为孤立淋巴小结，聚集成群时称为集合淋巴小结。

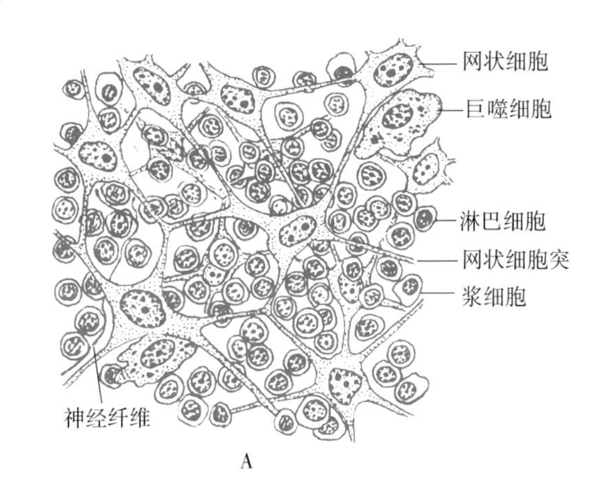

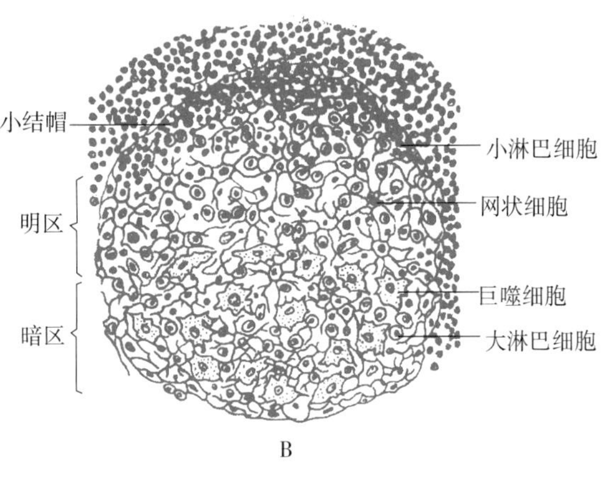

图 11-2 淋巴组织结构模式图

A. 弥散淋巴组织 B. 淋巴小结

淋巴组织除上述两种主要形态外，还可形成索状结构，称为淋巴索，如淋巴结的髓索、脾的脾索。淋巴索可互相连接成网状，索内主要为 B 细胞。

淋巴组织除分布于免疫器官外，还广泛分布于与体外相通的消化道、呼吸道和泌尿生殖道的黏膜内，以及眼结膜、哈德氏腺、泪腺等组织中，组成黏膜相关淋巴组织（mucosa-associated lymphoid tissue）。它是免疫系统的重要组成部分，参与构成机体的第一道防线，抵御外来病菌及异物的侵袭。

三、免疫器官

免疫器官（immune organ）是以淋巴组织为主要成分构成的器官，因此又称淋巴器官（lymphoid organ），分为初级（中枢）淋巴器官和次级（周围）淋巴器官两类，均为实质性器官，二者的主要区别见表 11-2。

表 11-2 初级淋巴器官与次级淋巴器官的比较

分 类	初级淋巴器官	次级淋巴器官
器官名称	胸腺、骨髓（哺乳类）、腔上囊（鸟类）	淋巴结、脾、扁桃体、血结、血淋巴结等
发生	发生早，性成熟后逐渐退化	发生晚，不退化，终生存在
支架	网状细胞或上皮网状细胞（有分泌功能）	结缔组织和网状组织，无分泌功能
淋巴细胞	来自骨髓淋巴干细胞，增殖分化不需抗原刺激	来自初级淋巴器官，增殖分化需抗原刺激
功能	分泌激素，培育处女型淋巴细胞	产生效应淋巴细胞，是免疫应答的场所

（一）胸腺

1. 胸腺的结构　胸腺（thymus）表面包有薄层被膜，被膜结缔组织伸入其内部形成小叶间隔，将实质分成许多大小不等的胸腺小叶，每一小叶由皮质和髓质组成。由于小叶间隔不完整，故相邻小叶的髓质往往相连，在髓质可见嗜酸性的胸腺小体（图 11-3）。

（1）胸腺皮质（thymic cortex）：以上皮细胞为支架，间隙内含有大量胸腺细胞和一些巨噬细胞等。由于细胞密集，故着色较深。

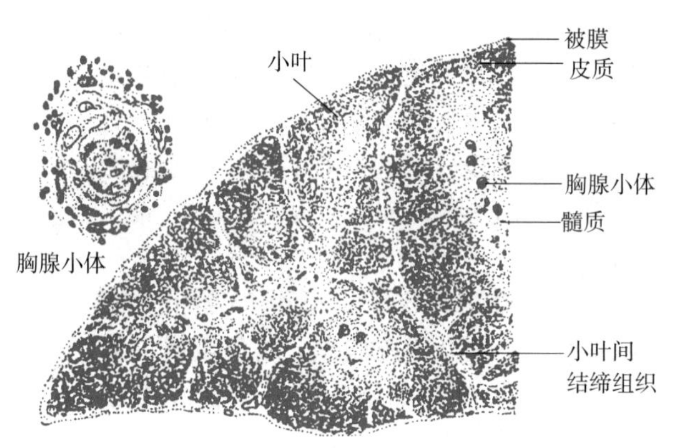

图 11-3　胸腺显微结构模式图

①胸腺上皮细胞（thymic epithelial cell)：有多种类型，并且存在种间差异，它们分布于胸腺的不同部位，属树突状细胞，能构成不同的局部微环境，诱导淋巴细胞的分化。胸腺皮质内有两种上皮细胞：a. 扁平上皮细胞，又称被膜下上皮细胞，其与结缔组织相邻的一侧呈扁平状，另一侧有一些突起，彼此以桥粒相连。有的扁平上皮细胞的胞质内含有一些内吞的胸腺细胞，称为哺育细胞（nurse cell）；b. 星形上皮细胞，又称上皮性网状细胞，细胞多分支状突起，突起间以桥粒相连成网。也有分泌功能。以上两种细胞均能分泌胸腺素、胸腺生成素等。诱导胸腺细胞发育分化（图 11-4）。

②胸腺细胞（thymocyte）：是 T 细胞的前身，密集于胸腺皮质内，占皮质细胞的85%～90%。淋巴干细胞进入胸腺后，从皮质向深层迁移并逐渐分化，其中 95%左右的胸腺细胞在分化过程中凋亡并被巨噬细胞吞噬清除。只有少数细胞能在胸腺素的作用下，最后成熟为处女型 T 细胞，进入毛细血管后微静脉，迁移至周围淋巴器官或淋巴组织中。

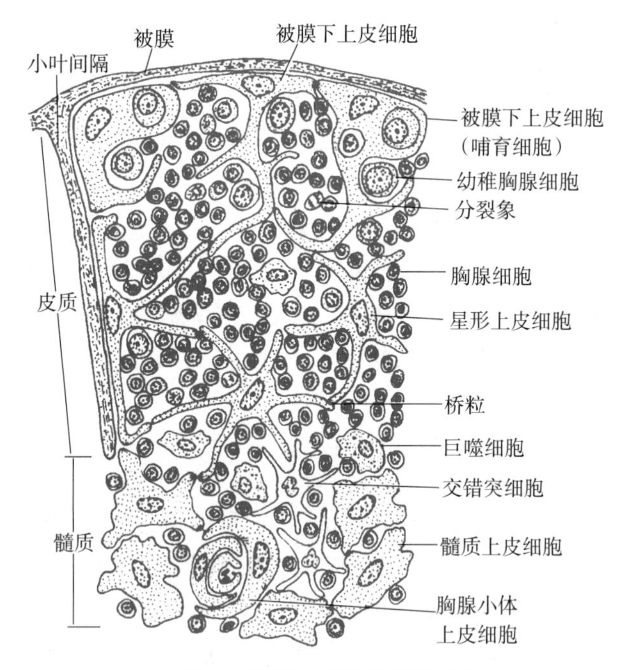

图 11-4　胸腺内细胞分布模式图

（2）胸腺髓质（thymic medulla）：由于淋巴细胞较少而染色较淡，与皮质界限不甚明显。内含大量上皮细胞和一些 T 细胞、巨噬细胞、交错突细胞和肌样细胞，也含少量肥大细胞、有粒白细胞、B 细胞、浆细胞等。

髓质内也含两种上皮细胞：①髓质上皮细胞，呈球形或多边形，胞体较大，细胞间以桥粒相连。该细胞是分泌胸腺素的主要细胞。②胸腺小体上皮细胞，呈扁平状，构成胸腺小体（thymic corpuscle）。胸腺小体大小不一，散在于髓质中，由上皮细胞呈同心圆状包绕而成。内部的上皮细胞胞质内含较多角蛋白，胞核渐退化；中心的上皮细胞已完全角质化，细胞强嗜酸性。胸腺小体内还常见巨噬细胞或嗜酸性粒细胞。胸腺小体虽然功能还未十分明了，但缺乏胸腺小体的胸腺不能培育出成熟的 T 细胞。

肌样细胞（myoid cell）呈圆形或椭圆形，胞质嗜酸性，超微结构与骨骼肌细胞相似，具有肌丝和肌节，也有明暗带，其功能不明，但肌样细胞增生可引起重症肌无力等免疫异常。犬和猫的肌样细胞较多。

（3）血-胸腺屏障：胸腺内存在能阻止大分子抗原物质进入胸腺内的屏障结构，即血-胸腺屏障（blood-thymus barrier），可构成胸腺细胞稳定发育的微环境。其中皮质毛细血管及其周围结构是血-胸腺屏障的主要结构基础，它由下列几层构成：①连续毛细血管，其内皮细胞间为紧密连接。②血管内皮外有完整的基膜。③血管周隙，内含巨噬细胞。④胸腺上皮细胞的基膜。⑤一层连续的胸腺上皮细胞（图 11-5）。

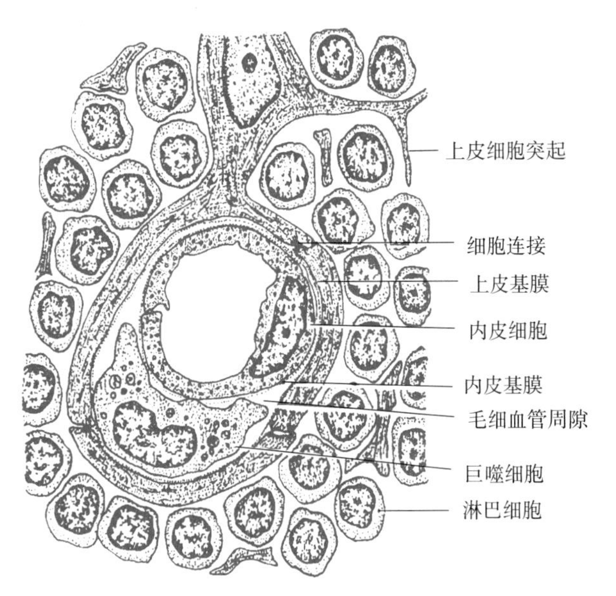

图 11-5　血-胸腺屏障结构模式图

2. 胸腺的功能　胸腺不仅是中枢免疫器官，同时也是内分泌器官。

（1）培育和选择 T 细胞：淋巴干细胞进入胸腺后，在胸腺微环境的诱导和选择下，发育分化形成各种处女型 T 细胞，经血液输送至周围淋巴组织和淋巴器官。因此，胸腺是 T 细胞分化和成熟的场所。

（2）免疫调节功能：胸腺上皮细胞能分泌多种胸腺激素和细胞因子，促进 T 细胞的成熟。胸腺发育异常或缺失，可引起多种免疫缺陷症。

3. 胸腺的发育与退化　胸腺有明显的年龄性变化。动物出生时，胸腺继续发育，免疫功能逐渐建立，若切除新生动物的胸腺，免疫功能明显低下。胸腺到性成熟时体积最大，此后停止生长并逐渐退化，到一定年龄时，胸腺被脂肪组织填充，其功能可被周围淋巴器官替代。

（二）骨髓

骨髓（bone marrow）不仅是体内最大的造血器官，也是重要的中枢淋巴器官，骨髓的结构和血细胞的发生已在第五章内详叙。在免疫功能方面，骨髓是 B 细胞分化和成熟的场所。早期的 B 细胞发育不需抗原刺激，分化在骨髓造血因子诱导的微环境下进行，造血干细胞最早分化为原 B 细胞，经过前 B 细胞、不成熟 B 细胞、成熟 B 细胞等阶段，带上了膜标志分子，经血液或淋巴迁移至周围淋巴器官，接受抗原刺激，在辅助 T 细胞和抗原呈递细胞的协助下，成熟 B 细胞分化为浆细胞，出现新的受体标志，产生免疫球蛋白，参与体液免疫。

（三）腔上囊

腔上囊（cloacal bursa）又称法氏囊（bursa of Fabricius），为禽类动物所特有，位于泄殖腔背侧，与肛道相通。其结构与消化道相似，也分黏膜、黏膜下层、肌层和浆膜。在黏膜固有层的淋巴组织由上皮性网状细胞构成支架，可形成许多淋巴小结样结构，称为腔上囊小结，简称囊小结（bursa nodule），是产生 B 细胞的场所。有些部位的黏膜上皮与囊小结直接相连，这种上皮具有特殊的摄取和转运抗原的能力（详见第二十章）。

腔上囊是禽类特有的产生 B 细胞的中枢免疫器官，若在孵化第 17 天摘除鸡腔上囊，孵出的小鸡缺乏 B 细胞的体液免疫力，可反复发生感染导致死亡，但 T 细胞免疫不受影响。若在成年后摘除腔上囊，则不影响B细胞的产生，因此时的周围淋巴器官已具有产生B细胞的能力。

（四）淋巴结

1. 淋巴结的结构　淋巴结（lymph node）位于淋巴回流的通路上，数量多，大小不等，多呈豆状。一侧有一凹陷称门部，是血管、神经和输出淋巴管通过的地方。淋巴结表面覆有薄层被膜，被膜内形成粗细不等的小梁，小梁互相连接成网，构成淋巴结的粗支架，连同神经、血管一起形成淋巴结的间质。在粗支架之间填充有网状组织，构成淋巴结的细微支架。淋巴结的实质分为周围的皮质和中央的髓质两部分（图11-6）。

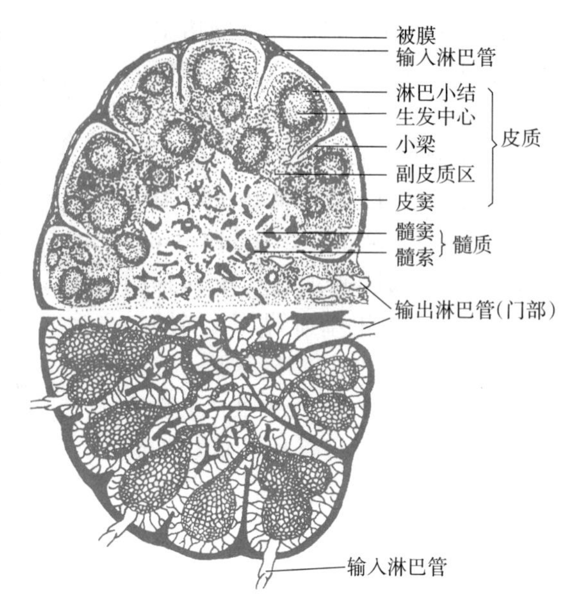

图11-6　淋巴结结构示意图

二维码45

（1）皮质：位于被膜下方，由浅层皮质、深层皮质和皮质淋巴窦构成（二维码45）。

①浅层皮质（superficial cortex）：由淋巴小结和小结间弥散淋巴组织构成。正常情况下，由于淋巴液内抗原作用，淋巴小结发育良好，可见明显的暗区、明区、生发中心和小结帽结构（图11-7）。淋巴小结内95%的细胞为B细胞，其余为巨噬细胞、滤泡树突细胞、T细胞等。暗区位于基部，其中的大B细胞分裂分化为中等B细胞后，移至明区。这些细胞只有在树突细胞将抗原呈递后才能继续分裂分化，形成大量的B细胞移至帽部，称为小结帽，其余的则被明区的巨噬细胞吞噬清除。帽部的小淋巴细胞主要是浆细胞的前身，另有一些记忆性B细胞。

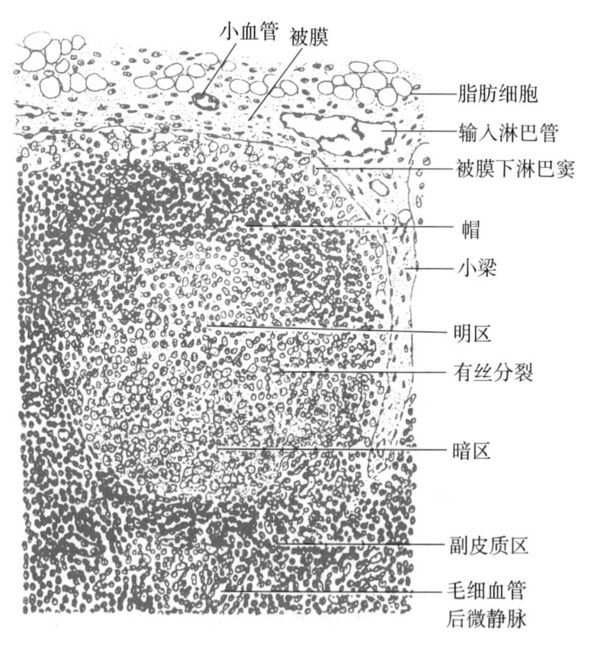

图11-7　淋巴结皮质

②深层皮质（deep cortex）：又称副皮质区（paracortex zone），位于皮质深部，为厚层弥散淋巴组织，主要含T细胞，属胸腺依赖区。深层皮质又由若干个单位组成，每个单位与一条输入淋巴管相对应。深层皮质单位的中央区细胞较密集，含大量T细胞和一些交错突细胞等；周围区细胞较稀疏，含T细胞、B细胞，还有许多毛细血管后微静脉，淋巴细胞可通过内皮细胞间隙进入血管或经窦内皮细胞转运而进入窦内（图11-7、图11-8）。此区的小淋巴窦与髓质淋巴窦相连续。

③皮质淋巴窦（cortical sinus）：简称皮窦，包括被膜下窦和小梁周窦。输入淋巴管穿过被膜与皮窦相通，再与髓窦相通，最后在门部汇合成输出淋巴管。窦壁衬以连续性单层扁平上皮，内皮外有薄层基膜、少量网状纤维和一层扁平网状细胞；窦内有星状内皮细胞和网状纤维作为支架，有许多巨噬细胞附于其上或游离于窦腔内，网眼内还有许多淋巴细胞（图11-9）。巨噬细胞可清除淋巴液内异物和摄取抗原，进入淋巴组织后可将抗原呈递给淋巴细胞。

（2）髓质：由髓索和髓窦组成的弥散淋巴组织（图 11-10）。髓索（medullary cord）是相互连接的淋巴索，主要含 B 细胞，另有一些 T 细胞、浆细胞、肥大细胞和巨噬细胞等，在炎症状态下，巨噬细胞和浆细胞会大量增多。髓索中央常有一条毛细血管后微静脉，是血液内淋巴细胞进入髓索的通道。髓窦（medullary sinus）即髓质淋巴窦，位于髓索之间，其结构与皮窦相同，但较宽广，淋巴液流动缓慢，窦内巨噬细胞较多，可进一步净化淋巴（二维码 46）。

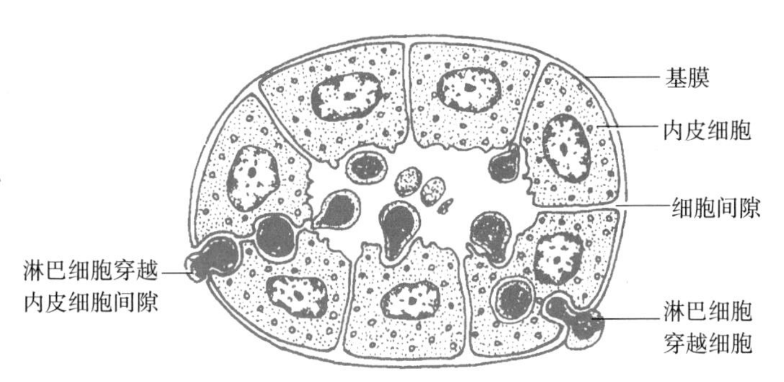

图 11-8 淋巴细胞穿越毛细血管后微静脉示意图

二维码 46

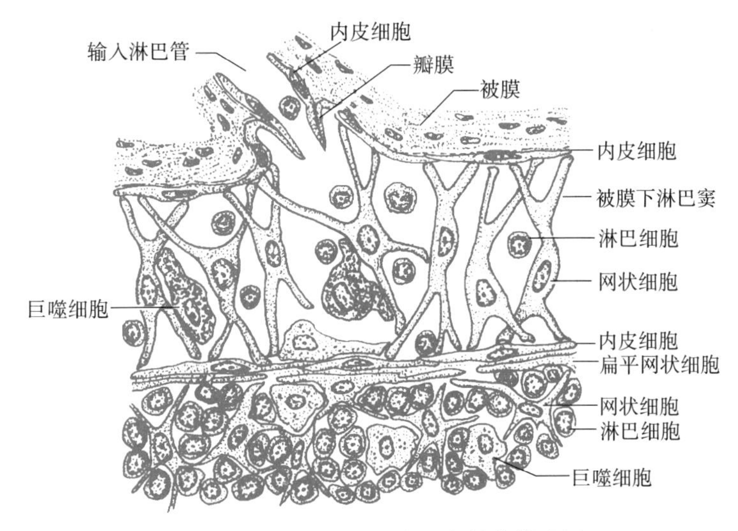

图 11-9 淋巴结被膜下淋巴窦结构模式图

猪的淋巴结比较特殊，仔猪淋巴结皮质和髓质的位置恰好相反（图 11-11）。淋巴小结位于中央区域，而不甚明显的淋巴索和少量较小的淋巴窦则位于周围。输入淋巴管从一处或多处经被膜和小梁一直穿行到中央区域，然后流入周围窦，最后汇集成几条输出淋巴管，从被膜的不同地方穿出。在成年猪，皮质和髓质混合排列。

2. 淋巴细胞再循环 周围淋巴器官和淋巴组织内的淋巴细胞可经淋巴管进入血液循环并

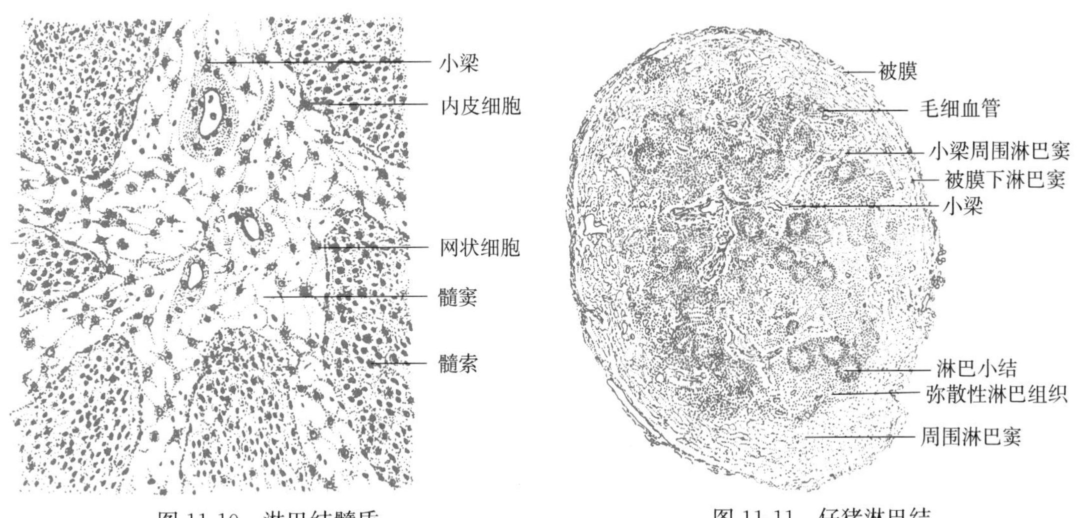

图 11-10 淋巴结髓质

图 11-11 仔猪淋巴结

运送至全身，它们又可通过毛细血管后微静脉再回到淋巴器官或淋巴组织内，如此周而复始，称为淋巴细胞再循环（lymphocyte recirculation）。淋巴细胞再循环有利于识别抗原和迅速传递信息，使分散各处的淋巴细胞成为一个相互关联的统一整体，功能相关的淋巴细胞尤以记忆T细胞、B细胞最为活跃，能迅速地共同进行免疫应答。

3. 淋巴结的功能 淋巴结是机体内重要的免疫器官，构成机体免疫的第二道防线。

（1）滤过淋巴液：大分子抗原和异物侵入机体后，经毛细淋巴管进入淋巴结，然后被淋巴结内的巨噬细胞吞噬清除。淋巴结对细菌的清除率可达99%。但若机体的免疫力降低，或抗原的数量和毒力过大时，淋巴结反倒成为抗原扩散之地。

（2）进行免疫应答：抗原进入淋巴结后，巨噬细胞和交错突细胞可将其捕获、处理并呈递给淋巴细胞，使之发生转化，引起免疫应答。淋巴结常常同时发生体液免疫和细胞免疫反应，此时可见到淋巴小结增多增大、生发中心明显、髓索变粗、浆细胞增多、副皮质区明显扩大、效应T细胞输出增多。当免疫反应剧烈时，淋巴结表现为肿大和出血等，因此淋巴结是宰后肉品卫生检疫和疾病诊断必检的器官之一。

（五）脾

二维码 47

二维码 48

1. 脾的结构 脾（spleen）是体内最大的淋巴器官，也由弥散的淋巴组织构成。但实质无皮质与髓质之分，而是分为白髓、边缘区和红髓（图11-12）。脾位于血液循环的通路上，脾内没有淋巴窦，而有大量血窦，故切面色红（二维码47、二维码48）。

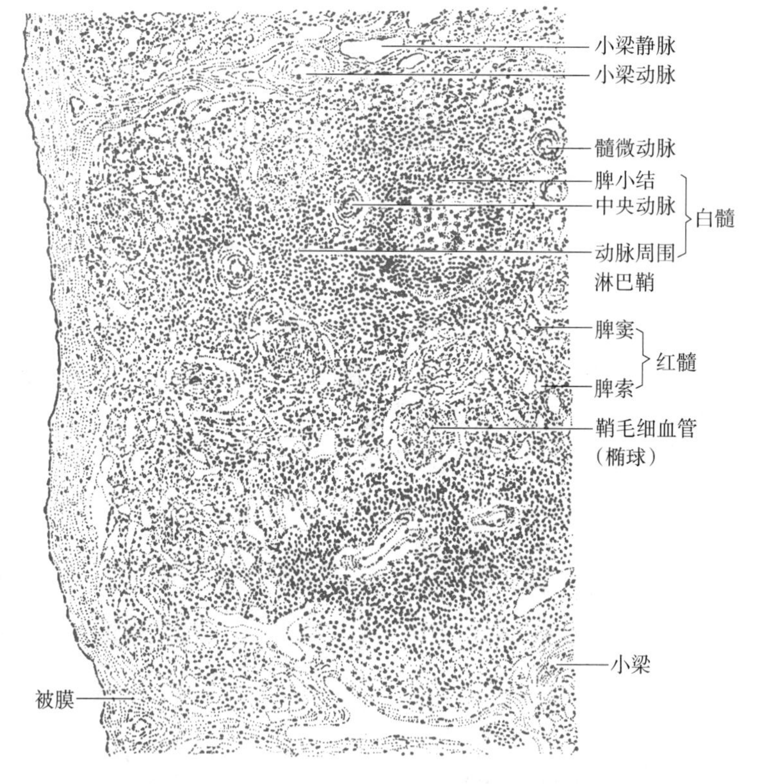

图11-12 猪 脾

（1）被膜与小梁：脾有较厚的被膜，其表面覆有浆膜。被膜结缔组织伸入脾内形成许多分支的小梁，它们互相连接构成脾的粗支架。小梁之间填充有网状组织，构成实质内海绵状多孔隙的细微支架。脾的被膜和小梁内含有平滑肌纤维，平滑肌舒缩可调节脾内的血量。小梁上有发达的小梁动脉和静脉。

（2）白髓（white pulp）：是脾切面上肉眼可见到的细小白点，光镜下由密集的淋巴组织环绕小动脉而成，此小动脉由小梁动脉分支而来，因位于白髓中央，故又称中央动脉。白髓包括脾小结和动脉周围淋巴鞘两部分。淋巴鞘（periarterial lymphatic sheath）是围绕中央动脉周围的厚层弥散淋巴组织，由大量T细胞、少量巨噬细胞、交错突细胞等构成，属胸腺依赖区，相当于淋巴结的副皮质区。中央动脉有一条伴行的小淋巴管，沿动脉进入小梁，继而在脾门部汇集成较大的淋巴管出脾，它是鞘内T细胞迁出脾的重要通道。

脾小结（splenic nodule）即淋巴小结，位于中央动脉周围淋巴鞘的一侧，主要由B细胞构成，发育良好者也可呈现生发中心和小结帽，帽朝向红髓。与淋巴结的淋巴小结不同的是，脾小结内有中央动脉的分支穿过，大多数处于偏心位置，只有极少数位于中央。健康动物脾内脾小结较少，当受到抗原刺激引起免疫应答时，脾小结增多变大。

（3）边缘区（marginal zone）：位于白髓与红髓之间，宽100～500 μm，呈红色。淋巴细胞排列较白髓稀疏，但较红髓密集，主要含B细胞，也含T细胞、巨噬细胞、浆细胞和一些红细胞、白细胞。中央动脉分支而成的一些毛细血管，其末端在白髓与边缘区之间膨大形成边缘窦，是血液和淋巴细胞进入脾内的重要通道，淋巴细胞可经此窦参与再循环。边缘区是脾内免疫细胞捕获、识别、处理抗原和诱发免疫应答的重要部位。

（4）红髓（red pulp）：占脾实质的大部分，分布于被膜下、小梁周围、白髓及边缘区的外侧。因含较多红细胞，在新鲜切面上呈红色，因而得名。红髓由脾索和脾血窦组成（图11-13）。

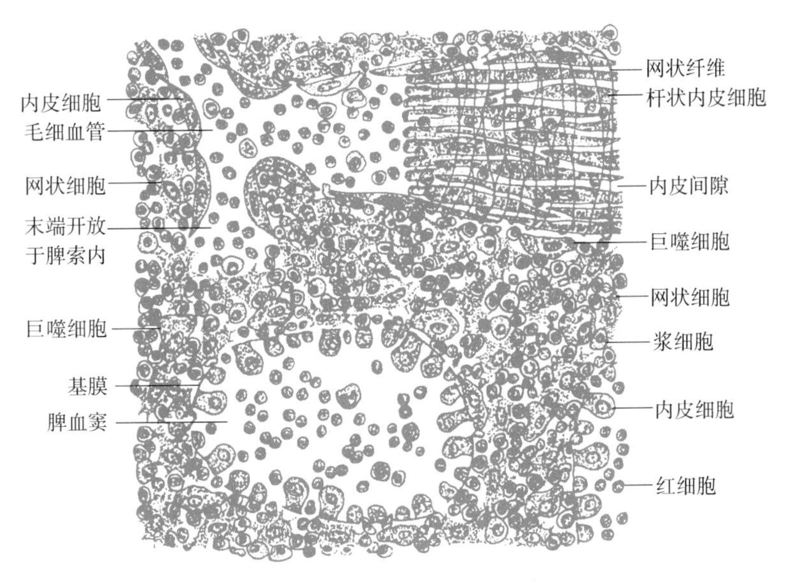

图11-13 脾红髓显微结构模式图

①脾索（splenic cord）：为富含血细胞的淋巴索，相互连接成网，索内含T细胞、B细胞、浆细胞、巨噬细胞、红细胞和其他血细胞。脾索内的鞘毛细血管开放的终末部，周围有大量的巨噬细胞包绕，形成椭圆形的巨噬细胞鞘，称椭球（ellipsoid），是脾滤血的重要场所，猪、猫、犬等动物脾的椭球较发达，兔则无。

②脾血窦（splenic sinusoid）：简称脾窦，位于脾索之间，宽30～100 μm，形态不规则，互联成网。窦壁由一层长杆状的内皮细胞平行排列而成，彼此之间有间隙，内皮外有不完整的基膜和网状纤维环绕。因此，脾窦如同多孔隙的栅栏，血细胞可经此穿越进入脾窦（图11-14）。脾窦是储血的场所，马脾内可储存体内1/3的红细胞。脾窦外侧的巨噬细胞，其突起可通过内皮间隙伸入窦内进行吞噬活动。犬、兔、猪等动物的脾窦发达，而猫和反刍动物的不发达。

2. 脾的血液通路 脾动脉入脾后分支进入小梁，称为小梁动脉。小梁动脉进入白髓，称为中央动脉。中央动脉沿途发出一些分支供应白髓，其末端膨大形成边缘窦。中央动脉主干穿出白髓进入红髓的脾索内并分成数支，称笔毛微动脉，这些分支在脾索内依次分为三段：①髓微动脉，内皮外有1～2层平滑肌。②鞘毛细血管，内皮外包有富含巨噬细胞的鞘，即椭球。③毛细血管，其末端多数扩大成喇叭状开放于脾索，少数则直接连通于脾窦。脾窦汇入髓微静脉、小梁静脉，最后在脾门部汇成脾静脉出脾（图11-15）。

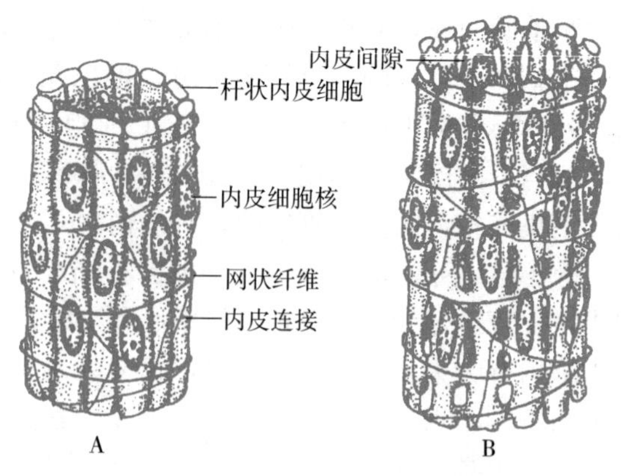

图11-14 脾血窦结构示意图
A. 收缩状态 B. 扩张状态

3. 脾的功能

（1）免疫：脾在免疫系统中具有重要作用，是机体免疫的第三道防线。脾内含数量巨大、种类很多的免疫细胞，对侵入血液的各种抗原均可产生免疫应答，能产生大量浆细胞和抗体，在体液免疫中占重要地位；同时也是淋巴再循环和提供淋巴细胞的重要场所，对全身各处淋巴器官和淋巴组织均有免疫应答调节作用。脾还与机体的抗肿瘤作用有关。

（2）滤血：脾位于血液循环的通路上，内含有大量的巨噬细胞，可吞噬清除血液中的病原体和衰老的血细胞。

（3）储血：脾内可以储存一定量的血液，犬、马、羊等动物的储血功能尤为显著，在动物剧烈运动或大量失血时，血液从脾内快速释放出来，以满足机体的需要。

（4）造血：胚胎早期的脾具有造血功能，当骨髓开始造血后，脾内淋巴组织增多，逐渐变为免疫器官，但脾内仍有少量造血干细胞，当机体严重缺血时，脾可恢复造血功能。

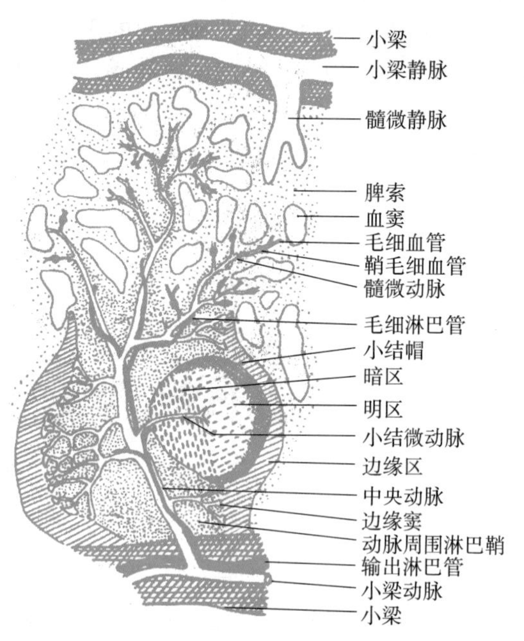

图11-15 脾血液通路示意图

（六）扁桃体

扁桃体（tonsil）位于消化道与呼吸道的交汇处，呈卵圆形隆起。表面覆有复层扁平上皮，上皮向固有层内凹陷形成许多分支的隐窝。上皮深面及隐窝周围的固有层内有大量的弥散淋巴组织和淋巴小结，淋巴小结常见生发中心（图11-16）。隐窝深部的上皮内也含大量淋巴细胞、

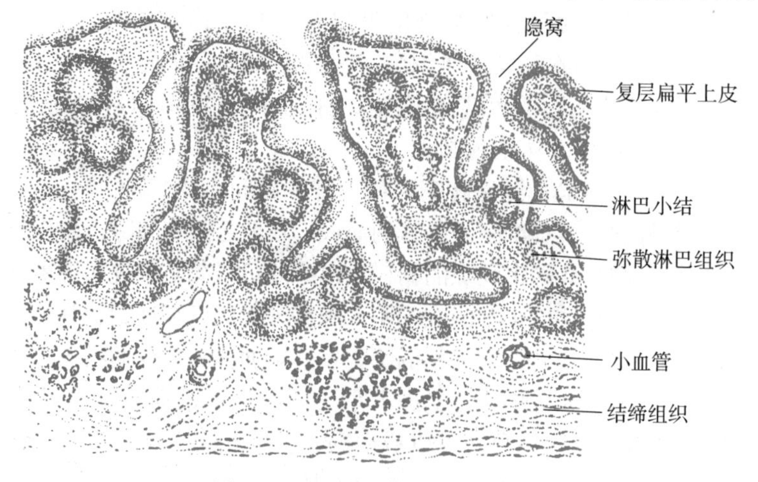

图11-16 腭扁桃体显微结构图

浆细胞和少量巨噬细胞等，淋巴组织与上皮组织界限不清。但猫、犬等肉食动物的部分扁桃体表面光滑，不形成隐窝。扁桃体周围的结缔组织内常有小唾液腺。

由于扁桃体环绕咽喉分布，处于门户位置，是最易于接受抗原刺激的免疫器官，因而是构成机体免疫第一道防线的主要结构，一旦感染，立即发出信号，引起局部或全身的免疫应答，对机体有重要的防御和保护作用。

（七）血结和血淋巴结

血结和血淋巴结是两种比较特殊的免疫器官，并不普遍存在于所有动物。

1. 血结（hemal node） 主要存在于牛、羊等反刍动物，但也见于马、人和其他灵长类。血结沿内脏血管分布，往往成串存在，为暗红色小体，没有输入和输出淋巴管，含有大量血窦，而无淋巴窦。血结表面覆有被膜，被膜结缔组织伸入内部形成小梁，小梁互相连接，构成不发达的网状支架。被膜和小梁中分布有较多的血管和一些平滑肌。

血结实质内的淋巴组织排列成索状，或构成淋巴小结。血窦发达，包括边缘窦和中间窦。边缘窦位于被膜下方；中间窦穿行于淋巴索和淋巴小结之间，吻合成网。被膜的血管，有的先通入边缘窦，再由此通入中间窦；有的先穿行于小梁，然后离开小梁直接通入中间窦。

血结具有过滤血液和进行免疫应答的作用。

2. 血淋巴结（hemolymph node） 见于鼠、牛、羊、猪和人类，直径1～3 mm，位于脾、肾等血管附近，或包埋于胸腺后面的结缔组织内。血淋巴结的结构介于血结和淋巴结之间，具有输入和输出淋巴管。由于毛细血管与淋巴窦相通，故窦腔内同时存在有血液和淋巴。

血淋巴结的被膜较薄，小梁不发达。实质虽可分为皮质和髓质，但分界不明显。皮质淋巴细胞排列较密，可见淋巴小结，但轮廓不清楚；髓质淋巴细胞排列较稀疏。淋巴窦分布于被膜下、小梁旁和淋巴组织之间，彼此沟通成网。被膜下窦接受输入淋巴管的淋巴，将其注入小梁旁窦，然后经髓窦汇集于输出淋巴管。血淋巴结也有滤血作用，并可能参与免疫应答。

四、免疫-神经-内分泌网络

很久以来，人们就注意到了神经系统、内分泌系统与免疫系统之间存在着某种联系，因为任何免疫力的低下，内分泌失调均可引起神经系统的变化和异常。随着研究和认识的不断深入，尤其是神经内分泌细胞的研究，APUD、DNES的提出和发展，对三个系统之间的关系有了进一步的了解。1977年，Besedovsky首次提出机体内存在着免疫-神经-内分泌网络的假说，由于受到了学科的独立性和研究手段的限制，三者之间的关系未能得到很好地揭示。随着生物技术在研究领域的广泛应用，分子生物学、细胞学、免疫学等学科得到了飞速的发展，伴随学科的不断交叉与渗透，人们对三个系统的研究成果有了突破性的进展。

传统和经典的认识是神经系统通过神经递质，内分泌系统通过激素来实现对各器官活动的调节，免疫系统则通过分泌抗体和各种细胞因子（即免疫调质）来发挥免疫功能。现在已有很多实验证实免疫细胞中的淋巴细胞、巨噬细胞、胸腺细胞、肥大细胞等，也能产生神经递质和激素，如脑啡肽、β-内啡肽、血管活性肠肽（VIP）、GH、ACTH、TSH、OT、CRH等，同时也在这些细胞的细胞膜上发现有各种各样的受体表达，如肾上腺素、乙酰胆碱、5-HT、多巴胺、组胺、类固醇等，有的细胞是单一受体，有的则是几种受体共存，正是这些受体的存在，能和神经系统、内分泌系统产生的递质和激素发生特异性的结合来实现对免疫系统的调节。另外，免疫器官和内分泌器官均受自主神经和肽能神经支配，与神经系统的关系更为密切。另一方面，也有确凿证据表明神经系统也能产生某些激素和细胞因子，如各类白细胞介素等，而内分泌系统同样也能产生神经递质和免疫调质，甚至激素和免疫调质也可共存于同一个内分泌细胞内。

由此看来，神经递质、激素、细胞因子就成为免疫、神经、内分泌三大系统进行功能活动共同的化学媒介和信息传递语言，它们能感受机体内环境的动态变化，相互调控、共同维持机体正常生理功能的发挥和内外环境的平衡。当然，尽管这三个系统间存在着密不可分的关系，由于它们各自有独立的特点和功能，互相之间不能取代，缺一不可。

综上所述，三大系统间的相互调节是通过它们共有的细胞因子、神经递质和激素以及存在于它们细胞中的各种受体来实现的，由此构成复杂的免疫-神经-内分泌网络，并已逐渐发展成一门相对独立的边缘学科——免疫神经内分泌学。对于这个网络的研究，将为进一步了解和控制机体调节系统和阐明某些疾病的机理提供理论基础，并为一些疾病防治提供新的思路。

思考题

1. 名词解释：淋巴小结　淋巴窦　脾血窦　细胞免疫　体液免疫　胸腺小体　血-胸腺屏障　红髓　白髓　副皮质区　边缘区　抗原呈递细胞　单核吞噬细胞系统

2. 免疫细胞包括哪些？简述其主要功能。

3. 免疫器官都有哪些？初级免疫器官和次级免疫器各有何特点？

4. 试述淋巴结的一般组织结构与功能。

5. 脾中与免疫有关的结构有哪些？各有何特点？

（沈霞芬　岳占碰）

第十二章　内分泌系统

内分泌系统（endocrine system）通过分泌激素（hormone）进入血液循环的方式（体液调节）来调节器官和细胞的正常生理活动。激素具有很强的生物活性和特异性，极微量的激素就能使特定器官或细胞发生明显的生物学效应。这些受特定激素作用的器官和细胞称为靶器官或靶细胞。靶细胞上有与相应激素结合的受体，受体与激素特异性的结合，就可改变细胞的代谢活动。

内分泌系统在体内分布极为广泛，存在形式也有很大不同，除独立的内分泌腺如脑垂体、甲状腺、甲状旁腺、肾上腺、松果体以外，有的还形成细胞团包埋在其他器官中，如胰岛、肾小球旁器等，更多的则是单个分散在几乎所有的系统中，尤其在神经系统，数量大，种类多，作用复杂，组成了一个弥散的神经内分泌系统。另外，还有一些细胞除其主要功能外，还兼有内分泌功能，如心肌细胞能分泌心钠素（cardionatrin），巨噬细胞能分泌干扰素和补体，肥大细胞能分泌组胺和5-羟色胺等。

内分泌细胞分泌方式有多种：①内分泌，最为常见的方式，即分泌物入血后经血液循环发挥远距离的调节作用。②旁分泌，分泌物进入细胞间隙，对附近的细胞起调节作用。③外分泌，分泌物排到皮肤的表面或直接排入胃肠腔内，再对其他的靶细胞发挥作用。④间分泌，细胞将分泌颗粒直接注入邻近的细胞而起调节作用。⑤自分泌，分泌的激素对自身细胞发生作用，是自我调控的一种方式。⑥神经内分泌，神经元分泌的激素经神经纤维末梢释放入血，对远处的靶细胞起调节作用。凡是能够分泌激素或细胞因子的神经元称为神经内分泌细胞。⑦神经元分泌，神经元释放的递质，通过突触直接作用于相邻神经元或其他细胞。

激素可分为含氮类激素和类固醇激素两大类，每一类又分为许多种，但内分泌腺在形态结构上都具有体积小、无导管，有丰富的毛细血管分布，毛细血管内皮有孔，利于渗透等特点。

内分泌系统也是机体内的重要调节系统，它与神经系统、免疫系统一起，共同维持内外环境的统一和稳定。本章主要介绍独立的内分泌腺体，并简要介绍弥散的神经内分泌系统，至于分散在其他器官内的一些内分泌细胞群，则在相应的器官中介绍。

一、甲状腺

（一）一般结构

甲状腺（thyroid gland）一般由两叶组成，外覆一层薄的结缔组织被膜，纤细的小梁从被膜伸入腺实质将其分为许多腺小叶。马的被膜和小叶不发达，牛和猪的被膜较厚且分叶明显。每个小叶内充满着大量的圆形或不规则形滤泡，滤泡间的结缔组织内含有大量的毛细血管和散在的滤泡旁细胞（图12-1、二维码49）。

二维码49

（二）实质

1. 甲状腺滤泡（thyroid follicle）　是甲状腺结构和功能单位，大小不等，直径20～500 μm，由单层立方的滤泡上皮细胞围成，细胞界限清楚，核圆形、位于中央。滤泡上皮基底面有完整的基膜及少量网状纤维，滤泡腔内充满嗜酸性胶体，内含甲状腺球蛋白。滤泡上皮细胞和胶体形态与滤泡的活动状态有关，当滤泡处于休止期时，上皮细胞可变矮，胶体边缘光滑。当滤泡处于活动期时，细胞变高，胶体边缘不整齐，呈空泡样，为上皮细胞重吸收胶体所致。电镜下上皮细胞顶端有微绒毛，胞质内有较发达的粗面内质网、线粒体和溶酶体散在于胞质内，高尔基复合体位于核上区。顶部胞质内有电子密度中等的小分泌颗粒，还可见到从滤泡腔摄入的低电子密度的胶质小泡。

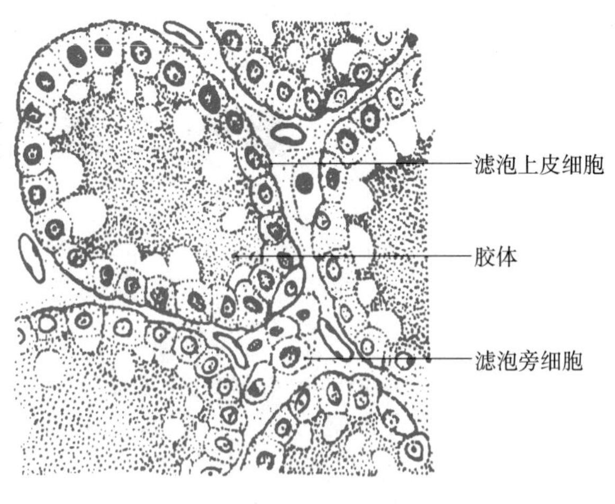

图 12-1　甲状腺组织结构

滤泡上皮细胞能合成和分泌甲状腺素。甲状腺素的形成经过合成、储存、碘化、重吸收、分解和释放等过程：①滤泡上皮细胞从血液中摄取所需氨基酸，经粗面内质网和高尔基复合体合成甲状腺球蛋白，排入滤泡腔。②上皮细胞同时摄入碘离子使之活化后亦排入滤泡腔内，在微绒毛上使甲状腺球蛋白碘化而储存。③滤泡上皮细胞在腺垂体分泌的促甲状腺激素（TSH）的作用下，将腔内的碘化甲状腺球蛋白重新吸收吞噬入胞。④上皮细胞内的溶酶体将其分解成甲状腺素［四碘甲腺原氨酸（T_4）和三碘甲腺原氨酸（T_3）］。⑤T_4 和 T_3 经细胞基底部进入毛细血管，随血液循环而发挥作用（图 12-2）。

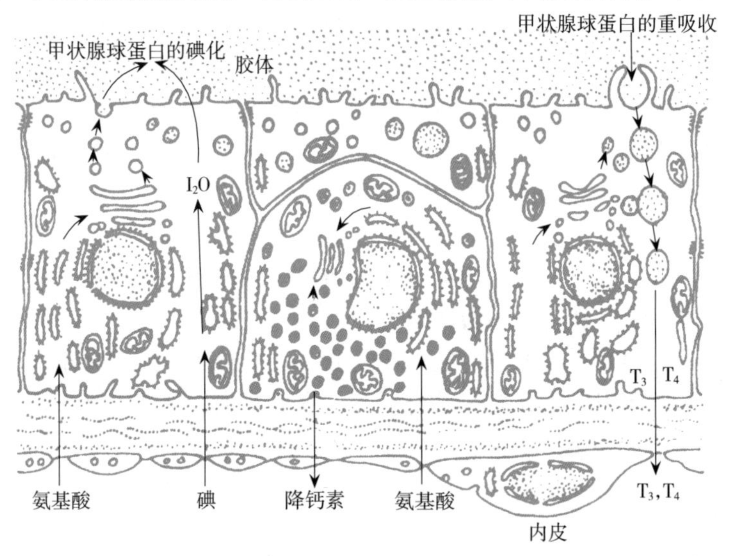

图 12-2　甲状腺素和降钙素的合成和分泌示意图

甲状腺素可作用于多种靶细胞，主要功能是提高机体的基础代谢，促进生长发育，尤其影响幼小动物，若分泌不足，对骨骼、肌肉、神经系统的发育影响最为明显，导致呆小症，对成年动物可引起黏液性水肿。缺碘时，滤泡内积累大量未碘化的甲状腺球蛋白，使甲状腺肿大。甲状腺功能亢进时，可加速基础代谢，机体大量消耗能量而变得消瘦。

2. 滤泡旁细胞（parafollicular cell）　这种细胞单个镶嵌在上皮细胞之间或分布在滤泡间的结缔组织中（图 12-1），细胞较大，HE 染色胞质着色略浅，又称亮细胞，镀银染色可见胞质内有黑色嗜银颗粒。电镜下，位于滤泡上皮细胞之间的滤泡旁细胞基部附着于基板，顶部被邻近的滤泡上皮细胞覆盖。滤泡旁细胞内有直径 200 nm 的分泌颗粒，颗粒内含降钙素（calcitonin），以胞吐方式释放入血（图 12-2）。降钙素能促进成骨细胞的作用和抑制破骨细胞的溶骨作用，使血钙含量下降。鸟类（鸡）及低等的脊椎动物，甲状腺内无此种细胞，这些动物具有称为鳃后体的结构，是专门分泌降钙素的器官。

二、甲状旁腺

（一）一般结构

甲状旁腺（parathyroid gland），一般都很小，哺乳动物有两对，被膜薄，实质的腺细胞密集排列，内含毛细血管及少量结缔组织，还可见随年龄增多的脂肪细胞，其中牛和猪的间质较为发达。腺细胞有主细胞和嗜酸性细胞两种（图 12-3、二维码 50）。

二维码 50

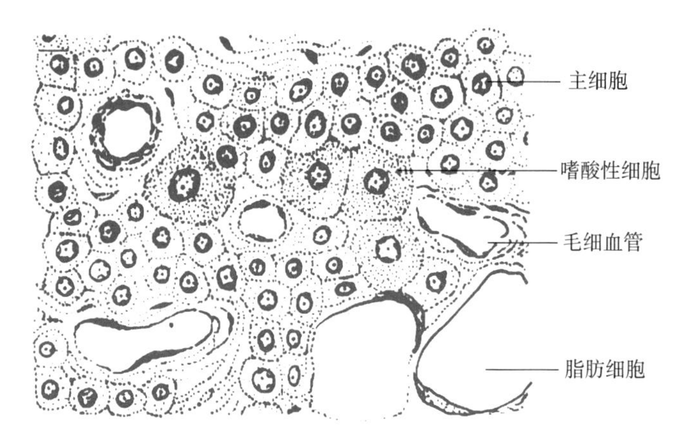

图 12-3　甲状旁腺组织结构模式图

（二）实质

1. 主细胞（chief cell）　是甲状旁腺中主要的细胞，数量多，呈不规则圆球形或多边形，排列成团索状。HE 染色胞质着色浅，呈弱嗜酸性，镀银染色可见嗜银颗粒。电镜下有发达的粗面内质网、高尔基复合体、线粒体等，并含脂褐素颗粒。主细胞具有合成和分泌甲状旁腺激素（parathyroid hormone，PTH）的功能。PTH 主要作用于骨细胞和破骨细胞，使骨盐溶解，并能促进肠和肾小管吸收钙，从而使血钙含量升高。PTH 和降钙素的共同调节，维持机体内血钙含量的恒定。甲状旁腺功能亢进时，可致骨质疏松，容易发生骨折；若摘除甲状旁腺，血钙含量降低，可致肌肉抽搐，甚至死亡。

2. 嗜酸性细胞（oxyphil cell）　数量少，常见于马和反刍动物。个体较大，数量可随年龄而增加，单个或成群分布于主细胞之间。细胞呈多边形，核较小、染色深，胞质内充满嗜酸性颗粒。电镜下，嗜酸性颗粒为密集的线粒体，还有较多的糖原颗粒，但未见分泌颗粒。该细胞功能尚未明了。

三、肾 上 腺

（一）一般结构

肾上腺（adrenal gland）位于肾的前端，呈三角形或半圆形，表面包以致密结缔组织被膜，含少量平滑肌。被膜中少量结缔组织伴随血管、神经和淋巴管伸入腺实质内，构成间质成分。实质由来源、结构、功能均不同的皮质和髓质两部分构成，周边的皮质起源于中胚层，能分泌类固醇激素，中央的髓质起源于外胚层，分泌含氮类激素（二维码 51）。

二维码 51

（二）实质

1. 皮质（cortex）　是肾上腺的主要部分，位于腺的外周，占腺体的 80%～90%。皮质部细胞具有分泌类固醇激素细胞的结构特点，胞质内含丰富的滑面内质网、线粒体、高尔基复合体和大小不等的脂滴，脂滴内有类固醇的前体。根据细胞的形态结构和排列不同，从外向内可分为多形带、束状带和网状带三部分（图 12-4）。

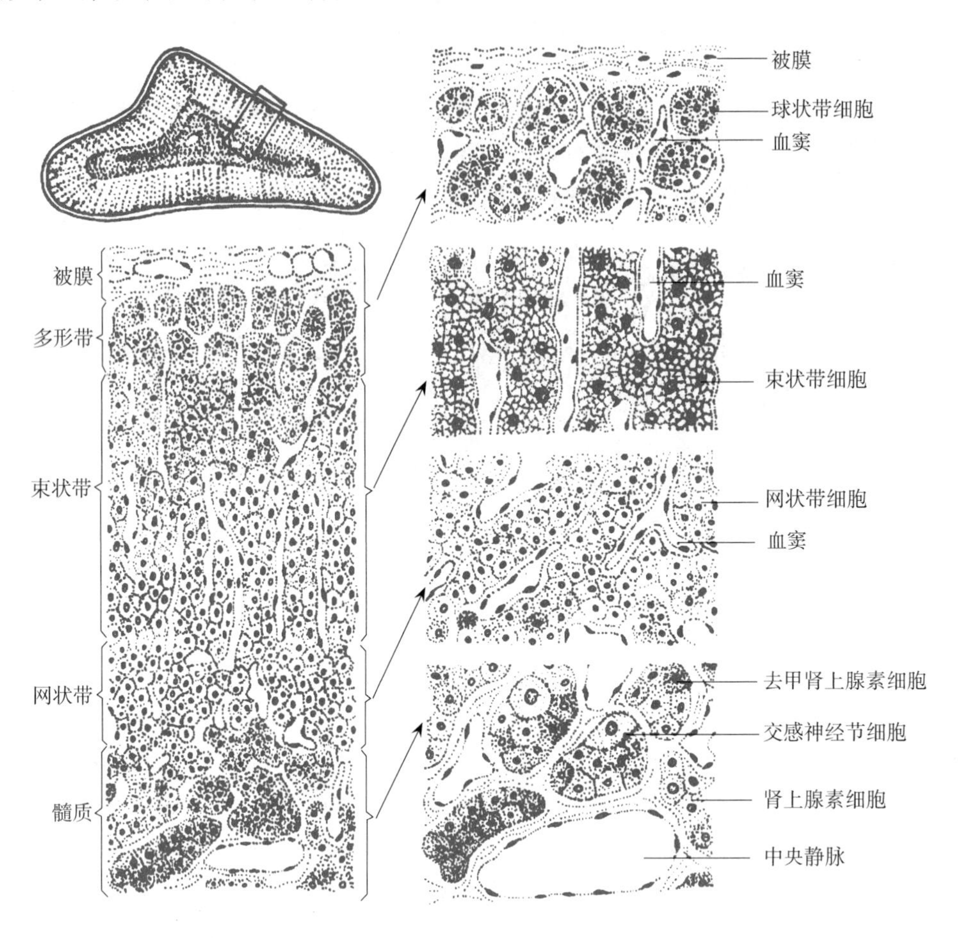

图 12-4　肾上腺组织结构模式图

（1）多形带（zona multiformis）：位于被膜下方，约占皮质的 15%。细胞的形态和排列因动物不同而异，反刍动物的呈不规则的团块状，又称球状带；马及肉食动物的细胞呈高柱状，排成弓形；猪为不规则排列。多形带细胞分泌的盐皮质激素如醛固酮，能促进肾远曲小管和集合小管重吸收 Na^+ 及排出 K^+，同时刺激胃黏膜、唾液腺和汗腺吸收 Na^+，使血钠浓度升高，血钾浓度降低，维持电解质的平衡。

马和部分肉食类动物（如猫、犬等），在多形带与束状带之间有一细胞密集区，细胞小，核深染，此区范围小，称中间带。其余动物不明显或无此构造。

（2）束状带（zona fasciculata）：是多形带的延续，此层最厚，占皮质总体积的 75%～80%。细胞较大，成条束状平行排列。细胞呈多角形，界限清楚，胞质染色浅，内含大量脂滴，核圆、位于中央，偶见双核，束间毛细血管丰富。束状带细胞能分泌糖皮质激素如可的松、皮质醇等。该类激素可促使糖类水解及糖原合成，对蛋白质和脂类代谢也有重要的调节功能，还有降低免疫应答及抗炎症等作用。若摘除皮质，动物会因代谢紊乱而死亡。束状带的分泌受垂体分泌的促肾上腺皮质激素（ACTH）的调控。

（3）网状带（zona reticularis）：位于皮质的最内层，仅占皮质的 5%～7%。细胞索相互吻合成网，细胞较小，形状不规则。核小，着色较深，胞质呈弱嗜酸性，内含脂褐素和少量脂滴。该带的细胞主要分泌雄激素、少量雌激素和糖皮质激素，细胞的分泌活动亦受 ACTH 的调节。

2. 髓质（medulla） 位于肾上腺中央。主要由排列成索或团的髓质细胞组成，其间有血窦和少量结缔组织，髓质中央有中央静脉。腺细胞呈卵圆形或多角形，用重铬酸钾处理后，细胞质中有棕黄色的分泌颗粒，故髓质细胞又称嗜铬细胞。嗜铬细胞可分为肾上腺素细胞和去甲肾上腺素细胞，前者体积较大，数量多，嗜铬性较弱，能分泌肾上腺素（adrenaline），电镜下细胞内分泌颗粒较小而电子密度低；后者体积较小，数量少，嗜铬性强，能分泌去甲肾上腺素（noradrenaline），电镜下分泌颗粒大而电子密度高。两类细胞一般混合分布，但牛、羊、马等家畜由于两类细胞在HE染色切片上的数量和着色不同，可形成较为明显的外区和内区。髓质中还有少量交感神经节细胞，电镜下还可见到交感神经纤维与腺细胞间的突触关系，可见髓质细胞的分泌受交感神经的支配。

肾上腺素能提高心肌的兴奋性，增加心搏血量，使机体处于应激状态；去甲肾上腺素可使血管收缩，血压升高。肾上腺髓质与交感神经节细胞同源，功能也相似。故切除髓质后动物仍能生存，仅丧失部分应答紧急状态的反应能力。

3. 肾上腺皮质和髓质的关系 肾上腺皮质和髓质细胞虽然来源与功能不同，但分布于两者的血窦相通，最后都汇集到中央静脉，经肾上腺静脉离开肾上腺，流经髓质的血液含较高浓度的皮质激素。其中的糖皮质激素可增强嗜铬细胞的活性，使胞质中的去甲肾上腺素甲基化转变成肾上腺素。由此可见肾上腺皮质对髓质细胞的激素合成有很大影响。

四、垂 体

垂体（hypophysis）为一卵圆形小体，位于颅底蝶骨构成的垂体窝内，是机体内最重要的内分泌腺，可分泌多种激素，并以神经和血管与下丘脑相连，控制着动物的生长、发育、代谢、生殖等许多重要的生命活动（图12-5）。

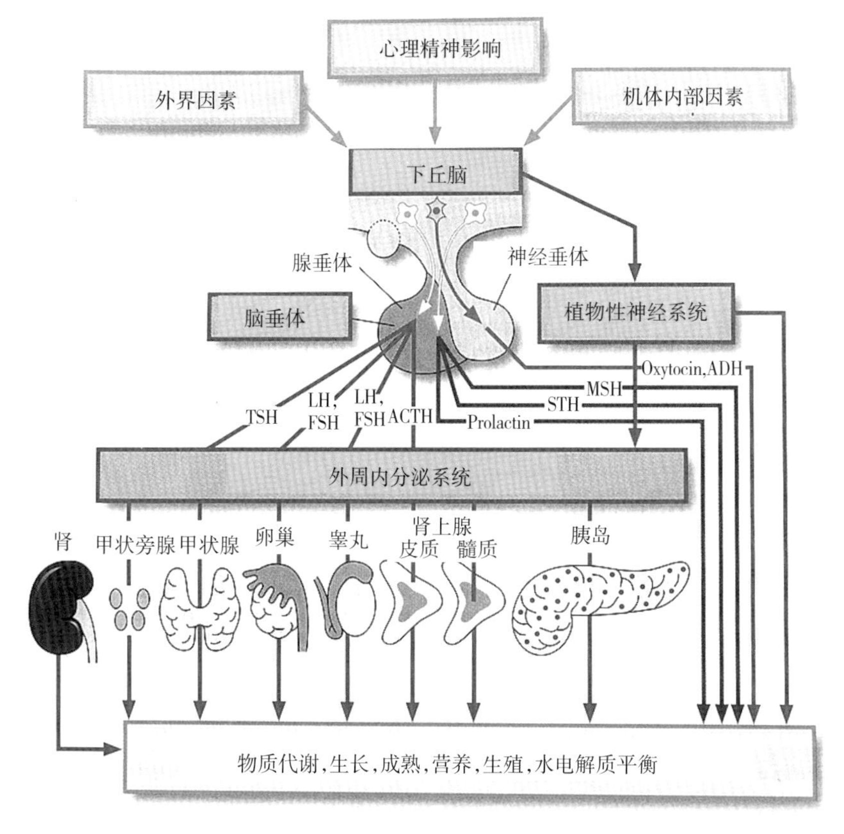

图12-5 垂体结构及功能模式图

垂体由腺垂体和神经垂体两大部分组成。腺垂体来源于外胚层原始口腔上皮背侧的突起，后脱离口腔形成的拉克囊（Rathke pouch）；神经垂体来源于间脑底部神经外胚层向腹侧突出的神经垂体芽（neurohypophyseal bud），拉克囊和垂体芽互相靠拢，最后紧贴在一起组成垂体（图 12-6）。有些动物（如马）的拉克囊腔，可在发育中消失，大部分动物可残留，称垂体裂。第三脑室在有些动物可伸入漏斗柄，甚至达神经部，称垂体腔。禽类垂体无中间部。各种动物的脑垂体形态结构略有差异，但其发生及组成基本相同（表 12-1、图 12-6、图 12-7）。

表 12-1　脑垂体的组成

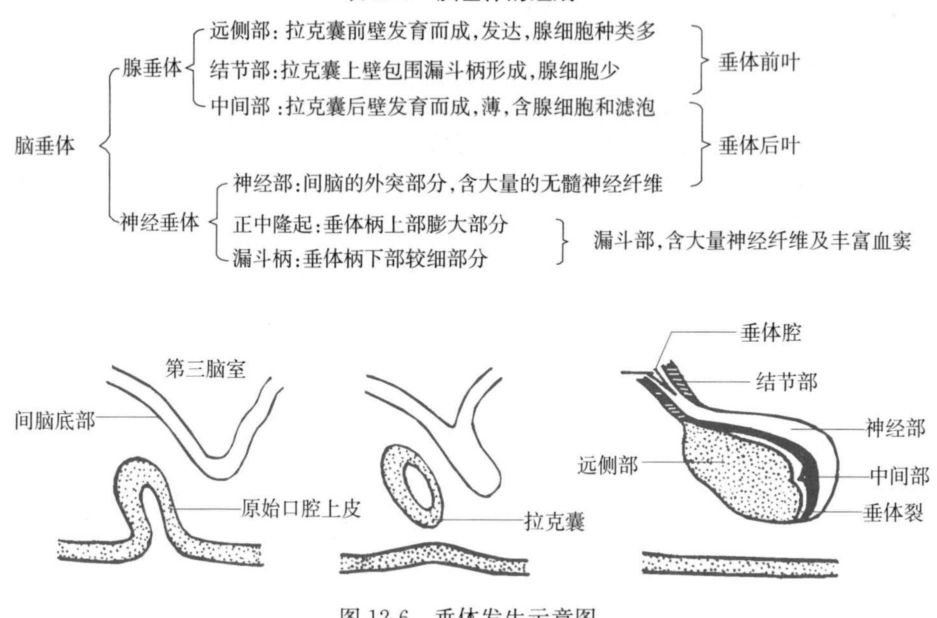

脑垂体	组成	分叶
腺垂体	远侧部:拉克囊前壁发育而成,发达,腺细胞种类多	垂体前叶
	结节部:拉克囊上壁包围漏斗柄形成,腺细胞少	
	中间部:拉克囊后壁发育而成,薄,含腺细胞和滤泡	垂体后叶
神经垂体	神经部:间脑的外突部分,含大量的无髓神经纤维	
	正中隆起:垂体柄上部膨大部分	漏斗部,含大量神经纤维及丰富血窦
	漏斗柄:垂体柄下部较细部分	

图 12-6　垂体发生示意图

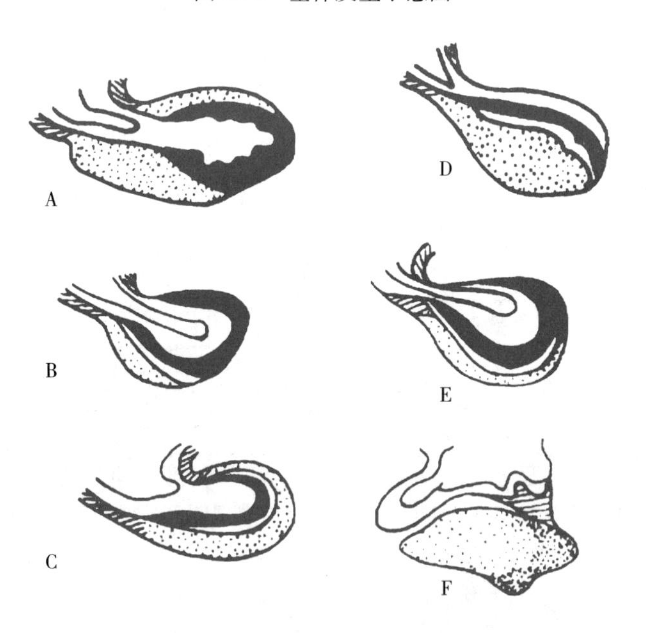

图 12-7　不同动物脑垂体结构模式图

无色区域示神经部，有色区域为中间部，点状区域为远侧部

A. 马　B. 猪　C. 羊　D. 猫　E. 犬　F. 鸡

（一）腺垂体

腺垂体是垂体最大也是最重要的部分，分泌的激素种类多，其分类方法有光镜、电镜和免

疫组化三种。光镜分类依据分泌颗粒的染色特性，电镜分类依据分泌颗粒的形态大小和位置，免疫组化分类依据分泌颗粒所含激素的抗原属性。目前，腺垂体细胞多以其染色特性及其分泌的激素命名。

二维码 52

二维码 53

1. 远侧部（pars distalis） 是腺垂体最重要的部分，腺细胞成团索状分布，细胞间有丰富的血窦（图 12-8）。光镜下根据腺细胞嗜色特点可分为嗜酸性细胞、嗜碱性细胞和嫌色细胞三种。电镜下，根据分泌颗粒的形态及性质，又可将腺细胞区分为五种（图 12-9、表 12-2、二维码 52 和 53）。

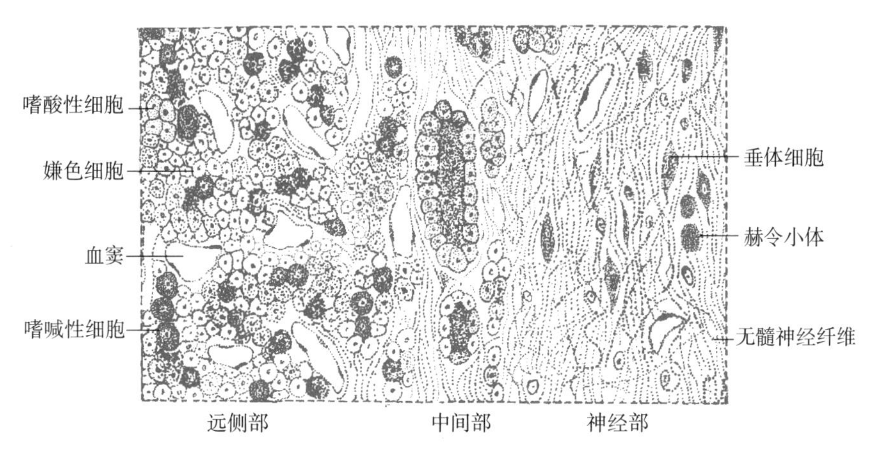

图 12-8 脑垂体组织结构模式图

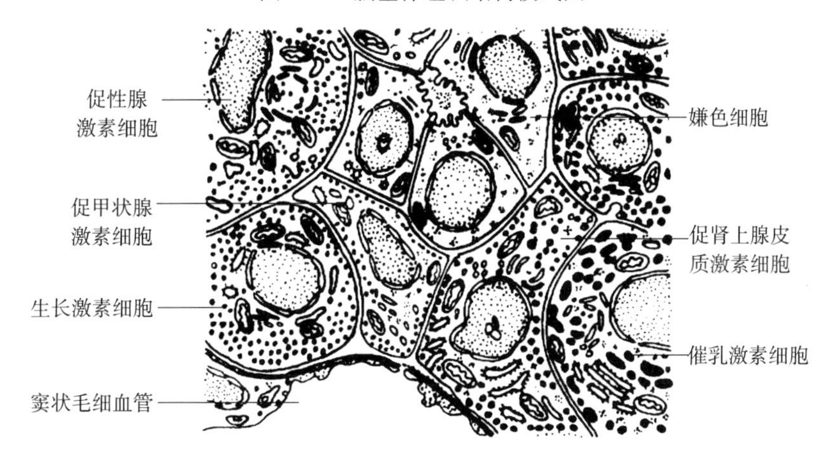

图 12-9 脑垂体远侧部结构模式图

表 12-2 腺垂体各种细胞的鉴别特征

细胞名称	染色特性（光镜）	分泌颗粒特点（电镜）	免疫反应
催乳激素（LTH）细胞	嗜酸性	大小不一，形态多样，充满胞质	LTH（+）
生长激素（STH）细胞	嗜酸性	较大而致密均匀的球形颗粒，充满胞质	STH（+）
促甲状腺激素（TSH）细胞	嗜碱性	最小，量少，分布于细胞的周边	TSH（+）
促性腺激素细胞	嗜碱性	中等球形致密颗粒，充满胞质	FSH（+）、LH（+）
促肾上腺皮质激素（ACTH）细胞	嗜碱或嫌色	小，量少，常沿膜排列，致密度不一	ACTH（+）
嫌色细胞	嫌色	无或含少量颗粒	（－）

（1）嗜酸性细胞（acidophilic cell）：占远侧部细胞的 40%左右，细胞轮廓清晰，胞质嗜酸性强，直径 11～20 μm，呈圆形或卵圆形。细胞核圆形或卵圆形，居于细胞的一侧，染色深浅不一，有 1～2 个核仁，光镜下胞质内含嗜酸性颗粒。根据颗粒的大小及免疫组化反应特性又可分为两种细胞：①生长激素细胞，数量多，胞体较大，细胞内含大量电子密度高的分泌颗

粒。细胞可分泌生长激素（somatotropic hormone，STH），STH 能促进体内多种代谢过程，特别是刺激骺板生长，使骨增长。在幼体时分泌不足，可导致侏儒症，分泌过多则引起巨人症，成年则可造成肢端肥大症。②催乳激素细胞，数量较少，在妊娠及哺乳期间，细胞可增多变大，细胞内含分泌颗粒粗大，但分泌颗粒大小随机体不同生理状态而变化，且形状多样。该细胞分泌催乳激素（lactotropic hormone，LTH），能促使乳腺发育和乳汁分泌。

（2）嗜碱性细胞（basophilic cell）：数量少，仅占远侧部细胞的 10%左右。胞体比嗜酸性细胞稍大，直径 15～25μm，胞质嗜碱性，胞核较大而色浅。可分为三类：①促甲状腺激素细胞，细胞呈多角形，胞质内含的颗粒最小，分泌促甲状腺激素（thyroid stimulating hormone，TSH）。TSH 能促使甲状腺发育及滤泡上皮细胞合成和分泌甲状腺素。②促性腺激素细胞，胞体大，靠近血窦分布，胞质内的颗粒大小、深浅均不相同。该细胞分泌卵泡刺激素（follicle stimulating hormone，FSH）和黄体生成素（luteinizing hormone，LH）。应用免疫电镜细胞化学技术发现，上述两种激素共存于同一细胞的分泌颗粒内。FSH 作用于卵巢可促使卵泡发育，在雄性动物则刺激睾丸曲精小管内的支持细胞合成雄激素结合蛋白，利于精子的正常发生。LH 可促进卵泡排卵和黄体形成，作用于睾丸可促使间质细胞分泌雄性激素。③促肾上腺皮质激素细胞，细胞嗜碱性弱，色浅，形态不规则，分泌颗粒较少且电子致密度不一。可分泌促肾上腺皮质激素（adrenocorticotropic hormone，ACTH）和促脂素（lipotropic hormone，LPH）。ACTH 可促使肾上腺束状带和网状带细胞分泌皮质激素，LPH 作用于脂肪，产生脂肪酸。

（3）嫌色细胞（chromophobe cell）：数量最多，可占远侧部细胞的 50%以上，细胞集聚成团，胞体小，呈圆形或多角形，胞质少，着色浅，细胞界限不清。胞质内不含分泌颗粒，现认为嫌色细胞有的是嗜色细胞的脱颗粒细胞，有的属未分化的储备细胞，有的具有突起，可能有支持和营养作用。

2. 结节部（pars tuberalis） 是垂体前叶向背侧伸展的部分，成套筒状包在垂体柄的外部，此处有垂体门脉通过，含丰富的毛细血管，腺细胞呈索状纵向排列于血管之间，主要含嫌色细胞，还有少量嗜色细胞，能分泌少量促性腺激素和促甲状腺激素。

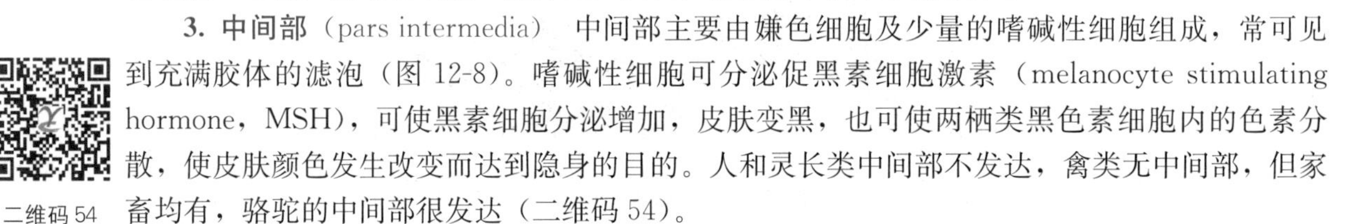

3. 中间部（pars intermedia） 中间部主要由嫌色细胞及少量的嗜碱性细胞组成，常可见到充满胶体的滤泡（图 12-8）。嗜碱性细胞可分泌促黑素细胞激素（melanocyte stimulating hormone，MSH），可使黑素细胞分泌增加，皮肤变黑，也可使两栖类黑色素细胞内的色素分散，使皮肤颜色发生改变而达到隐身的目的。人和灵长类中间部不发达，禽类无中间部，但家畜均有，骆驼的中间部很发达（二维码 54）。

二维码 54

（二）神经垂体

二维码 55

神经垂体与下丘脑连为一体，包括正中隆起、漏斗柄和神经部，内含大量无髓神经纤维、神经胶质细胞、赫令小体和丰富的毛细血管（图 12-8、二维码 55）。神经垂体起着运输、储存和释放下丘脑神经元分泌激素的功能。

神经垂体中的无髓神经纤维来自下丘脑的视上核（SON）和室旁核（PVN）的神经元。这些神经元具有分泌催产素（oxytocin，OT）和加压素（vasopressin，VP）的功能，分泌颗粒沿轴突运输，使轴突呈串珠状膨大，即膨体；分泌颗粒经漏斗直抵神经部，通过末梢释放入毛细血管，许多分泌颗粒能融合成光镜下可见的小团块，称赫令小体（Herring body）。垂体细胞是一种特殊分化的神经胶质细胞，有支持、营养和保护的功能，还可能有调节神经纤维活动和激素释放的作用。

催产素（OT）是一种肽类激素，可引起子宫平滑肌收缩，加速分娩和促使胎衣排出，还可作用于乳腺肌上皮细胞，使乳汁排出。加压素（VP）又称抗利尿素（antidiuretic hormone，

ADH)，可使血管收缩，血压升高，同时又促进肾远曲小管和集合管重吸收水分，使尿量减少。近年来发现，神经垂体内还存在少量肽能神经纤维，如P物质（SP）、脑啡肽（ENK）、甘丙肽（GAL）、5-羟色胺（5-HT）、生长抑素（SOM）等。

由此可见，下丘脑与神经垂体在结构与功能上是一个密不可分的整体，共同完成激素的合成、分泌、运输、储存与释放的全过程。

（三）丘脑下部-垂体门脉系统

腺垂体与下丘脑由于发生上的不同，因此在组织学上两者没有直接的联系，但它们之间有一垂体门脉系统，即垂体前动脉在正中隆起形成初级毛细血管网，然后汇合成数条门微静脉至腺垂体，又二次分支形成次级毛细血管网，门脉及其两端的毛细血管网构成了垂体门脉循环（图12-10）。下丘脑促垂体区的神经元产生的一些促垂体释放激素或因子（表12-3），由其轴突运送至正中隆起，释放入初级毛细血管网内，经门脉系统运抵腺垂体，由次级毛细血管透出，作用于相应腺垂体各细胞，腺垂体分泌的各种激素又调节各内分泌腺细胞的分泌活动。据此，1948年Harris提出了下丘脑垂体门脉系统调节腺垂体细胞分泌的学说，长期以来该学说已成为神经内分泌领域的经典理论，下丘脑是通过体液的联系来实现对腺垂体的调控，由于下丘脑与神经垂体和腺垂体的密切关系，合称为丘脑下部-垂体门脉系统。

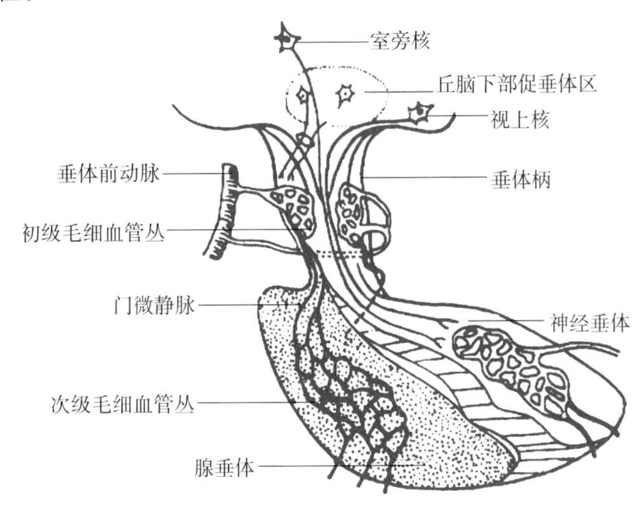

图12-10　脑垂体血管分布与下丘脑的关系模式图

但是，腺垂体细胞除了体液性调节外，是否还存在来自脑的直接神经支配？20世纪后期，鞠躬等我国神经科学家就这个问题的系统研究取得了突破，他们运用光镜、免疫组织化学及电镜技术等方法发现，包括人在内的哺乳动物的垂体前叶存在大量的肽能神经纤维，这些肽能神经纤维与多种腺细胞关系密切或直接接触，并观察到神经纤维与腺细胞之间存在类突触或突触联系。据此，他们提出了哺乳动物垂体前叶受神经-体液双重调节的学说，即垂体前叶腺细胞除接受体液调节外，还受神经的直接支配。

目前，人们已从动物下丘脑分离出至少六类调节腺垂体活动的促垂体激素的释放激素和释放抑制激素或因子（表12-3）。

表12-3　下丘脑分泌的促垂体激素（因子）

分类	激素（因子）名称及缩写	化学结构	对腺垂体的作用
1	促甲状腺激素释放激素（TRH）	3肽	促进促甲状腺激素、催乳素和生长激素的分泌
2	促性腺激素释放激素（GnRH）		促进促黄体素和促卵泡素分泌
	促黄体素释放激素（LHRH、LRH）	10肽	促进促黄体素分泌
	促卵泡素释放激素（FSHRH、FRH）	10肽	促进促卵泡素分泌
3	生长激素释放激素（GHRH、GRH）	未定	促进生长激素分泌
	生长激素抑制激素（生长抑素）（GHRIH、RIH）	14肽	抑制生长激素分泌
4	促肾上腺皮质激素释放因子（CRF）	未定	促进肾上腺皮质激素释放

（续）

分类	激素（因子）名称及缩写	化学结构	对腺垂体的作用
5	促乳素释放因子（PRF）	未定	促进促乳素释放
	促乳素抑制因子（PIF）	未定	抑制促乳素分泌
6	促黑素细胞激素释放因子（MRF）	未定	促进黑素细胞刺激素分泌
	促黑素细胞激素抑制因子（MIF）	3肽	抑制黑素细胞刺激素分泌

五、松果体

松果体（pineal body）因形似松果而得名，它是由间脑顶部第三脑室后端的神经上皮形成的内分泌腺，以细柄连于第三脑室顶。因位于脑的上方，又名脑上腺。

（一）一般结构

二维码56

松果体外有软脑膜延伸而来的被膜，内含由第三脑室突入而形成的一小陷窝。结缔组织内伸形成间隔，将实质分为若干不规则的小叶。小叶内细胞有90%以上为松果体细胞，其余为神经胶质细胞，另有少量无髓神经纤维和一些钙质沉淀物，称脑砂（二维码56）。

（二）实质

1. 松果体细胞（pinealocyte） 又称主细胞，光镜下成簇或成索状排列，在HE染色切片中这些细胞呈浅染的上皮样细胞索，胞体呈不规则圆形或多角形，胞质呈弱嗜碱性，常含有脂滴；胞核大而圆，色浅，核仁明显。细胞多有两个或多个长而弯曲的突起伸入细胞间或毛细血管附近，突起的末端以球形膨大终止于血管和室管膜附近，突起可用镀银染色显示（图12-11）。电镜下细胞内除有发达的细胞器外，特点是含有成束的微管和分泌颗粒，膨大的末端内含清亮小泡，松果体细胞可与神经纤维构成突触，能分泌多种激素。

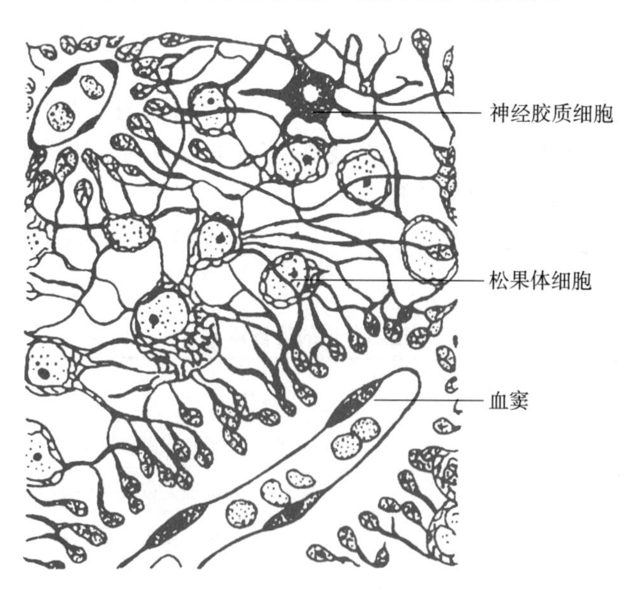

图12-11 松果体组织结构模式图

2. 神经胶质细胞 分布于血管及松果体细胞索之间，主要为星形胶质细胞，小胶质细胞和少突胶质细胞较少。神经胶质细胞核呈长椭圆形，着色略深，胞质嗜碱性，有突起。有人认为这些细胞除有支持和营养作用外，还可起中介作用，协调松果体细胞的分泌。

3. 脑砂 呈大小不等的粒状或球状小体，散在分布，内含蛋白多糖及羟基磷灰石等钙盐的沉淀，是松果体分泌产物经钙化形成，可随年龄而增多，可能与机体衰老有关。

（三）松果体的功能

松果体在低等脊椎动物为光感受器，被称为松果眼或第三眼。随着进化，感光作用逐渐减弱而变为神经内分泌器官，能分泌多种活性物质，如褪黑激素和一些松果体肽。哺乳动物松果体分泌物的主要作用是对下丘脑-垂体-性腺轴的调节，参与调节生物节律，抑制生殖，调节体温，对许多器官的功能具有高度的整合调节作用。

1. 褪黑激素（melatonin，MLT） 由主细胞分泌，哺乳类动物的MLT通过抑制腺垂体的分泌来抑制性腺的发育。MLT的分泌和光照有关，夜晚分泌增加，白昼分泌受到抑制。禽类松果体对光比较敏感，若人工延长光照，可使母禽提早产蛋。此外，MLT还可抑制中枢神经系统活动，有催眠作用。在两栖类，MLT可与MSH相拮抗，使皮肤颜色变浅。

2. 其他激素 松果体细胞还能分泌8-精催产素（arginine oxytocin，AOT）、前列腺素（PGE、PGF）、5-HT，少量LHRH和TRH，这些都与调节生殖功能有关。

六、弥散神经内分泌系统

前已提及，机体内除了上述的几种独立的内分泌腺外，还有大量的内分泌细胞以不同形式分散存在于其他器官内。英国学者Pearse（1966）对这些分散存在的内分泌细胞进行深入研究后发现，它们都具有摄取胺前体，经过脱羧后产生胺类物质的特点，故将这些细胞统称为摄取胺前体脱羧细胞（amine precursor uptake and decarboxylation），简称APUD细胞系统。以后又发现此类细胞不仅产生胺，许多细胞还能产生肽，而且分布非常广泛。

随着研究的深入，发现APUD细胞与神经内分泌细胞在形态、生理、生化、发生等方面有着越来越多的相似之处，因而Pearse等又提出了弥散的神经内分泌系统（diffuse neuroendocrine system，DNES）这一新概念。DNES是APUD细胞系统的进一步发展和扩充，是神经系统和内分泌系统之间的一种过渡，它把神经系统和内分泌系统统一起来，共同完成调节和控制机体生命活动中的动态平衡及生理过程。

已知的DNES细胞已达50多种，其数量和种类超过任何一个内分泌腺，其分布可分为中枢和周围两大部分。中枢部分包括脑，尤其是下丘脑、腺垂体细胞和松果体细胞等；周围部分包括分布在胃肠道、胰、甲状腺、甲状旁腺、肾上腺髓质交感神经节、呼吸道、泌尿生殖道及心血管等处散在的内分泌细胞、嗜铬细胞、血管内皮细胞等，甚至还有部分心肌细胞、平滑肌细胞、巨噬细胞和肥大细胞等。DNES细胞数目庞大、种类繁多，它们在功能上既协调统一，又相互制约，精细地调节着机体的许多生理活动与机能。

DNES细胞的产物包括两大类，即肽类和单胺类，有的细胞只产肽，有的细胞则两种均能产生。目前已发现的肽类有：P物质、胆囊收缩素、神经降压素、促胰液素、生长抑素、脑啡肽、内啡肽、促甲状腺素释放激素、血管活性肠肽、高血糖素、蛙皮素、胰多肽、组异肽、胃肠动素和胰岛素、促肾上腺皮质激素、血管紧张素Ⅱ、生长激素等40余种。DNES细胞中的单胺类产物主要有5-羟色胺、多巴胺、儿茶酚胺、组胺、去甲肾上腺素、褪黑激素、原黑色素、酪胺等。此外，DNES还含有糖蛋白、腺嘌呤核苷和钙离子、镁离子、ATP等物质。DNES细胞的种类和功能随着研究的深入不断增加，新的肽类和胺类激素也在不断发现之中。

1. 名词解释：垂体前叶　垂体后叶　赫令小体　垂体门脉系统　APUD细胞系统　弥散神经内分泌系统（DNES）

2. 简述内分泌系统的分布及分泌方式。

3. 简述甲状腺的组织结构以及甲状腺激素的合成与分泌过程。

4. 简述肾上腺皮质和髓质的组织结构及功能。何谓嗜铬细胞？

5. 试述垂体各部的组成、结构及功能以及下丘脑与垂体的关系。

（岳占碰　卿素珠）

第十三章 消化管

消化系统（digestive system）是食物进行消化、吸收和残渣废物排出的系统，由消化管和消化腺组成。食物在消化系统中经过一系列复杂的物理和化学变化，从结构复杂的大分子物质分解成结构简单的小分子物质，然后由消化管壁吸收，再由循环系统运送到机体各部，供机体组织利用。未被吸收的食物残渣连同消化管排出的代谢产物在大肠中形成粪便，经肛门排出体外。此外，消化系统还有一定的内分泌和免疫功能。

一、消化管的一般组织结构

消化管包括口腔、咽、食管、胃、小肠、大肠和肛门等。虽然各部分在形态结构和生理功能上各有特点，但除口腔外，消化管壁的一般结构均由内向外依次分为黏膜层、黏膜下层、肌层和外膜四层（图 13-1）。

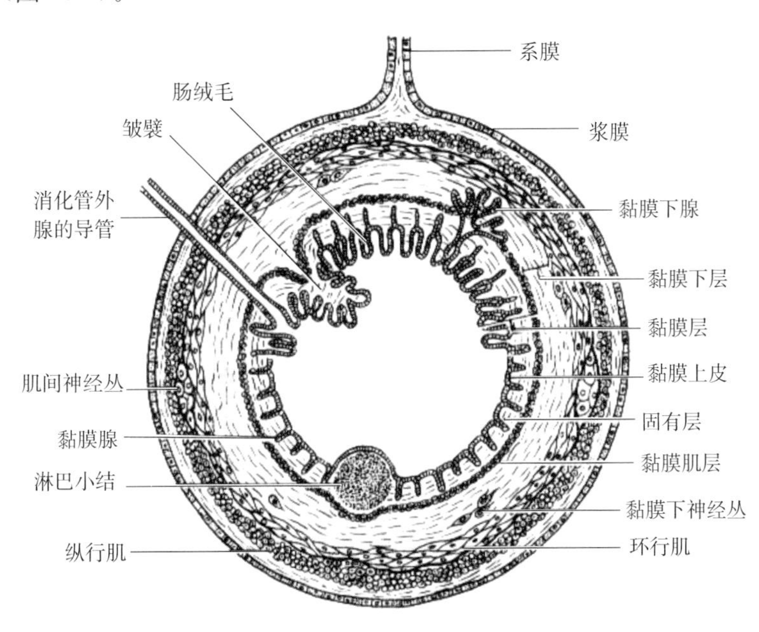

图 13-1 消化管一般组织结构示意图

（一）黏膜层

位于消化管最内层，其表面经常保持润滑，有利于食物的运输、消化和吸收。消化管各段的功能差异主要表现于黏膜（tunica mucosa）的微细结构。黏膜又由黏膜上皮、固有层和黏膜肌层组成。

1. 黏膜上皮（epithelium mucosa） 衬于黏膜腔面的一层上皮。动物黏膜上皮的类型因所在部位和功能不同而异，口腔、食管和肛门与采食、运送和粪便排出有关，其黏膜上皮为复层扁平上皮；胃和肠的主要功能是消化和吸收，黏膜上皮则为单层柱状上皮。

2. 固有层（lamina propria） 指位于黏膜上皮下的结缔组织层，富含血管、神经和淋巴管。胃腺和肠腺就位于此层。此外，还可见平滑肌纤维、弥散淋巴组织和淋巴小结。黏膜上皮和固有层之间为基膜，消化管基膜由前向后逐渐变薄，后段变得不明显。

3. 黏膜肌层（muscularis mucosa） 分布于固有层和黏膜下层之间的一至数层平滑肌纤维。黏膜肌层收缩时，可改变黏膜的形态并使其发生位移，有助于食物吸收、血液流动和腺体分泌。口腔、咽、瘤胃和部分食管缺乏黏膜肌层。

（二）黏膜下层

黏膜下层（tunica submucosa）属于疏松结缔组织，内含较大血管、淋巴管和黏膜下神经丛，后者也称梅氏神经丛（Meissner nerve plexus）。黏膜下层可调节管壁平滑肌运动和腺体分泌。食管和十二指肠的黏膜下层还有腺体分布。有时，消化管的黏膜和部分黏膜下层共同突向管腔形成皱襞，以扩大消化和吸收的表面积。

（三）肌层

肌层（tunica muscularis）分布于黏膜下层之外，除咽、部分食管和肛门为骨骼肌外，其余消化管的肌层属于平滑肌。肌层一般分为内环、外纵两层，两层之间夹有肌间神经丛，也称奥氏神经丛（Auerbach nerve plexus）。肌层的收缩和舒张引起消化管的运动，从而使消化液与食物或食糜充分混匀，并不断后送。

（四）外膜

外膜（tunica adventitia）为消化管的最外层，可分为纤维膜（tunica fibrosa）和浆膜（tunica serosa）两种。前者只有结缔组织，且与邻近器官相连，而后者是由表面的间皮和间皮下的结缔组织构成，表面湿润而光滑，可减少器官之间的摩擦。

二、口　　腔

口腔（oral cavity）是由唇、颊、腭、齿龈、齿和舌等构成的不规则的腔，与采食、咀嚼和味觉等功能有关。

（一）口腔黏膜的一般结构

口腔的黏膜上皮属于角化的复层扁平上皮。固有层为细密的结缔组织，内含丰富的毛细血管和神经末梢。由于血管丰富，加之固有层形成较高乳头突向上皮，血色可透过上皮，使口腔黏膜呈现粉红色。唇和颊的黏膜下为肌肉，而齿龈和硬腭的黏膜直接与骨外膜连接。

（二）舌

舌是口腔中的一个精巧的肌性器官，由黏膜和舌肌构成。舌的黏膜上皮为角化的复层扁平上皮，舌背面的上皮较厚并有各种乳头，腹面上皮薄而光滑。固有层由细密的结缔组织组成，内含丰富的毛细血管和神经末梢。除腹侧外，舌的其余部分均无黏膜下层，固有层直接与舌肌相连接。舌腺分布于固有层和肌间结缔组织内，开口于舌表面或舌乳头基部。

二维码 57

1. 舌乳头 是黏膜上皮和固有层共同突出于舌表面所形成的一种特殊结构，包括下列四种。

（1）丝状乳头（filiform papillae）：数量多，分布均匀。呈圆锥状，其浅层上皮细胞角化并不断脱落（二维码 57）。

（2）菌状乳头（fungiform papillae）：数量较少，状似蘑菇，分散在丝状乳头之间。乳头表面被覆光滑而无角化的复层扁平上皮，颜色鲜红。

（3）叶状乳头（foliate papillae）：家兔的叶状乳头比较发达。分布于舌根两侧，呈长椭圆形，由若干个横行的叶片状黏膜皱襞构成。

（4）轮廓乳头（circumvallate papillae）：在几种舌乳头中体积最大、数量最少。乳头周围有深沟环绕，称环沟或味沟。在环沟乳头侧的上皮中，分布着许多染色浅的卵圆形小体，称为味蕾（taste bud）（图 13-2）。味蕾的数量以猪和犬最多，猫最少。环沟底部有浆液腺开口。

2. 舌苔　为舌背面的一层结构，正常舌苔为薄白苔，是由丝状乳头分化的角化树与填充其间隙中的脱落上皮、唾液、细菌、食物残屑、渗出白细胞等共同组成。舌苔的厚薄和颜色是一些疾病诊断的依据，在临床上具有重要意义。

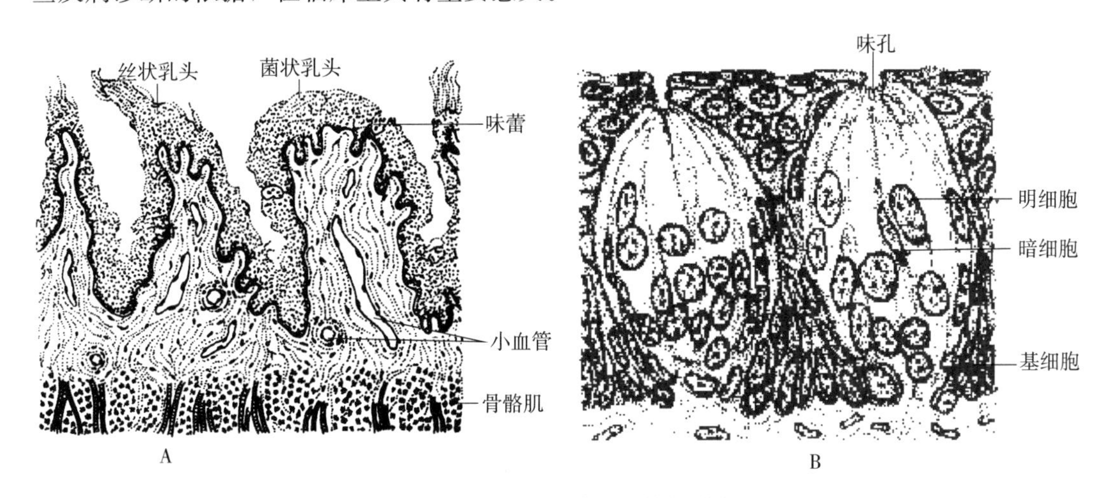

图 13-2　舌乳头与味蕾显微结构模式图
A. 舌乳头　B. 味蕾

3. 味蕾　是味觉感受器，分布于轮廓乳头、菌状乳头、叶状乳头、软腭、会厌和咽部黏膜上皮中。味蕾顶部有一小孔，称味孔（gustatory pore），开口于上皮表面。食物溶解后可通过味孔到达味蕾细胞顶部。味蕾细胞包括三种：长梭形的明细胞、暗细胞和锥形的基细胞（图 13-2）。明细胞和暗细胞顶端均有微绒毛突入味孔，基部可见突触小泡样颗粒。明细胞和暗细胞属于味觉细胞，而基细胞为未分化细胞，可分化为暗细胞，然后成熟为明细胞。细胞基部与味觉神经末梢形成突触（二维码 58）。

二维码 58

三、咽

咽（pharynx）前通口腔，后连食管，上接鼻腔，下邻喉头，是消化和呼吸两个系统的共同通路。咽分为口咽部和鼻咽部。咽壁可分下列三层。

1. 黏膜　口咽部黏膜上皮为复层扁平上皮，而鼻咽部上皮属于假复层纤毛柱状上皮。固有层为细密的结缔组织，含有淋巴组织和腺体。口咽部的腺体是黏液性腺，鼻咽部为混合腺。咽没有黏膜肌层，故固有层和黏膜下层不易区分。咽壁的淋巴组织很发达，一般在固有层呈弥散性分布，但在咽上壁黏膜中可集中形成咽扁桃体（马）或形成两个咽背淋巴结（牛）。

2. 肌层　为横纹肌，包括环行和纵行两种，排列不齐，厚薄不一。固有层的黏液腺有时可伸入到肌层。

3. 外膜　为一层纤维膜，与外周的结缔组织相连接。

四、食　管

二维码 59

食管（esophagus）为长管状器官，腔面形成数条纵行的黏膜皱襞（图 13-3），管壁具有消化道典型的四层结构（二维码 59）。

1. 黏膜层　食管的黏膜上皮属于复层扁平上皮。由于动物种类和食性的不同，食管黏膜上皮发生不同程度的角质化，草食性的马属动物和反刍动物的上皮角化明显，杂食性的猪轻微角化，而肉食动物一般不角化。固有层为一般的疏松结缔组织。黏膜肌层为散在的纵行平滑肌束，可作为黏膜层与黏膜下层之间的分界线。马属动物、反刍动物和猫在靠近咽部有散在的平滑肌束，至食管后段平滑肌增多成层；猪和犬的食管前段缺乏黏膜肌层，后段变得较发达。

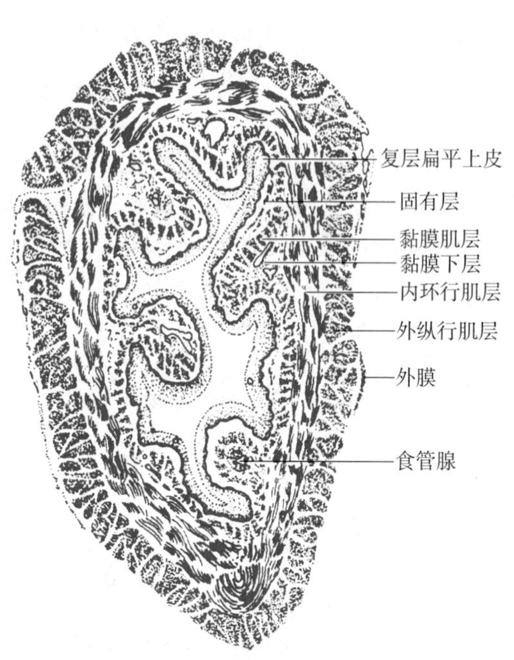

图 13-3　食管横切面结构示意图（收缩状态）

2. 黏膜下层　为疏松结缔组织。黏膜下层的结构特点是含有食管腺（esophageal gland），但不同的动物食管腺的性质和数量不一样。猪和犬的食管腺为黏液性和浆-黏液性（浆半月）腺体，且猪食管前半段腺体丰富，后半段缺如，在犬则食管全段均有腺体，并延伸到胃的贲门区。反刍动物、马和猫的食管腺只分布于咽和食管连接处。

3. 肌层　食管肌层的肌组织类型因动物种类和吞咽特点而异。反刍动物和犬的食管肌层全部是骨骼肌，反刍动物的骨骼肌甚至伸达网胃沟；马食管前 2/3 为骨骼肌，后 1/3 逐渐变为平滑肌；猪前 1/3 属于骨骼肌，中 1/3 是平滑肌和骨骼肌混合分布，后 1/3 为平滑肌；猫食管前 4/5 为骨骼肌，后 1/5 变为平滑肌。

4. 外膜　颈部食管的最外层围以结缔组织外膜（纤维膜），胸部食管则覆以纵隔膜，腹部食管表面是浆膜。

五、胃

动物的胃（stomach）可分为单室胃和多室胃两类。大多数动物为单室胃，而反刍动物具有多室胃，由前胃（包括瘤胃、网胃和瓣胃）及真胃构成，它们是介于食管和真胃之间的膨大结构。各种动物胃黏膜的组织结构并非完全一致，反刍动物的前胃、马和猪的胃无腺部，衬有与食管黏膜相连续的复层扁平上皮，固有层不含腺体，其余部位才转变为单层柱状上皮并在固有层分布有胃腺。只有肉食动物的胃黏膜是全部含有胃腺。可见，胃的有腺部和无腺部的分布随动物种类而异。

（一）单室胃

非反刍动物的胃为单室胃，是食管与小肠之间的囊状膨大，可暂时储存食物，对食物进行机械性和化学性消化，并吸收部分水分和无机盐等。

1. 胃壁的组织结构　胃壁的结构包括黏膜层、黏膜下层、肌层和浆膜四层。

(1) 黏膜层：有腺部胃黏膜形成明显的皱襞，当食物充满时，这些皱襞变小或消失。黏膜表面可见许多凹陷的小窝，称为胃小凹（gastric pit），其底部为胃腺的开口（图 13-4、图 13-5、二维码 60）。

二维码 60

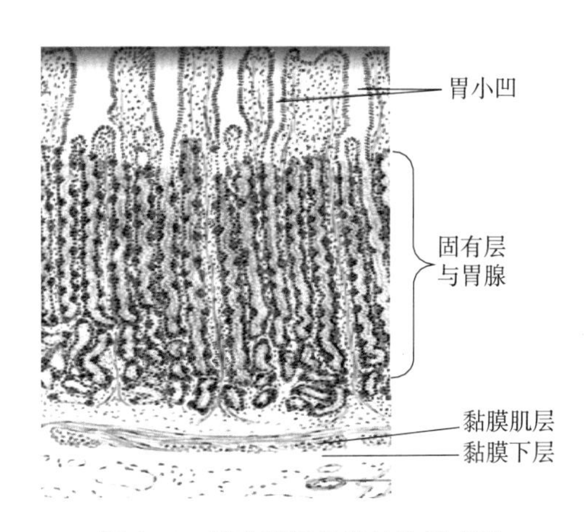

图 13-4　胃黏膜层显微结构模式图

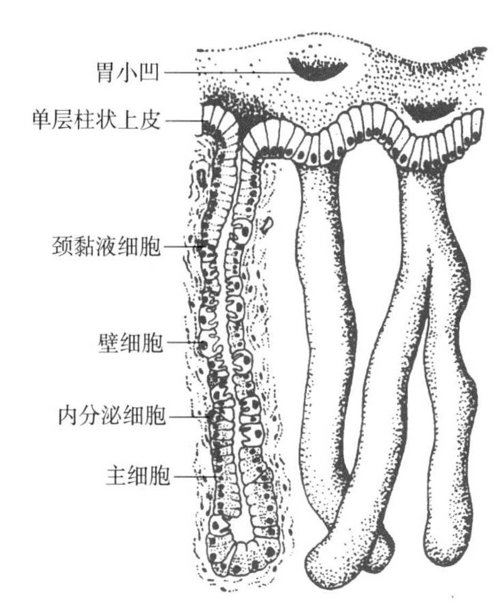

图 13-5　胃底腺结构示意图

胃的无腺部黏膜上皮属于复层扁平上皮，而有腺部则为单层柱状上皮，两者之间转变突然，无过渡性结构。有腺部的柱状细胞分泌一种特殊的不可溶性黏液，内含高浓度碳酸氢根离子，这种黏液分布于胃黏膜表面，形成一层保护屏障，可抵抗胃酸与胃蛋白酶对上皮的侵蚀。这些细胞排列整齐，其间缺乏杯状细胞。椭圆形的上皮细胞核位于细胞基底部，上部胞质中充满黏原颗粒。由于黏原颗粒易溶于水，所以在普通染色切片上胃黏膜上皮细胞顶部着色淡而较亮。在生命活动过程中，胃黏膜上皮细胞经常退化死亡，由胃小凹深部细胞增殖分化进行补充。

胃黏膜固有层很厚，被大量胃腺所占据，而富含网状纤维的少量结缔组织只分布在腺体之间，有时可见淋巴细胞分布。

黏膜肌层由内环、外纵两层平滑肌构成，可见黏膜肌层分出的平滑肌纤维伸入胃腺之间，其收缩有利于分泌物的排出。

(2) 黏膜下层：为疏松结缔组织，分布着较多的血管、淋巴管和黏膜下神经丛，猪的尚有孤立淋巴小结，尤以胃盲囊的憩室内最多。当胃扩张或蠕动时，黏膜下层可起缓冲作用。

(3) 肌层：比较发达，可分为内斜、中环和外纵三层平滑肌。在幽门处环行平滑肌增厚，形成幽门括约肌。

(4) 浆膜：包括表面的间皮和其下的薄层结缔组织。

2. 胃腺结构　胃腺分布于黏膜固有层，是胃执行消化功能的主要结构。根据分布位置和结构的不同，胃腺可分为胃底腺、贲门腺和幽门腺。

(1) 胃底腺（fundic gland）：分布于胃底部，数量多，属于直行分支管状腺（图 13-5），是分泌胃液的主要腺体。腺体由上至下包括颈、体和底部三部分。颈部连于胃小凹，一个胃小凹底部常有数个胃底腺开口。体部占腺体大部。底部伸抵黏膜肌层。胃底腺由主细胞、壁细胞、颈黏液细胞、干细胞和内分泌细胞组成（二维码 61）。

二维码 61

①主细胞（chief cell）：是胃底腺最重要的细胞成分，数量最多，主要分布于腺体的体部和底部。细胞呈柱状或锥体形，圆形细胞核位于细胞基底部，胞质嗜碱性。电镜下，核下方有丰富的粗面内质网，核上方是发达的高尔基复合体和粗大的酶原颗粒（图 13-6、图 13-7）。分泌时，酶原颗粒靠近顶部细胞膜，并相互融合，释放出胃蛋白酶原（pepsinogen），在盐酸作

用下转变成胃蛋白酶（pepsin），参与蛋白质分解。所以主细胞又称为胃蛋白酶原细胞（zymogenic cell）。幼龄动物的主细胞还分泌凝乳酶，参与乳汁的消化吸收。

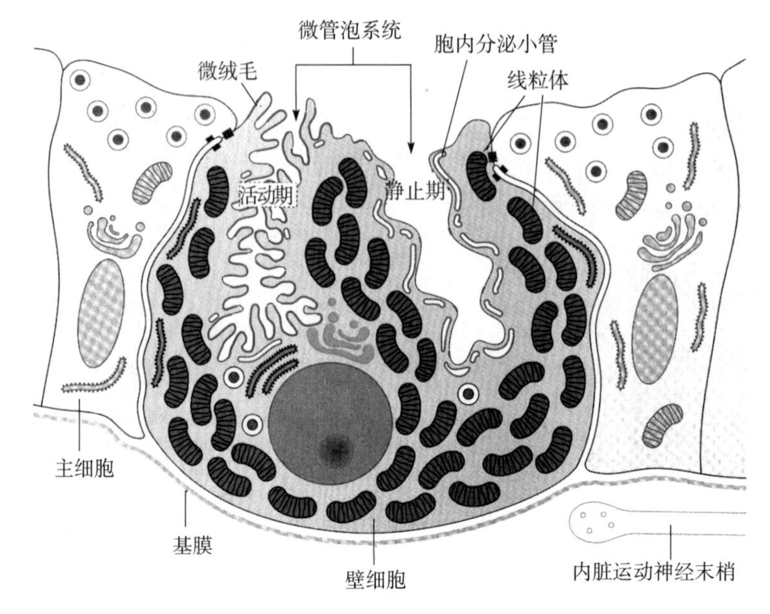

图 13-6 胃底腺主细胞和壁细胞微细结构模式图

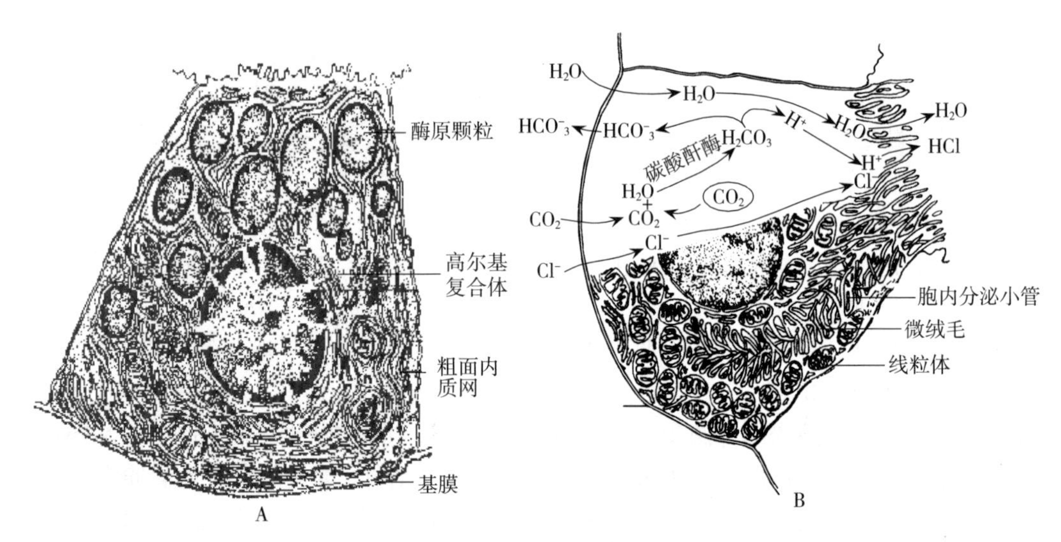

图 13-7 胃底腺主细胞和壁细胞
A. 主细胞超微结构模式图 B. 壁细胞及盐酸分泌示意图

②壁细胞（parietal cell）：在胃底腺的体部和颈部居多，胞体大，呈圆形或锥体形，细胞底部紧贴基膜。圆形细胞核位于细胞中央，胞质强嗜酸性。电镜下细胞游离面的细胞膜内陷，形成迂曲分支的小管，为细胞内分泌小管（intracellular secretory canaliculi），小管腔面伸出许多微绒毛。细胞内有大量线粒体、散在的高尔基复合体、粗面内质网、微管和微丝等。细胞静止时内含大量表面光滑的小管和小泡，称为微管泡系统（tubulovesicular system）；当细胞分泌时，微管泡系统便突入细胞内分泌小管管腔，形成微绒毛，而胞质内微管泡系统数量锐减。壁细胞具有合成和分泌盐酸的功能，故又称为盐酸细胞（图 13-7）。盐酸的作用表现在：激活胃蛋白酶原变成胃蛋白酶；提供胃蛋白酶水解蛋白质的适宜环境；刺激胃肠内分泌细胞和胰腺的分泌；杀菌和抑菌作用等。

③颈黏液细胞（mucous neck cell）：多分布于胃底腺颈部，但猪的颈黏液细胞分布于腺体

各部，且以胃底部最多。胞体呈矮柱状，扁圆形的核位于细胞基部，着色较主细胞淡，胞质内充满小的黏原颗粒。此细胞主要分泌酸性黏液。

④干细胞（stem cell）：分布于胃小凹深部和胃底腺颈部，普通 HE 染色切片上难以分辨。干细胞增殖活跃，可分化为胃黏膜上皮细胞，或向深部迁移，分化为其他胃底腺细胞。

⑤内分泌细胞：见本章消化管的内分泌功能部分。

（2）贲门腺（cardiac gland）：分布于贲门固有层，也为管状腺，但腺体较弯曲。腺泡较短，管腔较大。腺细胞为柱状，圆形胞核位于细胞基部。分泌物有黏液性质，并含有电解质，也可能分泌溶菌酶。腺细胞之间有时夹有壁细胞（犬）或主细胞（猪）以及内分泌细胞。

（3）幽门腺（pyloric gland）：为卷曲的管状腺，分布于胃幽门部，胃小凹较深。腺体管腔较大，腺细胞呈柱状，扁圆形细胞核位于细胞基部，胞质内有黏原颗粒，分泌黏液。

（二）多室胃

反刍动物的胃为多室胃，包括瘤胃、网胃、瓣胃和皱胃。前三个胃总称为前胃，它们是介于食管和皱胃之间的膨大结构，其功能主要是通过发酵和机械作用消化粗纤维，同时通过黏膜进行特殊的吸收活动；皱胃为第四胃，也称为真胃，其功能相当于其他动物的单室胃。

1. 瘤胃（rumen）　黏膜表面形成大小不等的角质乳头，哺乳期乳头不发达，当饲料中混入粗饲料后在瘤胃内开始发酵，瘤胃乳头（二维码 62）迅速发育，如犊牛瘤胃乳头由出生时长仅 1 mm，至成年时可增高到 1.5 cm。随着瘤胃区域的不同，乳头的大小和形状差异很大。瘤胃乳头表面为角化复层扁平上皮，中轴是固有层结缔组织（图 13-8）。缺乏黏膜肌层，固有层与黏膜下层的结缔组织相连续。肌层由内环、外纵两层平滑肌构成，环行肌伸入瘤胃内壁形成肉柱，与胃外表面的沟相对应。外膜为浆膜。

二维码 62

2. 网胃（reticulum）　黏膜和黏膜下层突向管腔，形成纵横交错的蜂窝状皱襞（二维码 63），皱襞两侧又伸出纵向的嵴。黏膜表面具有许多锥状小乳头。黏膜的组织结构与瘤胃基本相似，黏膜上皮为角化的复层扁平上皮，但大的皱襞顶端中央有一条平滑肌带（图 13-9），肌带在皱襞交接处可走向另一皱襞，形成一个连续的肌带网，并与食管黏膜肌层连续。黏膜下层为疏松结缔组织。肌层可分为内环、外纵两层平滑肌，与食管和食管沟肌层相连。

二维码 63

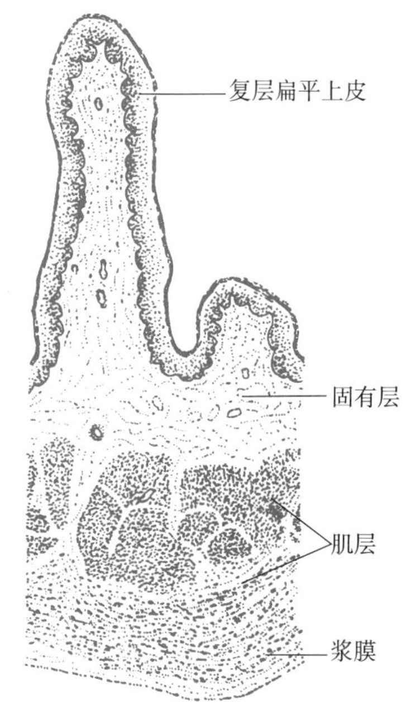

图 13-8　牛瘤胃过乳头切面结构模式图

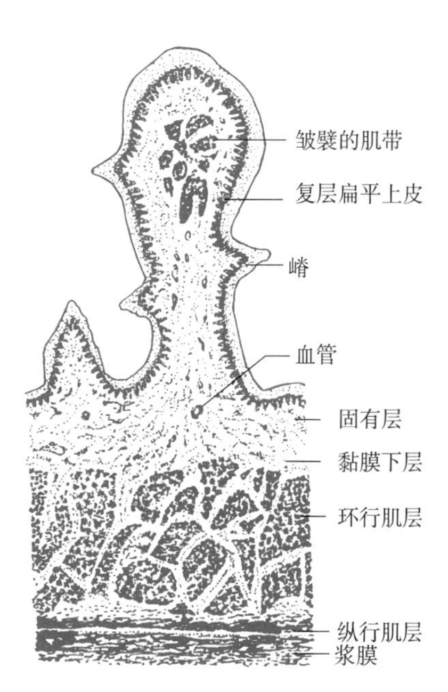

图 13-9　网胃（绵羊）结构模式图

食管沟的结构与网胃基本相同，但弹性纤维特别发达。羊食管沟黏膜内分布有腺体。黏膜肌层在近瓣胃处连续成层，不仅与瓣胃黏膜肌层连接，也与网胃皱襞内的肌带相连。食管沟底有一层很厚的横行肌和一薄层纵行肌，后者包括平滑肌束和骨骼肌束，骨骼肌束与食管肌层相连。食管沟两侧唇的平滑肌束衍生于食管的内肌层。

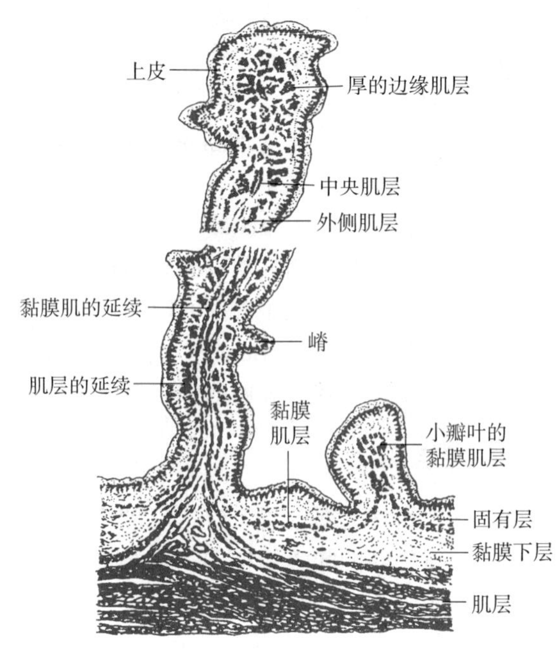

图 13-10　牛瓣胃结构模式图

3. 瓣胃（omasum）　黏膜和黏膜下层形成高低不一的皱襞，称为瓣叶。瓣叶上遍布着大量短小的乳头状嵴。黏膜复层扁平上皮的浅层已角化。黏膜肌层很发达，并在瓣叶顶部变粗大。肌层的内环肌伸入大的瓣叶，形成中央肌层，并在瓣叶顶部与黏膜肌层融合（图 13-10）。这样，在瓣胃大瓣叶的断面可见三个肌层。黏膜肌层有时也伸进乳头。黏膜下层很薄。肌层由内环外纵两层平滑肌构成。最外层为浆膜（二维码 64）。

二维码 64

4. 皱胃（abomasum）　其结构与单室胃相似。但皱胃贲门腺区很小，胃底部有 13～16 条永久性皱襞，胃底腺较短，有较长的颈部。幽门腺区相对较宽，腺体较长。

六、小　　肠

小肠（small intestine）是食物消化、吸收的主要部位，进一步消化来自胃的食糜，并吸收营养物质进入血液和淋巴。畜禽的小肠可分为十二指肠、空肠和回肠三段，各段的结构基本相似，但也有一定的差异。小肠的重要结构有小肠绒毛、小肠腺和十二指肠腺等。

（一）小肠的基本组织结构

小肠壁的腔面一般形成三级突起，从大到小依次为环形皱襞、小肠绒毛和上皮细胞微绒毛（纹状缘）。环形皱襞是由黏膜和黏膜下层突向管腔形成的永久性结构，以空肠段最发达。在家畜中反刍动物的小肠皱襞最明显。小肠绒毛是由黏膜上皮和固有层突向管腔所形成的特殊结构（图 13-11）。微绒毛为黏膜上皮细胞游离面的指状突起，整齐而密集排列，属于细胞的突起。这三级突起大大增加了小肠的消化和吸收表面积，在哺乳动物大约增加数百倍。小肠壁结构由黏膜层、黏膜下层、肌层和浆膜四层构成。

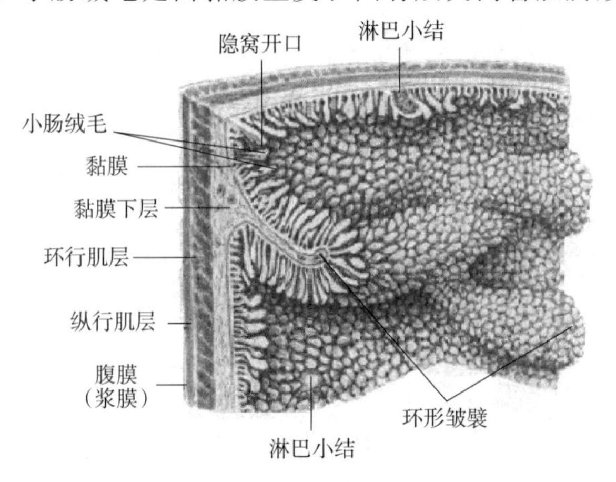

图 13-11　小肠壁结构模式图

1. 黏膜层　由小肠腔面向外，依次包括黏膜上皮、固有层和黏膜肌层。

（1）黏膜上皮：属于单层柱状上皮，在高柱状细胞之间还夹有杯状细胞和内分泌细胞。有时可见淋巴细胞分布于上皮细胞间，为参与黏膜免疫的上皮内淋巴细胞。

柱状细胞是小肠黏膜上皮的主要细胞，数量多，约占小肠上皮细胞的90%以上。柱状细胞的功能是吸收被分解的营养物质，所以也称吸收细胞（absorptive cell）。椭圆形细胞核位于柱状细胞的基底部，胞质中分布着丰富的线粒体、高尔基复合体、粗面内质网和核糖体等。细胞游离面伸出整齐而密集的微绒毛，形成光镜下所见的一层嗜酸性的纹状缘（striated border）。

杯状细胞散在分布于上皮细胞之间，可分泌黏液，对小肠黏膜上皮具有保护和润滑作用。杯状细胞的数量，沿肠管由前向后逐渐增多。

内分泌细胞零散分布于上皮细胞之间，尤以肠腺中数量较多。HE染色时不被显示，需用特殊染色才能观察到。

（2）固有层：为疏松结缔组织，其中分布着大量小肠腺。部分结缔组织可伸进绒毛中央，参与小肠绒毛的形成。固有层分布有各种白细胞，以淋巴细胞最多，还有浆细胞、肥大细胞、巨噬细胞等。这些细胞可穿入上皮中或进入肠腔内。有时可见淋巴小结，十二指肠和空肠的淋巴小结为孤立淋巴小结，而回肠为集合淋巴小结。在集合淋巴小结分布的部位，黏膜表面隆突不平，绒毛退化或消失。固有层内还分布着丰富的毛细血管、淋巴管和神经等，这些结构有利于小肠的消化、吸收和防御。

（3）黏膜肌：分内环、外纵两层平滑肌。一部分内环行肌离开黏膜肌层而进入绒毛中或肠腺之间。猪、犬等的两层平滑肌之间还有斜行肌纤维排列。回肠集合淋巴小结丰富，常伸入到黏膜下层，将黏膜肌层隔断成散乱的肌束。

2. 黏膜下层　由疏松结缔组织构成，内含较大的血管、淋巴管、黏膜下神经丛、淋巴小结和脂肪等。由于含有较多的胶原纤维和弹性纤维，经过处理后可用于制作肠衣。小肠前段的黏膜下层还有十二指肠腺（glandulae duodenales）。

3. 肌层　由内环、外纵两层平滑肌组成。两层平滑肌之间分布有结缔组织、血管和肌间神经丛等。黏膜下神经丛和肌间神经丛一起组成动物的肠神经系统，为植物性神经系统的第三个组成部分。肠痉挛和腹泻是有毒物质引起肌层强烈收缩所致。

4. 外膜　为浆膜，由表面的间皮和间皮下结缔组织组成。

（二）小肠的特殊组织结构

1. 小肠绒毛（intestinal villi）　小肠黏膜表面布满由上皮和固有层形成的突向管腔的细小突起，即小肠绒毛，其长度、形状和数量因动物种类和不同肠段而异，一般为0.35～1 mm，以十二指肠前段的绒毛最为发达。小肠绒毛以固有层为中心，表面覆盖着单层柱状上皮。绒毛根部的上皮细胞与固有层中的小肠腺上皮相连接。绒毛固有层中央贯穿一条以盲端起始的毛细淋巴管，称为中央乳糜管（central lacteal），与脂类物质的吸收密切相关。中央乳糜管的内皮外缺乏基膜，其周围有从黏膜肌层分散出来的平滑肌纤维和丰富的有孔毛细血管，平滑肌收缩，可使绒毛缩短和摆动，从而加速营养物质的吸收和运输，使淋巴和血液排向绒毛深层（图13-12）。

2. 小肠腺　过去也将肠腺（intestinal gland）称为肠隐窝（intestinal crypt），它是小肠黏膜上皮在绒毛根部下陷至固有层所形成的管状腺（图13-13）。马为分支管状腺，可分为2～4支，而一般动物则为单管状腺，导管开口于相邻绒毛之间。肠腺上皮由柱状细胞、杯状细胞、未分化细胞、潘氏细胞（Paneth cell）和内分泌细胞等组成。

柱状细胞是构成肠腺的主要细胞，执行腺体的分泌功能，又称分泌细胞。柱状细胞的形态类似于小肠黏膜上皮的吸收细胞，但纹状缘逐渐退化。

未分化细胞分布于肠腺基底部，夹于其他细胞之间，胞体较小，常见分裂象。胞质弱嗜碱性，除游离核糖体较多外，其他细胞器不发达。这些细胞一边分裂增殖，一边向腺体顶端迁

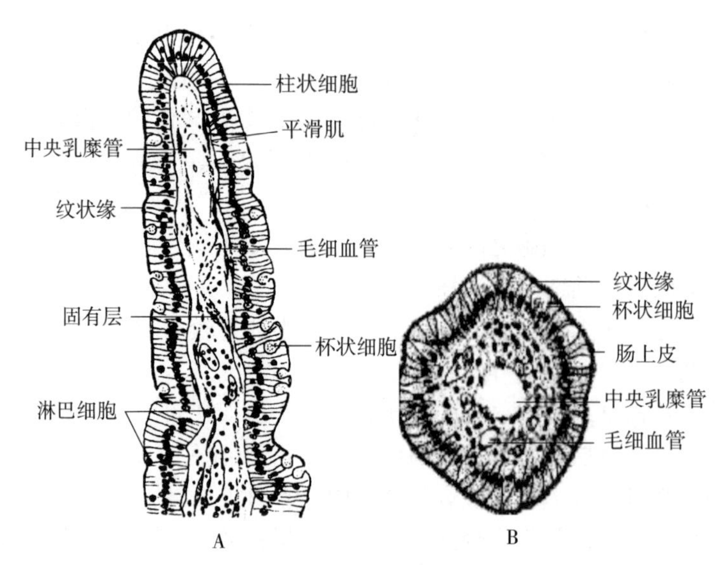

图 13-12 小肠绒毛与肠腺
A. 纵切面 B. 横切面

移，以补充绒毛上部脱落的吸收细胞和杯状细胞。小肠黏膜上皮每隔 3～6 d 就会更新一次。未分化细胞也可以分化为潘氏细胞或内分泌细胞。

潘氏细胞分布于肠腺底部，是一种分泌细胞，常三五成群，胞体较大，呈锥体形。马的潘氏细胞数量较多，可占据肠腺的整个底部。猪、犬和猫等动物缺乏潘氏细胞。光镜下细胞顶部充满嗜酸性颗粒，电镜下细胞具有蛋白分泌细胞的结构特点。潘氏细胞分泌锌、肽酶、溶菌酶和防御素（defensin 或 cryptdin），后两者能杀灭肠道内的微生物。

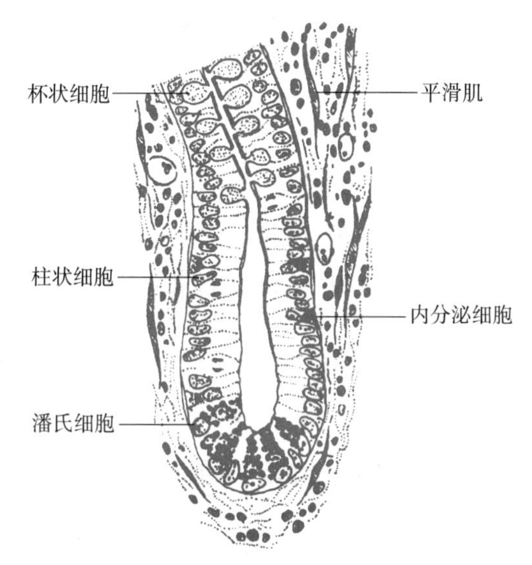

图 13-13 小肠腺结构模式图

3. 十二指肠腺 分布于小肠前段的黏膜下层，但它的分布随动物种类而异，犬和羊的十二指肠腺仅位于十二指肠前部；猪十二指肠腺可伸延至空肠一段距离；而马和牛的十二指肠腺延伸距离更长，可达空肠数米。十二指肠腺属于分支管状腺（但反刍动物为管状腺），腺体种类因不同动物而异，猪为纯浆液腺，有时含有黏液性腺泡；马是以黏液性腺泡为主的混合腺，反刍动物则为黏液腺。十二指肠腺导管开口于小肠腺底部或直接开口于小肠绒毛之间的上皮表面。十二指肠腺分泌物为碱性黏蛋白，在黏膜上皮表面铺展成一层，可抵御胃酸对十二指肠黏膜上皮的侵蚀。分泌物中还含有淀粉酶、二肽酶和表皮生长因子等，前两者对食糜消化起一定作用，而后者可促进小肠上皮细胞的分裂增殖。

二维码 65

（三）小肠各段的组织结构特点

二维码 66

各段小肠组织结构基本相似，但又各有特点（图 13-14）。

十二指肠段的绒毛密集，多呈叶状，杯状细胞较少，黏膜下层分布有十二指肠腺（二维码 65）。

空肠的环形皱襞发达（尤其是反刍动物），绒毛也较密集，但较细而长，呈指状。杯状细胞增多。孤立淋巴小结逐渐增多（二维码 66）。

回肠的绒毛数量比十二指肠和空肠少，且呈锥状。上皮中杯状细胞更多。在肠系膜对侧的黏膜和黏膜下层具有发达的集合淋巴小结（二维码 67）。

二维码 67

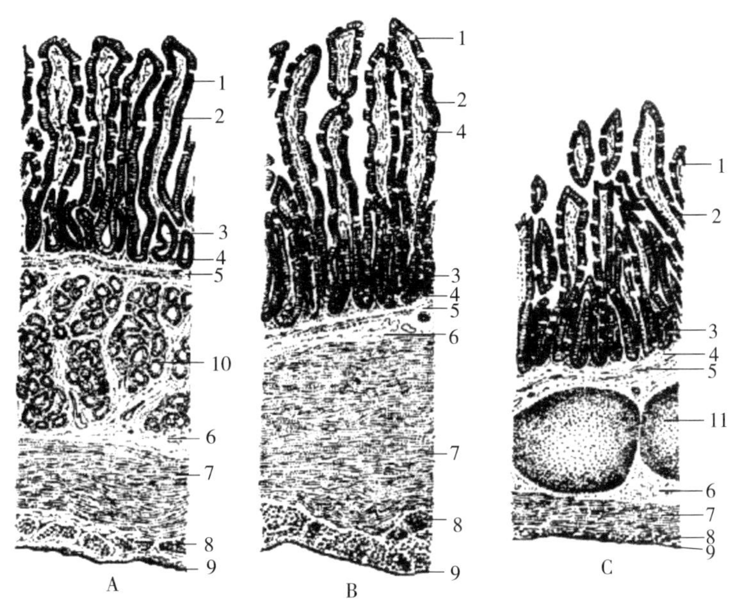

图 13-14　小肠三段的显微结构模式图

A. 十二指肠　B. 空肠　C. 回肠

1. 黏膜上皮　2. 小肠绒毛　3. 小肠腺　4. 固有层　5. 黏膜肌层

6. 黏膜下层　7. 内环肌　8. 外纵肌　9. 浆膜　10. 十二指肠腺　11. 回肠集合淋巴小结

七、大　肠

动物的大肠由盲肠、结肠（二维码 68）和直肠组成，是吸收水分、无机盐和一些营养物质的主要场所，也能进行纤维素的发酵和分解。与小肠的组织结构相比，大肠具有如下结构特点（图 13-15）：

（1）大肠缺乏肠绒毛和环形皱襞。

（2）大肠黏膜上皮没有典型的纹状缘，但杯状细胞特别多。

（3）大肠肠腺比较发达，为长而直的单管状腺，几乎占据整个固有层。腺上皮杯状细胞多，无潘氏细胞。大肠腺分泌物为碱性黏液，能中和粪便发酵产生的酸性产物。分泌物不含消化酶，但有溶菌酶。

（4）大肠固有层和黏膜下层中孤立淋巴小结较多，但集合淋巴小结很少。

（5）肌层非常发达。马、猪的结肠和盲肠的外纵肌形成肌带，肌带间分散着小肌束。

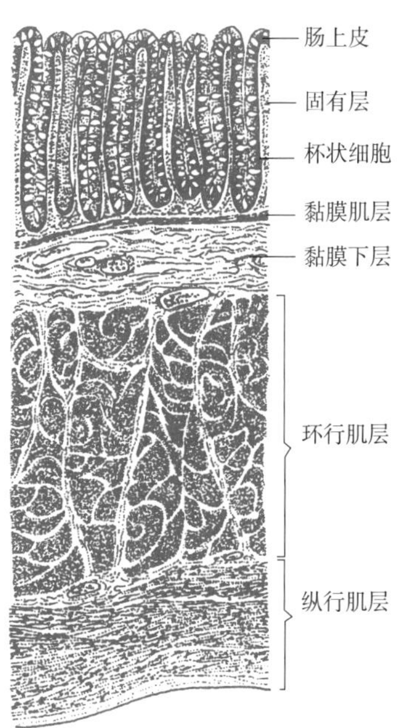

图 13-15　大肠显微结构模式图

二维码 68

八、消化管的内分泌功能

消化管管壁内散在分布着大量分泌肽类或胺类激素的内分泌细胞，这些细胞属于 APUD

细胞系统，其分泌物以旁分泌方式作用于邻近细胞。

消化道内分泌细胞呈锥体形、卵圆形或不规则形，多散在于其他上皮细胞之间，细胞基部含有大量分泌颗粒。在HE染色切片上，这些细胞很难与普通上皮细胞区别，通过银或铬盐浸染，或用免疫组织化学方法可显示。根据细胞的形态特点，消化管内分泌细胞可分为两类（图13-16）。

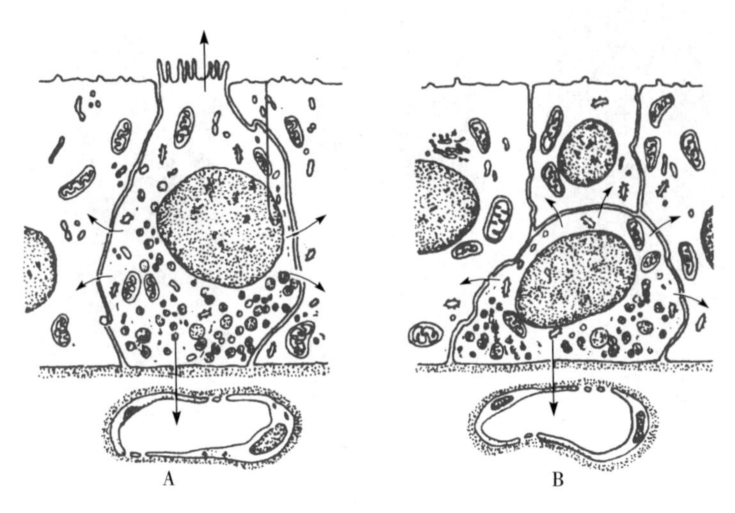

图13-16 消化管内分泌细胞结构模式图
A. 开放型 B. 闭锁型

开放型：细胞游离面伸达上皮顶部并直接与管腔接触，可感受消化管内环境刺激，引起细胞分泌，分泌物可直接进入消化管腔内。

闭锁型：细胞顶部不暴露于消化管腔，而是被周围细胞所覆盖，只能感受局部黏膜伸缩变化的机械刺激。

两类细胞的分泌物可从细胞基底部或两侧面释放，经基膜进入固有层毛细血管。

动物胃肠道内主要内分泌细胞的分布和作用见表13-1。

表13-1 畜禽胃肠道主要的内分泌细胞

细胞名称	分布部位	分泌物	主要作用
D细胞	胃、小肠、大肠	生长抑素	抑制其他激素的分泌
G细胞	胃幽门、十二指肠	胃泌素	促进胃酸分泌
EC细胞	胃、小肠、大肠	5-羟色胺、P物质	刺激胃肠蠕动；抑制胃酸分泌
S细胞	十二指肠、空肠	促胰液素	促进胰导管上皮分泌水和碳酸氢盐
ECL细胞	胃底腺	组胺	刺激胃酸分泌；扩张血管
K细胞	空肠、回肠	抑胃多肽	抑制胃酸分泌；促进胰岛素分泌
I细胞	十二指肠、空肠	胆囊收缩素-促胰酶素	促进胆囊收缩和胰液分泌
N细胞	回肠	神经降压素	抑制胃肠蠕动和胃液分泌；促进胰液分泌
D1细胞	胃、小肠、结肠	血管活性肠肽	舒张血管
L细胞	小肠	肠高血糖素	减缓肌层收缩
Mo细胞	小肠	胃肠动素	促进胃肠蠕动

九、消化道黏膜免疫组织

黏膜免疫组织也称黏膜淋巴组织（mucosal lymphoid tissue），是免疫系统不可分割的重要组成部分。肠道、呼吸道及泌尿生殖道的淋巴组织总量比脾和淋巴结的还多，是免疫系统的第一道防线。抗原物质必须通过黏膜的上皮屏障（epithelial barrier）进入淋巴组织才能引起免疫应答，黏膜抵抗细菌和病毒的能力与黏膜淋巴组织的免疫功能及黏膜表面分泌型 IgA 的浓度密切相关。据估算，肠道的浆细胞数量与脾内的数量相近，脾内的浆细胞大多数（60%～80%）产生 IgG，而肠道的浆细胞大多数（80%～90%）产生 IgA，这是肠道淋巴组织的性质和抵抗病菌等入侵的重要特性。前至咽部，后至直肠，消化道黏膜及黏膜下层均有淋巴组织和淋巴细胞分布。在此主要叙述肠道淋巴组织。

肠道淋巴组织包括回肠集合淋巴小结（aggregated nodules，Peyer's patches）、肠道孤立淋巴小结（solitary nodule）、弥散淋巴组织以及上皮细胞间的淋巴细胞和巨噬细胞等。哺乳动物的回肠集合淋巴小结位于系膜对侧，有 30～80 个，大小为（12～20）mm×（8～12）mm，由近百个淋巴小结聚集构成。淋巴小结排列成单层，均向黏膜表面凸出，紧贴表面上皮形成圆顶区（dome area），此区表面光滑，无绒毛。此区的上皮与周围的肠上皮明显不同，无杯状细胞，而有一些微皱褶细胞（microfold cell，M cell）；圆顶部无肠腺，其周缘可有肠腺，它们与圆顶部上皮的形成有关。圆顶部上皮内有许多淋巴细胞、浆细胞及巨噬细胞，因此又称淋巴上皮（lymphoepithelium）。淋巴小结常有明显的生长中心，在相邻小结之间有弥散淋巴组织，此处主要含 T 细胞，属于胸腺依赖区。此区还含有许多 B 细胞和浆细胞，B 细胞的分布较分散，浆细胞则主要靠近上皮分布。在淋巴小结的下缘，有薄层弥散的淋巴组织，含有许多无标志的淋巴细胞，称为裸细胞（null cell），其功能未明。无菌条件下饲养的动物，回肠集合淋巴小结不发达。

透射电镜下，M 细胞胞质的电子密度较吸收细胞低，表面的微绒毛短而稀，排列不整齐。M 细胞与相邻的吸收细胞间有紧密连接、中间连接和桥粒，形成连接复合体；与其他细胞的相邻面常见指状或波浪状嵌合，两种细胞间很少见到淋巴细胞。M 细胞基部向上凹形成中央腔（为细胞外腔），腔内可见淋巴细胞、少量浆细胞和巨噬细胞。中央腔内的淋巴细胞多为小淋巴细胞，也有大淋巴细胞和浆细胞，偶见巨噬细胞和粒细胞。淋巴细胞中以 T 细胞为多，偶见细胞分裂。

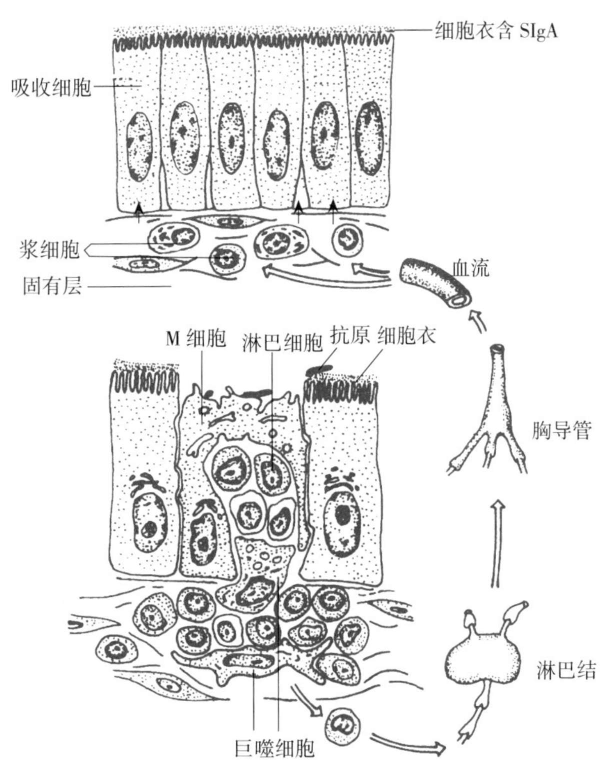

图 13-17 肠相关淋巴组织

M 细胞可以从肠腔吞噬抗原并传递给其中央腔内的淋巴细胞，后者再将信息传达给固有层淋巴细胞，引起淋巴细胞增殖分化，并通过淋巴循环和血液循环返回肠黏膜（图 13-17），产生浆细胞。浆细胞分泌的免疫球蛋白 A（IgA）与吸收细胞分泌的糖蛋白结合，形成分泌性免疫球蛋白（SIgA）。吸收细胞将 SIgA 释入肠腔，附着于上皮表面，可与相应抗原结合，并将其中和、分解和破坏，从而对机体起到一种有效的屏障作用。

在禽类，从咽部到泄殖腔的消化道黏膜或黏膜下层内，均有不规则的淋巴组织分布，较大而明显的有两种：①回肠淋巴集结。②盲肠扁桃体，位于回-盲-直肠连接部的盲肠基部的黏膜固有层和黏膜下层中，很发达，以致肉眼可见该处略微膨大。盲肠扁桃体主要由弥散淋巴组织构成，有时见较大的生发中心。弥散淋巴组织的细胞成分主要是小淋巴细胞和浆细胞。盲肠扁桃体的功能是对肠道内的细菌和其他抗原物质起局部免疫作用。

1. 名词解释：肠绒毛　皱襞　纹状缘　中央乳糜管　黏膜免疫　潘氏细胞　食管腺　味蕾　胃小凹　小肠腺　十二指肠腺

2. 试述胃底部的结构特点及其与营养物质消化的关系。

3. 小肠绒毛的组织结构与功能如何?

4. 小肠的哪些结构特点有利于营养物质的消化吸收?

5. 简述消化道黏膜免疫组织的概念及组成。

（陈秋生　赫晓燕）

第十四章 消化腺

消化腺包括壁内腺和壁外腺两类。壁内腺分布于消化管各段的管壁中，属于小型腺体，如食管腺、胃腺和肠腺等。壁外腺位于消化管壁外，构成独立的器官，属于大型腺体，借导管开口于消化管腔，如唾液腺、肝、胰等。两类腺体都来源于胚胎时期的原肠上皮。消化腺分泌的消化液主要对食物进行化学性消化。此外，消化腺还具有其他方面的功能，如免疫、解毒和内分泌等。

一、唾液腺

唾液腺（salivary gland）（二维码 69）是导管开口于口腔的腺体总称，包括壁内腺和壁外腺两种。壁内腺位于口腔黏膜内，分为唇腺、颊腺、舌腺和腭腺，属于小唾液腺；壁外腺有三对，即腮腺、颌下腺和舌下腺，属于大唾液腺。唾液腺分泌唾液，内含黏蛋白、球蛋白、唾液淀粉酶（马无此酶，牛也很少）、无机盐、水分以及一些脱落的口腔上皮细胞。唾液具有湿润口腔黏膜、软化和溶解食物、清洁口腔的作用，消化作用微弱。但在反刍动物，唾液对于瘤胃生理功能很重要，大量的唾液可使瘤胃食物液化，利于发酵，又可中和发酵的酸性产物，为瘤胃中的原生动物和细菌创造碱性环境。

二维码 69

（一）大唾液腺的一般结构

大唾液腺为实质性腺体，外覆被膜，内由实质和间质构成。实质包括大量腺泡和各级导管，间质为疏松结缔组织。

1. 被膜　为被覆于腺体表面的结缔组织，可伸入腺体内将实质分成许多大小不等的腺小叶，小叶间结缔组织伸入到小叶内，围绕腺泡分布，起支持、保护和营养作用。

2. 腺实质　由腺泡和导管构成（图14-1、图 14-2）。

（1）腺泡（alveoli）：又称腺末房，为腺体的分泌部，由单层立方或锥形细胞围成。根据腺细胞的组成，唾液腺有浆液性腺泡（serous alveoli）、黏液性腺泡（mucous alveoli）和混合性腺泡（mixed alveoli）三种腺泡。腺细胞与基膜之间有肌上皮细胞分布，后者收缩有利于分泌物排出。三种腺泡的形态结构详见第二章上皮组织。

（2）导管：唾液腺的导管为上皮性管道，可分为如下几段。

①闰管（intercalated duct）：与腺泡相

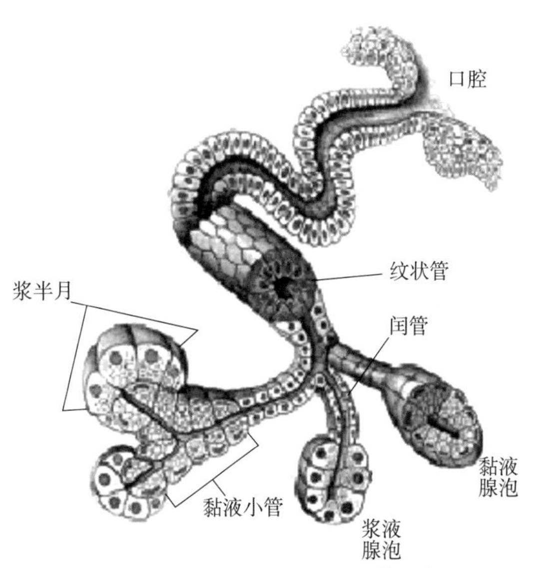

图 14-1　大唾液腺及其导管立体示意图

连，管径较细，分布于小叶内。管壁由单层扁平或立方上皮围成。闰管的单层扁平上皮细胞伸入腺泡中央时，形成泡心细胞。

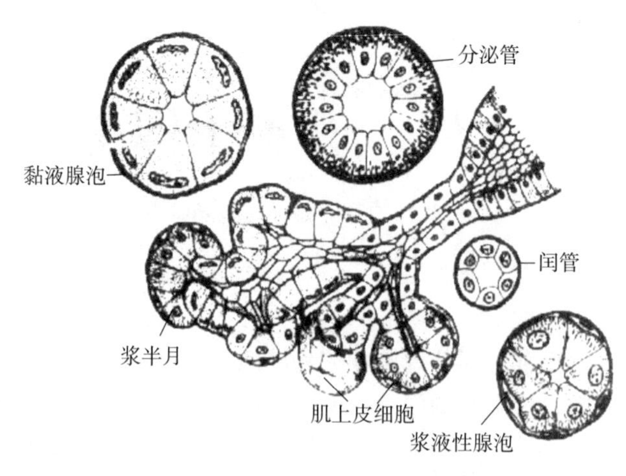

图 14-2　大唾液腺腺泡与导管切面示意图

②纹状管（striated duct）：与闰管相连，又称为分泌管（secretory duct）。管壁为单层高柱状上皮，胞核位于细胞上部。细胞基部可见纵纹，实为质膜内褶，内褶之间有纵行排列的线粒体。纹状管上皮细胞具有吸钠排钾、转运水分等作用。腮腺和颌下腺的纹状管较为发达。

③颗粒曲管（granular convoluted tubule）：啮齿动物颌下腺的闰管和纹状管之间有一段结构特殊的弯曲小管，由单层柱状上皮构成，上皮细胞内有许多致密的均质颗粒，故此得名。颗粒曲管产生多种生物活性肽或因子，如生长分化因子、内环境稳定因子、细胞内调节因子及与消化有关的因子。从人和其他哺乳动物颌下腺也分离出几种多肽，它们经导管排入口腔，随唾液进入胃肠道，再被吸收入血液而发挥作用。

④排泄管（excretory duct）：始于小叶内，与纹状管相连，之后汇合成较大的排泄管进入小叶间和叶间结缔组织，最后汇合成总排泄管，开口于口腔。管壁上皮由单层矮柱状逐渐变为假复层柱状。总排泄管在口腔开口的附近过渡为复层扁平上皮，与口腔上皮相连续。

（二）动物三对大唾液腺的组织结构特点

1. 腮腺（parotid gland）　大部分动物属于浆液腺，但在猪和肉食动物常见小的黏液性细胞群。闰管较长，分泌管较短。腮腺分泌液中含有大量唾液淀粉酶。

2. 颌下腺（submaxillary gland）　为混合腺，既有黏液性腺泡，又有浆液性腺泡，但混合的程度因动物种类而异。牛、绵羊、山羊、马、骡和猪以黏液性腺泡占多数，犬以浆液性腺泡占多数，而啮齿类一般为纯浆液腺。颌下腺闰管短，纹状管发达（图 14-3）。

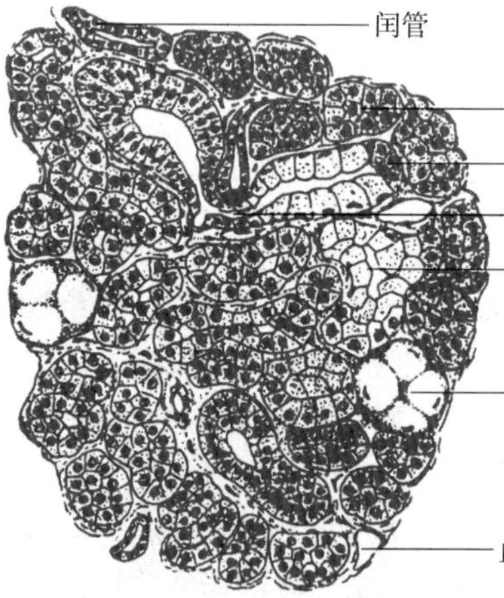

闰管
浆液性腺泡
混合性腺泡
导管
黏液性腺泡
脂肪细胞
血管

图 14-3　颌下腺显微结构模式图

3. 舌下腺（sublingual gland）　马和猪的舌下腺是混合腺，但以黏液性腺泡占多数；反刍动物的长管舌下腺是混合腺，而短管舌下腺为纯浆液腺。舌下腺是比较小的唾液腺，没有闰管，纹状管也较短。

此外，肉食动物具有颧腺，猫具有臼齿腺。

二、肝

肝（liver）作为动物体内最大的消化腺，不仅分泌胆汁，促进消化道内摄入脂肪的分解与吸收，还是一个非常重要的物质代谢器官，参与多种物质的合成、储存、代谢和转化。肝表面被以浆膜，其结缔组织伸入肝实质，将其分成许多肝小叶。小叶间结缔组织的发达程度随动物种类而异，猪、骆驼和猫等比较发达，肝小叶界限非常明显，而其他动物的小叶间结缔组织少，小叶界限不清。

（一）肝小叶

肝小叶（hepatic lobule）是肝形态和功能的基本结构单位，为多面棱柱状，大小不一，但一般长约 2 mm，宽约 1 mm。肝小叶结构以中央静脉为中心，肝板、肝窦和胆小管等围绕中央静脉呈辐射状排列（图 14-4、二维码 70）。

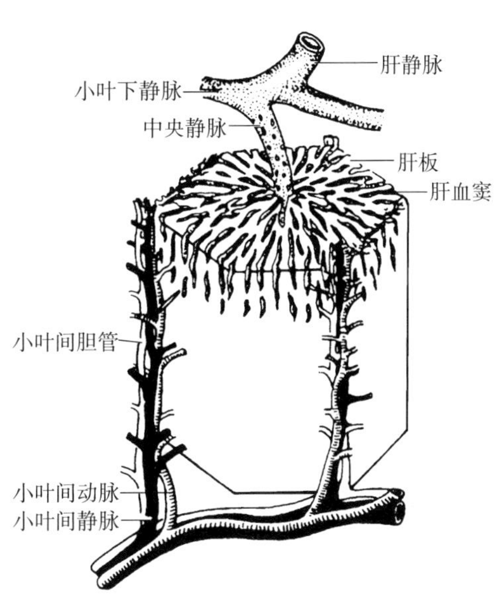

二维码 70

图 14-4　哺乳动物肝小叶结构示意图

1. 中央静脉（central vein）　是肝静脉的终末分支，直径约 50 μm，管壁只有一层不连续内皮。从肝小叶顶端起始，走向其底部，中途接纳来自肝窦的血液，最后与小叶下静脉垂直相连。

2. 肝板（hepatic plate）　在肝小叶中，肝细胞排列成板状，并以中央静脉为中轴向四周辐射分布。肝板有分支，相互连接成网状。肝板上也有许多小孔，是肝窦的通道。在肝小叶的横切面上，肝细胞围绕中央静脉呈辐射状条索排列，形成肝细胞索或肝索（hepatic cord）（图 14-5），实为肝板的横切面。在肝小叶的边缘，肝细胞排列成环状结构，为界板（limiting plate），与小叶间隔邻接。

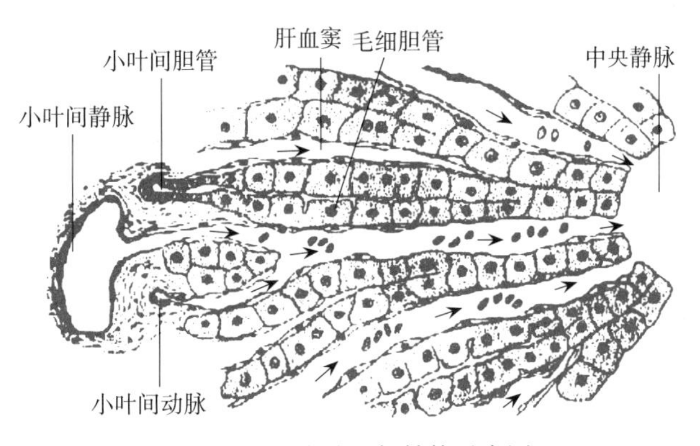

图 14-5　肝小叶局部结构示意图

3. 肝细胞（hepatic cell）　体积较大，细胞界线清楚，胞质嗜酸性，内含大量糖原颗粒，PAS 反应阳性。圆形胞核位于细胞中央，染色质较稀疏，核仁明显。有的肝细胞有两个细胞核，还有的肝细胞核体积大，为多倍体（图 14-5、图 14-8）。具有双核或多倍体的肝细胞功能活跃。胞质的结构和化学成分因采食和生理状况不同而发生变化。肝细胞具有三种不同的界面，即相邻肝细胞连接面、肝细胞的胆小管面和肝窦面。肝细胞内含多种细胞器和内含物（图 14-6）。

（1）线粒体：数量多，遍布于肝细胞内，大小和形态不一，有圆形、椭圆形和长杆状等。不同动物肝小叶不同部位的肝细胞中，线粒体的数量、大小、形态以及酶的含量和性质均有所不同。线粒体为肝细胞的功能活动提供能量。

（2）内质网：很发达。粗面内质网成群分布于肝细胞质，形成光镜下所见的嗜碱性颗粒。血浆中白蛋白、纤维蛋白原、凝血酶原以及运载铁、激素和有机阴离子等的载体蛋白，均由粗

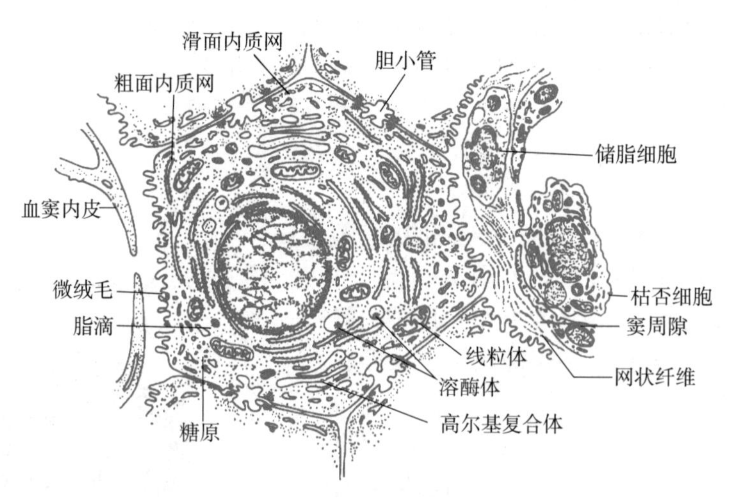

图 14-6　肝细胞超微结构模式图

面内质网合成。

滑面内质网分布广泛，其膜结构上有多种酶系。滑面内质网的主要功能：①合成胆汁，胆汁是胆酸和胆红素在转移酶作用下产生的。②脂肪代谢，肝细胞摄取的脂肪酸经氧化还原酶的作用酯化为三酰甘油，与蛋白质结合为脂蛋白。③激素代谢，各种类固醇激素的灭活是在滑面内质网上进行的。④解毒作用，机体代谢的有毒产物或从肠道吸收的药物和有毒产物，经过氧化、还原、分解、结合等过程，使其毒性减弱或变成水溶性物质而易于排出体外。

（3）高尔基复合体：粗面内质网合成的蛋白质转运至高尔基复合体，经过修饰和加工后，由肝细胞的肝窦面分泌进入血液。在肝细胞的胆小管面一侧的胞质中高尔基复合体尤为发达，与胆汁的合成及分泌密切相关。

（4）溶酶体：一般分布于胆小管周围的胞质中，除参与异物、衰老细胞器和内含物等的消化分解外，还与胆色素代谢、转运以及铁的储存关系密切。在病毒性肝炎、胆汁淤滞或缺氧情况下溶酶体数量增多。

（5）过氧化物酶体：为散在分布的圆形颗粒，内部主要含有过氧化物酶和过氧化氢酶，能将细胞代谢产生的过氧化氢还原成水，消除过氧化氢对肝细胞的毒害作用。草食动物的过氧化物酶体内有核样体，内含尿酸氧化酶，参与尿酸代谢。

（6）内含物：肝细胞中含有糖原、脂滴和色素等内含物，它们的含量随动物的生理状态而变化。进食后糖原增多，而饥饿时糖原减少。正常肝细胞脂滴较少，但肝病时脂滴增加。脂褐素的含量随年龄而增加。

4. 胆小管（bile canaliculi）　相邻肝细胞连接面之间，局部细胞膜凹陷成槽并相互对接，形成管腔很细的小管，称为胆小管，直径 0.5～1 μm（图 14-6）。用镀银染色或 ATP 酶组织化学反应，显示出胆小管在肝细胞之间连接呈网状的细小管道（图 14-7）。电镜下，胆小管腔面具有许多微绒毛，小管周围的相邻细胞膜形成紧密连接，封闭胆小管，使排入管腔内的胆汁不致外溢到肝窦。肝炎、坏死或胆管堵塞时，胆小管内压增大，管壁正常结构破坏，胆汁外溢入窦周隙，进而入血，出现黄疸。胆小管在肝小叶边缘与肝闰管相连，闰管管壁由 2～3 个立方细胞围成，也称 Herring 管。闰管穿过肝小叶界板，与小叶间胆管连接。

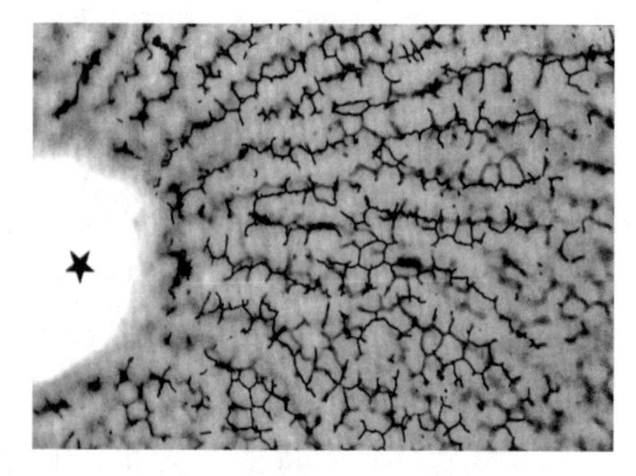

图 14-7　胆小管（硝酸银镀染）
★示中央静脉

5. 肝窦（hepatic sinusoid） 位于肝板之间，与肝板相间排列（图 14-8）。肝窦是一种血窦，窦壁由有孔内皮细胞组成，内皮外缺乏基膜。因此，肝窦血液的无形成分能自由通过窦壁而与肝细胞直接接触，有利于肝细胞从血液中摄取所需物质或排出分泌物。肝窦内分布着许多巨噬细胞，被称为枯否细胞（Kupffer′s cell），细胞呈星形，借突起附着在内皮细胞表面，其余突起伸向窦腔或横跨肝窦。枯否细胞是单核吞噬细胞系统的一个重要成员，具有如下功能：①吞噬和清除由门静脉而来的有害异物（如细菌、病毒等）。②监视、抑制甚至杀死体内瘤变细胞。③吞噬衰老的红细胞。④处理抗原并传递给效应淋巴细胞。肝窦内还有较多 NK 细胞，称为肝内大颗粒淋巴细胞或 Pit 细胞，它们附于内皮表面或内皮细胞间隙内，在抵御病毒感染和防止肿瘤方面有重要作用。

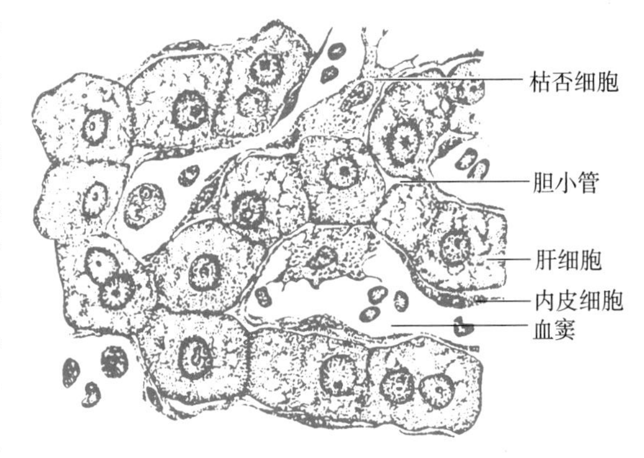

图 14-8 肝窦与肝板切面显微结构模式图

肝窦接纳小叶间动脉和小叶间静脉来的血液，然后流向中央静脉。

6. 窦周隙（perisinusoidal space） 为肝板与肝窦内皮之间的狭窄间隙（图 14-6），也称为狄氏隙（Disse space）。窦周隙内充满从肝窦来的血浆成分，肝细胞及其微绒毛可与血浆广泛接触，是肝细胞与血液之间进行物质交换的场所。窦周隙分布着网状纤维和储脂细胞（fat-storing cell），后者只有用氯化金或硝酸银浸染，或用免疫组化反应才能在光镜下清楚显示。该细胞具有储存脂肪和维生素的作用。动物进食大量脂肪时，储脂细胞变圆，并含有较多脂滴，脂滴内含维生素。肝硬化时储脂细胞增多，结构类似成纤维细胞，可产生大量胶原纤维。

7. 血窦细胞（sinusoidal cell） 一般将肝小叶内五种非实质性细胞，即内皮细胞、枯否细胞、储脂细胞、大颗粒淋巴细胞和树突状细胞统称为血窦细胞。这些细胞已被成功分离和培养，证明它们各有特殊的结构和功能以及不同的分化来源，它们之间相互关联并与肝细胞功能活动密切相关，共同构成肝的生态微循环及肝功能的结构基础。

（二）门管区

相邻的几个肝小叶之间有一个三角形或椭圆形结缔组织区域，其中含有三种伴行的管道，即小叶间动脉、小叶间静脉和小叶间胆管，这个结构区域称为门管区（portal area）（图 14-9、

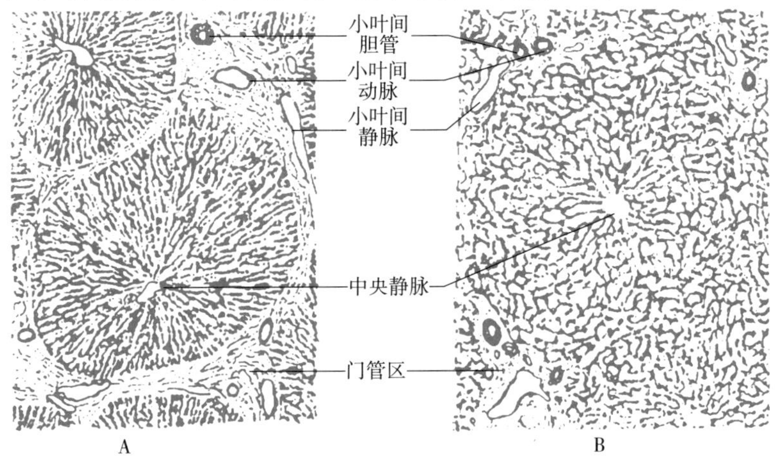

图 14-9 肝小叶与门管区

A. 猪肝 B. 羊肝

二维码 71

二维码 71)。门管区的三种管道容易区别，小叶间动脉是肝动脉的分支，管腔小，管壁厚，内皮外有环行平滑肌；小叶间静脉是门静脉的分支，管腔大，管壁薄，内皮外仅有少量散在平滑肌纤维；小叶间胆管是肝管的分支，管腔狭小，管腔围以单层立方上皮。有时在门管区内还有淋巴管和神经纤维。

(三) 门管小叶和肝腺泡

经典肝小叶是以中央静脉为中心的结构和功能单位，这与其他外分泌腺是以排泄导管为中轴的分法不同。后来，有学者根据肝血液循环和胆汁排出途径，又提出了两个概念：门管小叶和肝腺泡（图 14-10）。

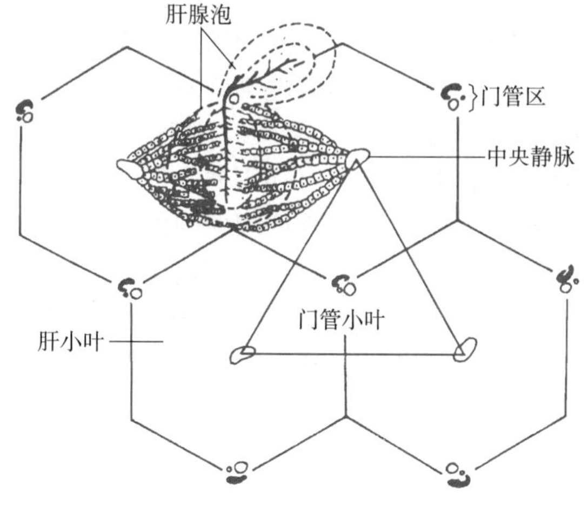

图 14-10　肝三种结构与功能单位示意图

1. 门管小叶（portal lobule）　是以门管区为中轴的小叶结构，为三面棱柱体，其长轴与经典肝小叶平行，中心为胆管及其伴行的血管，周围以三个中央静脉的连线为界。门管小叶的概念着重强调肝的外分泌功能，即肝细胞分泌的胆汁从门管小叶的边缘向中央汇集，导入小叶间胆管。

2. 肝腺泡（liver acinus）　是以门管区血管发出的终末门微静脉和终末肝微动脉为中轴，伴有胆管、淋巴管和神经的分支，两端以中央静脉为界，其立体形态呈橄榄状。肝腺泡是肝的最小微循环结构单位，从中轴至一侧中央静脉的肝板断面约有几十个肝细胞排列组成。肝腺泡内的血流是从中轴单向性地流向两端的中央静脉。根据血流方向和肝细胞获得血液供应的时间顺序，可将肝腺泡分成三个功能带：近中轴血管的部分为Ⅰ带，肝细胞优先获得富有氧和营养成分的血液供应，细胞代谢活跃，再生能力强；近中央静脉的外侧分为Ⅲ带，肝细胞获得的血液供应是继Ⅰ带和Ⅱ带之后，血液成分已发生变化，此带肝细胞对某些有害物质的作用较敏感，易发生病理损害，肝细胞再生能力较弱；Ⅰ带和Ⅲ带之间的中间部分为Ⅱ带，肝细胞状况介于Ⅰ带和Ⅲ带之间。可见，肝腺泡概念强调肝微循环和肝细胞功能的异质性以及某些肝病理损伤的机制。

(四) 肝的血液循环

肝的血液循环有两条：一条为功能血管，即门静脉，其进入肝门后发出的分支穿行于小叶间，构成小叶间静脉，最后注入肝窦；另一条为营养血管，即肝动脉，其进入肝门后的分支构成小叶间动脉，最后也注入肝窦。

肝窦的血液汇集进入中央静脉，后者离开肝小叶后汇入小叶下静脉。小叶下静脉单独行走于小叶间结缔组织内，管腔较多，管壁也相应加厚，许多小叶下静脉再汇成 2～3 支肝静脉，出肝后入后腔静脉。

(五) 胆汁的排出途径

由肝细胞分泌的胆汁通过胆小管，自肝小叶中央向周边流动，于肝小叶边缘汇入 Herring 管，之后注入小叶间胆管，从肝门出去汇集成肝管离开肝。肝管与胆囊管（有胆囊动物）汇合成总胆管，最终开口于十二指肠。

三、胆囊与胆管

（一）胆囊

为储存和浓缩胆汁的囊状器官。马缺胆囊。胆囊壁由黏膜、肌层和外膜构成。黏膜突向管腔，形成许多皱襞。黏膜上皮为单层高柱状，上皮细胞游离面具有微绒毛，可吸收水分和无机盐。反刍动物黏膜上皮细胞之间还夹有杯状细胞。固有层结缔组织分布着盘曲的腺体和淋巴小结，牛的腺体较多，而肉食动物和猪的腺体较少。肌层中肌纤维的方向不规则，但环行肌比较发达。外膜连接肝的部分为纤维膜，其余为浆膜。

（二）胆管

胆管和肝管合并为总胆管，管壁较厚。黏膜上皮为单层柱状，上皮之间夹有杯状细胞。固有层薄，内含黏液腺。肌层分内环、外纵两层，但界线不明显。总胆管与胰管汇合后通入十二指肠，局部扩大形成肝胰壶腹，其环行平滑肌增厚，形成壶腹括约肌或欧氏括约肌（sphinctor of Oddis）。总胆管在与胰管汇合之前，环行平滑肌也增厚，形成总胆管括约肌。

四、胰

胰（pancreas）是一个具有外分泌和内分泌两种功能的实质性器官，其结构包括外分泌部和内分泌部两部分（二维码 72）。胰表面被以少量结缔组织组成的被膜，结缔组织伸入实质，将胰分成许多小叶。小叶间结缔组织不发达，小叶界限也不明显。

二维码 72

（一）外分泌部

外分泌部（exocrine portion）的分泌物称胰液，内含胰蛋白酶原、胰糜蛋白酶原、胰脂肪酶和胰淀粉酶等，对食物有重要消化功能。外分泌部还分泌一种胰蛋白酶抑制因子，可防止胰蛋白酶原和胰糜蛋白酶原在胰腺内被激活。如果胰蛋白酶抑制因子的分泌受阻，可导致胰腺组织自我消化，引起急性胰腺炎。外分泌部为复管泡状腺，由腺泡和导管两部分组成。

1. 腺泡　大小和形状不一，但均由浆液性腺细胞组成（图 14-11）。腺细胞呈锥形，圆形胞核位于细胞基部，含有 1～2 个明显核仁。腺细胞基部有许多纵行排列的线粒体和大量核糖

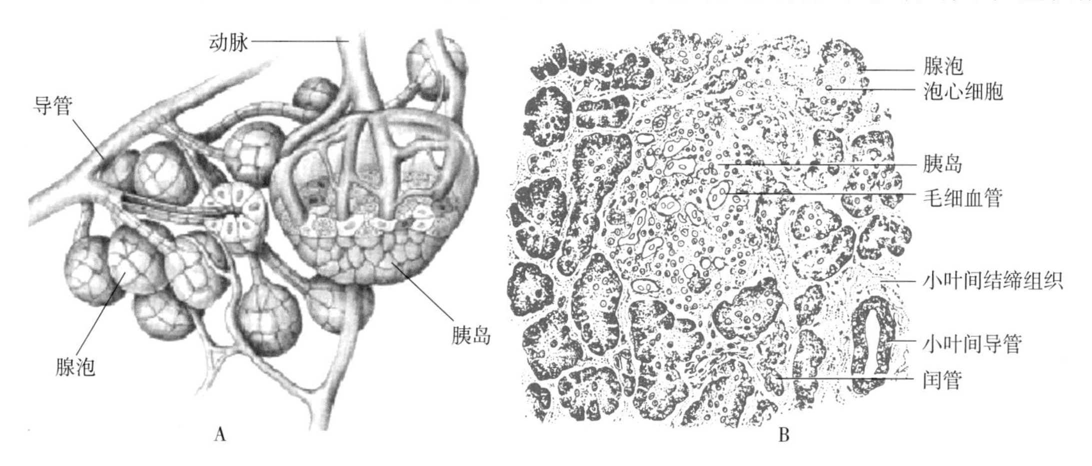

图 14-11　胰腺结构模式图

A. 立体模式图　B. 胰岛和腺泡结构模式图

体和粗面内质网，故碱性染料染色时基部着色较深。核上区高尔基复合体发达，并有嗜酸性的酶原颗粒。酶原颗粒的多少随消化和分泌活动而变化。腺泡周围无肌上皮细胞。腺泡腔内经常可见一种体积较小的上皮细胞，是闰管的起始细胞，其特征是胞质少，染色淡，胞核扁圆，称为泡心细胞（centroacinar cell）。

2. 导管　包括闰管、小叶内导管、叶间导管和总排泄管，它们均由单层上皮构成。其中，闰管较长，管腔很小，由单层扁平上皮构成。闰管起始于泡心细胞，末端与小叶内导管相通。小叶内导管由单层立方上皮构成，管腔随之增大。出小叶后进入叶间结缔组织，成为叶间导管。叶间导管上皮为单层柱状上皮，管腔更大。各叶间导管逐渐汇合成总排泄管并进入总胆管，开口于十二指肠。总排泄管的单层柱状上皮细胞间夹有杯状细胞，偶见内分泌细胞。有的导管上皮细胞还具有分泌水和电解质的功能。

（二）内分泌部

胰的内分泌部又称胰岛（pancreas islet），是由几种内分泌细胞构成的近圆形的细胞团，散在分布于外分泌部腺泡之间（图 14-11、图 14-12），大小不一。腺细胞排列成团或成索，但牛的腺细胞排列成板状。胰尾中胰岛最多，胰头和胰体较少。胰岛的细胞索之间分布少量结缔组织和丰富的有孔毛细血管，胰岛周围有少量结缔组织。普通染色时胰岛的各类细胞不易区分，应用 Mallory-Azan 三色染色法或免疫细胞化学反应，可显示胰岛主要由下列三种细胞组成（图 14-12）：

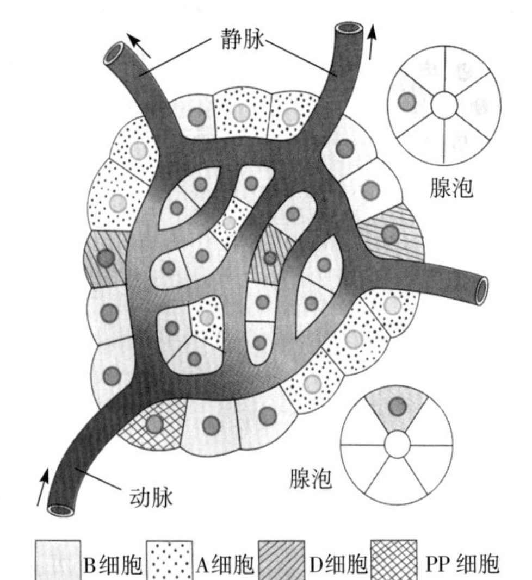

图 14-12　构成胰岛的细胞类型模式图

1. A 细胞　多分布于胰岛外周部分，约占胰岛细胞总数的 20%，又称 α 细胞或甲细胞。胞体较大，胞质内含许多粗大颗粒，这些颗粒不易溶于乙醇，但有嗜银性，Mallory-Azan 染色呈鲜红色，圆形胞核体积较大，偏于细胞一侧，淡染。胞质颗粒具有界膜，颗粒中心有致密芯，膜与芯之间有明亮间隙。A 细胞分泌胰高血糖素（glucagon），促进糖原分解，抑制糖原合成，使血糖浓度升高。A 细胞还分泌抑多肽和胆囊收缩素（CCK）。

2. B 细胞　多分布于胰岛中央部分，数量最多，约占胰岛细胞总数的 70%，又称 β 细胞或乙细胞。胞核较小，胞质内含许多较细的颗粒，易溶于水，无嗜银性。Mallory-Azan 染色 B 细胞胞质内颗粒呈橘黄色，颗粒形态因动物种类而异，犬、猫和蝙蝠的颗粒为圆形，大小不一，界膜内有一至数个中等电子密度的芯。芯为球形、棒状、针状、长方形或菱形的类晶体，界膜与晶体之间的间隙较大。B 细胞分泌胰岛素（insulin），促进糖原合成和葡萄糖分解，使血糖浓度降低。

3. D 细胞　数量较少，约占胰岛细胞总数的 5%，也称为 δ 细胞或丁细胞。Mallory-Azan 染色，胞质内颗粒呈蓝色。细胞分泌颗粒较大，电子密度较低。细胞器较少。D 细胞分泌生长抑素，以旁分泌方式抑制 A、B 细胞的分泌。

除了上述三种细胞之外，胰岛中还有很少的 D1 细胞、PP 细胞（图 14-12）和 C 细胞。D1 细胞分泌血管活性肠肽。PP 细胞主要分布于胰岛周边，胞质也有分泌颗粒，分泌胰多肽，抑制胃肠运动、胰液分泌以及胆囊收缩。C 细胞（丙细胞）可能是未分化细胞，能分化成为 A、B 细胞等。

1. 名词解释：闰管　泡心细胞　枯否细胞　胆小管　纹状管　门管区　胰岛
2. 试述肝小叶的组织结构。
3. 简述肝腺泡与门管小叶的功能及意义。
4. 试述肝的血液循环特点。
5. 比较大唾液腺和胰腺的结构异同。

（陈秋生　赫晓燕）

第十五章　呼吸系统

呼吸系统（respiratory system）由呼吸道和肺组成，主要功能是进行气体交换。呼吸道包括鼻、咽、喉、气管和支气管，为输送气体的通道，并具有净化、温暖和湿润吸入空气的作用。此外，鼻有嗅觉功能，喉与发声有关。肺不仅是重要的呼吸器官，而且还具有散热、排泄、内分泌等多种功能。

一、鼻　　腔

鼻腔外覆皮肤，内面衬以黏膜，称鼻黏膜（nasal mucosa），由上皮和固有层组成，并与软骨或骨骼肌相连。鼻黏膜根据结构和功能的不同，可分为前庭部、呼吸部和嗅部。

（一）前庭部

前庭部（vestibular region）的上皮为复层扁平上皮，近鼻孔处表层细胞角化，与皮肤相连续，近呼吸部上皮较湿润；固有层为致密结缔组织，内有浆液腺、毛囊、皮脂腺、汗腺及弥散淋巴组织。鼻毛可阻挡空气中较大的尘埃和异物。

（二）呼吸部

呼吸部（respiratory region）占鼻黏膜的大部分。在正常状态下呈粉红色，因为固有层内含有丰富的毛细血管和静脉丛，故有温暖空气的作用。黏膜上皮为假复层纤毛柱状上皮，杯状细胞较多。固有层结缔组织中含有淋巴组织和分支管泡状的鼻腺（混合腺）。腺体和杯状细胞分泌物可保持鼻黏膜湿润，黏附空气中的尘粒和细菌，借上皮纤毛向咽部做节律性摆动而清除。由于缺乏黏膜下层，故黏膜不易移动。

（三）嗅部

嗅部（olfactory region）位于鼻腔的后上方，其黏膜的颜色随动物不同而异，猪呈棕色，马、牛呈淡黄色，山羊和绵羊分别呈黑色和黄色，肉食动物呈灰白色。嗅黏膜表面由支持细胞、嗅细胞和基细胞组成假复层纤毛柱状上皮，因有嗅觉功能，又称嗅上皮（图15-1）。

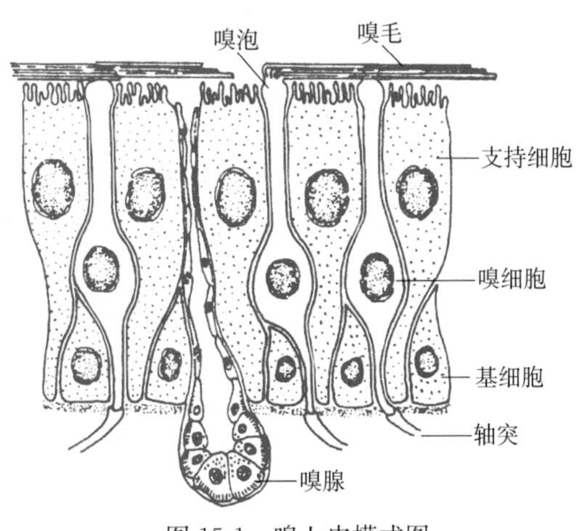

图15-1　嗅上皮模式图

1. 支持细胞（sustentacular cell）　数量最多，分隔并包绕每一个嗅细胞。支持细胞呈高柱状，顶部宽而基部细，游离面有许多微绒毛。胞核椭圆，位于细胞上部。胞质内的色素颗粒决定黏膜的色泽。支持细胞具有营养、支持和保护嗅细胞的作用。

2. 嗅细胞（olfactory cell）　为双极神经元，数量颇多，如犬约有 2.2×10^8 个。细胞呈长梭形，散在于支持细胞之间。嗅细胞分胞体、树突和轴突三部分。胞体位于细胞中部，树突呈细棒状，伸向上皮表面，其末端膨大为小球状，称嗅泡（olfactory vesicle）。自嗅泡伸出数根乃至数十根倾向一侧的纤毛，称嗅毛（olfactory cilia），它们浸于嗅腺的分泌物中司嗅觉。轴突细长，穿过基膜后形成无髓的嗅神经，进入颅腔与嗅球内的神经细胞形成突触。

3. 基细胞（basal cell）　位于上皮深部，细胞较小，呈锥体形。该细胞具有分化的潜能，可分化为支持细胞和嗅细胞。

固有层为薄层结缔组织，血管丰富，并含有许多管泡状的浆液腺称嗅腺，分泌的浆液覆盖于黏膜表面，溶解空气中的气味物质，并刺激嗅毛产生嗅觉。此外，浆液还可清洁上皮表面，使之保证其嗅觉的敏锐性。

二、喉

喉（larynx）既是呼吸器官又是发声器官，前与咽相连，后接气管。喉是由几块形状不同的软骨构成支架，内衬以假复层纤毛柱状上皮，含大量杯状细胞。在会厌前后及声带部，黏膜上皮则为复层扁平上皮。反刍动物、肉食动物和猪的会厌部上皮内还分布有味蕾。马的喉侧室上皮为假复层纤毛柱状上皮，而猪和肉食动物则为复层扁平上皮。位于复层扁平上皮下的固有层属致密结缔组织，而在假复层纤毛柱状上皮下的固有层则属疏松结缔组织。固有层的淋巴小结以反刍动物最多，马次之，猪和肉食动物较少。

三、气管和支气管

气管（trachea）是以若干C形透明软骨环为支架形成的管道，其下端分支为左、右支气管，经肺门进入肺。气管与支气管的管壁由黏膜、黏膜下层和外膜三层组成（图 15-2、二维码 73）。

二维码 73

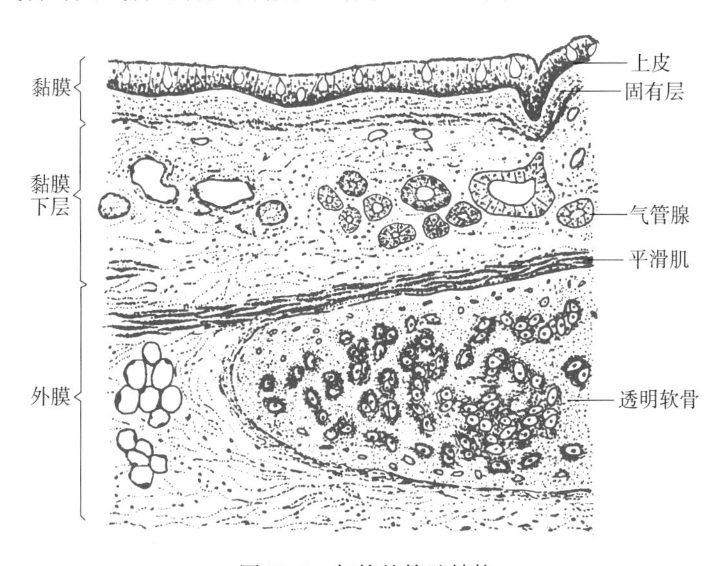

图 15-2　气管的管壁结构

(一) 黏膜

黏膜由上皮和固有层两部分组成。气管和支气管的黏膜上皮均为假复层纤毛柱状上皮，基膜明显，上皮细胞间夹有大量杯状细胞。固有层为疏松结缔组织，内含较多弹性纤维使气管具有一定的弹性。此外，固有层内还可见到较多的气管腺的导管和淋巴组织。假复层纤毛柱状上皮由五种细胞组成（图 15-3、二维码 74）。

二维码 74

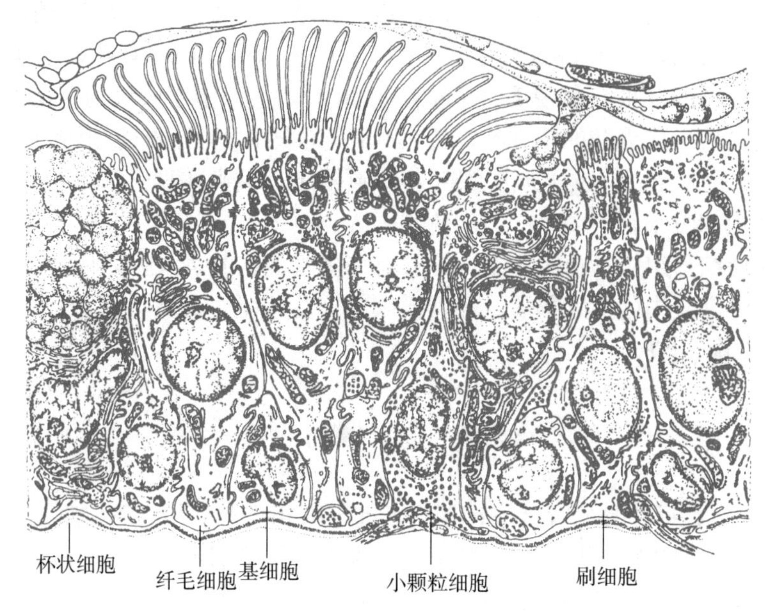

图 15-3　气管和支气管上皮超微结构模式图

1. 纤毛细胞（ciliated cell）　数量最多，呈高柱状，游离面有纤毛和少量的微绒毛，卵圆形的细胞核位于细胞中央。纤毛细胞顶部有较丰富的线粒体、高尔基复合体及溶酶体，基部有粗面内质网。游离面的纤毛向咽部摆动，可清除黏液和尘埃。

2. 杯状细胞（goblet cell）　散在的分布于纤毛细胞之间，细胞顶端无纤毛，只有少量微绒毛。顶部的胞质内含有大量的黏原颗粒，细胞核常被分泌颗粒挤压在细胞底部。杯状细胞分泌的黏液与气管腺的分泌物覆盖在黏膜表面，形成一保护性黏膜屏障，可黏附尘埃和细菌等异物，也能溶解一些有害气体如 CO 和 SO_2 等。

3. 基细胞（basal cell）　分布于上皮基底部，胞体呈小的锥体形，核圆，细胞器少。基细胞具有增殖分化能力，可分化为纤毛细胞和杯状细胞。

4. 刷细胞（brush cell）　细胞呈高柱状，光镜下不易辨认。游离面具有排列紧密且长而直的微绒毛，犹如刷子而得名。无分泌功能，有人发现此细胞能与神经末梢形成突触，可能具有感受的功能；也有人认为是幼稚的细胞，能分化为纤毛细胞。

5. 小颗粒细胞（small granular cell）　因在电镜下胞质内有许多致密的颗粒而得名，是一种神经内分泌细胞，属 APUD 系，在光镜下不易区分。免疫细胞化学研究证明，颗粒中含有 5-羟色胺、降钙素、脑啡肽等物质，分泌物可进入血液循环，调节呼吸道平滑肌的收缩、腺体分泌和肺循环的血流量。

（二）黏膜下层

黏膜下层为疏松结缔组织，由于无黏膜肌，与固有层无明显分界。黏膜下层内胶原纤维较多，除含有血管、淋巴管、神经和淋巴组织外，还有较多的气管腺，多为混合腺。腺体的分泌物排入管腔，与杯状细胞分泌的黏液共同在气管表面形成黏液保护层。此外，腺细胞还分泌溶菌酶。浆细胞分泌的 IgA 与上皮细胞的分泌物能结合形成 SIgA，具有抗菌和抑制病毒感染的作用。当 SIgA 分泌不足时，动物易发生呼吸道感染。

（三）外膜

外膜最厚，由透明软骨环和致密结缔组织构成，又称软骨纤维膜。软骨呈 C 形，构成气管的支架，其缺口处有平滑肌束，马、猪和反刍动物的平滑肌位于缺口内侧；猫、犬等则位于缺口外侧。平滑肌的舒缩，可适度调节气管腔的大小并有助于分泌物的排出。

四、肺

肺（lung）表面被覆一层湿润而光滑的浆膜，实为胸膜的脏层。肺是一实质性器官，由实质和间质两部分组成，实质即肺内导气部和呼吸部，间质为结缔组织、血管、神经和淋巴管等。

肺内导气部包括主支气管、叶支气管、段支气管、小支气管、细支气管和终末细支气管，它们为气体的通道，故称导气部。肺内支气管连续不断的反复分支，犹如树枝状，习惯称支气管树（bronchial tree）（图 15-4）。

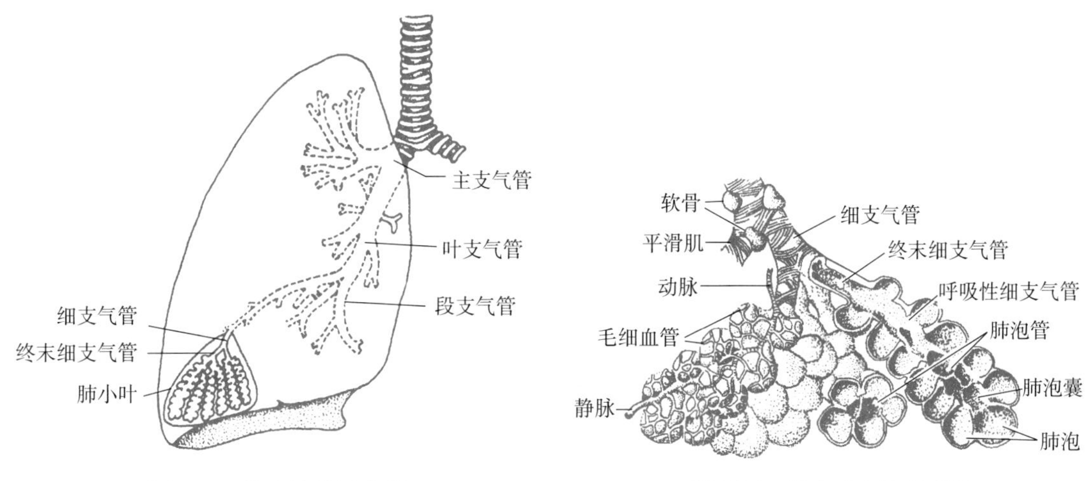

图 15-4 肺内结构示意图

图 15-5 肺小叶立体模式图

肺的呼吸部包括呼吸性细支气管、肺泡管、肺泡囊和肺泡。以上各段均有肺泡的开口，可进行气体交换，故称呼吸部。每个细支气管及其所属的分支和肺泡，构成一个肺小叶。肺小叶（pulmonary lobule）是肺的结构单位，呈锥体或不规则多面形（图 15-5）。临床上所谓小叶性肺炎就是指一个或几个肺小叶的炎症。小叶之间为小叶间结缔组织，以牛、猪和绵羊较为发达，马次之，肉食动物的较少。

（一）导气部

肺内导气部随着支气管的不断分支，其管径渐细，管壁渐薄，结构亦趋向简单（图 15-6）。

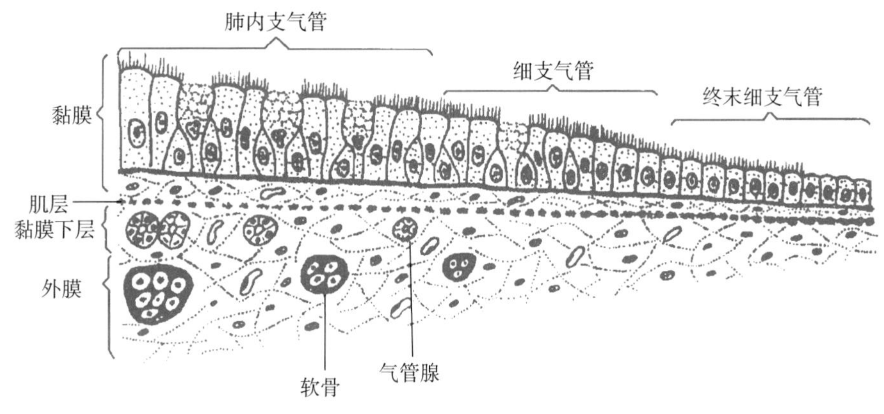

图 15-6 导气部管壁结构模式图

二维码 75

1. 叶支气管至小支气管 管壁结构与支气管相似，亦由黏膜、黏膜下层和外膜构成。上皮为假复层纤毛柱状上皮，之间夹有杯状细胞，其数量逐渐变少。固有层很薄，富含弹性纤维，分布有弥散淋巴组织。固有层外侧的平滑肌形成断续环行的肌层。黏膜下层内的腺体逐渐减少。外膜内的软骨呈不规则的片状，并不断减少（二维码 75）。

二维码 76

2. 细支气管（bronchiole） 上皮由假复层纤毛柱状逐渐过渡为单层纤毛柱状上皮，杯状细胞、软骨片和腺体基本上消失，仅有零散分布。平滑肌相对增多，形成较为完整的一层（二维码 76）。当平滑肌收缩时，黏膜可形成皱襞，管腔变细，影响气体流量。

3. 终末细支气管（terminal bronchiole） 黏膜皱襞渐消失，上皮为单层纤毛柱状上皮。管壁上杯状细胞、腺体和软骨完全消失，平滑肌形成完整的一薄层。

在细支气管和终末细支气管的黏膜上皮中还有一种无纤毛的柱状分泌细胞，称克拉拉细胞（Clara cell），顶部微凸，顶部胞质内有许多圆形或椭圆形分泌颗粒。其分泌物中的蛋白水解酶可分解管腔内的黏液及细胞碎片，从而降低黏度，利于气道通畅。此外，克拉拉细胞具有分化潜能，当上皮受损时，可转化为纤毛细胞（图15-7）。

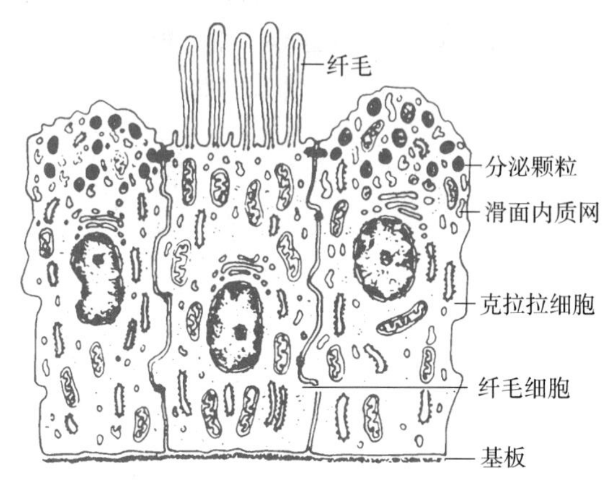

图 15-7　细支气管上皮细胞超微结构模式图

细支气管和终末细支气管的环层平滑肌的舒缩可改变其管径的大小，故有调节肺泡内气体流量的作用。在某些病理情况下，这些管道的平滑肌发生痉挛性收缩，加上黏膜水肿，因而导致管腔狭窄甚至阻塞，发生呼吸困难，如哮喘、过敏等。

二维码 77

（二）呼吸部（图 15-8、二维码 77）

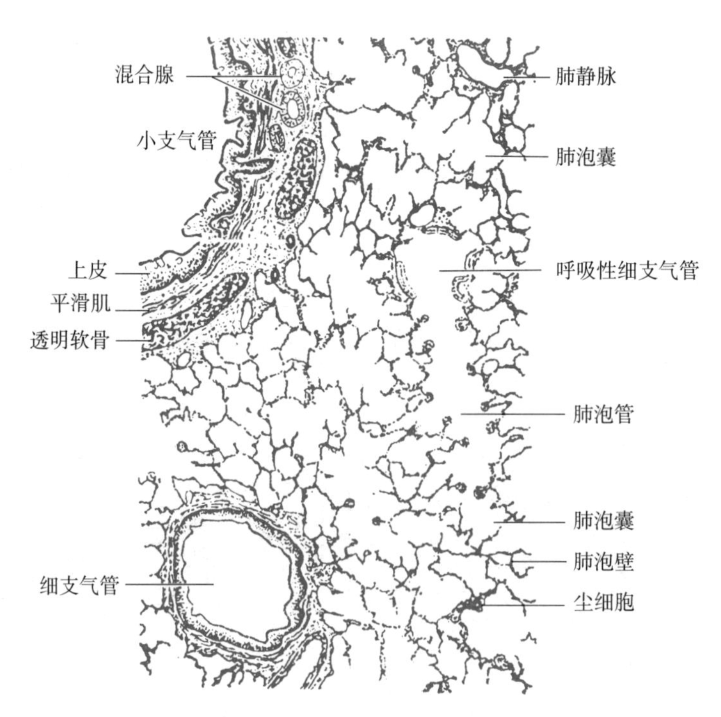

图 15-8　肺显微结构模式图

1. 呼吸性细支气管（respiratory bronchiole） 为终末细支气管的进一步分支，由于管壁上有肺泡的开口，故管壁不完整而具有气体交换功能。呼吸性细支气管的起始端为单层纤毛柱状上皮，逐渐过渡为单层柱状或立方上皮，邻近肺泡处为单层扁平上皮。上皮下方的结缔组织内有少量散在的平滑肌。

2. 肺泡管（alveolar duct） 每个呼吸性细支气管分出 2～3 条肺泡管。管壁上有较多的肺泡囊和肺泡开口，因此管壁结构呈断续状，只存在于肺泡开口之间。由于平滑肌环绕在肺泡开口处，因而在肺泡管断面上可见此处呈结节状膨大。

3. 肺泡囊（alveolar sac） 是几个肺泡所共同围成的囊泡状腔，与肺泡管相延续。上皮已全部变为肺泡上皮，此时平滑肌已完全消失，故肺泡之间无结节状膨大。

4. 肺泡（pulmonary alveoli） 为半球形或多面形囊泡，开口于呼吸性细支气管、肺泡管或肺泡囊，是进行气体交换的场所。肺泡壁菲薄，表面衬以单层肺泡上皮，基膜下方为肺泡隔。

（1）肺泡上皮：由Ⅰ型和Ⅱ型两种肺泡细胞组成，两者以紧密连接相连（图 15-9）。

①Ⅰ型肺泡细胞（type Ⅰ alveolar cell）：数量虽比Ⅱ型细胞少，但覆盖了肺泡表面的绝大部分区域。细胞大而扁薄，表面光滑。含核部分微凸，其余部分菲薄，约 0.2 μm。胞核扁圆，胞质内细胞器甚少，吞饮小泡较多。该细胞的主要功能是进行气体交换，并构成血-气屏障。

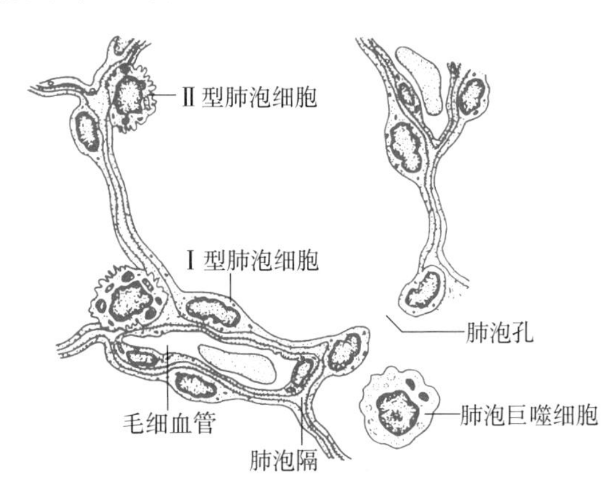

图 15-9 肺泡与肺泡隔示意图

②Ⅱ型肺泡细胞（type Ⅱ alveolar cell）：胞体较小，呈立方形或圆形，嵌于Ⅰ型肺泡细胞之间。胞核圆形，胞质淡染，呈泡沫状。电镜下此细胞的特征为：一是细胞的游离面有少量短小的微绒毛；二是在胞质内有许多呈同心圆或平行排列的板层结构，具有嗜锇性，称板层小体，即分泌颗粒。板层小体大小不一，直径为 0.1～1 μm，电子密度高，主要含二棕榈酰卵磷脂（图 15-10）。细胞以胞吐的方式将其分泌到肺泡表面并铺展成一层薄膜，为表面活性物质。该物质具有降低肺泡表面张力，防止肺泡塌陷或过度扩张，从而起到稳定肺泡大小的作用。此外，Ⅱ型细胞还具有分化、增殖的能力，对受损的肺泡上皮进行补充。

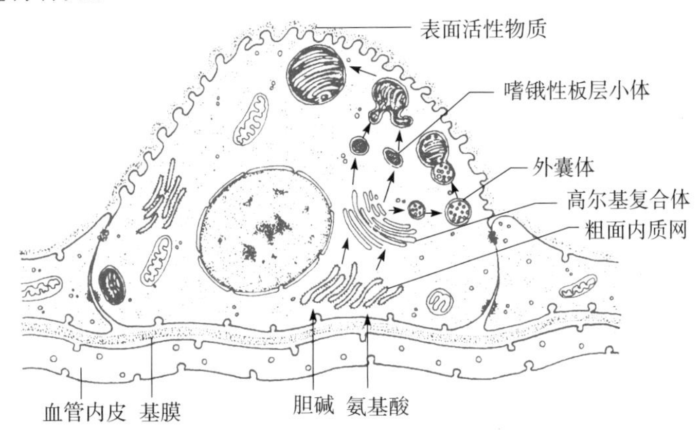

图 15-10 Ⅱ型肺泡细胞超微结构模式图

（2）肺泡隔（alveolar septum）：是相邻肺泡间含有丰富毛细血管、弹性纤维和网状纤维的结缔组织，肺泡隔非常薄（二维码 78）。结缔组织内还有肺巨噬细胞、成纤维细胞、肥大细胞和神经纤维等成分，为肺间质成分。毛细血管与肺泡之间完成气体交换；弹性纤维有助于保

二维码 78

持肺泡的弹性，与吸气后肺泡的回缩有关。由于某种因素导致弹性纤维退化或变性时，使肺泡弹性下降，经常处于扩张状态而影响呼吸功能，如肺气肿、哮喘等。

肺巨噬细胞属于单核吞噬细胞系统，胞体较大，形状不一，具有活跃的游走性和吞噬能力，有的游走到肺泡腔内，可以吞噬进入到肺内的尘埃、细菌、异物及渗出的红细胞等。当胞质内吞有大量的尘粒、烟灰时，细胞变黑，又谓尘细胞。临床上所说的心力衰竭细胞是指肺淤血时，由于吞噬了红细胞而胞质内出现含铁血黄素颗粒的一种肺巨噬细胞。吞噬异物后的肺巨噬细胞，可游走进入导气部，随纤毛摆动而被排出体外；有的则进入肺门淋巴结或沉积于肺间质内。肺的间质内还有较多的肥大细胞，当发生过敏反应时，可释放大量的组胺等生物活性物质，引起各级导管黏膜水肿，分泌增加，平滑肌收缩，出现呼吸困难、哮喘等症状。

（3）肺泡孔（alveolar pore）：是相邻肺泡之间相通的圆形或卵圆形小孔，一个肺泡有一个或多个（图 15-9），孔径 10～15 μm。肺泡孔作为沟通相邻肺泡的气体通道，可以平衡肺泡内的气压。当细支气管的各级分支堵塞时，可以建立侧支通气道。但在肺部感染时，病原菌亦可通过此孔扩散和蔓延。

（4）血-气屏障（blood-air barrier）：是肺泡与血液之间进行气体交换所通过的结构，也是防止病原扩散的结构。其结构包括肺泡表面磷脂液体层、Ⅰ型肺泡细胞及其基膜、薄层结缔组织、毛细血管基膜及内皮。有些肺泡上皮与血管之间无结缔组织，两层基膜直接相贴而融合。血-气屏障很薄（0.2～0.5 μm），利于气体交换。其中任何一层的病变，均可造成气体交换障碍和导致病原扩散。

（三）肺的血管、淋巴管和神经

1. 肺的血管 肺内有两套血管系统：一为执行气体交换的功能性血管系统，即肺动脉和肺静脉；另一为营养性血管系统，包括支气管动脉和支气管静脉。

肺动脉中含有静脉血，经肺门入肺，随支气管分支而分支，最后形成肺泡周围的毛细血管网。在此与肺泡进行气体交换，把二氧化碳多的静脉血变成含氧丰富的动脉血。毛细血管网汇集成各级静脉，最后形成肺静脉，把富含氧的动脉血带回心脏。

支气管动脉是胸主动脉的分支，其管径较肺动脉细。支气管动脉入肺后，沿支气管树分支至呼吸性细支气管，沿途发出许多侧支以营养各级支气管、肺泡等。随后，一部分毛细血管汇集于肺静脉，另一部分毛细血管则汇集成支气管静脉，它们均由肺门出肺。

2. 肺的淋巴管 常分成浅、深两组。浅层组在肺胸膜内形成淋巴管丛，汇集形成几个较大的淋巴管，进入肺门淋巴结。深层组在肺泡管处形成淋巴管丛，汇集成几个淋巴管，两组淋巴管均通过肺门淋巴结进入淋巴循环。

3. 肺的神经 来自交感神经和迷走神经。它们在肺门处形成肺神经丛，入肺后支配支气管树、肺血管及肺胸膜，并在各级支气管周围形成神经丛，丛间含有小的神经节。肺的感觉神经纤维混于迷走神经内，支配肺内各级支气管的黏膜、肺胸膜、肺泡和血管壁平滑肌。

（四）肺的其他功能

肺在呼吸的同时，可带走体内多余的热量及一些代谢产物，也可谓是一排泄器官。此外，在呼吸管道的一些上皮细胞及肺内一些血管内皮细胞，还有内分泌功能，参与体内多种物质的代谢与转化：①肺血管内皮功能十分活跃，它可以合成组胺、心房肽、血管活性物质，还可灭活去甲肾上腺素和缓激肽。②肺血管内皮中的血管紧张素酶可将血液中的血管紧张素Ⅰ转化为血管紧张素Ⅱ，后者具有很强的血管收缩作用，可使血压升高。③肺是体内含前列腺素最多的器官之一，前列腺素也是在血管内皮细胞内合成与灭活。肺内前列腺素主要是前列腺素 E_2 和 $F_{2\alpha}$，前者使支气管平滑肌舒张，管腔扩大，后者则使平滑肌收缩，管腔缩小。④肺导气部上皮内的神经内分泌细胞能分泌 5-羟色胺、降钙素等胺肽类物质，可引起血管和支气管收缩，调节肺血管通透性，并刺激肺呼吸。

（五）高原动物肺的比较组织学

牦牛与其他世代生活于高原低氧条件下的动物，它们肺的微细结构在许多方面与低海拔地区动物有差异。超微结构研究显示，牦牛肺血-气屏障的厚度明显要比其他家畜的薄，有利于气体交换时增加氧的弥散量；肺泡壁的绝大部分由菲薄的Ⅰ型上皮细胞衬覆，而且这些细胞上可见明显的小孔或细胞间隙，为非连续型上皮；肺微动脉中膜（平滑肌）厚度与血管外径的百分比较乳牛和黄牛的小，说明高原牦牛肺动脉高压发病率比其他牛类要低，更适于高原环境；牦牛肺胸膜、小叶间隔、肺泡隔内都有丰富的弹性纤维，并相互联系，构成一个完整的弹性系统，维持肺良好地扩张和回缩。

1. 名词解释：嗅上皮　肺小叶　肺泡壁　肺泡隔　尘细胞　克拉拉细胞　血-气屏障
2. 构成气管与支气管黏膜上皮的细胞类型有哪些？
3. 肺的导气部和呼吸部各包括哪些结构？试述导气部管壁的结构变化规律。
4. 试述肺泡的组成及参与气体交换的组织结构。

（陈秋生　卿素珠）

第十六章 泌尿系统

泌尿系统（urinary system）是动物最主要的排泄系统，由肾、输尿管、膀胱和尿道组成，其主要功能是生成、储存和排出尿液。其中肾是最主要的排泄器官，将生命活动中产生的代谢废物和多余的水分，以尿的形式排出；对调节机体的水盐代谢和离子平衡具有重要作用，而且还具有合成和分泌多种激素和生物活性物质的功能。

一、肾

（一）肾的一般结构

肾（kidney）是成对的实质性器官，其内缘中部凹陷为肾门，是血管、神经、输尿管和淋巴管的出入门户。肾的类型随动物种类的不同而异，如羊、犬和兔为表面平滑的单乳头肾，牛为表面有沟的多乳头肾，猪为表面平滑的多乳头肾。尽管肾的类型不同，但在结构上都由被膜和实质组成（图 16-1）。

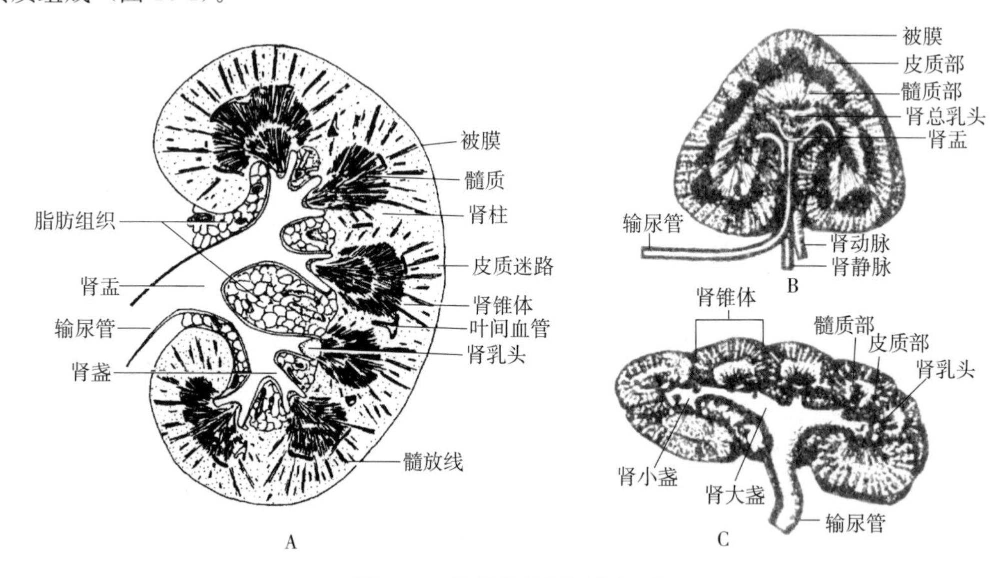

图 16-1 几种家畜肾矢状切面
A. 猪 B. 马 C. 牛

二维码 79

1. 被膜 又称纤维膜，分内外两层，外层致密，含胶原纤维和弹性纤维，内层疏松，含网状纤维和平滑肌纤维。猪和犬的被膜内层的平滑肌纤维散在分布，反刍动物可形成平滑肌层。正常情况下，被膜易于剥离，当肾发生某些病变时，被膜与实质粘连而剥离困难。

二维码 80

2. 实质 肾实质可分为外周的皮质（二维码 79、二维码 80）和中央的髓质，皮质部富含血管，呈深红色，髓质部含肾小管，呈淡红色。多乳头肾的髓质可形成明显的锥体状，称肾锥体（renal pyramid）。单乳头肾的肾锥体不明显。锥体的底部宽大向外，邻接皮质；顶端钝圆，突入肾小盏内，称肾乳头（renal papilla）。相邻肾锥体之间的皮质部分形成肾柱（renal column)。从肾锥体底部发出许多辐射状条纹，插入皮质，称髓放线（medullary ray)。髓放线周围的皮质为许多弯曲盘绕的小管，称皮质迷路（cortical labyrinth)，其中分布着大量红色颗粒样结构（实为肾小体），每条髓放线及周围的皮质迷路组成一个肾小叶，由于小叶间结缔组织不发达，故肾小叶界限不清晰。

肾皮质和髓质的厚度比例在不同的动物是不一样的，这与动物浓缩尿液的能力有关，髓质越厚，尿液的浓缩能力越强。

（二）泌尿小管

泌尿小管（uriniferous tubule）包括肾单位和集合小管两部分。肾单位（nephron）由肾小体和肾小管组成。肾小管又可分为近端小管、细段和远端小管三段。远端小管与集合小管相连。泌尿小管各段在肾实质内的分布及移行转化具有一定的规则性（表 16-1、图16-2）。

表 16-1　泌尿小管的组成及各段的分布位置

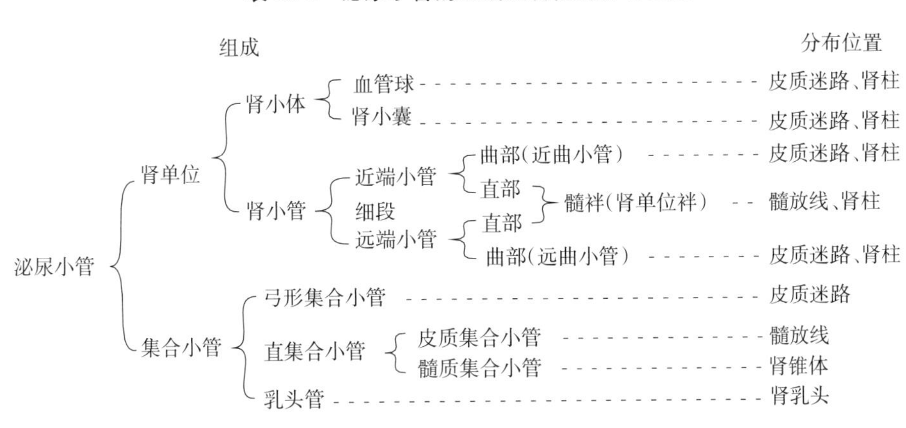

组成				分布位置
泌尿小管	肾单位	肾小体	血管球	皮质迷路、肾柱
			肾小囊	皮质迷路、肾柱
		肾小管	近端小管：曲部(近曲小管)	皮质迷路、肾柱
			近端小管：直部；细段；远端小管：直部 — 髓袢(肾单位袢)	髓放线、肾柱
			远端小管：曲部(远曲小管)	皮质迷路、肾柱
	集合小管	弓形集合小管		皮质迷路
		直集合小管	皮质集合小管	髓放线
			髓质集合小管	肾锥体
		乳头管		肾乳头

1. 肾单位（nephron）　是肾尿液形成的结构和功能单位，数量很多，依动物种类不同而异，乳牛有 800 万个，犬 100 万个，猫 18 万个，兔 20 万个。肾单位由肾小体和肾小管组成，根据其分布部位一般分为浅表肾单位（superficial nephron）和髓旁肾单位（juxtamedullary nephron）两种类型。浅表肾单位发生较晚，数量较多，肾小体分布于皮质浅层，体积较小，髓袢较短。髓旁肾单位发生较早，数量较少，其肾小体位于皮质深层，靠近髓质，髓袢和细段较长，可伸达髓质深层。髓袢越长，尿液浓缩的能力也越强。

（1）肾小体（renal corpuscle)：呈圆球形，分布于皮质迷路内，由血管球和肾小囊两部分组成。肾小体有极性：小动脉进出肾小囊的一端为血管极，对侧与近曲小管通连的另一端是尿极（图 16-3、二维码 81)。

二维码 81

①血管球（glomerulus)：为一团盘曲成团球状的动脉毛细血管。来自小叶间动脉的入球小动脉在血管极进入肾小囊，反复分支并吻合成球形的毛细血管袢，后者在血管极再汇成一条较细的出球小动脉离开肾小体。由于入球小动脉比出球小动脉短而粗，形成了血管球内较高的血压，有利于原尿的滤过形成。血管球的动脉毛细血管为有孔毛细血管，而且小孔数量较多，无隔膜，似筛孔样排列，血管内皮外是一层基膜（图 16-4、二维码 82)。

二维码 82

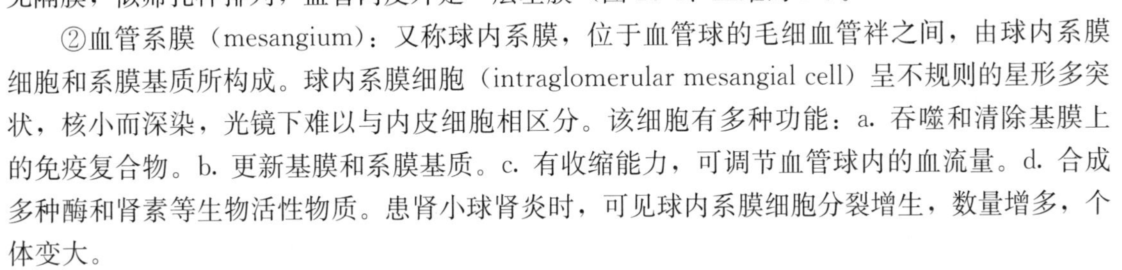

②血管系膜（mesangium)：又称球内系膜，位于血管球的毛细血管袢之间，由球内系膜细胞和系膜基质所构成。球内系膜细胞（intraglomerular mesangial cell）呈不规则的星形多突状，核小而深染，光镜下难以与内皮细胞相区分。该细胞有多种功能：a. 吞噬和清除基膜上的免疫复合物。b. 更新基膜和系膜基质。c. 有收缩能力，可调节血管球内的血流量。d. 合成多种酶和肾素等生物活性物质。患肾小球肾炎时，可见球内系膜细胞分裂增生，数量增多，个体变大。

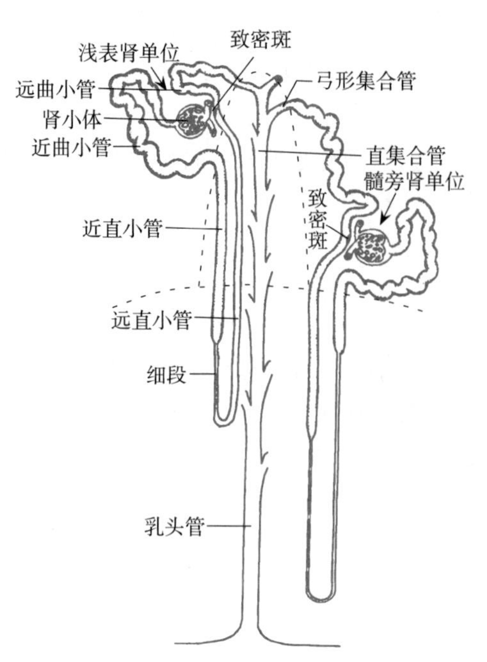

图 16-2 泌尿小管各段分布示意图

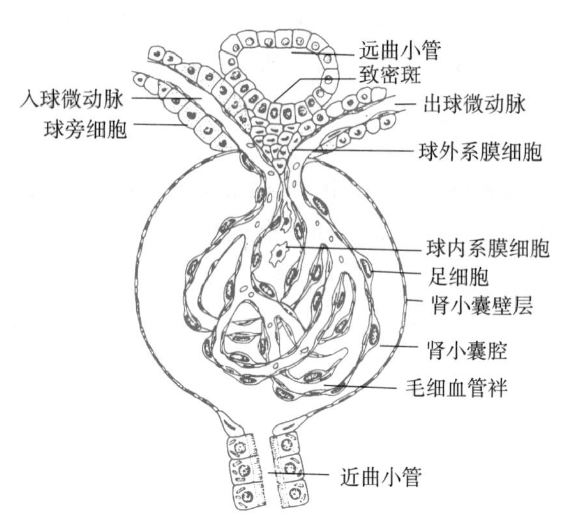

图 16-3 肾小体与球旁复合体立体模式图

③肾小囊（renal capsule）：为近端小管起始盲端凹陷而成的双层杯状结构，包绕中央的血管球（图 16-3）。肾小囊的外层（壁层）的上皮为单层扁平上皮，在尿极与近端小管相连续。在血管极，外层反折而延续为内层（脏层）。脏层细胞形态特殊，胞体大，凸向肾小囊腔，从胞体上伸出若干大的初级突起，初级突起上又分出许多次级突起和三级突起，这些突起的末端膨大并紧贴于毛细血管基膜上，形似足靴状，称为足细胞（podocyte），参与形成血管球滤过膜。足细胞突起末端称为足突，相邻足细胞的次级突起或三级突起相互穿插，形成栅栏状，其间有 25 nm 宽的裂隙，裂隙上有一层厚 4～6 nm的裂隙膜。足细胞突起内分布着丰富的微丝，具有收缩能力，可调节裂隙的宽度。肾小囊壁层和脏层之间的狭窄腔隙称为肾小囊腔，肾小球滤出的原尿首先进入囊腔。

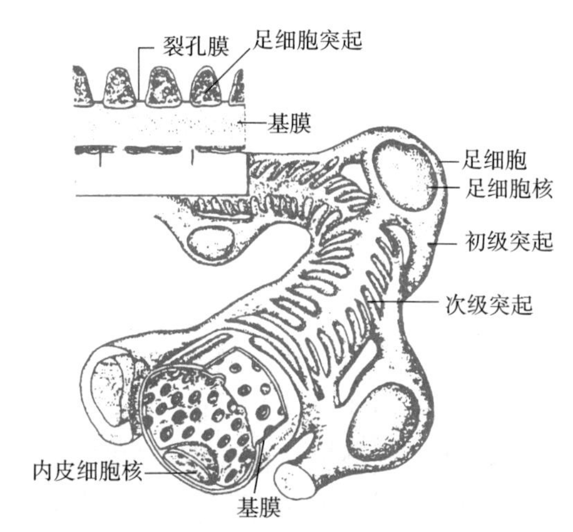

图 16-4 肾血管球毛细血管、基膜和足细胞超微结构模式图

④滤过膜与原尿的形成：肾小体是以滤过方式形成原尿。当血流经过血管球毛细血管时，由于毛细血管内血压较高，促使血液的大部分液体和物质都可经有孔内皮细胞、基膜和足细胞裂隙膜滤入肾小囊腔。所以，将血管球有孔内皮、基膜和足细胞裂隙膜这三层结构总称为滤过膜（filtration membrane）或滤过屏障，亦可称为血-尿屏障（blood-urine barrier）（图 16-4、图 16-5）。血管球内皮细胞上具有许多直径 50～100 nm 的无隔膜小孔，能阻止大颗粒物质的通过；肾小体基膜比其他部位的基膜厚 3 倍以上，PAS 反应阳性，是滤过屏障的主要部分，能阻止分子质量 160 ku 的大分子通过；足细胞裂隙膜具有 6～9 nm 的微孔，构成最后滤过部位，能阻止分子质量约为 70 ku 的物质通过。一般情

况下，肾小体滤过膜只允许分子质量 70 ku 以下、直径 4 nm 以下的物质滤过。肾小囊腔内的原尿，除不含大分子的蛋白质外，其余成分与血浆基本相似。在某些病理条件下，滤过膜受损伤，其通透性增高，一些大分子蛋白，甚至血细胞也能漏出，导致蛋白尿或血尿。

（2）肾小管（renal tubule）：是由单层上皮围成的细长而弯曲的小管，包括近端小管、细段和远端小管（图 16-6），各段管径不等，在 50～60 μm（二维码 83）。

二维码 83

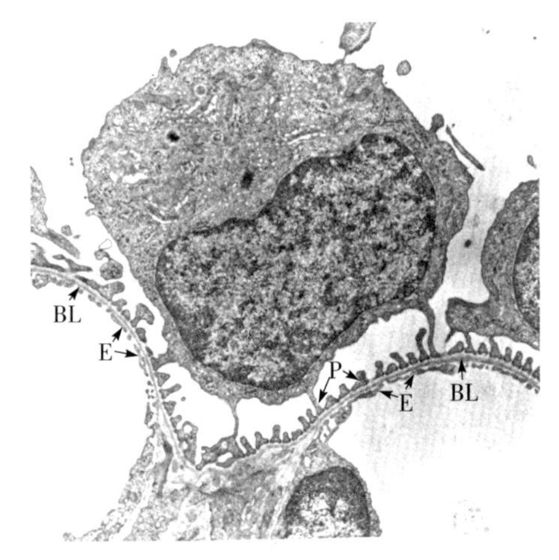

图 16-5 肾滤过膜超微结构图
BL. 基底膜 E. 有孔内皮 P. 足突

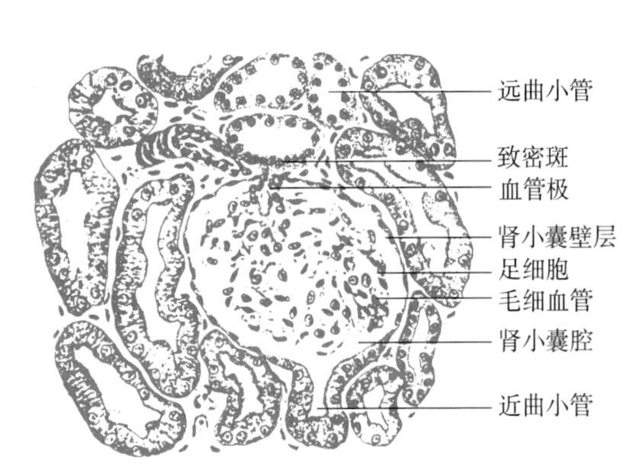

图 16-6 肾皮质切面显微结构示意图

①近端小管（proximal tubule）：与肾小囊尿极相连并盘曲行走于肾小体附近的一段为近端小管曲部；之后，离开皮质迷路进入髓放线并直行至髓质的部分为近端小管直部。

近端小管曲部简称近曲小管（proximal convoluted tubule），是肾小管最长、最弯曲的一段。近曲小管的管径较粗，管壁由单层锥体形细胞组成，管腔小而不规则。上皮细胞界线不清，胞质具有较强的嗜酸性，圆形细胞核位于细胞基部。细胞游离面可见明显的刷状缘（brush border），基底面有纵纹（basal striation）。刷状缘实际上是大量整齐排列的微绒毛，可以增加细胞游离面的表面积。在微绒毛根部，细胞膜内陷，形成丰富的顶小管和小泡，它们是近曲小管上皮重吸收作用的结构基础。细胞基底部纵纹实际上是基底质膜内陷所形成的质膜内褶，内褶之间的胞质中分布着纵向排列的杆状线粒体。近曲小管上皮细胞的侧面伸出许多侧突，相邻细胞的侧突指状交错，造成光镜下细胞界线不清楚（图 16-7）。侧突细胞膜上具有许多 Na^+ 泵，可将原尿中的 Na^+ 主动运输到细胞间隙，同时 Cl^- 也伴随 Na^+ 进入间隙。细胞间隙内离子浓度增高，渗透压升高，引起原尿中的大量水分被重吸收到细胞间隙，再进入毛细血管。

图 16-7 近曲小管上皮细胞超微结构示意图

近端小管直部简称近直小管，其组织结构与近曲小管基本相同，只是上皮细胞变得略矮，线粒体较少，顶小管和小泡不发达，质膜内褶和细胞侧突不如近曲小管明显。这些结构变化表明近直小管的重吸收功能较近曲小管减弱。

近端小管是原尿重吸收的主要部位，在多种递质的作用下，可分别重吸收原尿中全部葡萄糖、氨基酸、蛋白质、维生素以及 60%以上的钠离子、50%的尿素和 65%～85%的水分等。

另一方面，近端小管上皮可向管腔排泄一些药物如青霉素等并分泌某些物质，如氨、肌酐、马尿酸和氢离子等。

②细段（thin segment）：在髓质中连接近直小管，有时在髓质中形成折袢。细段构成髓袢的第二段，管径小，由单层扁平上皮构成，有核部分凸向管腔。细胞质染色浅，游离面无刷状缘结构，只有少量不规则的微绒毛。细段的扁平上皮有利于水和离子透过。

③远端小管（distal tubule）：包括远端小管直部和曲部，分别简称为远直小管和远曲小管。远直小管构成髓袢第三段，经髓质和髓放线又返回所属肾小体附近的皮质迷路，盘曲行走形成远曲小管（distal convoluted tubule）。近直小管、细段、远直小管在髓质或髓放线内形成的袢状结构称髓袢。

远直小管的上皮为单层立方细胞构成，较近端小管的上皮细胞矮小，着色也浅，管腔显得大而规则。圆形细胞核位于细胞中央或近腔面，细胞游离面微绒毛少，不形成刷状缘，但质膜内褶更发达。电镜下有的质膜内褶可伸达细胞顶部，褶间线粒体细长，数量多。质膜内褶上分布着大量钠泵，主动向间质泵出钠离子，造成从肾锥体底部至肾乳头间质内的渗透压逐渐增高，有利于集合小管进行尿液浓缩，进而保留体内水分。

远曲小管在皮质迷路的肾小体周围弯曲行走，但长度要比近曲小管短，外径也较细。电镜下远曲小管上皮细胞的线粒体和质膜内褶不如远直小管发达，但细胞略高。远曲小管是离子交换的重要部位，在醛固酮的作用下，能主动吸 Na^+ 排 K^+，还可分泌 H^+ 和 NH_3，并继续吸收原尿的水分。在神经垂体释放的抗利尿激素作用下，远曲小管重吸收水分，在浓缩尿液的同时，调节体液的酸碱平衡。

2. 集合小管（collecting tubule） 包括弓形集合小管、直集合小管和乳头管三段。弓形集合小管与远曲小管相延续，由皮质迷路进入髓放线与直集合小管连接，很短，因其呈弓形而得名。直集合小管在髓放线和髓质内下行，至肾乳头处改称乳头管并开口于肾乳头。

集合小管上皮一般为单层立方上皮，细胞界线清晰，管腔大而平整，直径可达 200 μm，细胞着色较淡（图 16-8、图 16-9）。电镜下，胞质中含大量小的卵圆形线粒体和丰富的核糖体，而微绒毛、侧突和纵纹均少。随着直集合小管下行，小管上皮转变为变移上皮，集合小管亦受醛固酮和抗利尿激素的调节，可进一步浓缩尿液。

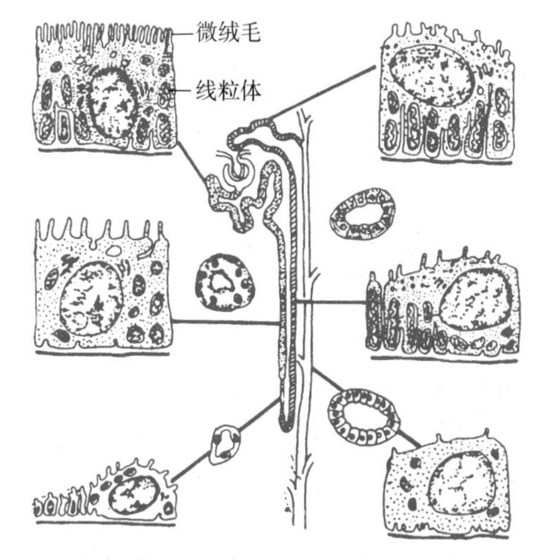

图 16-8 泌尿小管各段细胞结构模式图

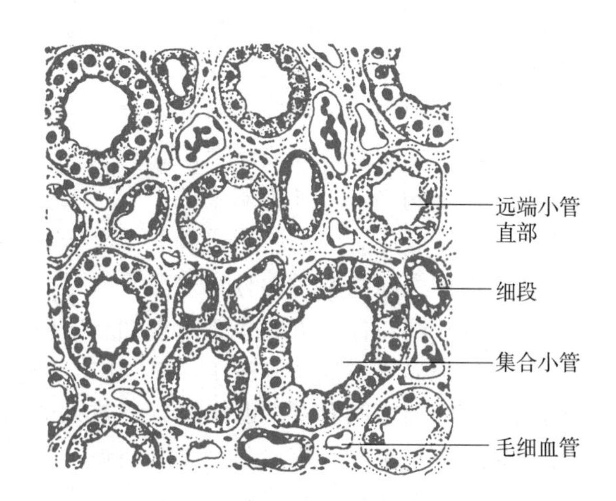

图 16-9 肾髓质显微结构模式图

肾小体形成的原尿，经过肾小管和集合小管的重吸收、分泌和排泄作用，有用的物质大部分或全部被重吸收入血，分泌和排泄到管腔，最后形成终尿，终尿仅占原尿的 1%左右，但含有大量尿酸、尿素等代谢废物。

（三）球旁复合体

在肾小体血管极一侧的三角形区域内，由球旁细胞、致密斑和球外系膜细胞组成的结构，称为球旁复合体（juxtaglomerular complex）或肾小球旁器（juxtaglomerular apparatus）（图16-3）。球旁复合体具有内分泌和调节功能。它不仅存在于哺乳类，也分布于鸟类、爬行类、两栖类和鱼类。

1. 球旁细胞（juxtaglomerular cell） 入球小动脉进入肾小囊时，动脉管壁上的平滑肌细胞转变为上皮样细胞，体积变大，细胞呈立方形，胞核较大，胞质丰富，弱嗜碱性。电镜下，球旁细胞胞质内肌丝少，粗面内质网和核蛋白体丰富，高尔基复合体发达。胞质内充满特殊分泌颗粒，PAS反应阳性，内含有肾素（renin）。肾素是一种蛋白水解酶，催化血浆中的血管紧张素原分解为血管紧张素Ⅰ，在转换酶的催化下转变成血管紧张素Ⅱ，具有升高血压、增强滤过的作用。

2. 致密斑（macula densa） 远曲小管在紧靠肾小体一侧的管壁上皮细胞由立方形转变为高柱状，细胞排列紧密，形成一个椭圆形斑，称为致密斑。电镜下，致密斑的细胞表面具有微绒毛，相邻细胞可见紧密连接，侧面相互嵌合，基底面伸出指状突起至球旁细胞，而且两者之间的基底膜常不完整。致密斑是一种化学感受器，对肾小管内尿液Na^+浓度变化很敏感，当Na^+浓度降低或升高时，致密斑将信息通过球外系膜细胞传递给球旁细胞，使得后者增加或减少肾素分泌。

3. 球外系膜细胞（extraglomerular mesangial cell） 指入球小动脉、出球小动脉和致密斑形成的三角区内的一群细胞，也称极垫细胞（polar cushion cell），它们与球内系膜细胞相连续。球外系膜细胞较小，有突起，胞质中可见分泌颗粒，它们的功能可能与信息传导有关。

（四）肾间质

肾间质的结缔组织在皮质部很少，但随着向髓质乳头深部的延伸，肾间质逐渐增多，在肾髓质的间质中有一种特殊的间质细胞——载脂间质细胞（lipid-laden interstitial cell），它们具有长短不等的突起，胞质内含有较多的脂滴、发达的内质网和高尔基复合体。细胞的长轴往往与邻近的髓袢及直小血管的长轴相互垂直，横架在这些管道之间，形成特殊的梯状结构，有利于髓质间质中渗透压梯度的形成和维持，与尿液浓缩有关，还可以舒张血管，降低血压。此外，肾间质的血管内皮可分泌红细胞生成素，刺激骨髓中红细胞的产生，这也是临床上肾病晚期出现肾性贫血的原因之一。

（五）肾血液循环特点和循环路径

1. 肾血液循环特点

（1）肾动脉来自腹主动脉，血流量很大，为心输出量的20%～25%，血压也较高，其中90%先流入肾皮质，流经肾血管球时产生滤液（原尿）。

（2）动脉在肾内先后形成两次毛细血管，在肾小囊内入球小动脉分支，形成血管球，为第一次毛细血管，汇集成出球小动脉后离开肾小体。血管球血压较高，透过滤过屏障形成原尿。出球小动脉离开肾小体后又分支形成球后毛细血管，分布在皮质肾小管周围，这是第二次毛细血管。球后毛细血管内的血液胶体渗透压较高，利于肾小管的重吸收。

（3）近髓肾单位的出球小动脉和小叶间动脉等发出的直小动脉与髓袢和集合小管下行进入髓质，继而折返上行为直小静脉，形成袢状。这一特点有利于髓袢和集合小管重吸收水分和浓缩尿液，故而髓质发达者，浓缩尿液能力强。

2. 肾血液循环路径 如下所示（图16-10）。

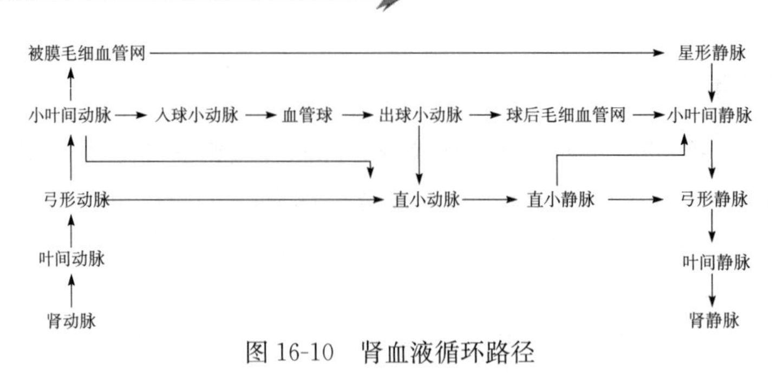

图 16-10　肾血液循环路径

二、排尿管道

排尿管道由前向后，依次包括肾盏、肾盂、输尿管、膀胱和尿道，其中，膀胱是暂时储存尿液的器官。除尿道外，其他各部结构大致相似，管壁一般分为下列三层。

1. 黏膜　黏膜上皮均为变移上皮，在膀胱处最厚，收缩状态时约为 8～10 层细胞，单蹄动物的上皮细胞间夹有杯状细胞。至尿道中部变为复层扁平上皮。固有层由结缔组织构成，马肾盂固有层具有管泡状黏液腺；马、驴、骡输尿管固有层内含有管泡状黏液腺。

2. 肌层　为平滑肌，有时可分出内纵、中环和外纵三层平滑肌。尤以膀胱平滑肌最厚。

3. 外膜　由疏松结缔组织构成，内含血管和神经。除膀胱顶部为浆膜外，其余各部均为纤维膜。

三、干旱少雨地带动物肾的比较组织学

骆驼等常年生活于干旱沙漠环境下动物，其肾微细结构发生了一定程度的适应性变化，可以产生高浓缩尿。沙鼠、大袋鼠、非洲野驴等动物的肾髓质与皮质的厚度比为 5∶1，我国双峰驼的髓质与皮质比为 4∶1。这些动物肾髓质宽阔，髓袢较长，有利于尿液的浓缩，减少水分的损耗；双峰驼、沙鼠等动物肾的近髓肾单位数量远比潮湿多水地带动物（如大象、河马、水豚鼠和家猪等）的多，而浅表肾单位数量少。近髓肾单位比浅表肾单位具有更长的髓袢和细段；沙漠动物（如双峰驼）肾直小血管在外髓聚集成特殊的血管束，与直行的肾髓袢和集合小管形成的泌尿血管束相间排列，这种排列方式是尿液浓缩时物质逆行交换的重要因素，有利于原尿中水分的重吸收和其他物质的交换。双峰驼与其他耐旱动物肾内、外髓区分明显，内髓发达，由肾盂发出辐射状突起并形成特殊的穹隆状结构。肾盂背、腹两侧发出的黏膜突起伸向外髓，在外髓形成明显的次级肾锥体。这些结构都与产生高浓缩尿液的能力相适应。

1. 名词解释：肾小体　肾小管　血-尿屏障　髓放线　足细胞　球内（外）系膜细胞　浅表肾单位　髓旁肾单位　刷状缘　致密斑　球旁复合体

2. 试述泌尿小管的组成及在肾实质中的移行规律。

3. 结合原尿滤过机理，简述肾小体的组织结构。

4. 原尿变成终尿要经过哪些管道？其结构与功能如何？

5. 肾血液循环特点是什么？其对尿液的产生具有什么意义？

（陈秋生　赵善廷）

第十七章　雄性生殖系统

雄性生殖系统包括成对的睾丸、附睾、输精管、副性腺及单一的尿生殖道、阴茎等器官。其中，睾丸的主要功能是产生雄性生殖细胞（精子），此外，还可以分泌雄性激素；附睾是精子进一步成熟和储存的部位；副性腺分泌物可给精子提供营养；其余为输送精子的管道。

一、睾　　丸

（一）睾丸的一般结构

睾丸（testis）除附睾缘外，均被覆一层浆膜。浆膜下方是致密结缔组织构成的白膜。浆膜、白膜构成睾丸的被膜，又称为固有鞘膜。白膜厚而坚韧，含有大量的胶原纤维和少量的弹性纤维。在马的睾丸白膜中还有少量的平滑肌纤维。在白膜中，许多睾丸动脉、静脉的分支集中形成血管层。马和猪的血管层位于白膜的深层，而犬和羊的在浅层。在睾丸头处，白膜的结缔组织伸入睾丸内部形成结缔组织纵隔，称睾丸纵隔（mediastinum testis）。马的睾丸纵隔仅分布于睾丸前端。自睾丸纵隔上分出呈放射状排列的结缔组织隔，并与白膜相连，称睾丸小隔（septula testis）。它将睾丸分成许多小室，称睾丸小叶。肉食动物、马和猪的睾丸小隔发达，牛、羊的薄而不完整。小叶内容纳着 1～4 条曲精小管。曲精小管起自小叶边缘，在小叶内盘曲折叠，末端变为短而直的直精小管。直精小管通入睾丸纵隔内，互相交叉形成睾丸网。此外，在曲精小管之间的疏松结缔组织称睾丸间质，间质中有一种特殊的间质细胞，能分泌雄性激素（图 17-1）。

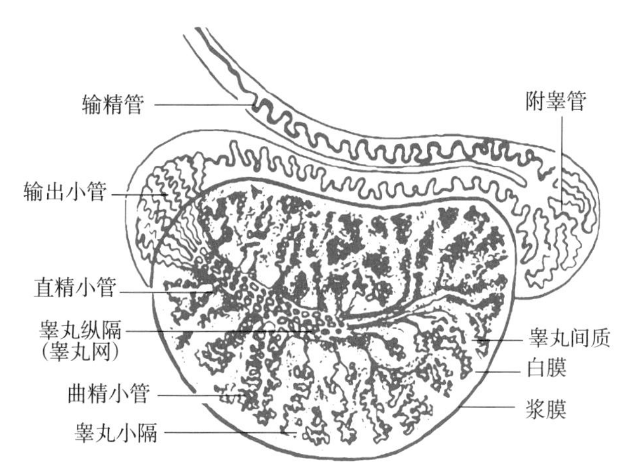

图 17-1　睾丸与附睾模式图

1. 曲精小管（seminiferous tubule）　为精子发生的场所，每条小管长 50～80 cm、直径达 150～300 μm。构成曲精小管的上皮是一种特殊的复层生精上皮，管壁上皮细胞分两类，即支持细胞和生精细胞。上皮外有一薄层基膜，基膜外有一层肌样细胞，其结构与平滑肌细胞相似，可收缩，有助于曲精小管内精子的排出（二维码 84、二维码 85）。

二维码 84

二维码 85

在性成熟动物睾丸的曲精小管的管壁上，由基底部向管腔依次排列着不同发育阶段的生精细胞（spermatogenic cell）：精原细胞、初级精母细胞、次级精母细胞、精子细胞和精子（图 17-2）。支持细胞分布在各级生精细胞之间。从精原细胞到精子形成的过程，称为精子发生（图 17-3）。

（1）精原细胞（spermatogonia）：在胚胎时即分化形成，是精子发生的干细胞，它位于曲精小管的基膜内侧。细胞呈圆形或椭圆形，直径约 12 μm，胞核圆形，着色较深，有 1～2 个核仁（图 17-2）。精原细胞是精子形成过程中最幼稚的生精干细胞，可分为 A、B 两型。A 型细胞核染色质细小，核仁常靠近核膜。根据核的结构和着色深浅不同，A 型又分明 A 型和暗 A 型两种。暗 A 型细胞核着色深，常有一小空泡，它不断分裂增殖。分裂后，一半仍为暗 A 型细胞，另一半为明 A 型细胞。明 A 型细胞核着色浅，它再经数次分裂产生 B 型精原细胞。B 型精原细胞的核膜内侧附有粗大异染色质颗粒，核仁位于中央，数次有丝分裂后，体积增大，分化为初级精母细胞。

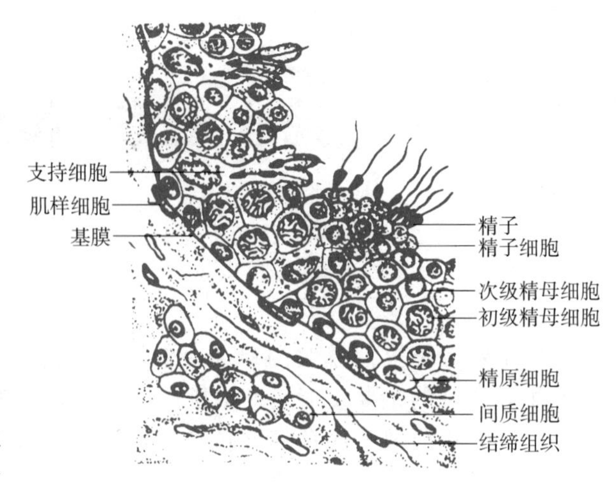

图 17-2　曲精小管与睾丸间质

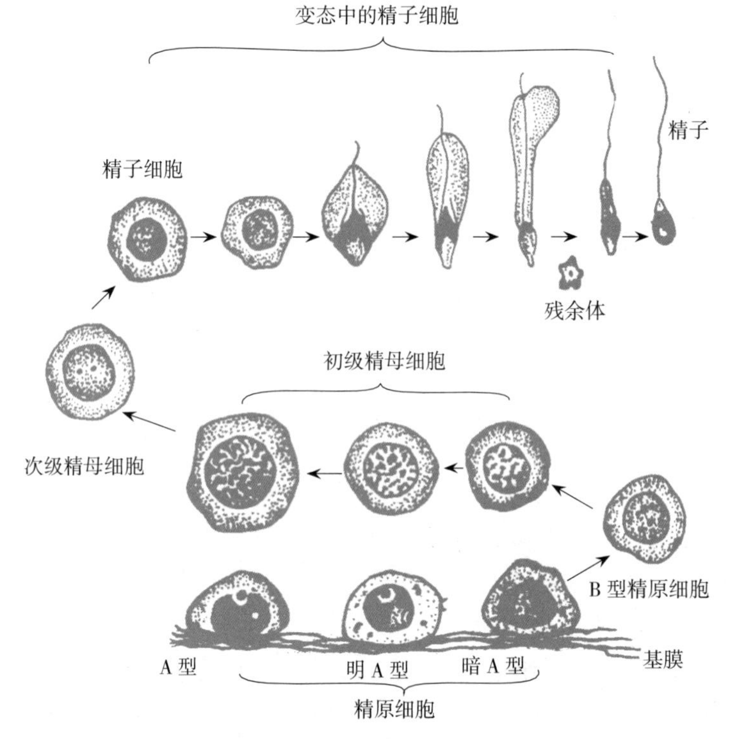

图 17-3　精子发生示意图

（2）初级精母细胞（primary spermatocyte）：多位于精原细胞内侧，是生精细胞中最大的细胞（图 17-2）。各种细胞器丰富。初级精母细胞处于第一次减数分裂的各个时期，胞核形态特殊，根据核染色体形状变化，有前细线期、细线期、偶线期及粗线期。初级精母细胞的体积不断增大，粗线期的体积可达到前细线期的两倍以上。第一次减数分裂持续的时间较长，初级精母细胞经第一次减数分裂后，产生两个次级精母细胞。

（3）次级精母细胞（secondary spermatocyte）：次级精母细胞多位于初级精母细胞内侧。细胞体积较初级精母细胞小，细胞及胞核均为圆形，染色质呈细粒状，胞质染色较深（图 17-2）。次级精母细胞存在时间很短，很快进行第二次减数分裂，产生两个单倍体的精子细胞，所以在切片上不易观察到次级精母细胞。

（4）精子细胞（spermatid）：靠近曲精小管的管腔。个体小而数量多，核小而圆，深染，核仁明显，细胞质少，内含丰富的线粒体和高尔基复合体。精子细胞不再分裂，经一系列形态上变化成为精子。

（5）精子（spermatozoon）：形似蝌蚪，是精子细胞经变态而成的。成熟精子由头部、颈部和尾部三部分组成。尾部又分为中段、主段和末段。

（6）支持细胞（sustentacular cell）：又称塞托利细胞（Sertoli cell），细胞大，呈不规则的高柱状或锥状（图 17-4）。细胞底部附着在基膜上，顶部伸达腔面。在相邻支持细胞的侧面之间，镶嵌有许多各级生精细胞。在游离端，多个变态中的精子细胞以头部嵌附其上。由于各类生精细胞的嵌入，致使支持细胞在光镜下不易分辨其轮廓。支持细胞核为椭圆形或不规则形，位于细胞的基部，核仁明显，异染色质较少。电镜下细胞质中有丰富的滑面内质网、高尔基复合体、线粒体等细胞器。溶酶体、类脂、糖原也较多。成年公羊支持细胞约占睾丸总体积近1%，公牛近5%，公猪为20%～30%，该比值在季节性发情动物（如骆驼和牦牛）会随季节变化。

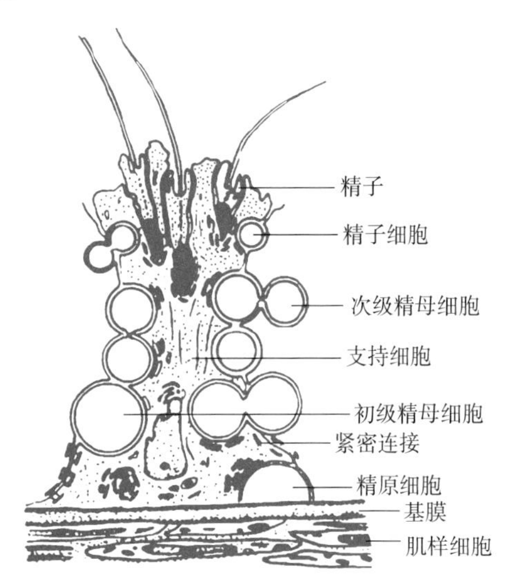

图 17-4　支持细胞与生精细胞关系

支持细胞有多种功能：①支持营养各级生精细胞。②合成雄激素结合蛋白，分泌入管腔中，并与雄激素结合，提高曲精小管内雄激素含量，促进精子的发生。③吞噬精子在变态成熟过程中遗弃的残余体。④参与血-睾屏障的形成。⑤分泌少量液体，有助于精子的运动。

血-睾屏障（blood-testis barrier）：电镜下，相邻支持细胞之间有呈环形带状的紧密连接，此连接恰位于精原细胞上方。在紧密连接与基膜之间，其中有精原细胞分布。在紧密连接与管腔之间，有初级精母细胞、次级精母细胞、精子细胞和精子嵌入。因此，支持细胞的紧密连接可将精原细胞与其他生精细胞分隔在不同微环境中。这种紧密连接和支持细胞的基膜一起可阻挡自毛细血管进入细胞间隙内的一些大分子物质，使其不能进入管腔，起屏障作用，称之为血-睾屏障。该屏障可以为精母细胞和精子的发育创造适宜的微环境，也可以防止一些精子抗原物质逸出到小管外而发生自体免疫。当精原细胞转化为初级精母细胞时，紧密连接会暂时开放，让其通过后又在该部位迅速恢复新的紧密连接。在屏障内的生精细胞所需的营养物由支持细胞来提供。

2. 直精小管　曲精小管在近睾丸纵隔处变成短而直的管道，即为直精小管（straight seminiferous tubule）。其管径细而短，管壁无生精细胞，仅由单层立方或柱状的支持细胞组成（图 17-5）。

3. 睾丸网（rete testis）　位于睾丸纵隔之中，是一个相互沟通、交织成网的管道系统（图 17-1、图 17-5）。管腔大小不等，也不规则，管壁衬以单层立方或低柱状上皮，上皮下有完整基膜，睾丸网上皮有少量分泌功能。睾丸网的一侧与直精小管相接，另外一侧与输出小管相连。牛的睾丸网为双层立方上皮，细胞的游离面有微绒毛或纤毛，具有分泌功能。马、禽的睾丸网可穿出白膜，形成睾丸外的睾丸网。睾丸网

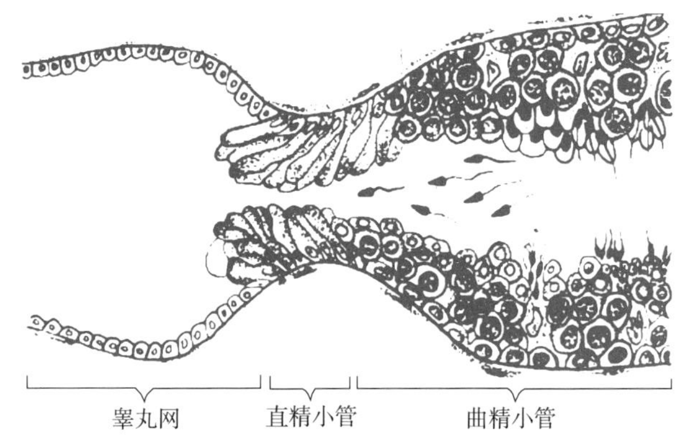

图 17-5　曲精小管、直精小管、睾丸网关系模式图

最后汇合成数条睾丸输出小管。

直精小管和睾丸网是输送精子的管道，其内流动着少量液体，有利于精子运动和存活。

4. 睾丸间质 是指在曲精小管间的疏松结缔组织，除含有丰富的血管、淋巴管外，还有一种内分泌细胞，即睾丸间质细胞（testicular interstitial cell），又称 Leydig 细胞（图 17-2），它们成群分布于曲精小管之间。在 HE 染色切片上，细胞较大，呈圆形或不规则状，胞质强嗜酸性。核为圆形或卵圆形，常偏位，异染色质少，染色浅淡。电镜下，胞质中有丰富的滑面内质网、高尔基复合体及线粒体，含有许多脂滴、脂褐素。睾丸间质细胞的主要作用是合成和分泌雄性激素——睾酮，其主要功能包括：①促进雄性生殖器官发育及第二性征的出现。②维持正常性欲。③对精子的发生和成熟起促进作用。

（二）曲精小管的周期性活动

1. 同源细胞群现象 在生精过程中，从精原细胞开始到精子形成为止，中间要经过数次分裂，在分裂过程中，除早期的几次精原细胞分裂完全是以细胞分裂而产生完全独立的子细胞外，其余的多次细胞分裂都不是完全分割开来，两个子细胞间仍然有 2～3 μm 宽的胞质相通，这种结构称为胞质桥。该桥将来自于同一个母细胞的同族细胞联系成一个整体细胞群，它们同步分裂、分化，并不断向管腔移动，最终同步发育变态为同一批精子。这种同族细胞间有胞质桥相连，同步发育，同时成熟释放的现象，称为同源细胞群现象或克隆现象。

2. 生精上皮周期 在曲精小管的管壁上，当一群同族细胞同步发育并同步向管腔方向推移时，另一群同族细胞群也在深层同步发育，其发育阶段稍落后。而更迟的第三群同族细胞在更深层同步发育，依次类推。因而在生精小管的管壁横断面上，各级生精细胞的存在数目和排布形式出现一定的规律性，形成一定的细胞组合图像。同种动物，所出现细胞组合图像的细胞类型和数目是一定的，而且有一定的顺序性。从某一细胞组合图像的出现，到这个细胞组合图像再次出现，称为一个生精上皮周期（cycle of seminiferous epithelium）。同种动物，每个生精上皮周期所经历的时间是一定的，称周期时长（duration）。周期中的每个细胞组合图像称为一个时相。

3. 生精上皮波 在生精小管的纵切长轴上，并非同时出现同一个细胞组合图像，而是在各不同阶段上同时出现不同的细胞组合图像。每个节段长度大致都相同，而且各段排列顺序与生精上皮周期中各时相的出现顺序相同，并且周而复始、循环往复。可见在长轴纵切面上，生精上皮周期变化并不同步进行，而呈波浪状，这种现象称为生精上皮波（seminiferous epithelium wave）。在曲精小管的长轴纵切面上，从某一时相的出现到该时相再次出现，二者之间所占据的一段曲精小管，即为一个生精上皮波。

二、附　　睾

二维码 86

附睾（ epididymis）位于睾丸的后外侧，可分头、体、尾三部分。睾丸输出小管及部分附睾管构成附睾头部，另外一部分附睾管构成附睾的体部与尾部（二维码 86）。

（一）睾丸输出小管

睾丸输出小管（efferent ductule）是从睾丸网发出的小管（图 17-1、图 17-6），有 8～25 条。一端连于睾丸网，另一端通入附睾管。输出小管的管腔不平整，高低不等，高处上皮为假复层纤毛柱状型，低处为无纤毛而有微绒毛的单层柱状型，这两种类型上皮相间排列，使上皮的游离面呈波浪状。单层柱状上皮有发育良好的细胞器，有利于对小管腔内液体的重吸收。有纤毛的假复层上皮能分泌少量液体，利于精子运动，此外可吸收管腔内液体，纤毛的摆动则有利于腔内精子的运送。

（二）附睾管

附睾管（epididymal duct）是一条长而弯曲的细管，管壁有较多的平滑肌细胞。附睾管的黏膜上皮为假复层柱状，由两类细胞组成。一类称主细胞，数目多，呈高柱状，游离面有成簇的静纤毛，其主要功能是吞饮吸收破碎的精子和脱落下来的残余小体，此外还有分泌甘油磷酸胆碱、唾液酸蛋白等功能。另一类细胞称基细胞，位于上皮细胞的基部，胞体小而呈椭圆形，胞质染色淡，可分裂增生来补充纤毛细胞。

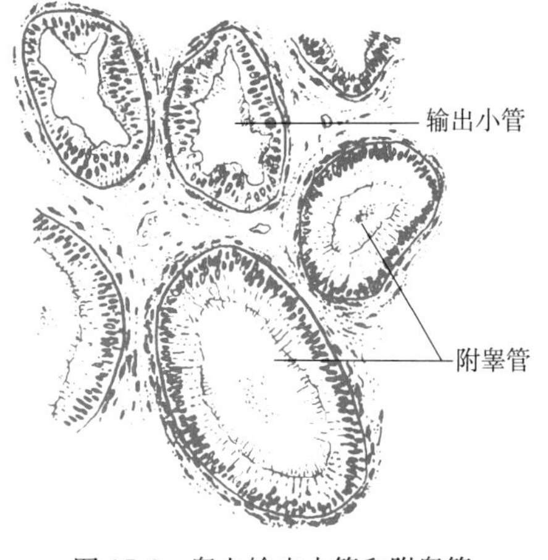

图 17-6　睾丸输出小管和附睾管组织结构模式图

在曲精小管内形成的精子并没有完全成熟，还不具备受精能力，只有精子在附睾的分泌物及一些因子的作用下，发生一系列形态、生理和机能上的成熟过程，形成具有一定活力的精子。因此，附睾的主要功能是储存精子并使其进一步成熟。精子完全通过附睾管的时间也因动物不同而不同，大多数哺乳动物需要 10～15 d。

三、输 精 管

输精管（ductus deferens）是附睾管的延续，管腔小而管壁厚。管壁由内至外可分为三层，即黏膜层、肌层和外膜（图 17-7、二维码 87）。

二维码 87

1. 黏膜层　表面有纵形的皱襞，上皮在输精管起始段为假复层柱状上皮，然后逐渐转变为单层柱状上皮。上皮下为固有层。输精管的膨大部固有层中有单分支管泡状腺，其分泌物参与精液形成，猪缺乏该腺体。

2. 肌层　厚而发达。马、牛、猪为内环、中纵、外斜的平滑肌，分层不明显；羊为内环、外纵两层平滑肌。

3. 外膜　主要由浆膜构成，末端为血管化的疏松结缔组织。

雄性动物生殖系统管道组织的结构特点见表 17-1。

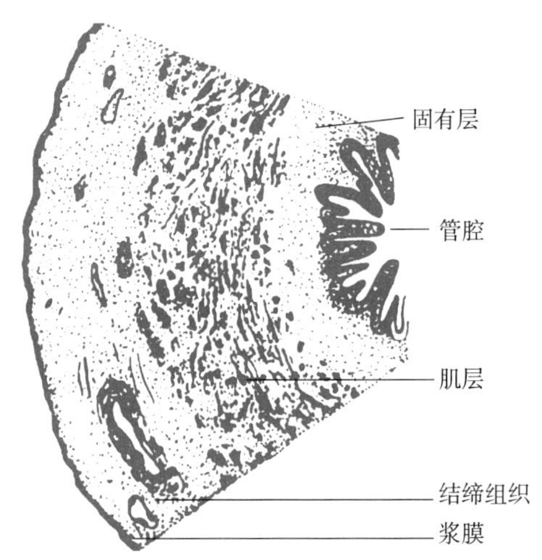

图 17-7　输精管模式图

表 17-1　雄性生殖系统管道组织结构的主要特点

名　称	管　腔	上皮细胞	肌　层	功　能
曲精小管	不规则	生精细胞和支持细胞形成特殊生精上皮	无肌层，有肌样细胞	生成精子
直精小管	规则，细	柱状或立方支持细胞	无	输送精子
睾丸网	网状，大而不规则	单层立方	无	分泌、营养、输送精子
输出小管	小，不规则	假复层纤毛柱状上皮和单层柱状上皮	少量平滑肌	分泌、营养、输送精子
附睾管	大而规则	假复层柱状上皮，有静纤毛	环行平滑肌	储存、精子最后成熟
输精管	管腔小而管壁厚	假复层柱状上皮或单层柱状	平滑肌层厚	输送精子

四、副性腺

副性腺包括成对的精囊腺和尿道球腺以及单个的前列腺。

（一）精囊腺

精囊腺（vesicular gland）为分叶状的分枝管状腺或复管泡状腺。腺上皮为假复层柱状上皮，由高柱状细胞及小而圆的基底细胞构成。叶内导管和排泄管衬以单层立方上皮。肉食动物无精囊腺，猪的精囊腺发达，马属动物的呈囊状。

精囊腺的分泌物呈弱碱性，果糖含量丰富，有营养精子和稀释精液的作用。

（二）前列腺

前列腺（prostate gland）为复管泡状腺（反刍动物）或复管状腺。腺体外包以较厚的结缔组织被膜，被膜伸入实质形成小梁。被膜及小梁内均有平滑肌纤维。前列腺分为腺体部（壁外部分）和扩散部（壁内部分）。马、犬、猫腺体部大，扩散部小；牛、猪则相反；羊无腺体部。腺体分泌部的腔较大。腺上皮呈单层扁平、立方、柱状或假复层柱状，与腺体分泌状态有关。导管部细小，上皮为单层柱状或扁平，最大导管的开口部为变移上皮，开口于尿生殖道内。

前列腺的分泌物较黏稠，富含酸性磷酸酶和纤维蛋白溶酶，还有柠檬酸、卵磷脂和锌等物质。前列腺还可分泌前列腺素。

（三）尿道球腺

尿道球腺（bulbourethral gland）为复管状腺（猪、猫等）或复管泡状腺（马、牛、羊等）。外覆结缔组织的被膜，在马的被膜内含平滑肌纤维。被膜伸入实质将尿道球腺分成若干小叶。腺泡衬以单层柱状上皮，腺内导管衬以假复层柱状上皮，腺外导管则衬以变移上皮。尿道球腺分泌黏滑液体，参与精液组成。

附睾、输精管膨大部和副性腺的分泌物称为精清，精清与睾丸产生的精子共同组成精液。精清略呈碱性，适合精子生存，其中含有为精子运动提供能源的果糖及脱落的上皮细胞、类脂颗粒、脂肪、蛋白质和色素等。

五、阴　茎

阴茎（penis）为交媾器官，由阴茎体、阴茎头两部分构成。

（一）阴茎体

阴茎体（corpus penis）外包以皮肤。皮肤下为外膜，由疏松结缔组织构成。外膜包围着海绵体。海绵体一般有三个，其中两个在背侧，称为阴茎海绵体，另一个在腹侧，称为尿道海绵体。海绵体与勃起有关，又称勃起组织。

1. 阴茎海绵体（corpus cavernosum penis）外覆致密结缔组织的白膜，白膜伸入组织内形成小梁，小梁相互交错为网，小梁内有纵行的平滑肌、血管、神经和脂肪组织。小梁网形成的网腔内衬以内皮，并与血管内皮连续，其腔与血管腔相通。白膜组织在两个阴茎海绵体之间形成正中隔。反刍动物在阴茎基部有此隔，其余部分没有；犬的阴茎全部都有；但马、猫的正中隔不连续（图 17-8），因此横切面上背侧的两个阴茎海绵体似乎合并为一个。

2. 尿道海绵体（corpus cavernosum urethrae）结构与阴茎海绵体相似，但白膜薄，海绵体腔小。其中央有阴茎部尿道通过。

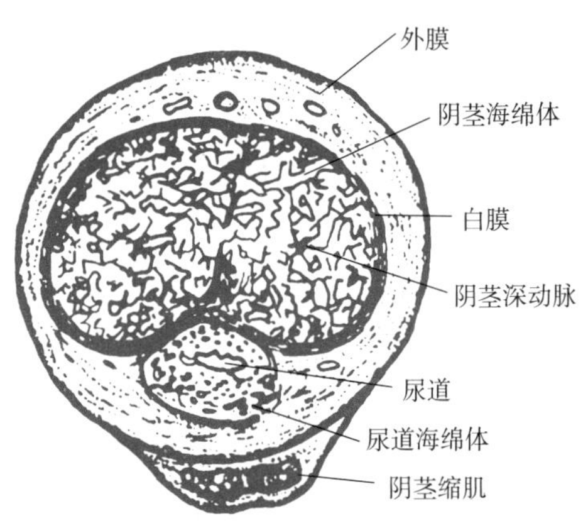

图 17-8 马的阴茎横切模式图

（二）阴茎头

马、犬的阴茎头（glans penis）发达，犬还具有阴茎骨。阴茎头表面覆以复层扁平上皮，其海绵体与尿道海绵体相连。在阴茎头处，皮肤叠成双层，称为包皮。包皮内层的皮肤表皮薄，无皮脂腺及汗腺。阴茎头上皮下的固有层中有多种感觉神经末梢。

1. 名词解释：生精细胞　支持细胞　间质细胞　血-睾屏障　睾丸纵隔　睾丸网
2. 简述睾丸曲精小管的构造和精子的发生过程。
3. 简述附睾的组织结构及功能。
4. 副性腺都包括哪些器官组织？简述其结构与功能。

（崔　燕　卿素珠）

第十八章 雌性生殖系统

雌性生殖系统包括卵巢、输卵管、子宫、阴道、尿生殖前庭和阴门等器官。其中最主要的器官是卵巢，不仅能产生雌性生殖细胞（卵子），还是一重要的内分泌器官，可分泌雌激素、孕酮等。卵巢产生的卵子经输卵管输送到子宫，子宫是孕育胎儿的器官。

一、卵　　巢

卵巢（ovary）是产生雌性配子（卵子）及分泌激素的器官，其组织结构因动物种类、年龄、性周期的不同而异。

（一）一般结构

卵巢属实质性器官，由被膜和实质两部分组成。实质分为外周的皮质和中央的髓质，外覆一层生殖上皮，皮质中主要含有不同发育阶段的卵泡，髓质中则为丰富血管和结缔组织。但成年马卵巢的皮质与髓质的位置相反，即皮质在中央而外周为髓质，在一侧有一凹陷称排卵窝（图 18-1）。

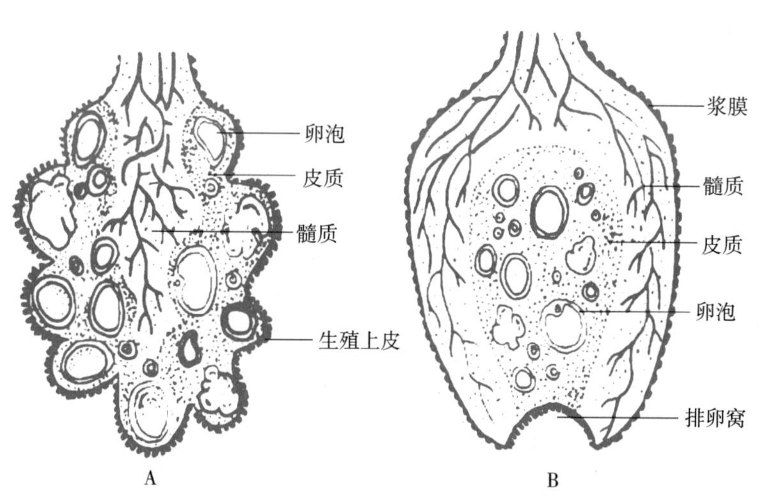

图 18-1　卵巢一般结构模式图

A. 牛卵巢　B. 马卵巢

1. 被膜　卵巢的被膜除卵巢系膜附着部以外，均被覆有单层上皮，称生殖上皮（germinal epithelium）。生殖上皮在幼年及成年动物多呈立方或柱状，而在老龄动物则变为扁平。上皮下是结缔组织构成的白膜。马卵巢的生殖上皮仅位于排卵窝处，其余部分均被覆浆膜。

2. 皮质　位于白膜的内侧，由基质、各级卵泡、黄体等构成。基质中胶原纤维较少，网状纤维多，主要含有较多的幼稚型结缔组织细胞，呈梭形，细胞核长杆状，称梭形细胞，与卵泡膜的形成有关。幼年期的卵巢含许多小卵泡，性成熟后卵泡发育，皮质中可见到许多不同发育阶段的卵泡（图 18-2）、黄体和白体等结构。通常在外周的卵泡较小而多，朝向髓质的较大。有的卵泡发育到一定阶段即退化而成为闭锁卵泡。

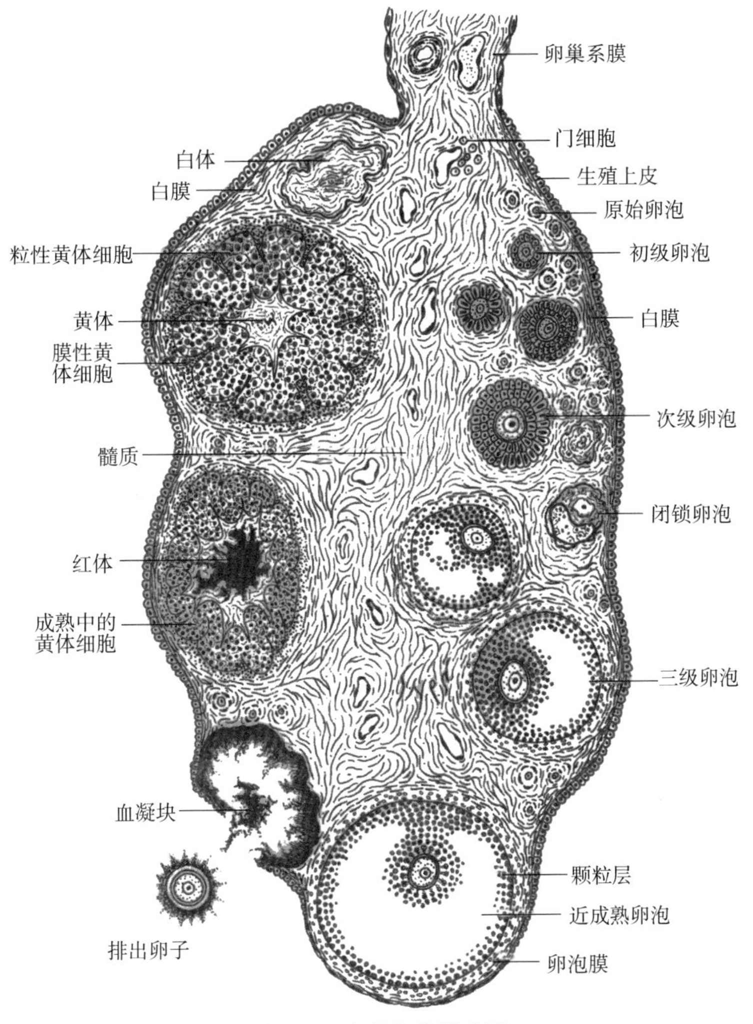

图 18-2　卵巢结构模式图

3. 髓质　位于卵巢中央。含有较多的疏松结缔组织，弹性纤维较多，其中有许多大的血管、神经及淋巴管。在近卵巢门处有少量的平滑肌，血管、淋巴管及神经由门部进入卵巢。在一些反刍动物和肉食动物卵巢髓质内，可见由立方上皮形成的一些小管道，称卵巢网，是胚胎发生过程中的残留痕迹，相当于雄性动物的睾丸网。

二维码 88

4. 门细胞　在卵巢门处有一类特殊的细胞称为门细胞（hilus cell），数量少。它们靠近卵巢系膜并沿着卵巢门的长轴成丛排列，形态类似间质腺细胞，有分泌少量雄激素的功能。

（二）卵泡的生长与发育

二维码 89

卵泡发育（follicular development）是指原始卵泡发育为成熟卵泡的生理过程。卵泡（follicle）是由中央的一个初级卵母细胞及其周围的卵泡细胞等组成的一个球状结构。根据卵泡的发育特点，将卵泡分为原始卵泡、生长卵泡和成熟卵泡。其中生长卵泡要经历三个阶段，即初级卵泡、次级卵泡和三级卵泡（图 18-2、表 18-1、二维码 88～90）。

二维码 90

1. 原始卵泡（primordial follicle）　位于卵巢皮质的浅部，体积小，数量多，是处于静止状态的卵泡。原始卵泡在反刍动物和猪均匀分布，肉食动物聚集成小群状。原始卵泡呈球形，由一个大而圆的初级卵母细胞及外围单层扁平的卵泡细胞组成，在单层扁平的卵泡细胞外有基膜（图 18-2）。在多胎动物如猫、犬、羊和猪的原始卵泡中，可能有 2～6 个初级卵母细胞，是多卵卵泡。

位于卵泡中央的初级卵母细胞大而呈圆形，直径约 20 μm，细胞质嗜酸性。细胞核圆形，染色浅呈空泡状。电镜下，初级卵母细胞胞质中有大而圆的线粒体，发达的板层状排列的滑面内质网、高尔基复合体及大量空泡、脂滴等。在出生前，初级卵母细胞完成最后一次 DNA 合成后，停留在第一次成熟分裂（减数分裂）的前期，直至性成熟排卵时才完成第一次成熟分裂。其间的年限可以长达几年至几十年不等。

围绕卵泡的卵泡细胞呈单层扁平状，数量少，细胞核扁圆形，染色较深，胞质极少。卵泡细胞外有一层较薄的基膜。卵母细胞与卵泡细胞之间以桥粒连接，其余表面平滑。电镜下，胞质中有较多线粒体、粗面内质网与高尔基复合体等。此时期的卵泡细胞仅具有支持和营养作用，没有合成激素的功能。

表 18-1　各级卵泡发育特点比较简表

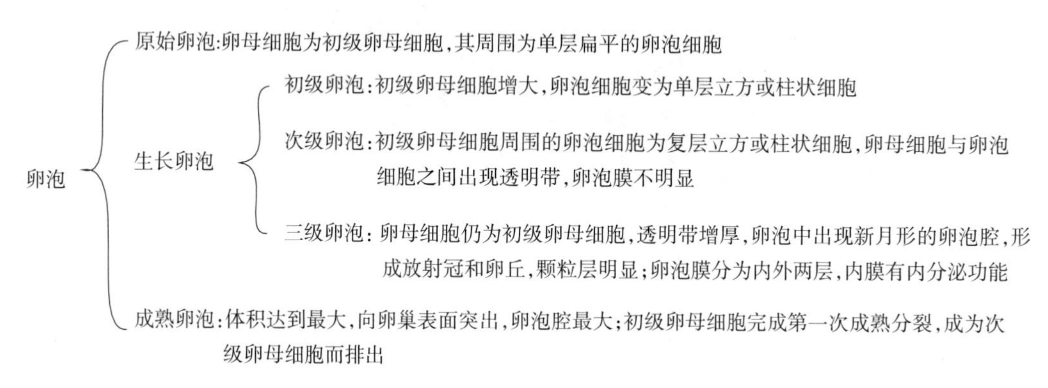
卵泡
原始卵泡：卵母细胞为初级卵母细胞，其周围为单层扁平的卵泡细胞
生长卵泡
初级卵泡：初级卵母细胞增大，卵泡细胞变为单层立方或柱状细胞
次级卵泡：初级卵母细胞周围的卵泡细胞为复层立方或柱状细胞，卵母细胞与卵泡细胞之间出现透明带，卵泡膜不明显
三级卵泡：卵母细胞仍为初级卵母细胞，透明带增厚，卵泡中出现新月形的卵泡腔，形成放射冠和卵丘，颗粒层明显；卵泡膜分为内外两层，内膜有内分泌功能
成熟卵泡：体积达到最大，向卵巢表面突出，卵泡腔最大；初级卵母细胞完成第一次成熟分裂，成为次级卵母细胞而排出

2. 生长卵泡（growing follicle）　在动物性成熟后，在垂体前叶分泌卵泡刺激素（FSH）的作用下，静止的原始卵泡开始生长发育，称为生长卵泡。根据发育阶段不同，又可将其分为初级卵泡、次级卵泡和三级卵泡三个连续阶段（图 18-2）。

（1）初级卵泡（primary follicle）：由原始卵泡发育而成，此时外围的卵泡细胞由单层扁平变为单层立方或柱状。中央的卵母细胞体积增大，卵黄物质增多。在卵母细胞与卵泡细胞之间开始形成透明带，但不明显。卵泡细胞由单层扁平变为单层立方或柱状，这些变化是卵泡开始生长的标志（图 18-2 至图 18-4）。

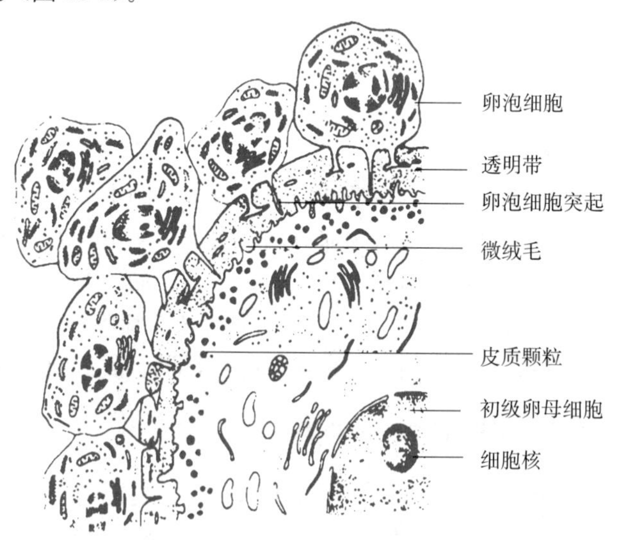

图 18-3　初级卵母细胞、颗粒细胞及透明带超微结构模式图

（2）次级卵泡（secondary follicle）：卵泡细胞由单层变为多层，位于最外层的一层卵泡细胞呈柱状，其余为多边形。在卵母细胞和卵泡细胞之间出现一层嗜酸性、折光强的膜状结构，称透明带（zona pellucida）。透明带是卵泡细胞与初级卵母细胞共同分泌形成的，它的主要成分是多糖蛋白，随卵泡的增长而加厚。电镜下，初级卵母细胞的微绒毛伸入到透明带中，卵泡细胞的突起也伸入到透明带中，并与卵母细胞的微绒毛建立连接，有利于卵母细胞获得营养和彼此之间的物质交换。在次级卵泡后期，卵泡细胞间出现充满液体的小腔隙。卵泡周围基质中的梭形细胞包围卵泡而分化形成薄的

卵泡膜，但与周围组织的界限不明显。

(3) 三级卵泡 (tertiary follicle)：又称囊状卵泡 (vesicular follicle) 或格拉夫卵泡 (Graafian follicle)，特点是在卵泡细胞间出现许多充满液体的小腔隙，并逐渐扩大融合成一个大的新月形的腔，称卵泡腔 (follicular antrum)，腔内充满卵泡液。卵泡液主要由卵泡细胞分泌而来，此时卵泡细胞由于大量的分裂增生密集化可称为颗粒细胞。卵泡液的成分除一般组织液成分外，还有透明质酸、雌激素及细胞因子等多种生物活性物质，除细胞分泌卵泡液外，其中的血浆蛋白等是从血管渗透而来的。由于卵泡腔的扩大及卵泡液的增多，使卵母细胞及其外周的颗粒细胞位于卵泡腔的一侧，并与周围的卵泡细胞一起凸入卵泡腔，形成丘状隆起，称为卵丘 (cumulus oophorus) (图 18-2)。卵丘中紧贴透明带外表面的一层卵泡细胞，随卵泡发育而变为高柱状，呈放射状排列，称为放射冠 (corona radiate)。

三级卵泡中卵泡膜增厚很明显，且随着卵泡发育分化为内外两层。卵泡膜内层的梭形细胞变大、变圆，毛细血管丰富，称卵泡内膜或细胞性膜。卵泡膜内层细胞具有分泌雌激素的功能，所分泌的雌激素可进入毛细血管扩散到卵泡液中。卵泡膜外层梭形细胞及毛细血管相对较少，由胶原纤维束和成纤维细胞构成，又称卵泡外膜或结缔性膜。

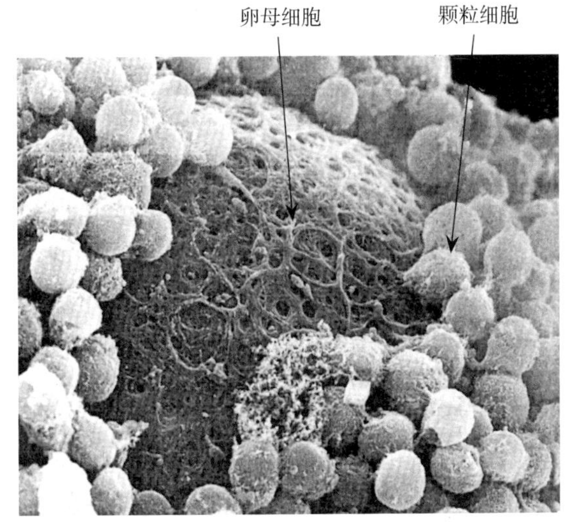

图 18-4　卵母细胞、颗粒细胞扫描电镜图

三级卵泡中的卵母细胞仍为初级卵母细胞，但核空泡化明显，核仁明显，又称为生发泡。在卵泡腔形成时，卵母细胞通常已长到最大体积，家畜的卵母细胞直径达 120～147 μm，小动物的直径为 75～90 μm，是哺乳动物机体中体积最大的细胞。此后，卵母细胞不再长大，而卵泡体积由于卵泡腔的扩大及卵泡液的增多可继续增大。电镜下，卵母细胞在三级卵泡的后期，胞质中产生了由单位膜包裹的电子密度较高的颗粒，称为皮质颗粒，并从中央逐渐向四周移动。微绒毛更长，垂直伸入透明带中。放射冠细胞突起可达卵母细胞膜表面，二者紧密连接并充分进行物质交换 (图 18-4)。

有关生长卵泡的分类，过去有些教科书中仅有初级卵泡和次级卵泡之分，也有一些国内外书籍中将其分为初级卵泡、次级卵泡和三级卵泡三类，这些不同的分类方式都是依据传统或科学研究等的需要人为划分的，无论何种分类方法，卵泡的生长发育规律都是相同的。

3. 成熟卵泡 (mature follicle)　三级卵泡发育到即将排卵的阶段，即为成熟卵泡 (图 18-5)。此时卵泡体积最大，卵泡液激增，卵泡壁变薄，并向卵巢的表面突出。成熟卵泡直径因动物种类而异：牛为 12～19 mm，羊为 5～8 mm，猪为 8～12 mm，马为 25～45 mm。由于卵泡腔扩大及卵泡颗粒细胞分裂增生逐渐停止，导致颗粒层变薄，仅有 2～3 层细胞。成熟卵泡的透明带达到最厚。电镜下，成熟卵泡中卵母细胞外表面的微绒毛仍很长；皮质颗粒在卵母细胞膜下排列为一层；线粒体、高尔基复合体、内质网等与三级卵泡后期相似。许多动物的卵母细胞在成熟卵泡接近排卵时，完成第一次成熟分裂。分裂时，胞质的分裂不均等，形成大小不等的两个细胞，大的称为次级卵母细胞，其形态与初级卵母细胞相似；小的只有极少的胞质，附在次级卵母细胞与透明带的间隙中，称第一极体。次级卵母细胞接着进入第二次成熟分裂，但停滞在分裂中期，排出后若受精才能完成第二次成熟分裂，并释放出第二极体；次级卵母细胞若未受精则退化并被吸收。而犬和马则在排卵后才完成第一次减数分裂。

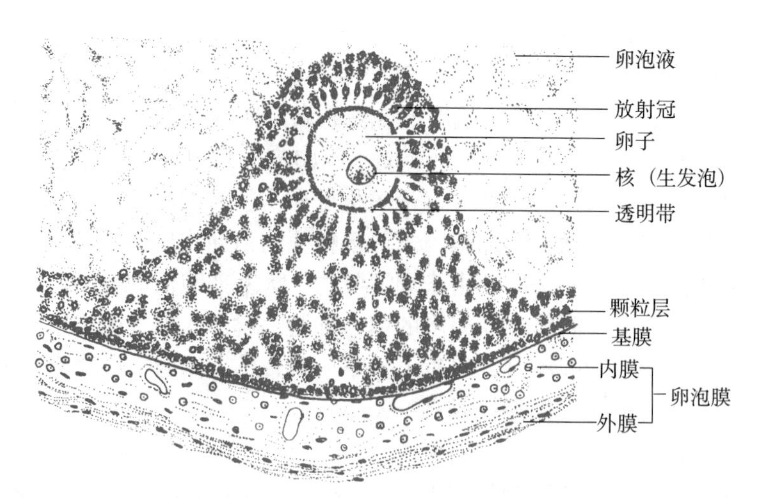

图 18-5　成熟卵泡卵丘部分的放大

（三）卵泡的募集、选择及其优势化

在自然状态下，能发育到成熟、排卵阶段的卵泡只占卵泡的极少部分，绝大多数卵泡在发育过程中退化，形成所谓的闭锁卵泡。卵泡越过闭锁的过程，即是对卵泡进行选择。只有这些被选中的少部分卵泡才有机会成为优势卵泡。卵泡能否继续发育，取决于动物的生殖生理状态，只有处于特定的繁殖状态和繁殖周期的特定时间才能继续其发育过程。大量卵泡被进行选择或淘汰的过程称为卵泡的募集（recruitment）。在募集中不是随机地被单独分离，而是以群或组的方式募集，并受血液中卵泡刺激素（FSH）的调节作用。被募集的卵泡形成一个发育基本同步的卵泡群，即所谓的卵泡波。在牛的一个发情周期中，可见有 2～3 次、每次有 3～6 个为一群的卵泡同期生长到 5 mm 以上，即有 2～3 个卵泡波出现。而母马则在一个发情周期中一般只有一个卵泡波，约 1/3 的母马可选出 2 个发育的卵泡波。

尽管被募集的卵泡以组群出现，但能发育成排卵卵泡的数量仍极其有限，存在种间差别。如牛在一个卵泡波中，一般仅 1～2 个卵泡可发育到排卵。而在肉食动物、猪和羊等动物的卵巢中可有多个卵泡发育到排卵。

在卵泡波中能发育到排卵的卵泡称为优势卵泡。一旦被选择为优势卵泡，它就会抑制同组非优势卵泡的生长和分化。这就是为什么在一个发情周期中仅有 1～2 个卵泡排卵的原因。

（四）排卵

卵泡成熟后破裂，卵母细胞及其周围的透明带和放射冠自卵巢排出的过程称为排卵（图 18-6）。排卵并不是在一刹那完成，而是一个渐进的过程。排卵前，卵泡逐渐向卵巢表面移动并明显地突出于卵巢表面，突出部分的卵巢生殖上皮变得不连续，白膜等结缔组织也愈加变薄，于是出现一个透明的卵圆形的无血管小区，称小斑（stigma）。同时，成熟卵泡的颗粒层、放射冠与卵丘之间间隙增大，逐渐脱离，进而小斑破裂，卵泡液流出并将卵母细胞及周围的放射冠、卵丘细胞冲出。排出的卵被输卵管伞接纳。

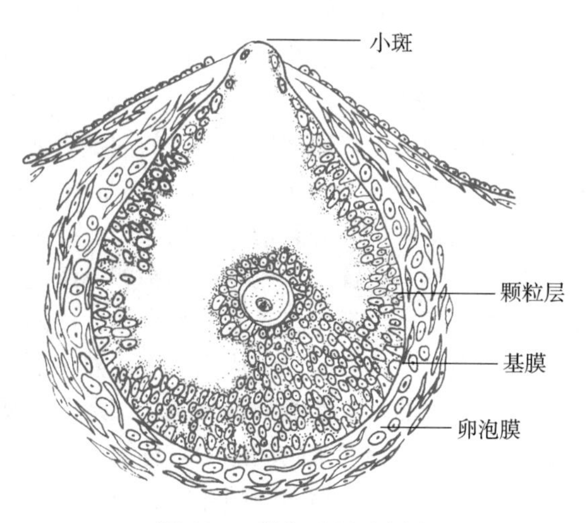

图 18-6　排卵过程示意图

每个性周期中单胎动物一般只排 1 个（偶尔 2 个）卵，而多胎动物可排多个卵，如猪、兔、鼠等一个性周期中能排 10～26 个卵。

（五）黄体

1. 黄体生成　排卵后，卵泡壁塌陷形成皱襞（猪、牛在排卵前，成熟卵泡壁就已出现皱襞），卵泡内膜毛细血管破裂引起出血，基膜破碎，血液充满卵泡腔内，形成血体（红体）。同时残留在卵泡壁的颗粒细胞和内膜细胞向腔内侵入，胞体增大并分化，胞质内出现黄色脂质颗粒，颗粒细胞分化成粒性黄体细胞，而内膜细胞分化成膜性黄体细胞，两者均有内分泌功能。粒性黄体细胞体积大，染色浅，数量多，又称大黄体细胞，可分泌孕酮；膜性黄体细胞多位于黄体周边，染色较深，数量少，又称小黄体细胞，主要分泌雌激素（图 18-7）。黄体细胞成群分布，夹有富含血管的结缔组织，周围仍有原来的卵泡外膜包裹，新鲜时多呈黄色，故称黄体（corpus luteum）。黄体是一重要的内分泌腺，分泌的孕酮和雌激素，有刺激子宫分泌和乳腺发育的作用，保证胚胎附植和胎儿在子宫内的发育。

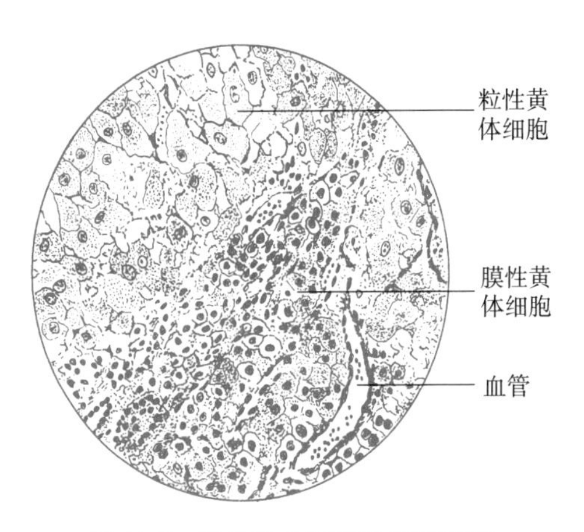

图 18-7　黄体两种细胞显微结构图

马、牛和肉食动物的黄体细胞内含有较多黄色的脂褐素，致使整个黄体呈黄色。羊和猪的黄体缺少这种色素，所以黄体色淡，呈肉色。牛、羊、猪的黄体有一部分突出于卵巢表面，马的黄体则完全埋于基质之中。

2. 黄体的发育　黄体发育程度和存在时间，完全取决于排出的卵子是否受精。如动物未受精妊娠，黄体则逐渐退化，此种黄体称为发情黄体或假黄体。如果动物已妊娠，黄体在整个妊娠期继续维持其大小和分泌功能，这种黄体就称为妊娠黄体或真黄体。真黄体和假黄体在完成其功能后，均行退化。退化的黄体成为结缔组织瘢痕，称为白体（corpus albicans）。

（六）卵泡的闭锁与间质腺

在正常情况下，卵巢内的卵泡绝大多数都不能发育成熟，而在各发育阶段中逐渐退化，这些退化的卵泡统称为闭锁卵泡（atretic follicle）。原始卵泡和初级卵泡闭锁时，卵母细胞皱缩并退变，最后被吸收，不留痕迹。次级卵泡和近成熟卵泡闭锁时，卵泡失去原形，卵母细胞核偏位、皱缩，染色质粗糙呈致密颗粒状；透明带膨胀、塌陷；卵泡颗粒细胞松散脱落入卵泡腔，退变的残物很快被吸收。同时，卵泡内膜细胞变为多角形，被结缔组织、毛细血管分隔成辐射状排列的细胞索。在有些动物，如啮齿类、肉食类等，这些细胞变为间质腺或间质细胞，该细胞在光镜下与黄体细胞很相似，可分泌雌激素、孕酮和雄激素。

（七）卵巢的内分泌功能

卵巢还具有重要的内分泌功能，研究显示，卵巢能分泌多种内分泌物质，包括雌激素、孕酮、生长因子、抑制素、活化素、雄激素等，近年研究显示黄体还能分泌催产素，并可能成为弥散神经内分泌系统外周部分的新内容。卵巢中分泌的激素来源及功能具体见表 18-2。

表 18-2　卵巢的内分泌激素

激素名称	产生部位	主要功能
雌激素	卵泡内膜及颗粒细胞（二者协同产生）、间质腺细胞、膜性黄体细胞	促进雌性生殖器官（特别是子宫和乳腺）及第二性征的发育，产生性行为
孕酮	粒性黄体细胞	促进子宫内膜的增生及子宫腺分泌，维持妊娠
松弛素	妊娠粒性黄体细胞	使子宫平滑肌松弛，利于妊娠及分娩
生长因子	颗粒细胞、卵泡内膜细胞	促进颗粒细胞的增殖及细胞 DNA 的合成
抑制素	颗粒细胞或黄体细胞	具有抑制非优势卵泡的作用
活化素	颗粒细胞或黄体细胞	与维持卵泡成熟有关
雄激素	卵巢门细胞	在雌性体内具体功能不清
催产素	黄体细胞	促使子宫和乳腺平滑肌收缩

二、输 卵 管

二维码 91

输卵管（oviduct uterine tube）为输送卵子和受精的管道，分为漏斗部、壶腹部和峡部。管壁组织结构均由黏膜、肌层、浆膜三层组成（图 18-8、二维码 91）。

1. 黏膜层　漏斗部黏膜的表面有许多纵行皱襞，是由固有层及黏膜上皮向腔内突入形成的。上皮为单层柱状，猪及反刍动物有的部分是假复层柱状上皮，上皮细胞有两种类型，即游离面有可动纤毛的柱状细胞及没有纤毛的柱状细胞，两种细胞的游离面均有微绒毛，但只有无纤毛的细胞具有明显的分泌活动。不同发情时期，其纤毛细胞和非纤毛细胞比例不同，如牛发情时，纤毛细胞明显增多。此外，输卵管黏膜层中无黏膜肌层，因而固有层与黏膜下层是连续的，其中无腺体分布，由一薄层疏松结缔组织构成，内含较多浆细胞，肥大细胞和嗜酸性粒细胞等。

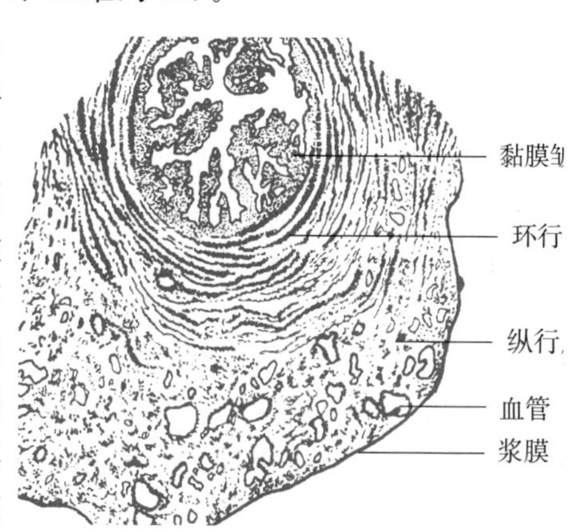

图 18-8　输卵管壶腹部结构模式图

壶腹部的黏膜层和黏膜下层的混合层发生高度皱褶，特别是在猪和马。牛的输卵管壶腹部大约有 40 个初级纵褶，每个纵褶又具有次级褶和三级褶。

峡部的黏膜只有初级褶，没有次级褶和三级褶。

2. 肌层和浆膜　肌层主要由环行平滑肌构成。极少数纵行或斜行平滑肌存在于环行肌外。肌层外为浆膜性结构。

三、子　　宫

子宫（uterus）是胚胎附植及孕育胎儿的器官。在发情周期中，子宫经历一系列明显的周期性变化。动物子宫为双角子宫，包括一对子宫角、一个子宫体和一个子宫颈。管壁从内至外可分为内膜、肌层和外膜三层（图 18-9）。

1. 子宫组织结构

（1）子宫内膜：由上皮和固有层构成。上皮类型随动物种类和发情周期而异，马、犬、猫等动物为单层柱状上皮，猪和反刍动物为单层柱状或假复层柱状上皮，上皮细胞有分泌功能，游离面有静纤毛。

固有层的浅层有较多的细胞成分及子宫腺导管。细胞以梭形或星形的胚性结缔组织细胞为主，细胞突起相互连接，其中还含有巨噬细胞、肥大细胞、淋巴细胞、白细胞和浆细胞等。固有层的深层中细胞成分较少，但布满了分支管状的子宫腺及其导管（牛、羊的子宫肉阜处除外）。腺壁由有纤毛或无纤毛的单层柱状上皮组成。子宫腺分泌物为富含糖原等营养物质的浓稠黏液，称子宫乳，可供给附植前早期胚胎发育所需营养。

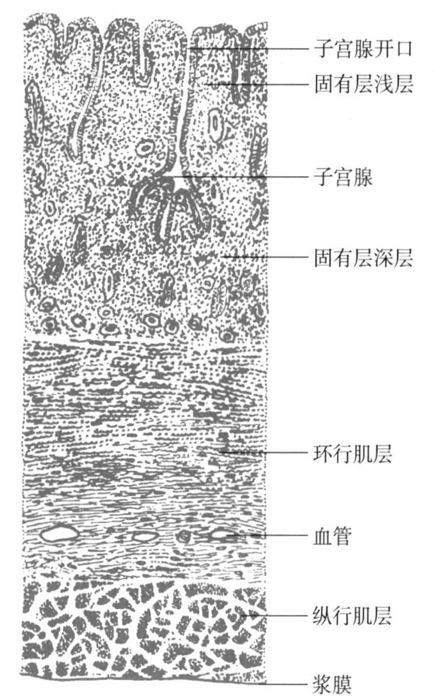

图 18-9　子宫组织结构模式图

子宫肉阜（caruncle）是反刍动物固有层形成的圆形加厚部分，有数十个乃至上百个，内含丰富的成纤维细胞和大量的血管。羊的子宫肉阜中心凹陷，牛的子宫肉阜为圆形隆突。子宫肉阜参与胎盘的形成，属胎盘的母体部分（图 18-10）。

（2）肌层和外膜：子宫肌层由发达的内环、外纵平滑肌组成。在两层间或内层深部存在大量的血管及淋巴管，这些血管主要是供应子宫内膜营养，在反刍动物子宫肉阜区特别发达。

子宫外膜属浆膜性结构，由疏松结缔组织外覆间皮构成。在结缔组织中有时可见少量平滑肌纤维存在。

2. 子宫内膜的周期性变化　子宫内膜的组织结构随动物所处的发情周期阶段不同而异。动物发情周期一般分为连续的五个阶段，即发情前期、发情期、发情后期、发情间期、休情期。发情周期与卵巢的卵泡发育密切相关。在一个发情周期中，子宫内膜呈现如下变化：

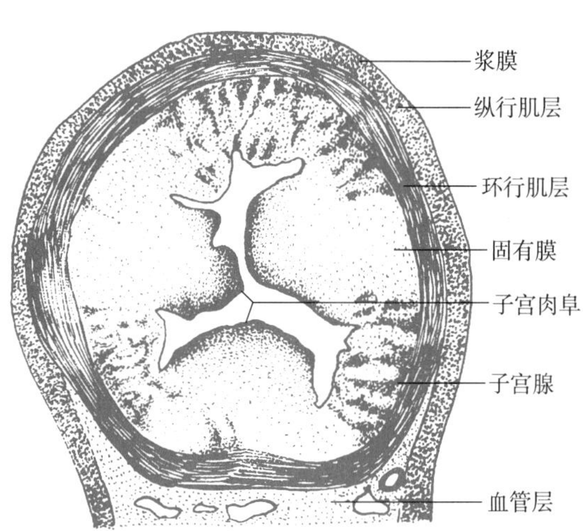

图 18-10　羊的子宫角（示子宫肉阜结构）

（1）发情前期：卵巢中卵泡开始生长。在雌激素作用下，子宫开始发育，内膜胚性结缔组织迅速增生变厚。此时子宫腺生长，分泌能力逐渐加强，血管增多，内膜水肿、充血，甚至出血。

（2）发情期：卵巢中卵泡成熟并排卵，雌激素水平达高峰。动物出现性行为。子宫内膜继续增生并充血、水肿、红细胞渗出。子宫腺分泌旺盛，为接纳胚胎的附植做准备。

（3）发情后期：卵巢形成黄体，开始分泌孕酮，维持妊娠。内膜继续发育，固有层毛细血管少量出血，但会被吞噬吸收。如果发情后不妊娠，则子宫内膜开始退化、脱落、吸收。

（4）发情间期：如若妊娠，黄体大量分泌孕酮，子宫腺大量分泌子宫乳，可维持妊娠。若未妊娠，子宫内膜随黄体退化而变薄、脱落、吸收。

（5）休情期：在非妊娠状态下，黄体完全退化，子宫腺体恢复原状，分泌停止。随着下一批卵泡生长又进入一个新的发情周期。

3. 子宫颈（cervix）　短而壁厚，黏膜和黏膜下层的混合层形成高的纵行皱襞，并具有二级和三级小皱襞。大多数动物的上皮为单层柱状上皮，夹有杯状细胞，可分泌黏液，在发情期及妊娠期，分泌量增加，并流入阴道。犬子宫颈黏膜为复层扁平上皮，猪的90%以上为复层扁平上皮。固有层中一般无子宫腺，但肉食动物有子宫腺。子宫颈的肌层发达，由内环、外纵平滑肌构成。内环肌特别厚，并含有大量弹性纤维，外覆浆膜。动物不同，子宫颈的环行肌结构不同：在小的反刍动物和猪，子宫颈环行肌皱褶和突出的部分增厚内翻；在马和牛，增厚的环行层形成子宫颈阴道部；犬的子宫颈阴道部的子宫外口由环行的阴道肌包围。

四、阴　道

阴道（vagina）是从子宫颈延伸到前庭的管道。管壁由内向外也由黏膜、肌层和外膜组成。

1. 黏膜　形成很多纵行皱襞，表面被以复层扁平上皮。表层细胞角化不明显，细胞内含有脂滴及糖原。随着上皮脱落，糖原游离于阴道中，在阴道杆菌作用下转化为乳酸，使阴道保持酸性，以防止其他细菌在子宫中繁殖。牛阴道的前端有明显的环形皱襞，上皮表层有柱状细胞和含PAS阳性物质的杯状细胞。马的上皮通常是复层扁平状，上皮下为一层疏松结缔组织构成，无腺体，内含有弥散的淋巴组织和血管。

2. 肌层　环行、纵行的平滑肌排列不规则，相互交错。外口变为阴道括约肌。在猪、犬和猫的环行肌层内侧有薄的纵行肌层。

3. 外膜　疏松结缔组织构成，与相邻器官的结缔组织相连，属纤维膜结构。

4. 发情周期中阴道黏膜上皮的变化规律　各种动物的阴道黏膜上皮随发情周期的变化而出现有规律的增生、角化和脱落，可以根据阴道涂片的细胞学变化来确定发情周期的各个阶段，从而掌握配种、授精的最佳时机。如犬的各阶段阴道涂片呈下列图像。

（1）休情期：有许多不着色的未角化上皮细胞；少数几个大的着色细胞，其核发生固缩；还有少数中性粒细胞和淋巴细胞。

（2）发情前期：有许多红细胞（来自子宫）；许多大而角化的细胞构成角化层。

（3）发情期：有一些红细胞和许多角化细胞，随着发情进展，角化层崩解，角化细胞发生皱缩、变形并常常有细菌侵入。

（4）发情后期和间情期：上皮细胞角化程度低，外观很像未染色的活细胞；在发情后期的第3天，中性粒细胞最多，而后逐渐消失，直到发情后的第10～20天再重新出现。

1. 名词解释：门细胞　黄体　白体　闭锁卵泡　卵丘　颗粒层　排卵　透明带　放射冠
2. 简述卵巢皮质内卵泡的生长发育过程。
3. 简述生长卵泡的分类及结构特点。
4. 简述输卵管和子宫的组织结构。

（崔　燕　卿素珠）

第十九章 感觉器官

感觉器官（sense organ）主要由感受器和中枢神经系统两部分组成。感受器能感受外界和机体本身情况的变化（刺激），产生兴奋，通过感觉神经将兴奋向中枢神经系统传递，经过中枢的分析整合，再通过运动神经调节机体的活动。因此，感觉器官与感受器是两个不同的概念，但实际上这两个词又常常互相通用，介绍感觉器官时，一般也只涉及感受器。

依据刺激的来源，感受器可大致分为两类：感受外界刺激的称为外感受器，如司痛觉、温觉的游离神经末梢，司味觉的味蕾，司视觉的眼等；感受身体内部刺激的称内感受器，如司体位觉的肌梭和腱梭，感知血液酸碱度的颈动脉体和主动脉体等。

本章仅论述眼、耳的组织结构，其余感受器在相关章节内加以叙述。

一、眼

眼（eye）是视觉感受器，主要由眼球构成，还有眼睑、眼外肌和泪器等辅助装置。因动物种类不同，眼的外形和结构有些差异，但基本结构相同，均由眼球壁和眼内容物组成（图19-1）。

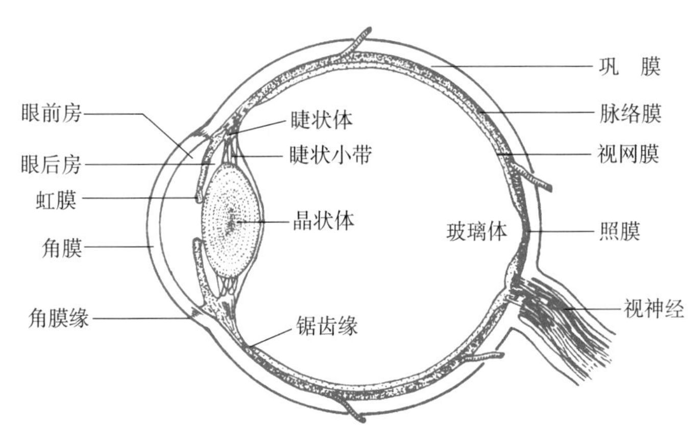

图 19-1 眼球基本结构（矢状切面）

（一）眼球壁

眼球壁可分为外、中、内三层结构，外层为纤维膜，是眼球的外壳；中层为血管膜，有营养功能；内层为视网膜，是感光的部分。

1. 纤维膜（fibrous tunic） 也称外膜，主要由致密结缔组织构成。前 1/5 部分透明，称角膜，呈圆盘状，向前方略突，属透光装置；后 4/5 部分称巩膜，呈白色，不透明，有保护眼球内容物的作用；两者的过渡区域为角膜缘。

（1）角膜（cornea）：为透明的圆盘状结构，弯曲度大于眼球外壁的其他部分而略向前突出，是眼球的第一道透光介质。角膜的横断面上层次分明，从前至后共分五层（图19-2）。

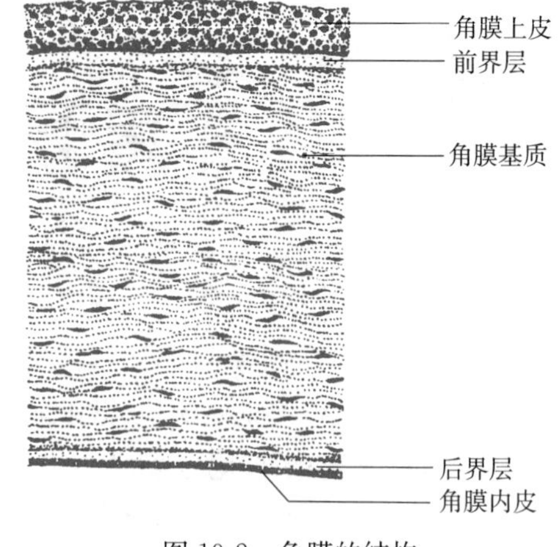

图 19-2 角膜的结构

①角膜上皮：属未角化的复层扁平上皮，由5～6层排列整齐的细胞构成，表层细胞有泪液膜覆盖。基底层细胞分生能力强，细胞间含游离神经末梢，故角膜上皮更新较快，且感觉敏锐。

②前界层：为无细胞的均质层，由胶原原纤维和基质构成，具有一定的抗感染力。

③角膜基质：约占角膜厚度90%，由大量平行排列的胶原原纤维板层组成，板层与板层之间填充黏多糖。相邻板层的纤维互相垂直，板层间有扁平的成纤维细胞，基质不含血管，营养来源由房水及角膜缘的血管供应。

④后界层：结构与前界层相同，亦为无细胞的均质层，但更薄。该层由角膜内皮的分泌物形成，可随年龄增长逐渐变厚。

⑤角膜内皮：为单层扁平或立方上皮，具有合成和分泌蛋白质功能，参与后界层的形成与更新。角膜内皮细胞不能再生，细胞密度随年龄增长而降低。

角膜病是当今世界第二大致盲眼病，患者大部分都可通过角膜移植手术复明，但因供体角膜材料匮乏而极大限制了角膜移植的广泛开展。运用组织工程技术和方法在体外构建组织工程角膜，替代供体角膜材料，可以解决角膜供体材料的匮乏，从而满足临床移植的供体眼角膜需求。组织工程角膜构建的基本思路是将组织特异性的种子细胞如角膜缘干细胞等种植于具有一定生物学特性并在人体内可逐步降解的支架材料上（如天然高分子、天然无机物、合成高分子和天然生物材料等），经三维立体培养，形成种子细胞——生物材料复合物移入机体，在支架材料逐步被人体降解吸收的同时，细胞不断增殖并分泌细胞外基质，最终形成具有正常形态结构和功能的组织或器官，恢复受损器官的功能。

（2）巩膜（sclera）：由粗大的胶原纤维束交织而成，呈瓷白色，质地坚韧，是眼球壁的重要保护层。巩膜在与角膜交界处的内侧向前内侧稍凸起，形成一环形嵴状的巩膜距（scleral spur），此处有小梁网和睫状肌附着。巩膜前部的外表面覆有球结膜。

（3）角膜缘（corneal limbus）：是角膜与巩膜的带状移行区域，环绕角膜周边。此处上皮细胞厚，常超过10层，细胞一般较小、核着色深。基底层细胞呈矮柱状，排列成栅栏状。近年研究显示，角膜缘基底层细胞具干细胞的特征，称角膜缘干细胞（limbal stem cell），可不断增殖、迁移，补充角膜基底层细胞。角膜缘的内侧含巩膜静脉窦，窦壁衬贴内皮。窦的内侧为小梁网，由小梁和小梁间隙构成，小梁间隙与窦相通，共同参与房水循环。

2. 血管膜（vascular tunic） 是眼球壁的中间层，富含血管和色素细胞，自前向后，分为虹膜、睫状体和脉络膜三部分。

（1）虹膜（iris）：为位于角膜后方的一环形薄膜，中央为瞳孔，周边与睫状体相连。虹膜与角膜之间的腔隙称眼前房，虹膜与玻璃体之间的腔隙称眼后房，前房和后房内均有房水，通过瞳孔相通。虹膜由前向后分为前缘层、虹膜基质和虹膜上皮三层。前缘层为一层连续的成纤维细胞和色素细胞。虹膜基质较厚，由富含血管和色素细胞的疏松结缔组织组成。两层中含大量色素细胞和血管，由于细胞质中含色素颗粒的性质不同，使虹膜呈现黑、蓝、褐、红等不同颜色。虹膜内有两种平滑肌纤维，在靠近瞳孔缘的虹膜基质中有一束宽带状围绕瞳孔环行的平滑肌，称瞳孔括约肌，收缩时使瞳孔缩小；另一种形成虹膜上皮的前层，以瞳孔为中心向四周呈放射状排列，称瞳孔开大肌，收缩时使瞳孔开大。虹膜上皮的后层由胞质内充满色素颗粒的立方或柱状细胞组成。在虹膜基部，由角膜缘、睫状体及眼前房周缘组成一个复杂的网状结构，称虹膜角，是房水循环的重要结构（图19-3）。

(2) 睫状体 (ciliary body)：位于虹膜与脉络膜之间，矢状切面呈三角形，前段宽大，可伸出许多放射状的睫状突，后段平坦，称睫状环。睫状体自外向内可分三层。

①睫状肌层：由纵行、放射行及环行三种走向的平滑肌构成。马、猪、猫、犬的环行肌较发达。

②基质（血管层）：为富含血管和色素的结缔组织。

③上皮层：由两层细胞组成，外层为立方形的色素上皮细胞，内层为立方形或矮柱状的非色素上皮细胞，非色素上皮细胞有分泌房水和形成睫状小带的作用。睫状体的前内侧伸出70个左右呈放射状排列的睫状突，睫状小带呈纤维状，一端连于睫状体内，另一端插入晶状体囊内，起到悬挂固定晶状体的作用。睫状突通过睫状小带与晶状体相连。当睫状肌收缩或舒张时，可使小带松弛或紧张，借此可使晶状体的位置和曲度发生改变，从而对视力进行调节。

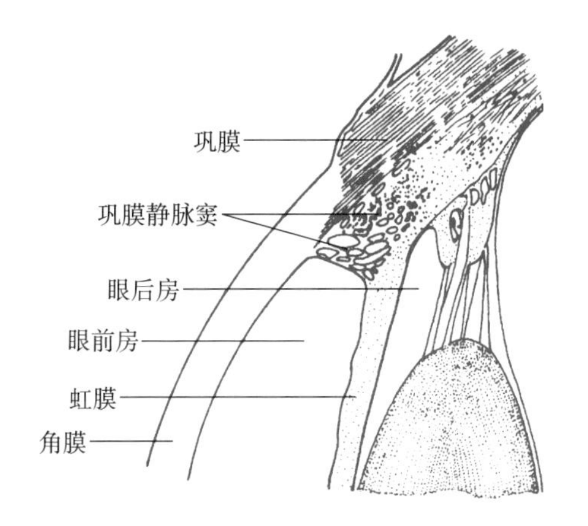

图 19-3　角膜的结构

(3) 脉络膜 (choroid)：位于睫状体后，衬于巩膜的内面，是一棕色的薄膜，由外向内分为四层（图19-4）。

①脉络膜上层：为连接巩膜的媒体，由纤细的弹性纤维网和有色素的细胞构成。

②血管层：由密集的动静脉丛组成，为四层中最厚者。

③毛细血管层：为一薄层的毛细血管丛。

④基底层：为与视网膜相贴的最内层，薄而透明，又称玻璃膜，由纤维和基质组成。

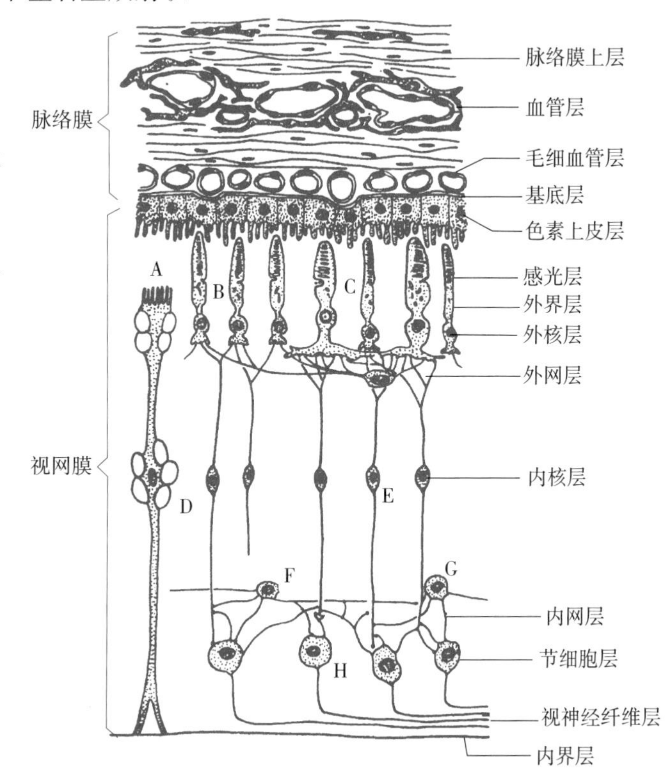

图 19-4　视网膜和脉络膜的结构模式图
A. 色素上皮细胞　B. 视锥细胞　C. 视杆细胞
D. 缪勒细胞　E. 双极细胞　F. 无长突细胞　G. 网间细胞　H. 节细胞

照膜 (tapetum lucidum) 为脉络膜中的一个特化结构，它是视神经乳头背上方的一半月形的发金属光泽的无血管区，此处色素细胞的颗粒很少。马和反刍动物的照膜为纤维膜，由成层的胶原纤维和成纤维细胞构成。猫、犬等肉食动物为细胞层，由扁平的多角形细胞构成。照膜细胞内含大量的锌，与反射光线有关，可将外来的光线反射于视网膜，有助于动物在弱光下对外界的感应。猪无照膜结构。

3. 视网膜 (retina)　为眼球壁的最内层，衬于脉络膜内面，分为视部、睫状体部和虹膜部。后两部无感光作用，合称为盲部，视部与盲部交接处称锯齿缘。因视网膜是由神经组织构成，故特称为神经上皮 (neuroepithelium)。

视网膜视部属神经组织，主要由分层排列的四种细胞构成，由外向内主要由色素上皮细胞、视细胞、双极细胞和节细胞及一些神经胶质细胞等构成。

（1）色素上皮细胞：位于视网膜底层，由色素上皮细胞构成的单层立方上皮，其功能是：①游离缘有细长突起伸入视细胞之间，为其输送营养。②胞体及胞突内有许多黑色素颗粒，强光刺激时，可将其吸收，弱光刺激时，颗粒移入胞体，使视细胞适应暗视。③能吞噬并消化视细胞顶端脱落的碎片。④储存维生素 A 并参与视紫红质的再生。

（2）视细胞：又称感光细胞，是高度分化的神经元，能将光的刺激转换成神经冲动。视细胞有两种类型。

①视杆细胞：其杆状突起分外节和内节，外节为感光部分，内有平行排列的膜盘构成，膜盘由内节的细胞膜不断内陷形成，逐渐向上生长，最后脱落被色素上皮吞噬。膜盘上有视紫红质，是维生素 A 的衍生物，当其缺乏时，易患夜盲症。鸡缺乏视杆细胞，为夜盲动物，猫头鹰的视杆细胞发达，适于夜间活动。

②视锥细胞：能感光并有辨别颜色的能力，也有外节和内节之分，外节亦有膜盘，但不会脱落更新，由于膜盘上含视色素不同而分为三种视锥细胞，分别感受红、蓝、绿色，若缺乏某一种视色素，就会产生对某种颜色不能分辨的色盲。

（3）双极细胞：是连接视细胞和节细胞的联络神经元，种类较多，可纵向与视细胞和节细胞形成突触，也可横向与其他的联络神经元组成复杂的环路，起着调节视觉的作用。

（4）节细胞：是具有长轴突的多极神经元，胞体较大，呈 1～3 层排列，树突伸入内网层可与各类双极细胞形成突触，轴突向眼球后极汇聚构成视神经纤维层，最后汇集成视神经穿出眼球。

分散在视网膜内的神经胶质细胞主要为放射状胶质细胞，也称缪勒细胞（Muller's cell）。此外还有星型胶质细胞、少突胶质细胞和小胶质细胞等，这些胶质细胞具有营养、支持、绝缘和保护作用。

以上这些细胞及突起排列有序，据此将视网膜从外向内分为 10 层（图 19-4）：①色素上皮细胞层。②感光层，由视细胞的视杆和视锥组成。③外界层，由缪勒细胞外侧端之间的连接复合体构成。④外核，由视细胞的胞体组成。⑤外网层，由视细胞的轴突及双极细胞的树突组成。⑥内核层，由双极细胞、水平细胞、无长突细胞、网间细胞以及缪勒细胞胞体共同组成。⑦内网层，由双极细胞的轴突、节细胞树突、无长突细胞和网间细胞的突起组成。⑧节细胞层，由节细胞的胞体组成。⑨视神经纤维层，由节细胞的轴突组成。⑩内界层，由缪勒细胞内侧端相互连接而成。

（二）眼内容物

包括晶状体、玻璃体和房水，均无色透明，与角膜共同组成眼的屈光系统。

1. 晶状体（lens） 是一个具有弹性的双凸透镜样结构，晶莹透明，主要由上皮细胞构成，无血管和神经，包于均质的弹性晶状体囊内，借睫状小带固定在虹膜与玻璃体之间。随着年龄增长，晶状体弹性减弱，透明度降低，出现混浊现象，形成白内障。

2. 玻璃体（vitreous body） 填充在晶状体和视网膜之间，为一团透明的胶状物，其中水分占 99%，此外含少量透明细胞及一些透明质酸、玻璃蛋白及少量胶原原纤维。

3. 房水（aqueous humor） 为无色透明的液体，来自睫状体的血管渗透和上皮分泌，有营养角膜、晶状体和维持眼内压的功能，房水可从眼后房经瞳孔进入眼前房，通过虹膜角进入巩膜静脉窦流回血液中。如通路受阻，可引起眼内压升高，形成青光眼。

光线通过角膜、房水、晶状体和玻璃体等屈光装置后，到达视网膜上感光细胞使其感受光的刺激，并将光能转换成神经冲动，再传至双极细胞和节细胞，最后由视神经传入大脑视觉中枢而产生视觉。

（三）眼的辅助装置

包括眼睑、泪器和眼外肌等，对眼球起遮盖、保护和运动等作用。

1. 眼睑与结膜（eyelid and conjunctiva） 眼睑为眼球前方的皮肤皱褶，有保护眼球、防止异物和强光损伤眼球及避免角膜干燥的作用。在皮肤与黏膜交界的睑缘覆有几列睫毛，具有防尘作用。眼睑由前向后分为皮肤、肌层、纤维层和睑结膜四层（图 19-5）。皮肤薄而柔软，皮下组织为疏松结缔组织，易水肿和淤血。肌层主要为骨骼肌组成的眼轮匝肌。纤维层由眶隔和睑板组成，眶隔由致密结缔组织构成，连接睑板和眶缘的骨膜；睑板也由致密结缔组织构成，内含睑板腺，分泌睑脂。眼睑内面衬有黏膜称睑结膜，睑结膜折转覆盖于眼球上的部分称球结膜。结膜透明平滑，富于血管而呈淡红色。结膜由透明的复层柱状上皮（马和肉食动物）或假复层柱状上皮（猪和反刍动物）构成，有杯状细胞夹于其中。

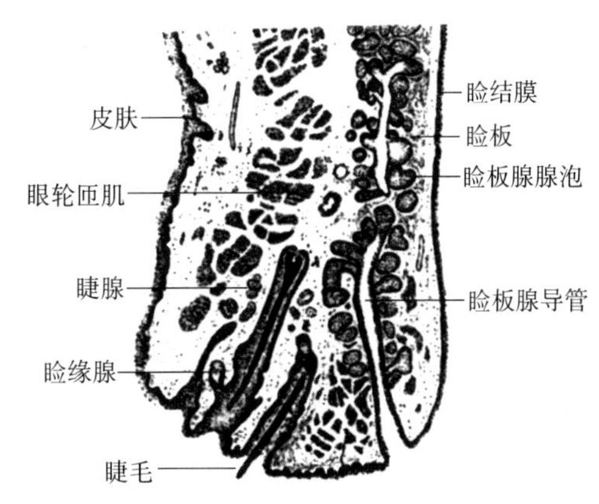

图 19-5 眼睑结构模式图
（引自邹仲之主编《组织学与胚胎学》第 6 版）

2. 瞬膜（nictitating membrane） 又称第三眼睑，是结膜在眼内角折叠形成的一半月形皱襞。动物的瞬膜发达，其上皮为假复层柱状上皮。在瞬膜中央含有透明软骨（马、猪、猫为弹性软骨），软骨周围有瞬膜腺，腺的周围有淋巴细胞和浆细胞。猪、牛、禽类等动物在瞬膜的深处还形成一独立的哈德腺（Harderian gland），腺内含有大量的淋巴细胞和浆细胞，具有一定的免疫功能。

3. 泪腺（lacrimal gland） 位于眼眶前部外上方的泪腺窝内，猫的泪腺为浆液腺，马、反刍动物、犬和猪的为混合腺，分泌物内含有溶菌酶等杀菌性物质，起清洁和保护的作用。

二、耳

耳（ear）由外耳、中耳和内耳三部分构成，前两者传导声波，后者是听觉感受器和位觉感受器的所在部位，因此耳既是听觉器官，也是位觉（平衡）感受器。

（一）外耳

动物的外耳（external ear）包括耳郭及外耳道。耳郭以弹性软骨为基础，内、外两面均覆以皮肤，皮下有发达的外耳肌，能使耳郭灵活运动。外耳道的横断面呈圆形或卵圆形，外 3/4 为软骨性，内 1/4 为骨性。衬于外耳道内面的皮肤有耸毛、皮脂腺和管状耵聍腺，两种腺的分泌物及脱落的上皮细胞共同形成耳蜡（垢），具有保护外耳道及鼓膜的功能。

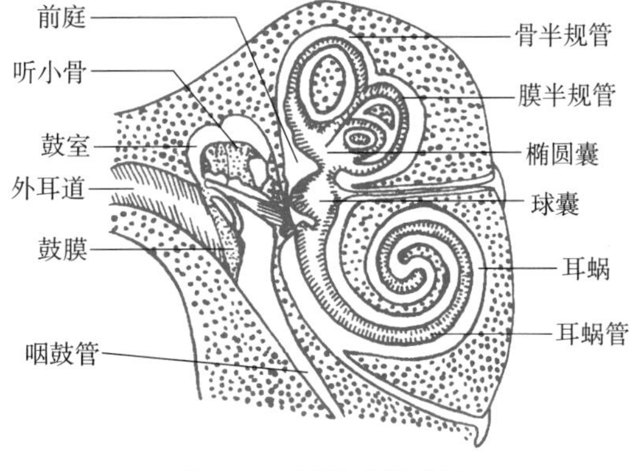

图 19-6 耳构造模式图

（二）中耳

中耳（middle ear）包括鼓室、鼓膜、听小骨和咽鼓管四部分（图 19-6）。

1. 鼓室 为颞骨岩部的一个含气小腔，

周壁黏膜为单层柱状纤毛上皮，鼓室的鼓壁在马、牛、猪为松质骨，羊和犬则为密质骨，内侧壁有前庭窗和圆窗，外侧壁为鼓膜。鼓室前端有咽鼓管口，与咽腔相通。

2. 鼓膜　为一卵圆形半透明的薄膜，外层是外耳道皮肤表皮的延续；中层由胶原纤维和弹性纤维构成；内层覆以单层扁平或立方上皮。

3. 听小骨　有锤骨、砧骨和镫骨共三枚，它们以关节形式连成听小骨链。此小骨链为一联动杠杆，受鼓膜振动和镫骨肌牵引而联动，可将声波对鼓膜的振动传到内耳。

4. 咽鼓管　为连通鼓室与咽腔的软骨黏膜管，上皮为假复层柱状纤毛上皮，咽腔内的气体可经此管进入鼓室，使鼓膜内外侧气压保持平衡。

（三）内耳

内耳（inner ear）隐居在颞骨岩部内，由两组相套叠的弯曲管道组成，外部的骨质小管称骨迷路，内部的膜性小管称膜迷路；骨迷路与膜迷路之间均充满外淋巴，膜迷路内充满内淋巴，内外淋巴互不相通，两者来源与去路也不同，淋巴有营养内耳和传递声波的作用（图 19-6）。

1. 骨迷路（osseous labyrinth）　由前庭、骨半规管和耳蜗三部分组成。

（1）前庭：前庭是骨迷路中间膨大的一个腔，后外侧与 3 个半规管相连，前内侧与耳蜗相连。前庭有两个陷窝，后上方的容纳椭圆囊，前下方的容纳球囊，两囊均是位觉感受器。

（2）骨半规管：为 3 个互相垂直的半环形骨管，各管的两端各有一膨大的骨脚通前庭，其中有两个管共有 1 个骨脚，故 3 管共有 5 个骨脚通前庭。

（3）耳蜗：由中央的蜗轴和绕轴旋转的螺旋管构成。螺旋在马为 2.5 转，猫 3 转，犬 3.25 转，猪 4 转。螺旋管外侧壁局部增厚，称螺旋韧带。从骨性螺旋板上面斜向螺旋韧带上部的薄膜称前庭膜，这样把耳蜗分为 3 个管腔，上方为前庭阶，下方为鼓阶，中间为蜗管（图 19-7）。

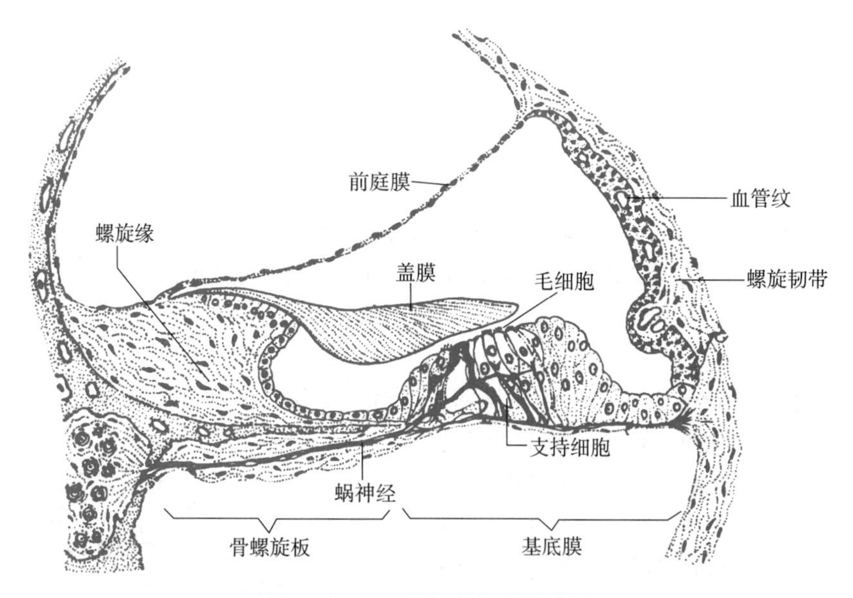

图 19-7　膜蜗管与螺旋器模式图

2. 膜迷路（membranous labyrinth）　为位觉感受器和听觉感受器，前者包括膜半规管、椭圆囊和球囊，后者指的是蜗管。

（1）膜半规管：膜半规管与椭圆囊相通处局部膨大，称壶腹；壶腹上有一圆形隆起，称壶腹嵴（crista ampullaris）。壶腹嵴的上皮细胞由毛细胞和支持细胞构成，毛细胞顶端有纤毛伸入圆顶状的壶腹帽内。毛细胞基部与前庭神经末梢构成突触。当头旋转或偏斜时，内淋巴流动，使毛细胞受刺激，产生神经冲动，因此，壶腹嵴是接受旋转运动的感受器。

（2）椭圆囊和球囊：位于前庭同名的陷窝内，椭圆囊的外侧与球囊的前壁局部增厚，形成椭圆囊斑和球囊斑，斑内由感觉毛细胞和支持细胞构成。斑的表面覆有胶状的位觉砂膜，膜的浅层含碳酸钙结晶粒，称位觉砂。当动物头部发生姿势变化时，导致内淋巴流动，冲击位觉砂，刺激毛细胞产生神经冲动，通过前庭神经传入脑，产生位置和姿势的感觉意识。因此，这两个结构是接受头部位置变化的位觉感受器。

3. 蜗管　位于蜗螺旋管外半部。横断面呈三角形，有上、外、下三个壁。上壁为前庭膜，很薄，两面紧贴单层扁平上皮。外侧壁为螺旋韧带，内衬以复层立方上皮，有毛细血管渗入上皮内，故又称血管纹，能分泌内淋巴。下壁为一紧绷的纤维性基底膜，基底膜的上方有螺旋器，又称柯蒂器（organ of Corti），也由毛细胞和支持细胞组成。毛细胞游离缘有听毛，基底部与蜗神经末梢形成突触，可感受声波刺激。支持细胞有支持毛细胞的功能（图19-7）。

从耳蜗管内壁，伸出一胶质性盖膜，覆盖于螺旋器上方，其下方恰好触及毛细胞听毛，当声波从外耳道到达鼓膜时，鼓膜振动，经听小骨至前庭窗，引起前庭阶外淋巴振动，继而振动前庭膜和蜗管的内淋巴，使基底膜发生共振，于是引起螺旋器毛细胞听毛的弯曲，使毛细胞兴奋，产生冲动，由蜗神经将冲动传至中枢，从而产生听觉和听觉反射。

1. 名词解释：角膜缘　瞬膜　耳蜗　骨迷路　膜迷路　柯蒂器
2. 眼球壁可分为哪几层？简述各层的结构特点。
3. 简述角膜的组织结构。
4. 简述视网膜的组织结构特点。
5. 试述内耳的组织结构。

（卿素珠）

第二十章 家禽组织学特点

一、血 液

家禽血液也由血浆和血细胞组成，但以下三种血细胞的形态结构与哺乳动物差异较大。

1. 红细胞 呈椭圆形，长12～13 μm，直径约7 μm。有一个椭圆形的细胞核，核内染色质呈颗粒状；胞质内除含有大量血红蛋白外，尚有线粒体和高尔基复合体等细胞器。红细胞的寿命为30～45 d。在血涂片上常可见到未成熟的网织红细胞，尤以幼龄禽多见，其形态与成熟的红细胞相似，但胞核染色质疏松，着色浅，胞质内有呈弱嗜碱性的网状结构。

2. 异嗜性粒细胞（heterophilic granulocyte） 相当于哺乳动物的中性粒细胞。其形态呈圆球形，直径8～10 μm，核多分叶，胞质呈弱嗜酸性，内有许多呈杆状或纺锤形的嗜酸性颗粒（鸭的颗粒呈圆形），染成暗红色。电镜下，颗粒有膜包裹。

3. 凝血细胞（thrombocyte） 相当于哺乳动物的血小板，但有完整的细胞构造，形态与红细胞相似，常三五成群聚集一起。胞体呈椭圆形，长8～10 μm，直径4～5 μm，内有一个椭圆形或近似圆形的细胞核，位于细胞中央，染色质致密；胞质呈弱嗜碱性，内有少量嗜天青颗粒。电镜下，胞质内有大量粗面内质网、发育良好的高尔基复合体和一些膜包颗粒。

二、淋巴器官与淋巴组织

淋巴器官有胸腺、腔上囊、淋巴结、脾和哈德腺等；淋巴组织分布极为广泛，存在于许多器官中。

（一）腔上囊

腔上囊（cloacal bursa）也称法氏囊（bursa of Fabricius），是禽类特有的中枢淋巴器官，位于泄殖腔背侧，呈盲囊状，有一短管与肛道相通。其外观呈球形（鸡）或长椭圆形（鸭）。幼禽较发达，至性成熟时体积最大，以后则逐渐退化。

1. 腔上囊的组织结构 腔上囊起源于泄殖腔，其囊壁仍保留与消化管相似的结构，即由内向外依次也分为黏膜、黏膜下层、肌层和外膜四层（图20-1、图20-2）。

（1）黏膜：由上皮和固有层构成，无黏膜肌。由黏膜和部分黏膜下层向囊腔突出形成较大的纵行皱襞，鸡有9～12条，鸭有2～3条，在大的纵行皱襞之间有许多小皱襞。

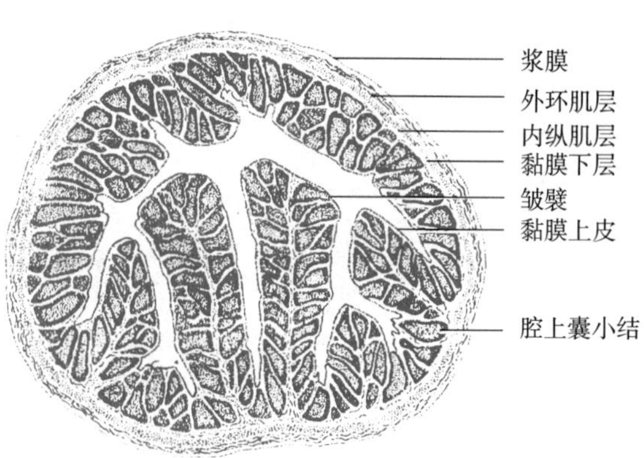

图20-1 鸭腔上囊（横切）

①上皮：为假复层柱状上皮，局部为单层柱状上皮，其间无杯状细胞。

②固有层：由较厚的结缔组织构成，内有许多密集排列的腔上囊小结，在一个大的纵行皱襞内可多达40～50个。腔上囊小结（bursal nodule）呈圆形、卵圆形或不规则形，是一种淋巴上皮小结，每个小结由周边的皮质和中央的髓质及介于两者之间的一层上皮细胞构成（图20-3）。髓质由上皮性网状细胞、大中淋巴细胞和巨噬细胞组成，内无网状纤维和毛细血管。上皮性网状细胞彼此间借突起相互连接，构成支架，淋巴细胞位于网眼内并不断进行分裂分化，新形成的部分淋巴细胞被巨噬细胞吞噬。皮质由稠密的中小淋巴细胞、巨噬细胞和上皮性网状细胞构成，内有毛细血管分布。在皮髓质交界处，有一层连续的上皮细胞和完整的基膜，并与黏膜表面的上皮和基膜相连续。其上皮细胞呈立方形或低柱状，排列整齐，胞质嗜酸性，基膜位于近皮质的一侧。在靠近基膜的皮质内有一层毛细血管网分布，它是淋巴细胞由皮质迁出的重要通道。在腔上囊小结中无浆细胞。

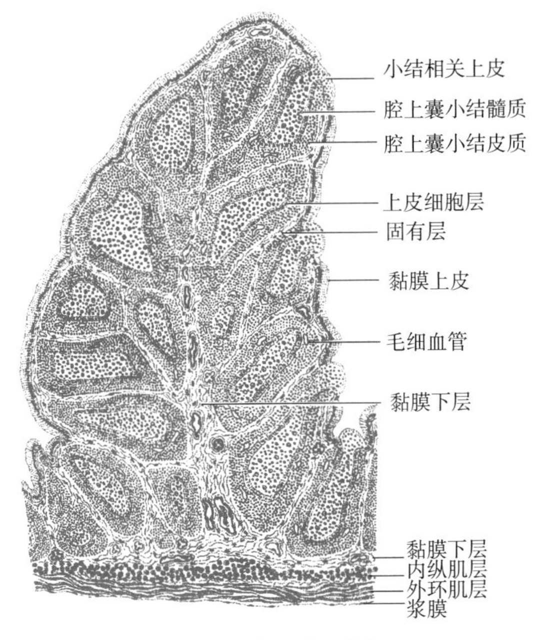

图20-2　腔上囊（横切）

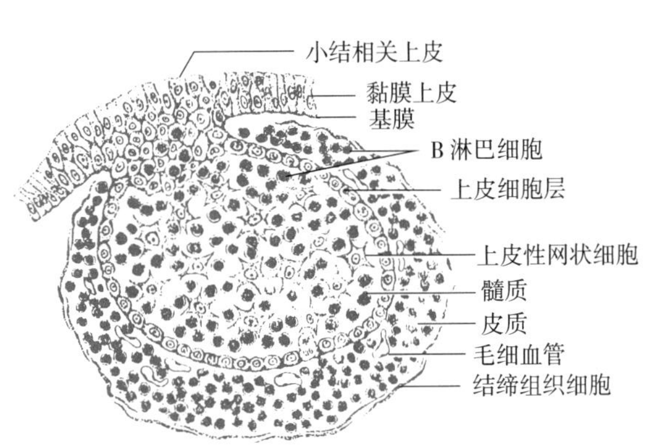

图20-3　腔上囊小结模式图

在腔上囊小结面向黏膜上皮的一侧，常见髓质与上皮细胞相连，此处的黏膜上皮称小结相关上皮。它与周边的上皮细胞不同，细胞排成复层，浅层细胞呈矮柱状，胞核位于中部，游离面微绒毛稀疏，中间及深层的细胞呈多边形，胞质着色较淡，内有许多溶酶体和吞饮泡，它们与上皮细胞摄取和转运抗原物质有关。

（2）黏膜下层：较薄，由疏松结缔组织构成，参与形成黏膜皱襞。

（3）肌层：多由内纵、外环两层较薄的平滑肌构成。

（4）外膜：为浆膜。

2. 腔上囊的发生　鸡胚第4～5天，在管状的原肠末端即后肠近泄殖腔开口处的背侧，腔上囊开始形成。第8～9天，此处上皮下方的间充质形成多个细胞团，移向上皮，并嵌入上皮内。第10天后，间充质细胞团表面的上皮细胞逐渐退化消失，淋巴干细胞开始迁入间充质的细胞团内。第11天，间充质细胞团向囊腔突入，表层的间充质细胞进入上皮，变为长形上皮样细胞，将形成小结相关上皮；深部的上皮细胞则不断增生，突向下方的固有层内形成上皮芽（为未来的腔上囊小结髓质上皮的原基）。第14天，腔上囊小结原基外周被覆一层扁平上皮细胞和基膜，相当于皮髓边界上皮，小结内B淋巴细胞增生，浸润至小结下上皮内。第19天，B淋巴细胞增生浸润至皮髓边界上皮的外周，形成腔上囊皮质。

3. 腔上囊的功能 腔上囊是培育各种特异性B淋巴细胞的场所。干细胞在胚胎时期通过血液循环进入腔上囊髓质部，在上皮性网状细胞构成的微环境诱导下，不断分裂分化，形成各种特异性的B细胞（囊依赖性淋巴细胞），然后经皮质部的毛细血管迁移到全身各处的淋巴组织和淋巴器官。在有相应抗原刺激时被激活，单株增殖分化成大量的浆细胞和记忆性B细胞，行使体液免疫。若腔上囊被过早摘除或受病毒感染（如传染性法氏囊病毒），可致机体免疫功能受损，抵抗力下降，极易并发其他疾病而引起死亡。

（二）淋巴结

淋巴结仅见于水禽，有颈面淋巴结、颈胸淋巴结、翼淋巴结、肠系膜淋巴结、腹股沟淋巴结和腰淋巴结等，其中以颈胸淋巴结和腰淋巴结较大。

淋巴结的表面由薄层疏松结缔组织构成被膜，并由其向实质伸入形成不明显的小梁。血管和神经丛被膜的不同部位进出淋巴结。禽类淋巴结无门部结构，也无皮质、髓质之分，其实质由中央窦、淋巴小结、弥散淋巴组织、淋巴组织索和周围淋巴窦等构成（图20-4）。中央窦位于近中央区，形状不规则，有输入和输出淋巴管与其相连，并有分支与周围淋巴窦相通。淋巴小结多分布于中央窦周围，其形态结构与哺乳动物相似。弥散淋巴组织主要分布于淋巴小结周围，由网状细胞、T细胞和巨噬细胞等构成，内有丰富的毛细血管及毛细血管后微静脉，此区相当于哺乳类的副皮质区。淋巴组织索由网状细胞、成纤维细胞和结缔组织纤维构成支架，内有许多淋巴细胞、浆细胞和巨噬细胞等，该结构相当于哺乳类的髓索。周围淋巴窦有被膜下窦、索间淋巴窦和小结周边淋巴窦，其中以被膜下窦较发达。中央窦和周围淋巴窦的窦壁均有一层扁平的内皮细胞分布，窦内流动淋巴，内有淋巴细胞、巨噬细胞、浆细胞及有粒白细胞等。

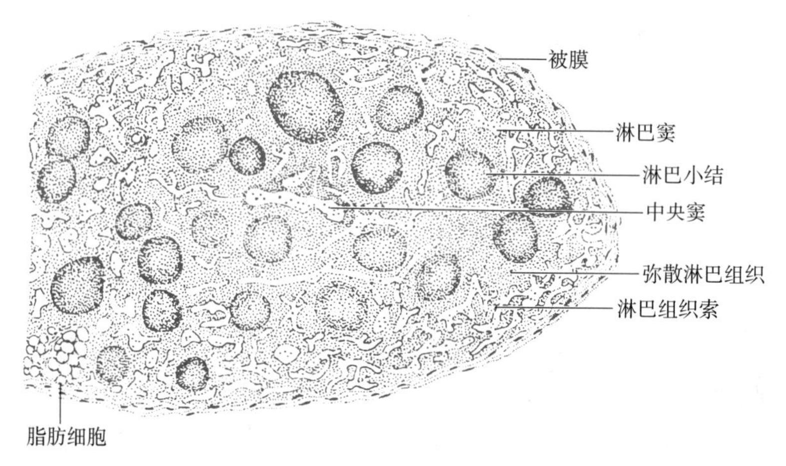

图20-4 鸭淋巴结

淋巴结的功能与哺乳动物相似，但由于数量少，故过滤淋巴的作用不强。

（三）脾

脾位于腺胃与肌胃交界处的右侧，呈棕红色或紫红色，其形状鸡的呈球形，鸭和鹅的呈扁卵圆形。

1. 脾的组织结构 脾的表面由浆膜和薄层致密结缔组织构成被膜。被膜的结缔组织伸入脾内形成不发达的小梁。脾的实质主要由白髓和红髓构成，两种结构所占比例大致相等，无明显的边缘区。白髓也是由动脉周围淋巴鞘和淋巴小结构成，与哺乳动物相比，禽类的动脉周围淋巴鞘的分布范围广，即不仅环绕在中央动脉周围，而且在其分支的周围也有分布。淋巴小结的数量较少。

2. 脾的血液循环特点 脾内的血管分布与哺乳动物相似，但鞘动脉进入红髓后形成的动脉毛细血管直接开口于脾索，血液在脾索内流动，然后汇集于静脉毛细血管（脾窦）。因此，禽脾的血液循环属于开放式循环。

（四）淋巴组织

淋巴组织的分布极为广泛，存在于许多管状器官的固有层及黏膜下层和实质性器官的间质内，多为弥散淋巴组织，有的可形成淋巴小结，且可见生发中心。在有些部位则形成特殊的淋巴组织。

1. 盲肠扁桃体（cecal tonsil）　由位于盲肠基部的固有层和黏膜下层内发达的弥散淋巴组织及淋巴小结构成，在肠管黏膜表面呈隆起结构。弥散淋巴组织内主要是T细胞，淋巴小结内主要是B细胞。盲肠扁桃体具有局部免疫作用，当某些病原微生物如新城疫病毒感染时，可引发其肿大并伴有出血。

2. 小肠淋巴集结　呈节段性位于空肠和回肠段的固有层及黏膜下层内，为弥散的淋巴组织，并可见许多集合淋巴小结。当发生新城疫和鸭瘟时，该结构出血明显。

3. 哈德腺（Harderian gland）　也称瞬膜腺，它位于禽类眼窝内，呈不规则带状，腺体由结缔组织分割成许多小叶，小叶内含复管状黏液腺；间质内有大量的浆细胞和B细胞。腺体分泌物可润滑瞬膜，并可在抗原刺激下分泌抗体，产生免疫应答，不仅在局部形成防御屏障，还影响全身免疫系统。在免疫雏鸡时，由于它对疫苗能产生免疫效果，起着非常重要的作用。

三、皮肤及其衍生物

家禽体表被覆皮肤。皮肤的衍生物有羽、冠、髯、耳叶、喙、尾脂腺、鳞爪和距等。皮肤和羽的颜色及变化、冠的大小及形状均可作为禽类品种、性别及生产性能的标志。

（一）皮肤

皮肤较薄，也是由表皮和真皮构成，通过皮下组织与深层组织相连。因皮下组织内富含脂肪，使皮肤柔软且具可动性。皮肤内除尾部有一对尾脂腺，其他部位均无皮肤腺。根据表面有无羽毛生长，皮肤可分为羽区（pterylae）和裸区（apterylae）。

1. 表皮　很薄，从基底面至表面可分为基底层、棘层、移行层和角质层。

（1）基底层：由一层立方形细胞构成，细胞的基底面附于基膜上。该层细胞具有较强的增殖能力，故也称生发层。

（2）棘层：由几层多边形细胞组成，相邻细胞间有桥粒结构。在基底层和棘层内有少量散在分布的色素细胞和梅克尔细胞。

（3）移行层：由一至几层扁平细胞构成。扁平细胞可不断合成角蛋白，并排至细胞间隙内。此层相当于哺乳类的颗粒层，但胞质内无颗粒结构。

（4）角质层：由几层扁平无胞核的角化细胞构成，细胞间有明显的间隙，间隙内充满角蛋白。角质层的细胞不断脱落，由基底层的细胞增殖分化并向表面移行予以补充。

2. 真皮　可分浅、深两层，无乳头层与网状层之分。

（1）浅层：紧邻表皮深面，由细密的结缔组织构成，内有较多的毛细血管和感觉神经末梢。在与表皮的邻接面无乳头结构，而是形成许多网状的小嵴，故真皮的顶部较为平坦。有些感觉神经末梢具有被囊，类似于哺乳动物的环层小体，呈卵圆形，也称哈贝小体。

（2）深层：根据结缔组织排列情况不同，由浅至深可分为以下三层。

①致密层：较厚，由致密结缔组织构成。羽区真皮内的平滑肌（羽肌）主要位于此层。

②疏松层：较薄，由疏松结缔组织构成。裸区真皮内的平滑肌位于此层。

③弹性纤维层：是位于真皮与皮下组织之间的一薄层弹性纤维。

皮下组织（浅筋膜）由疏松结缔组织构成，连接于皮肤和肌组织之间，其结构疏松，有利于羽的活动。在羽区的皮下组织内可形成皮下脂肪层，其他部位可形成若干个脂肪体。皮下组织的空气区可与气囊相通。真皮和皮下组织内的血管可形成血管网，母鸡和火鸡在孵卵期，胸部皮肤内因血管增生可形成特殊的孵区（area incubationis），也称孵斑（brood patch），此结构有利于体温的传播。

家禽皮肤内无汗腺，其散热主要依靠皮肤的裸区和呼气过程。皮肤虽无皮脂腺，但表皮仍具有分泌功能。在棘层细胞内形成的脂质小滴，随着细胞的移行和角化过程，可不断释放并溶解于角质层的细胞之间，有润滑皮肤的作用。

（二）尾脂腺

尾脂腺（glandulae uropyrous）位于尾综骨背侧皮下，呈卵圆形，周围包有结缔组织被膜。被膜的结缔组织向腺内伸入，形成发达的叶间隔，将腺分为左右两叶。在每叶的中央有一腔，称初级腺腔，其内充满分泌物。在初级腺腔的周围有呈辐射状排列的分支管状腺，称腺小管。在腺小管之间有被膜的结缔组织伸入。每一腺小管的盲端位于近被膜或叶间隔的两侧，其另一端开口于初级腺腔（图 20-5）。腺小管分内外两区，外区为皮脂区，约占腺管的外 2/3，内区为糖原区，约占腺管的内 1/3。在皮脂区腺小管的横切面上，可见中央有一次级腺腔，内有分泌物，管壁由复层上皮构成。近管腔为几层已角化的扁平细胞；中间为多层多边形细胞，胞质内含许多脂滴；基部为几层稍扁平的细胞，胞质内含致密颗粒，靠近外周一层细胞的基底面附于基膜上（图 20-6）。皮脂区腺小管的上皮为含脂性全浆分泌，近腔面的细胞不断脱落、解体，由基底层细胞不断增殖分化予以补充。在糖原区腺小管的横切面上，近管腔的细胞较少；中间层细胞增厚，胞质嗜酸性，内含糖原颗粒，构成一厚层的糖原带；基底层与皮脂区相似。腺小管的分泌物经次级腺腔排至初级腺腔，再经 1～2 条初级导管开口于尾根背侧的尾脂腺乳头。连接腺小管的排泄管为单层扁平或单层立方上皮，至初级导管移行为复层扁平上皮，在管壁周围的结缔组织内有环行平滑肌和感觉神经末梢分布。

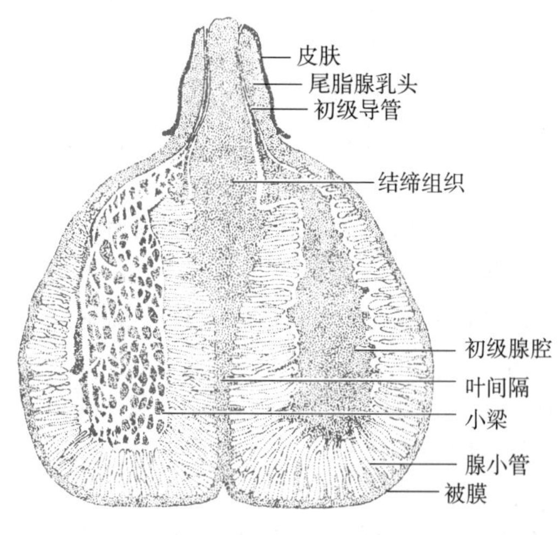

图 20-5 鸡尾脂腺（额状面）

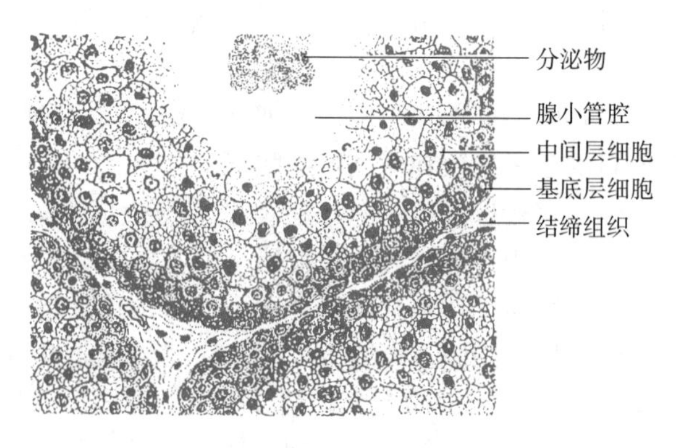

图 20-6　鸡尾脂腺腺小管皮脂区（横切）

尾脂腺的分泌物含脂肪、卵磷脂、高级醇和糖原等，但无胆固醇。当家禽用喙触及尾脂腺乳头时，可引起导管平滑肌松弛而排出分泌物。然后再用喙涂于羽上，具有润泽羽毛，免其被水浸湿的作用，这对水禽显得尤为重要。

(三) 冠、髯、耳叶

冠、髯和耳叶分别为顶部、颌下和颞部形成的特殊皮肤褶，结构基本与皮肤相似。下面以冠为例，叙述其结构特点。

冠的表皮较薄。真皮厚，浅层内富含毛细血管丛，如性成熟的公鸡和产卵期母鸡，毛细血管极度充血，使冠的颜色鲜红且肥厚；深层的结缔组织间隙内有许多富含纤维的黏液性结构，致使冠直立。冠的中央层由致密结缔组织构成，内有较大的血管和由颅骨的骨膜延伸来的胶原纤维。冠的大小及颜色与性激素关系密切，缺乏者毛细血管萎缩，黏液性结构减少，致使冠变软，体积缩小，色苍白。

四、消化管

(一) 食管

食管腔大，壁薄，也具四层结构。

1. 黏膜　较厚，表面形成许多纵行皱襞，鸭、鹅尤为显著。皱襞易于扩张，利于吞咽大块食团。

(1) 上皮：为复层扁平上皮。鸡的是较厚的非角化上皮，鸭、鹅为不同程度角化的上皮。

(2) 固有层：由疏松结缔组织构成，内有许多较大的管泡状食管腺。腺的外观呈囊状，腺泡衬以单层柱状上皮。腺细胞胞质丰富，弱嗜碱性，色浅，呈泡沫状，胞核扁平，被挤至细胞基部。腺体有短的导管开口于黏膜表面，导管的末端移行为复层上皮。食管腺可分泌黏液，内含少量消化酶，具有润滑食物、保护黏膜和对食物进行初步消化的作用。在食管腺之间的结缔组织内，有散在的平滑肌束和一些弥散的淋巴组织及淋巴小结。在接近腺胃处，淋巴组织发达，可形成食管淋巴集结。

(3) 黏膜肌：较发达，由纵行平滑肌构成，并可分出肌束伸至食管腺之间。

2. 黏膜下层　较薄，由疏松结缔组织构成。

3. 肌层　均为平滑肌，分内环、外纵两层。内环肌发达，其厚度约是外纵肌的 3 倍。

4. 外膜　颈段为纤维膜，胸段为浆膜。

(二) 嗉囊

鸡的食管入胸腔之前，在其腹侧形成一膨大的薄壁憩室，称嗉囊 (ingluvies)。鸭、鹅没有真正的嗉囊，只是在食管颈段后部形成一个纺锤形的膨大部。

嗉囊的组织结构与食管相似，但固有层富含弹性纤维和淋巴组织，鸭、鹅食管膨大部的固有层内有黏液腺分布。嗉囊有暂时储存食物的作用，混有唾液和食管黏液的食物在此停留，以利于软化、发酵和初步分解。

鸽的嗉囊是两个对称的囊状结构，其黏膜内分布有混合腺，分泌物中含淀粉酶、蛋白酶和无机盐等，对食物具有初步消化作用。在鸽抱卵后期及育雏早期，雌鸽和雄鸽嗉囊的黏膜上皮迅速增生，浅层细胞聚集大量脂肪后脱落，与腺体的分泌物共同形成鸽乳，通过逆吐，用于哺育幼鸽。

(三) 腺胃

家禽有两个胃，即腺胃和肌胃，两者之间以很短的峡部相连。腺胃 (glandular stomach) 也称前胃，呈纺锤形，体积不大，内腔直径比食管腔略大。其壁很厚，具四层结构 (图 20-7)。

1. 黏膜　表面有许多肉眼可见的圆形乳头，乳头的中央有深层腺胃腺的开口，孔的周围有呈同心圆排列的皱襞和沟，在乳头之间的皱襞和沟分布不规则。鸡的腺胃乳头较大，有30～40个，鸭、鹅的体积较小，数量较多。

（1）上皮：为单层柱状上皮，胞质弱嗜碱性，可分泌黏液。

（2）固有层：内含许多管状腺和较多的淋巴组织。管状腺较短，为由黏膜上皮向固有层内下陷形成的单管状或分支管状腺，管壁衬以单层立方或单层柱状上皮。腺管开口于黏膜上皮的凹陷处。此腺可分泌黏液。

（3）黏膜肌：由薄层纵行平滑肌构成。

2. 黏膜下层　较厚，内有发达的腺胃腺，也称前胃腺，相当于哺乳动物的胃底腺。腺胃腺体积较大，数量较多，呈圆形或椭圆形，为复管状腺。每个腺体的中央为集合窦，窦的周围有呈辐射状排列的腺小管。腺小管由单层腺细胞构成，细胞的形态呈立方形或低柱状，胞质嗜酸性，内有许多分泌颗粒，胞核呈圆形或卵圆形，位于细胞基部。相邻腺细胞的近游离端彼此间有小的间隙，以致腺上皮的游离面呈锯齿状。相邻多个腺小管共同开口于一短的三级管，数个三级管开口于集合窦。相邻腺体的集合窦再汇合成一条大的导管，最后开口于黏膜乳头（图 20-7、图 20-8）。三级管、集合窦和导管均为单层柱状上皮，但仅导管的上皮细胞内含有黏原颗粒。腺胃腺的腺细胞既可分泌胃蛋白酶原，也可分泌盐酸，兼有家畜胃底腺内主细胞和壁细胞的双重功能。

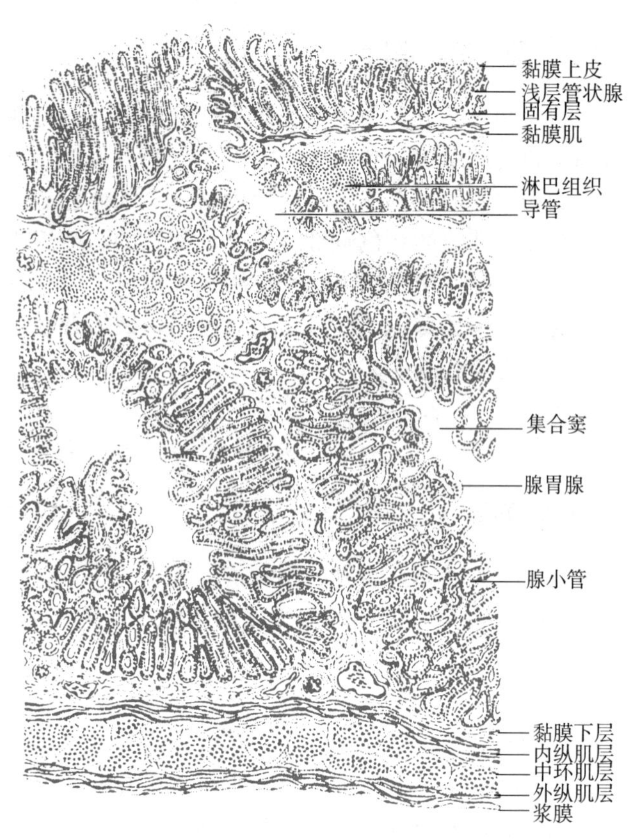

图 20-7　鸡腺胃（纵切）

由黏膜和黏膜下层共同形成许多黏膜皱襞。

3. 肌层　由内纵、中环、外纵三层平滑肌构成。内外纵肌厚度相似，中环肌较厚。在中环肌和外纵肌之间有肌间神经丛分布。

4. 外膜　为浆膜。

（四）肌胃

肌胃（muscular stomach）的腔内常含有吞食的砂砾，故又称砂囊（gizzard），其结构也分为四层。

1. 黏膜　由上皮和固有层构成，缺黏膜肌。在黏膜的表面覆盖一层厚且粗糙的类角质膜（kera tinoid layer），俗称肫皮，中药称鸡内金。它是由肌胃腺的分泌物、上皮的分泌物和脱落的上皮细胞共同在酸性环境下黏合硬化而成，具有保护黏膜、抵抗蛋白酶和酸性物质侵蚀的作用。

（1）上皮：为单层柱状上皮。由上皮下陷形成许多漏斗状的隐窝。

（2）固有层：由疏松结缔组织构成，内有许多平行排列的细而直的分支管状腺，即肌胃腺，也称砂囊腺（图 20-9）。腺的顶部开口于隐窝，腺管由单层上皮构成。位于腺上部的细胞呈低柱状或立方形，腺中部的呈低立方形，靠近基底部的又呈立方形或低柱状。胞质嗜酸性，内有许多细小颗粒，胞核均位于细胞基部。腺腔狭小，内充满腺细胞分泌的液态物质。腺细胞的分泌物经隐窝流出，遍布于黏膜上皮表面，位于原已形成的类角质膜的下方。来自腺胃的盐酸可透过类角质膜进入黏膜表面，使液态物质的pH降低而硬化，形成新的类角质膜，以补充表面被磨损的部分。腺底部的细胞有增殖能力，并不断向表面移行以补充脱落的黏膜上皮。

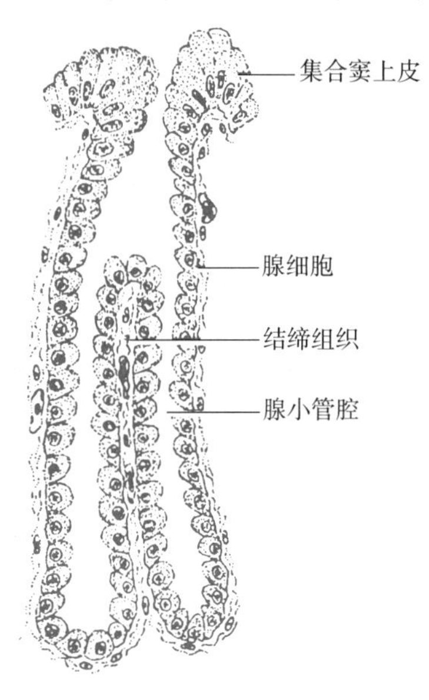

图 20-8　鸡腺胃腺

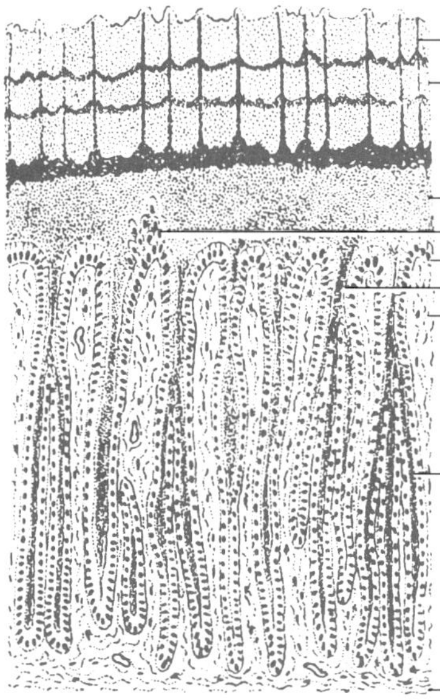

图 20-9　肌胃黏膜

2. 黏膜下层　很薄，由细密结缔组织构成，内含较多的胶原纤维和弹性纤维。少数肌胃腺的底部可延伸至黏膜下层。

3. 肌层　由特别发达的平滑肌构成，主要为环行肌，纵行肌在发育过程中消失。整个肌层分成四块，即两块很厚的侧肌和两块较薄的中间肌，彼此间借腱组织连接，形成肌胃两侧的中央腱膜，称腱镜。腱镜的中央部分无肌层，此处黏膜下层直接与腱组织连接。由于四块肌肉彼此相连，神经冲动可迅速扩散至整个肌层，可使肌胃发生快速而一致的有力收缩。

4. 外膜　为浆膜。由于无纵行肌，故神经丛位于浆膜下。

肌胃以发达的肌层、胃腔内的沙砾及粗糙而坚硬的类角质膜，对食物进行机械性消化，可弥补家禽无牙齿之不足。

（五）肠

家禽的肠分小肠和大肠。小肠分十二指肠、空肠和回肠，大肠包括一对盲肠和一条短而直的直肠，无结肠。肠管末端膨大形成泄殖腔。

小肠和大肠的组织结构相似，管壁均分为四层，均有绒毛结构（图 20-10）。绒毛以十二指肠最长，且有分支，向后逐渐变宽变短，分支也随之减少。绒毛内无中央乳糜管，黏膜上皮吸收的一酰甘油和脂肪酸等被重新合成为乳糜微粒后进入毛细血管。黏膜上皮为单层柱状

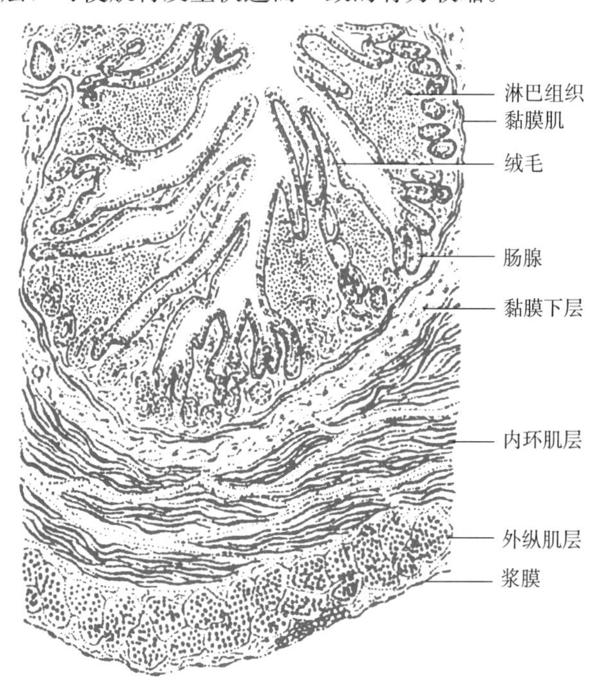

图 20-10　鸡直肠（横切）

上皮，由柱状细胞、杯状细胞和内分泌细胞组成。肠腺为单管状腺或分支管状腺，短而直，细胞成分同黏膜上皮。黏膜上皮和肠腺内杯状细胞的数量从前向后无明显增多。十二指肠的黏膜下层内无十二指肠腺。整个肠的固有层和黏膜下层内富含弥散淋巴组织，局部形成淋巴小结或淋巴集结，盲肠基部形成盲肠扁桃体。黏膜下层很薄，局部缺如。肌层和外膜的组织结构同哺乳动物。

（六）泄殖腔

泄殖腔（cloaca）是禽类消化、泌尿和生殖三个系统最后端的共同通道，内有前后两个不完全的永久性环行皱襞，将其分隔成粪道、泄殖道和肛道三部分。粪道（coprodeum）与直肠相接；泄殖道（urodeum）居中，内有输尿管和输精管（输卵管）的开口；肛道（proctodeum）的后端以泄殖孔与外界相通，其顶壁有腔上囊的开口。

泄殖腔的组织结构与大肠相似。黏膜上皮为单层柱状上皮，内有较多的杯状细胞。在泄殖孔的背唇和腹唇的内侧突然转为复层扁平上皮，并与皮肤相连。黏膜表面也具绒毛结构，粪道的呈短指状，泄殖道的为扁叶状，肛道的短且细。黏膜肌在泄殖孔附近消失。在肛道的黏膜内有肛腺（黏液腺）。固有层和黏膜下层内有大量淋巴组织。肌层由内环和外纵平滑肌构成，至泄殖孔转为骨骼肌。外膜为纤维膜。

五、消 化 腺

（一）肝

肝分左右两叶，每叶各有一肝门，肝动脉、门静脉和肝管由此进出。左叶的肝管直接开口于十二指肠，右叶的脏面有一胆囊，肝管先通过胆囊，再由其发出胆管开口于十二指肠。胆囊的结构与哺乳动物相似。

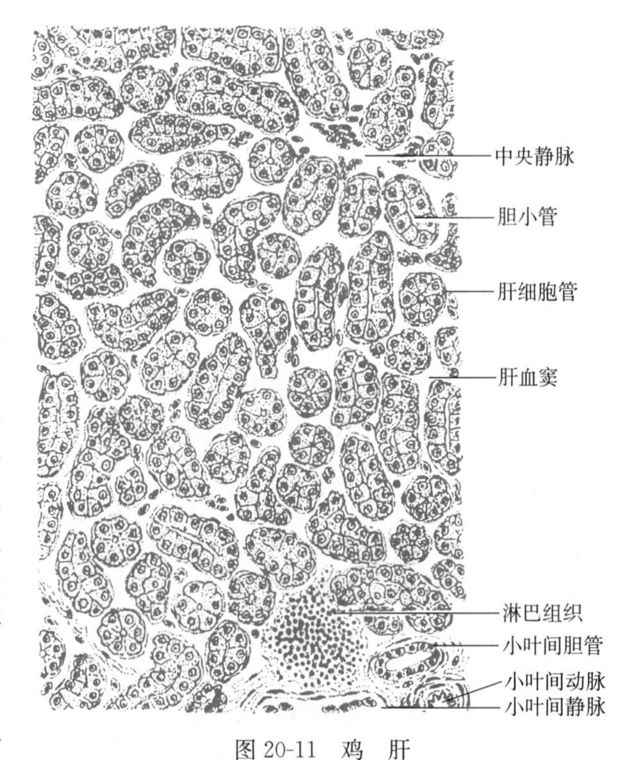

图 20-11　鸡　肝

肝的组织结构与哺乳类相似，主要有以下特点：①小叶间结缔组织不发达，故肝小叶的分界不清楚，主要依据中央静脉和门管区的位置来判定，但鹅的肝小叶分界相对较明显。②以中央静脉为中心，由一层肝细胞排列成肝细胞管做辐射状排列，且相互吻合。肝细胞管的中央形成的小管即胆小管，其管壁由肝细胞游离面的细胞膜构成。相邻肝细胞管之间的间隙为肝血窦，窦壁由内皮细胞构成。窦周隙位于肝细胞管与内皮之间。③肝细胞呈锥体形，胞核大而圆，位于靠近窦周隙的一侧。④肝内淋巴组织较丰富，在小叶间结缔组织和肝小叶内常见弥散淋巴组织或淋巴小结（图 20-11）。

（二）胰腺

胰腺细长，多分为背叶、腹叶和中间叶。有 2～3 条胰管开口于十二指肠。

胰腺的小叶间结缔组织不发达，因此分叶不明显。其实质也分外分泌部和内分泌部。外分泌部的结构与哺乳动物相似。内分泌部即胰岛，其数量以中间叶较多，背叶次之，腹叶较少。胰岛也是由 A、B、D 三种细胞构成（用 Mallary-Azan 染色法可显示），但由于三种细胞的分布不均，可将胰岛分成亮、暗两种类型。亮胰岛在三个叶内均有分布，体积较小，染色浅，主要由多边形的 B 细胞和少量 D 细胞构成，可分泌胰岛素。暗胰岛体积稍大，染色较深，多分布于中间叶，主要由柱状的 A 细胞和少量 D 细胞构成，可分泌胰高血糖素。

六、呼吸器官

（一）气管

气管也是由黏膜、黏膜下层和外膜构成。黏膜的假复层纤毛柱状上皮有规律地下陷，形成许多单泡状的气管腺。腺泡位于固有层内，腺细胞呈柱状，胞质内充满黏原颗粒，胞质被挤至细胞的基底部，呈扁平状。气管腺的数量随家禽的年龄增长而逐渐增多。外膜主要由透明软骨环和纤维性结缔组织构成。幼禽的气管软骨呈片状，随其年龄增长而逐渐愈合成完整的环状。前后相邻软骨环的边缘出现重叠，故在气管的横切面上常见有两层软骨片。在老龄家禽，透明软骨可部分甚至全部骨化。

（二）肺

肺呈鲜红色，体积不大，不分叶，紧贴胸腔背侧。肺的背侧面嵌入椎肋之间的间隙内，使其扩张性受到限制。但肺内的各级支气管与易于扩张的气囊相通。肺门位于腹侧面的前部。

肺的表面被覆浆膜，内富含弹性纤维。被膜的结缔组织深入肺实质，分布于各级支气管、肺小叶及肺毛细管之间，构成肺的支架。肺的实质由各级支气管、肺房及肺毛细管组成。支气管入肺后形成纵贯全肺的初级支气管，其管径逐渐变细，末端与腹气囊相通。初级支气管沿途发出四组若干条粗细不等的次级支气管，即腹内侧、背内侧、腹外侧和背外侧群次级支气管。次级支气管除与颈、胸气囊相通外，又分出许多三级支气管。三级支气管遍布全肺，彼此相互吻合成袢状，并沟通次级及初级支气管（图 20-12），因此，禽肺无哺乳动物支气管树的结构。每条三级支气管与周围许多呈辐射状排列的肺房相通，每一肺房又连着许多肺毛细管。每条三级支气管及其所属分支共同构成一个肺小叶，其横断面呈多边形，中央是一条三级支气管的横断面，周围有许多肺房开口。因相邻肺小叶的部分肺毛细管相互吻合，致使小叶间结缔组织不完整（图 20-13）。

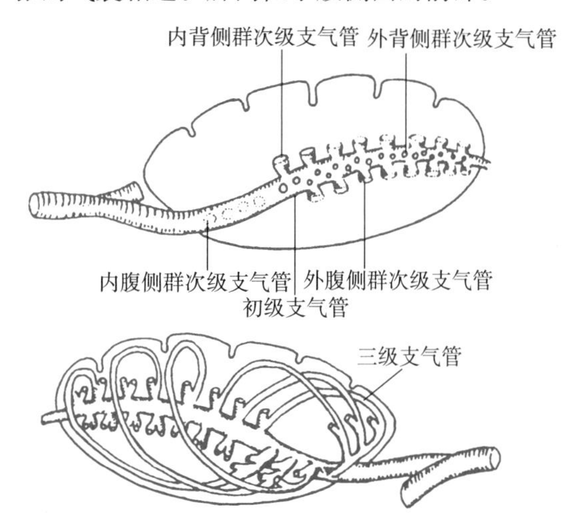

图 20-12　鸡肺支气管分支示意图

1. 初级支气管（primary bronchus）　也称中央支气管（mesobronchus），黏膜形成许多永久性纵行皱襞，表面覆以假复层纤毛柱状上皮，上皮内有泡状黏液腺和杯状细胞。黏液腺随管径渐细而减少，而杯状细胞则逐渐增多。固有层内分布许多弹性纤维和淋巴组织，有时可见淋巴小结。平滑肌随管径变细逐渐增多。在初级支气管起始部有透明软骨片，向后逐渐减少乃至消失。

2. 次级支气管（secondary bronchus） 黏膜上皮逐渐移行为单层纤毛柱状上皮，上皮中的泡状腺和杯状细胞逐渐减少至消失。淋巴组织减少，而平滑肌则相对增多，呈螺旋状排列，至后段可形成完整的肌层。

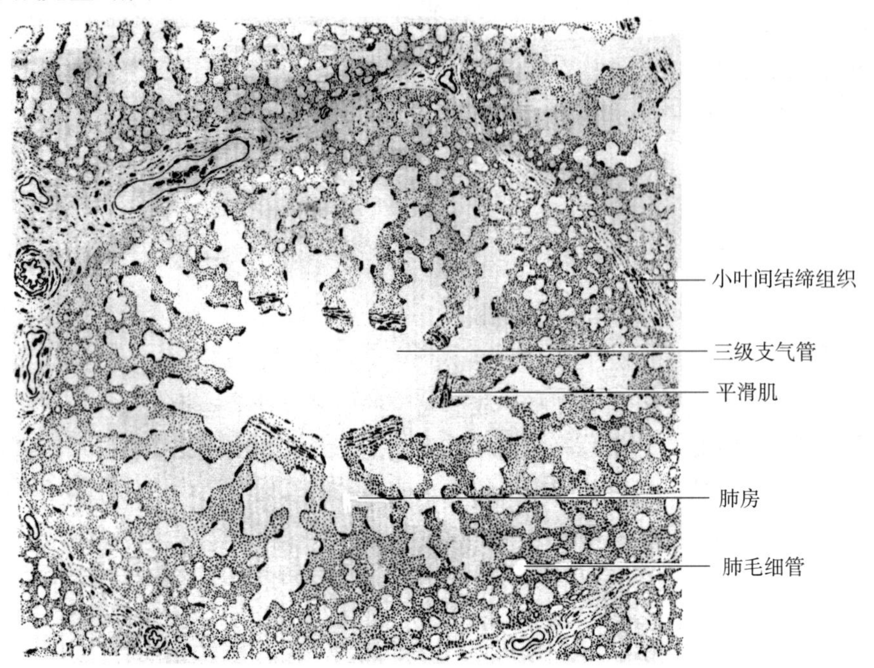

图 20-13 鸡肺小叶

3. 三级支气管（tertiary bronchus） 也称副支气管（parabronchus），相当于哺乳动物的肺泡管，是肺小叶的中心。黏膜表面衬以单层立方或单层扁平上皮，上皮周围有少量结缔组织，内有许多弹性纤维。平滑肌排成较细的螺旋形肌束，在肺房开口处有肌束环绕。

4. 肺房（atirum） 为不规则的囊腔，直径 100～200 μm，相当于哺乳动物的肺泡囊。肺房内壁衬以不完整的单层扁平上皮，上皮外有弹性纤维包绕。肺房底壁形成许多小的隐窝，称漏斗，与肺毛细管相通。

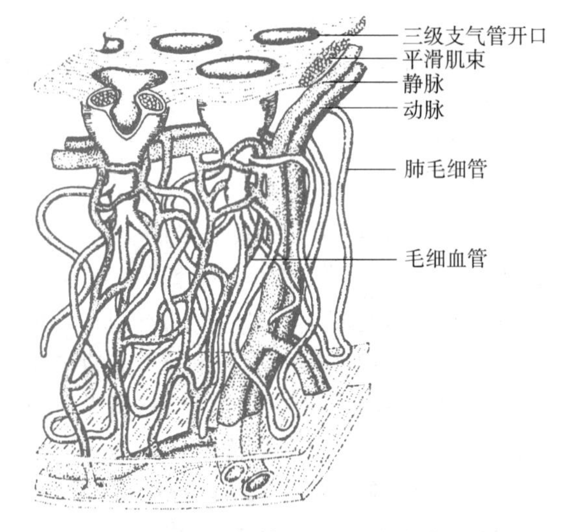

图 20-14 鸡肺毛细管与毛细血管结构示意图

5. 肺毛细管（pulmonary capillary） 为弯曲而细长的盲管，直径 7～10 μm，反复分支且相互吻合。管壁衬以单层扁平上皮，周围无弹性纤维分布，但有网状纤维和丰富的毛细血管缠绕（图 20-14）。肺毛细管相当于哺乳动物的肺泡，是实现气体交换的场所。气血屏障较薄，由肺毛细管上皮、毛细血管内皮及共同的基膜构成。

根据组织化学和电镜研究证明，在三级支气管、肺房及肺毛细管的上皮细胞内及其表面分布有多种嗜锇性板层结构，该结构具有与哺乳动物肺的表面活性物质相同的作用。

（三）气囊

气囊（air sac）是禽类特有的器官，由初级支气管或次级支气管的黏膜向外生长并膨大形成。气囊壁很薄，内衬单层扁平上皮，仅在开口处为纤毛柱状上皮；外覆浆膜，内有少量胶原纤维和弹性纤维。气囊壁血管分布很少，无气体交换功能，具有储存气体、减轻体重、增大发音气流和散发体温等作用。从气囊可分出一些小憩室伸入骨骼，形成气骨。

七、泌尿器官

（一）肾

1. 肾的一般结构　肾呈红褐色，位于腰荐骨与髂骨形成的肾窝内，质软且脆，呈长条状，可分前、中、后三部分。肾的表面无脂肪囊和完整的被膜，无典型的肾锥体和肾叶结构，也无明显的周边皮质与中央髓质之分，没有肾盏、肾盂和肾门。血管、神经和输尿管从不同部位进出肾。

2. 肾的组织结构　肾表面有极薄的结缔组织被膜，部分表面覆有浆膜。被膜的结缔组织伸入实质，形成含量较少的小叶间和肾小管间结缔组织，内有淋巴组织和丰富的毛细血管。肾的实质主要由大量肾小叶构成。每个肾小叶形似倒梨状，顶部宽大似梨体，内有许多肾单位，称皮质；基部狭小似梨蒂，主要由集合小管和髓袢构成，称髓质。部分肾小叶的顶部在肾的表面形成直径 1～2 mm 的圆形隆起。相邻肾小叶被小叶间静脉形成的复杂网络隔开。在肾小叶皮质的中央有一条较大的中央静脉穿行。肾单位的数量很多，有两种类型，即皮质肾单位和髓质肾单位，两者的主要区别是有无髓袢（图20-15、图 20-16）。

（1）皮质肾单位（cortical nephron）：又称浅表肾单位，数量较多，长 6～8 mm，全部盘曲在皮质部。其结构类似于爬行动物的肾单位，由肾小体、近曲小管、中间段和远曲小管组成，无髓袢结构。肾小体呈球形，体积较小，直径约 65 μm。其内的血管球结构较简单，毛细血管的分支少且彼此间较少吻合，缠绕在一团致密的间膜细胞周围。由于间膜细胞的核较集中，致使整个血管球嗜碱性较强。入球小动脉和出球小动脉的管径无明显差异。球旁复合体的结构与哺乳动物类似。近曲小管较长，直径与肾小体相近，上皮细胞的游离面有刷状缘。中间段很短，直径约 30 μm。远曲小管较短，直径约 40 μm，多围绕中央静脉分布，末端与其粗细相近的连接小管通连。

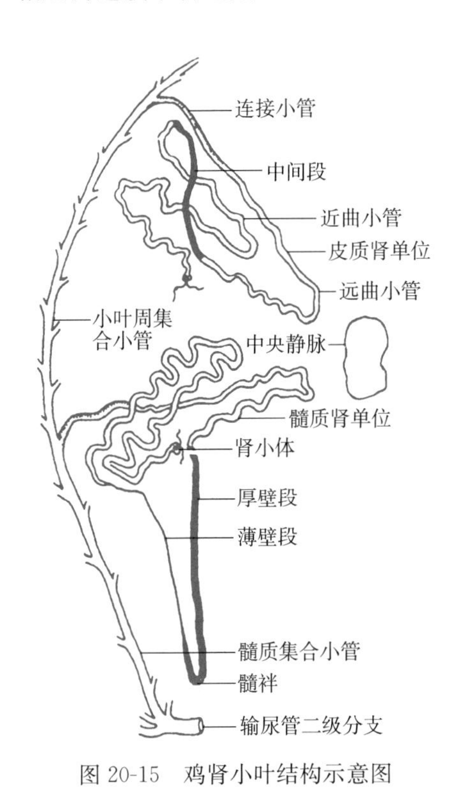

图 20-15　鸡肾小叶结构示意图

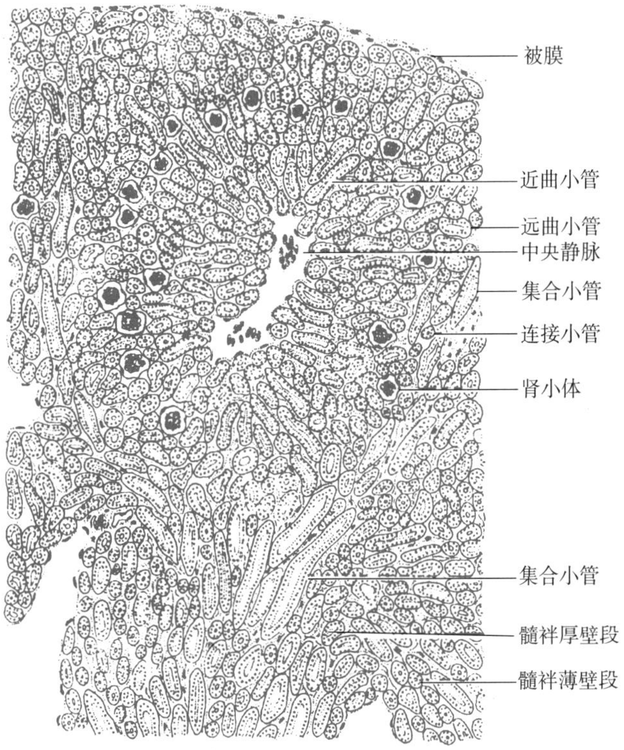

图 20-16　鸡肾小叶（纵切）

（2）髓质肾单位（medullary nephron）：又称近髓肾单位，数量较少，长约15 mm，靠近髓质分布。肾小体较大，直径约100 μm。中间段较长，3～4 mm，形成髓袢进入髓质。髓袢由薄壁段和厚壁段组成。薄壁段较短，连接近曲小管，直行向髓质部延伸，并过渡为厚壁段，由厚壁段折成袢状，再直行返回皮质与远曲小管相接。薄壁段管径较细，约18 μm，管壁衬以低立方上皮，厚壁段管径增粗，管壁衬以立方上皮。

两种肾单位的肾小体有规律地环绕中央静脉排列成马蹄形的圈，约处于肾小叶半径的1/2处。

（3）集合小管：分小叶周集合小管和髓质集合小管。小叶周集合小管纵向排列在每个肾小叶的周围，沿途通连许多连接小管，向髓质延伸。髓质集合小管位于髓质的髓袢之间，并不断汇合，数量随之减少，然后穿出髓质，与相邻肾小叶的集合小管进一步汇合，形成输尿管的二级分支，最后合并成几条输尿管的一级分支通连于输尿管。集合小管的管壁起初为单层立方上皮，逐渐过渡为单层柱状上皮，接近输尿管时变为假复层柱状上皮。在上皮细胞的胞质内含有许多PAS反应阳性的酸性黏多糖颗粒，颗粒内的物质具有润滑泌尿导管系统，防止不溶性尿酸盐沉积，保证尿路畅通的作用。因此，在家禽很少发生尿结石。

3. 肾的血管 入肾的血管有肾门静脉和肾动脉，出肾的血管是肾静脉。

（1）肾门静脉：来自髂外静脉，入肾后反复分支，形成小叶间静脉，然后进入肾小叶形成肾小管间毛细血管网，进而在每个肾小叶的中央汇集成一条中央静脉。相邻肾小叶的中央静脉出肾小叶后逐步汇合，最后形成两条肾静脉出肾，经髂总静脉入后腔静脉。

（2）肾动脉：分布到肾的动脉有三对，即肾前、肾中和肾后动脉。它们入肾后反复分支，形成小叶间动脉，然后进入肾小叶形成许多条小叶内动脉，分布于中央静脉周围并与之伴行，沿途发出许多入球小动脉，在肾小囊内形成血管球，再汇合成出球小动脉。出球小动脉的分支一部分进入髓质，营养髓袢和集合小管，另一部分分支汇入肾小管间毛细血管网。因此，肾小叶内流动的是混合血，但以静脉血为主。

（二）输尿管

输尿管管壁也是由黏膜、肌层和外膜构成。黏膜上皮为假复层柱状上皮，固有层中常见弥散淋巴组织或淋巴小结。肌层由内纵、外环平滑肌构成，至泄殖腔附近出现一层外纵肌。

禽类无膀胱，输尿管直接连通泄殖腔。

八、雄性生殖器官

家禽雄性生殖器官包括睾丸、附睾、输精管和交媾器等，缺附属腺、精索和阴囊。

（一）睾丸

1. 睾丸的一般结构 睾丸位于腹腔内，借短的系膜悬于腹腔顶壁、肾前端的腹侧面，紧贴腹气囊，其温度稍低于腹腔温度，有利于精子的发生。睾丸在性成熟前体积很小，呈淡红色或深黄色，性成熟后变为乳白色。其表面被覆浆膜和薄层白膜，白膜的结缔组织伸入内部，分布于生精小管之间，形成不发达的间质。睾丸内无睾丸纵隔和睾丸小隔，因此也无睾丸小叶结构，加之生精小管的管腔较大，内含较多的液态物质，故睾丸质地较软。

2. 睾丸的组织结构 生精小管长而高度弯曲，有分支，且相互吻合，故其断面的形状有的不规则。性成熟后生精小管的细胞成分与哺乳动物相同，结构特点是在每个支持细胞的顶端有许多精子的头部插入，其周围有各级生精细胞相嵌，形成一条条垂直于基膜且界线较为明显的细胞柱（图20-17）。支持细胞与生精细胞的结构关系好似一个去皮的玉米果穗，其穗轴喻为支持细胞，在其周围相嵌的玉米为各级生精细胞，穗轴顶端的花丝似游离在管腔内的精子尾部。每个细胞柱均可独立进行精子发生。生精小管的末端延续为直精小管，其管壁衬以支持细胞。直精小管于睾丸背侧穿过白膜，与位于纤维性结缔组织内的睾丸网相连通。睾丸网的管壁由单层低立方或单层扁平上皮构成。由于生精小管排列紧密，致使睾丸间质的成分较少，间质细胞多呈散在分布。

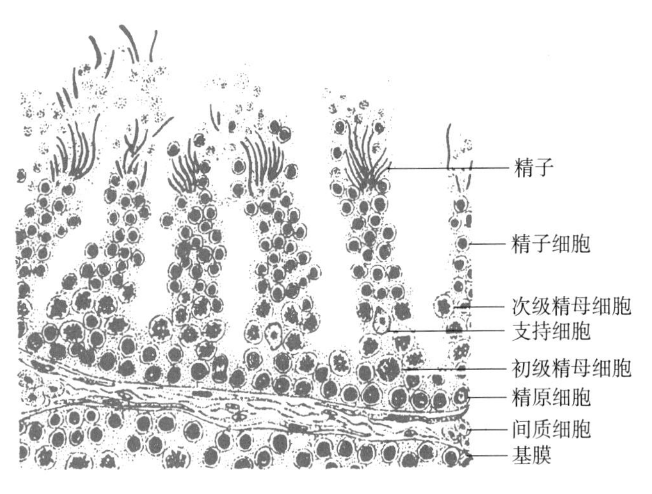

图 20-17 鸡曲精小管

（二）附睾

附睾位于睾丸背内侧缘，呈纺锤形隆起，无头、体、尾之分，由输出小管、连接小管和附睾管组成。上述三种管道连同睾丸称为睾丸旁导管系统（juxta testicular duct system）。输出小管由睾丸网发出，数量较多，高度盘曲，管径较大，管腔面形成许多纵行皱襞，管壁衬以单层纤毛柱状上皮或假复层纤毛柱状上皮。由输出小管汇合成多条较细的连接小管，其腔面平整，管壁衬以假复层柱状上皮，很少见有纤毛。连接小管汇合成一条短而粗的附睾管，管径可达 300～400 μm，管壁衬以假复层柱状上皮，无纤毛。附睾管的末端连接输精管。

九、雌性生殖器官

家禽的雌性生殖器官包括卵巢和输卵管，且只有左侧的发育正常，右侧于胚胎时期已退化。

（一）卵巢

卵巢位于左肾前端的腹面，借短的卵巢系膜悬吊于腰椎腹侧。性成熟前的卵巢表面呈桑葚状。产卵期的卵巢体积很大，表面常见有 4～6 个体积依次递增的呈黄色或橙色的大卵泡和许多呈珠白色小卵泡，形似葡萄状。产卵停止后卵巢回缩，又恢复到产卵前的形状及大小。家禽出壳时卵巢内有上百万个原始卵泡，但仅有少数发育成熟并排卵，其余则在不同时期退化。

卵巢的组织结构与哺乳动物相似。其周边被覆表面上皮，上皮细胞的形态有立方、低柱状、柱状、假复层柱状等不同，即使在同一卵巢的表面也可有不同的细胞形态。表面上皮的下方由致密结缔组织构成白膜。卵巢的实质分周边的皮质和中央的髓质，两者分界不清。皮质内含有不同发育阶段的卵泡和闭锁卵泡等，髓质内含有丰富的血管、许多粗大的胶原纤维束和平滑肌纤维。

家禽的卵巢有以下结构特点：①表面上皮向实质内凹陷形成许多深浅不一的沟，在沟的底部有的可见分支。②于育成期和产卵期形成隆起的卵巢小叶，致使卵巢的表面凹凸不平。每个卵巢小叶的表层为表面上皮和白膜，内部的周边是皮质，中间为髓质。不同小叶的髓质与卵巢中央的髓质相连通。③卵泡内无卵泡腔、卵泡液、放射冠和卵丘，也无明显的透明带。④晚期次级卵泡和成熟卵泡突出于卵巢表面，借卵泡柄与其相连。⑤排卵后的卵泡壁很快退化，无黄体形成。⑥卵巢皮质的基质内有间质细胞，髓质内有弥散淋巴组织或淋巴小结。

1. 卵泡的发育　卵泡也分为原始卵泡、生长卵泡和成熟卵泡，生长卵泡分前期的初级卵泡和后期的次级卵泡，而次级卵泡又可进一步分为早期次级卵泡和晚期次级卵泡。

（1）原始卵泡：于胚胎时期即形成，位于皮质深层，由中央一个大的初级卵母细胞和周围一层扁平的卵泡细胞构成，周围有基膜。雏禽的原始卵泡数量较多，随着卵巢的发育，由于生长卵泡的急剧增多和所占位置的不断扩展，致使原始卵泡显著减少。

（2）生长卵泡：初级卵泡发生早，于出壳时即可见到，位于皮质浅层。初级卵母细胞的体积不断增大，在核周围的胞质内出现少量卵黄物质，并随卵泡的发育逐渐增多。周围的卵泡细胞变为单层立方至柱状。在卵黄膜（即卵母细胞膜）与卵泡细胞之间有一层均质状结构称卵黄周膜（perivitelline membrane），相当于哺乳动物的透明带，由卵泡细胞的分泌物形成。卵母细胞的卵黄膜连同部分胞质形成许多暂时性的微细突起称放射带（zone radiate），此结构不同于哺乳动物的放射冠，它是卵母细胞结构的一部分。放射带伸入卵黄周膜内，将营养物质摄入卵母细胞内，参与卵黄物质的形成。在接近排卵时放射带消失。在卵泡细胞的游离面形成许多细长的突起伸入放射带的凹陷部（图 20-18）。卵泡周围的基膜明显，在基膜外有一层肌样细胞环绕，无卵泡膜。

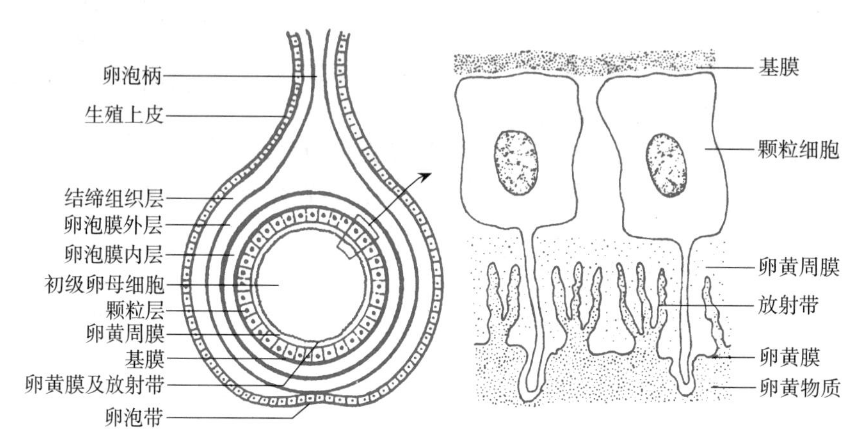

图 20-18　鸡卵泡及卵泡壁结构示意图

当卵泡周围的卵泡细胞由单层增殖为复层时即为早期次级卵泡，雏鸭和雏鹅于第 10 天可见。此时卵泡又移行至皮质深层，卵黄物质进一步增多。卵泡细胞增至 2～3 层，细胞呈立方形，其结构称颗粒层，卵泡细胞也称颗粒细胞。卵泡周围的结缔组织分化形成薄的卵泡膜。晚期次级卵泡的体积显著增大，并逐渐移向皮质浅层乃至突出于卵巢表面。初级卵母细胞的胞质内遍布卵黄物质，同时在靠近卵黄膜的胞质内出现许多脂滴。卵泡细胞由复层变为单层柱状至立方，胞核近游离面。卵泡膜分化成内外两层。内层较薄，紧贴基膜有 1～2 层肌样细胞，外侧有许多膜细胞及毛细血管。外层较厚，主要由胶原纤维环绕形成。

（3）成熟卵泡：晚期次级卵泡继续发育，初级卵母细胞内卵黄物质大量积聚，体积不断增大，卵泡移行并突出于卵巢表面，借一细小的卵泡柄与卵巢相连，即为成熟卵泡。在成熟卵泡的卵泡柄相对的另一端，卵泡的表面有一个 2～3 mm 宽的淡色带，称卵泡带（stigma），此处无白膜和卵泡膜外层，故较薄。排卵时，卵泡带裂开，卵母细胞从此排出。初级卵母细胞于排卵前完成第一次成熟分裂，卵巢排出的是次级卵母细胞。第二次成熟分裂待受精后完成。

2. 卵泡闭锁　卵泡在发育的各个阶段均可发生闭锁，尤其在育成期较多发生。原始卵泡和较小的初级卵泡闭锁过程较为简单，表现为卵母细胞解体，卵泡细胞萎缩，然后被周围的结缔组织取代。较大的初级卵泡和次级卵泡闭锁时，首先卵母细胞固缩，细胞核消失，卵黄物质逐渐被吸收。卵泡壁裂解，卵泡细胞聚集成团，外有基膜包绕，细胞分化成多边形的嗜酸性细胞，称间质细胞，随后逐渐分开，三五成群分布于皮质的基质内。间质细胞在育成期多见，可分泌雄激素，与体格发育有关。次级卵泡的膜细胞也成团出现，外无基膜，但周围的结缔组织内有较多的毛细血管。膜细胞进一步分化为卵泡外腺细胞，单个或成群分布于皮质内，在性成熟前期和产卵期多见，胞体较大，呈圆形或卵圆形，胞核圆形，色浅，核仁明显，胞质清亮。

该细胞可分泌雌激素。

（二）输卵管

输卵管长而弯曲，产蛋期的长且粗，管壁厚，休产期的较短且细。根据输卵管的结构和功能不同，可将其分为五段，从前向后依次为漏斗部、膨大部、峡部、子宫部和阴道部。管壁结构均分为黏膜、肌层和外膜三层，黏膜由上皮和固有层构成，缺黏膜肌，上皮表面有纤毛，黏膜表面有皱襞。肌层由平滑肌构成，多为内环、外纵。外膜为浆膜。

1. 漏斗部（infundibulum）　为输卵管的起始部。前端扩展成漏斗状，称输卵管伞，其游离缘有薄而柔软的皱襞。向后逐渐过渡为狭窄的漏斗管，黏膜表面形成纵行皱襞，可出现次级及三级皱襞。漏斗的中央为输卵管的腹腔口，当卵子自卵巢排出时，伞部可将其卷入，并在此受精。不管受精与否，蛋均可形成。漏斗部的黏膜被覆单层纤毛柱状上皮，由纤毛细胞和分泌细胞组成。漏斗管的固有层内有管状腺，其分泌物参与系带的形成。伞部的肌层为平滑肌束，至漏斗管形成内环、外纵两层。

2. 膨大部（magnum）　也称蛋白分泌部，是输卵管最长且弯曲度最大的一段。其特点是管径大，管壁厚，腔面形成高大宽厚的皱襞。黏膜被覆单层纤毛柱状或假复层纤毛柱状上皮，亦由纤毛细胞和分泌细胞组成。固有层内有大量管状腺，其分泌物形成系带和蛋白。

3. 峡部（isthmus）　短且细，管壁较薄，结构与膨大部相似。固有层内腺体的分泌物是一种角蛋白，可形成蛋的内、外壳膜。

4. 子宫部　也称壳腺部（shell gland），为一永久性的扩大囊。腔面形成长而弯曲的叶状皱襞，多呈纵行。黏膜被覆假复层纤毛柱状上皮，也是由纤毛细胞和分泌细胞组成。固有层内有短而细的分支管状腺，其分泌物形成蛋壳。肌层发达。蛋在子宫部停留的时间可长达18～20 h。

5. 阴道部（vagina）　呈S状弯曲。黏膜形成许多高而薄的纵行皱襞。固有层内有少量单管状腺，也称阴道腺，可分泌某些糖类和脂类物质（图 20-19）。阴道腺的腺腔具有储存精子的作用，精子在此能存活 2～3 周。肌层较厚，尤以内环肌发达。

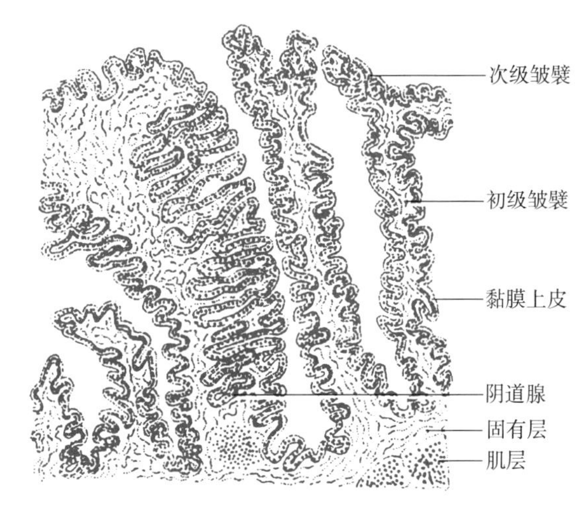

图 20-19　鸡输卵管阴道部

1. 简述腔上囊的位置、结构与功能。
2. 与哺乳动物血液比较，禽类的血液有何特点？
3. 简述鸡的腺胃、肺、肾、睾丸和卵巢的组织结构特点。

（王政富）

第二十一章　生殖细胞与受精

一、两性生殖细胞

生殖细胞也称为配子（gamete），是动物机体内一种特殊分化的细胞，有雌、雄性之别，分别称卵子（ovum）和精子（sperm），它们是个体发生的基础。个体发育由受精开始，通过一系列复杂的发育过程，产生具有体细胞和生殖细胞的多细胞生命个体。体细胞随着生物个体的死亡而消失，而生殖细胞则代代相传，永不消亡。如此周而复始，使物种得以延续。

（一）生殖细胞的起源和迁移

1. 生殖细胞的起源　原始生殖细胞（primordial germ cell，PGC）是生殖细胞的始祖细胞，起源于早期胚胎发育阶段。在卵子植物极的特定区域内，存在一种由特定的 mRNA 和蛋白质所组成物质，称生殖质（germ plasm）。伴随受精卵的卵裂过程，生殖质被分配到局部的特定细胞中。这些含有生殖质的细胞在胚胎发育至原肠胚时分化形成 PGC。

2. 生殖细胞的迁移　PGC 最初位于胚胎上胚层，它们必须通过迁移才能到达生殖腺原基（gonad primordium），即生殖嵴（genital ridge）。在哺乳动物，PGC 经原肠作用的细胞运动，从上胚层进入胚外中胚层，在尿囊与后肠交接处附近聚集（图 21-1A），以后迁移至附近的卵黄囊，再分成左右两群沿卵黄囊的尾部经新形成的后肠，沿背侧肠系膜向上迁移，分别进入左、右两侧生殖嵴（图 21-1B 和 21-1C）。在禽类，PGC 由上胚层脱落进入下胚层，后来被胚胎尾部迁入的内胚层推挤到胚胎头部的明区和暗区交界处，构成生殖新月（图 21-2A）。随着胚体内外血管的发育，生殖新月区的 PGC 通过变形运动穿入毛细血管，随血液循环迁移至生殖嵴附近并离开毛细血管，然后通过变形运动进入生殖嵴（图 21-2B）。PGC 在迁移过程中不断增殖，进入生殖嵴后分化形成生殖母细胞，并由生殖上皮细胞包围形成上皮生殖细胞索。在生殖嵴中，生殖母细胞显示一段时间核分裂能力以后，停留在细胞周期的 G0 期保持休止状态，直到出生为止。进入青春期之后，生殖母细胞分裂产生精原或卵原细胞。

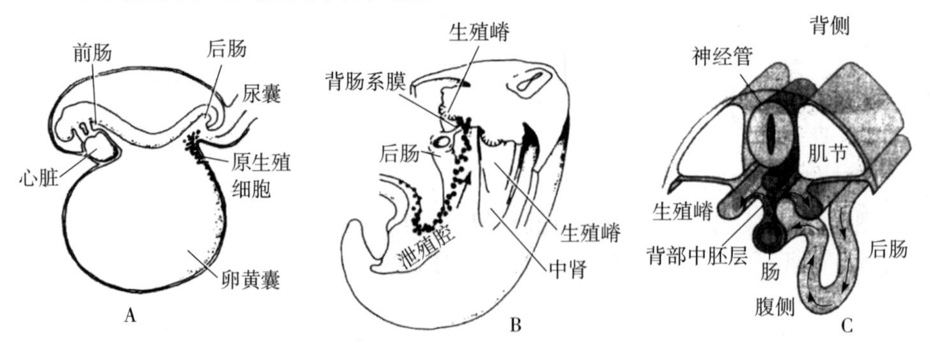

图 21-1　哺乳动物原生殖细胞迁移示意图

A. PGC 在尿囊与后肠交接处附近集聚　B. PGC 沿卵黄囊的尾部通过新形成的后肠，然后沿背侧肠系膜向上迁移，分别进入左、右两侧生殖嵴　C. PGC 的迁移路线

（引自 Langman，1981）

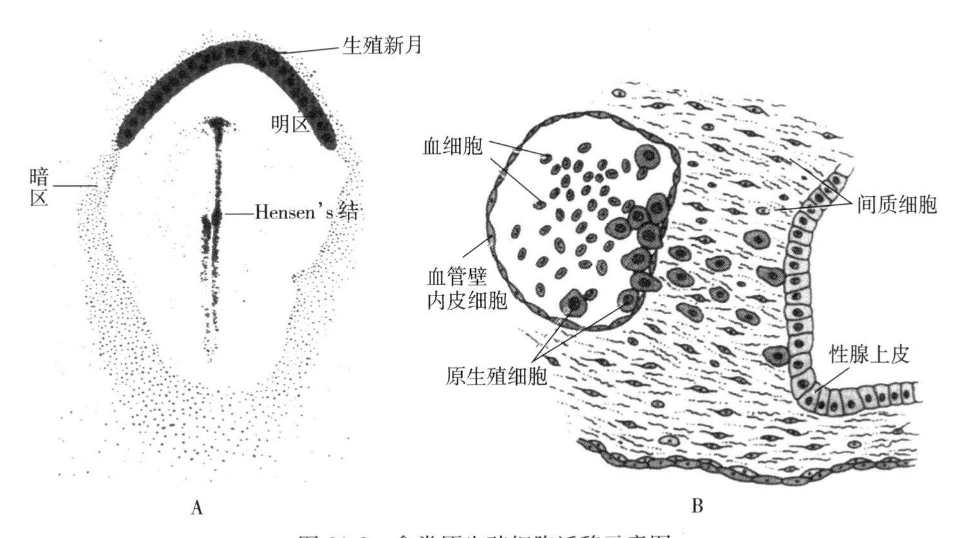

图 21-2 禽类原生殖细胞迁移示意图

A. 鸡胚原条期背侧示意图，示生殖新月区 B. 鸡胚 PGC 穿过血管壁示意图，可见血管内的若干 PGC 正向生殖腺上皮迁移，其中一个 PGC 正在穿越血管内皮，有部分 PGC 已经到达生殖腺上皮

（引自 Gilbert，2006）

（二）精子

1. 精子的形态结构　精子作为父系遗传物质的载体，主要任务是在受精时将全部父系遗传物质注入卵子中。适应此机能的需要，动物的精子形似蝌蚪，长度为 55～75 μm，由头部、颈部和尾部组成（图 21-3）。

（1）头部：精子头部的形状因动物而异。猪、牛和羊的精子头部为扁卵圆形，马的为正卵圆形，禽类的为细长的锥形。精子头部主要由细胞核和顶体组成（图 21-4）。

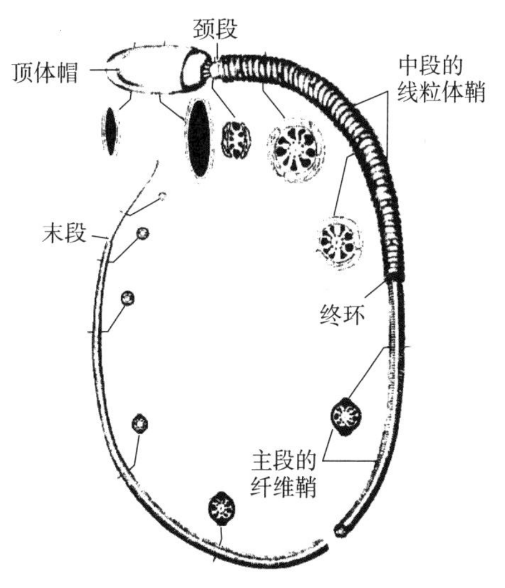

图 21-3 哺乳动物精子超微结构示意图

除去精子质膜后的表面观及各部位横断面结构

（引自 L. W. Browder，1984）

细胞核占据头部的大部分，结构致密，由许多高度浓缩的染色质组成，易为碱性染料着色。染色质的成分主要为 DNA 和核蛋白，核蛋白主要由组蛋白和鱼精蛋白组成。在细胞核前端约 2/3 的部分覆盖着帽形的顶体（acrosome），由顶体外膜和顶体内膜围绕而成，其中富含透明质酸酶、酯酶、神经氨酸酶、磷酸酶、磷脂酶 A 及胶原酶等。顶体帽的下缘变薄，靠近核的中部，称为顶体的赤道段。该处的质膜在受精时最先与卵质膜发生融合，因此具有特殊的意义。由于顶体来源于高尔基复合体并含有与受精有关的酶类，故可把顶体看作是一种特化的溶酶体。在顶体后方的质膜内，有一个细胞质浓缩而成的薄层环状致密带，称为顶体后环，也叫核后帽（postnuclear cap）。在其尾缘，质膜和核膜紧密相贴，构成一条环状黏合线，称核后环，在其尾侧，细胞膜与核膜分离。核前部较细，后部较宽，后基部有一凹陷，为精子颈段植入之处，称植入窝（implantation fossa）。

（2）颈部：又称连接段，短而窄小，从近端中心粒起到远端中心粒至。是由位于中央的近端中心粒和远端中心粒及位于外周的 9 条致密纤维所组成。近端中心粒镶嵌于核底部的植入窝内，远端中心粒变为基粒并发出轴丝伸向尾部。颈部最易受损，往往致使头尾分离。

(3) 尾部：长约 50 μm，因其结构不同由前向后又可分为中段、主段和末段，是精子的运动器官。整个尾部的中心都贯穿着由微管构成的轴丝，外包质膜。轴丝的结构与纤毛的轴丝相似，中央为一对单微管，外周为 9 组二联微管呈风车旋翼状排列，形成所谓 9+2 型结构。中央微管起传导作用，外周微管通过微管间的滑动能够使尾部运动。

①中段：是尾部最粗的部分，中央为轴丝，外包 9 条致密纤维，其外部再包着线粒体鞘和质膜。线粒体鞘为精子的运动提供能量，在其末端（中段和主段的接合部），质膜内折形成终环（annulus），可防止精子运动时线粒体鞘向尾部移动。

②主段：是尾部最长的一段，在轴丝外面只有 7 条致密纤维，无线粒体鞘，而代之以纤维鞘，即尾鞘。尾鞘是由背腹两条致密纤维特化而形成的纵柱和它们之间的肋状结构所构成。背腹纵柱向内深入，把 7 条致密纤维分成左三条右四条的两个小区。恰是由于这种致密纤维的不对称分布，致使精子做摆动式的前向运动。

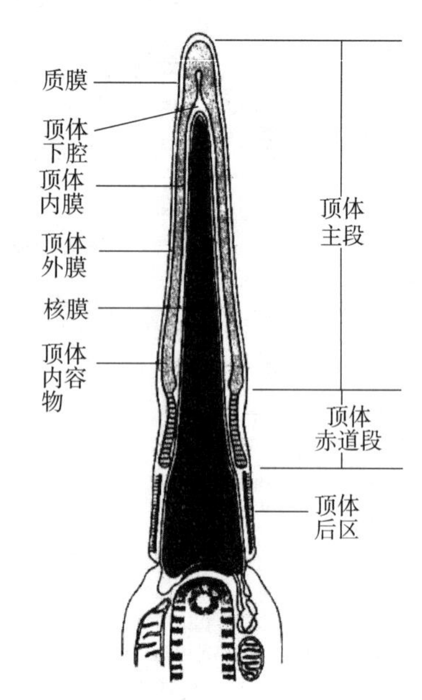

图 21-4 哺乳动物精子头部矢状切面示意图
中央黑色部分为精子核
（绘自 L. W. Browder，1984）

③末段：是尾部最细的一段，致密纤维和尾鞘均消失，仅剩下轴丝和质膜。

2. 精子的性别 在哺乳动物，雄性具有两种性染色体，即 X 和 Y 染色体。因此哺乳动物的精子可分为携带 X 染色体的 X 精子和携带 Y 染色体的 Y 精子。在禽类，只产生一种 Z 精子，但产生 Z 和 W 两种卵子。

3. 精子的生理特性 精子是一种高度分化的细胞，生存能力差。动物的精子在雌性动物生殖道内，一般只能生存 1～2 d，也随动物种类和发情期不同而异。现代的精液冷冻技术，可使精子在－78～－196℃条件下长期保存。

4. 禽类的精子 外形纤细，也可分为头、颈、尾 3 部分。鸡的精子头部和颈部略粗，直径 0.5 μm，总长度可达 100 μm，较家畜精子稍长。精子的头部呈圆锥形而稍弯曲，主要由细胞核和顶体构成，顶体下腔内有一穿孔器，或称顶体下棒。精子颈部很短，其近侧中心粒呈短的圆筒状插入核后方的植入窝内，与核长轴垂直，而远侧中心粒与核的长轴平行并延伸至尾部形成轴丝。尾部也可分为中段、主段和末端 3 部分。中段由内向外依次为 9+2 轴丝、致密纤维和线粒体鞘、外覆细胞膜，主段中央仍为 9+2 轴丝，外包不定性致密物质和细胞膜。

（三）卵子（ovum）

1. 卵子的分类 根据卵内卵黄物质的含量和分布情况可把动物的卵子分为以下三类。

(1) 均黄卵：也称少黄卵，其特点是卵黄含量极少且分布均匀。有些动物如文昌鱼，成体结构简单，胚胎发育期短，不需要太多营养物质来维持胚胎发育，因此其卵子为均黄卵；而哺乳动物尽管成体结构复杂，因其胚胎是在母体子宫内发育，营养可直接由母体提供，故卵子不需要储存大量的营养物质，也属于均黄卵，不同的是，由于哺乳动物的祖先是多黄卵，故在胚胎发育的许多方面更接近于多黄卵动物。因此，哺乳动物的卵子又被称为次生均黄卵。

(2) 中等端黄卵：两栖类的卵子属于这种类型。其特点是卵子中含有相当数量的卵黄，从植物极到动物极按浓度梯度分布。通常将卵子卵黄物质较少、细胞质分布较多且具细胞核的一端称为动物极（animal pole），与其相对应的卵黄含量多的一端称为植物极（vegetal pole）。

（3）极端端黄卵：也叫多黄卵，如禽类的卵子。其特点是卵黄含量特别多，几乎占据整个卵子。细胞质与细胞核被挤到动物极一端，形成一薄层。在鸡，大量的卵黄足以维持胚胎发育至孵化及出壳后早期的发育。

2. 家畜卵子的形态结构　卵子在受精和早期胚胎发育中除了作为遗传物质的载体外，还要提供早期胚胎发育所需的细胞质条件和营养物质。因此家畜的卵子多呈圆球状、体积大，其直径依动物种类不同而异，一般为 120～160 μm。从卵巢中排出的卵子是卵丘-卵母细胞复合体，由卵母细胞、透明带和卵丘细胞（放射冠）组成（图 21-5、图 21-6）。卵母细胞与透明带之间有一间隙称为卵周隙（perivitelline space，PVS）。细胞核在未成熟卵母细胞中具有正常结构，由于处于第一次减数分裂前期的网状期，细胞核较大，通常称为生发泡（germinal vesicle，GV）（图 21-5A）。而排卵后处于第二次减数分裂中期的卵母细胞核膜已破裂，在动物极侧胞质中只见有染色体和纺锤体结构，卵周隙内可见有第一极体（图 21-5B）。但马、犬和狐狸排出的卵母细胞处于第一次减数分裂中期，尚未排出第一极体。

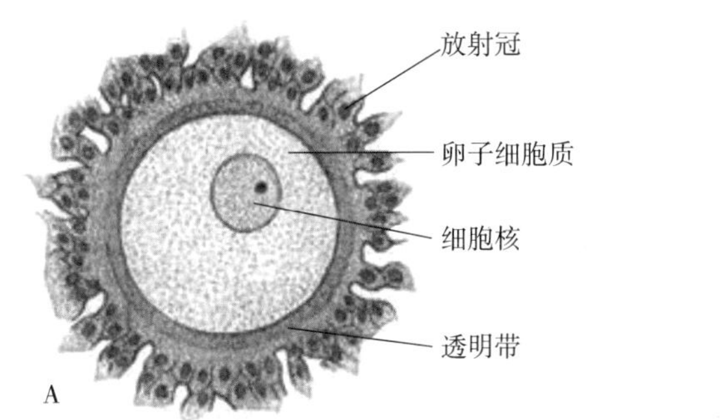

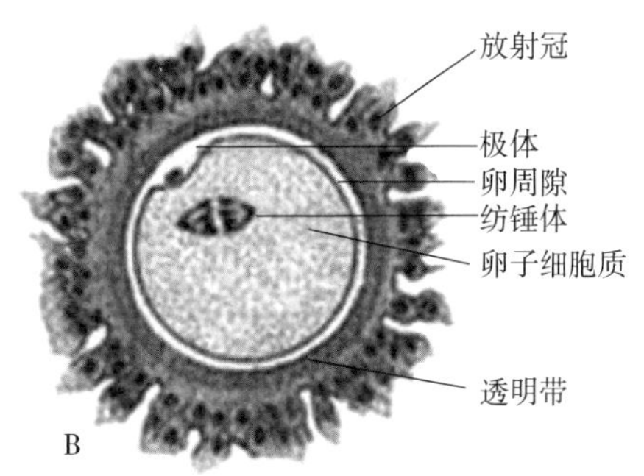

图 21-5　哺乳动物卵丘—卵母细胞复合体示意图

A. 未成熟卵母细胞　B. 处于第二次减数分裂中期卵母细胞

（1）卵母细胞：基本结构与一般细胞一样，也由细胞膜、细胞质和细胞核三部分构成。电镜下，细胞膜表面有许多突出的微绒毛伸达透明带，与放射冠细胞伸出的突起彼此交错、紧密连接（图 21-6）。卵子成熟后，微绒毛自透明带中撤回，呈倒伏状态。细胞质内的细胞器主要有线粒体、高尔基复合体、内质网和皮质颗粒。在未成熟卵母细胞，线粒体分散在整个胞质中，减数分裂时期多迁移至皮质区内细胞膜下，减数分裂完成后又多分散于整个胞质中。成熟卵母细胞粗面内质网很少，滑面内质网较多，多以小泡形式存在。皮质颗粒（cortical granule）是卵子细胞质内的特殊细胞器，由高尔基复合体或滑面内质网产生，结构类似于溶酶体，内含蛋白水解酶类物质。未成熟卵母细胞的皮质颗粒分散在胞质中，卵母细胞成熟过程中逐渐向质膜下迁移并排列成单层。卵母细胞质还含有脂滴、糖原和卵黄物质等内含物。脂滴和糖原在整个胞质中散在分布，卵黄物质则主要分布在卵植物极胞质中。

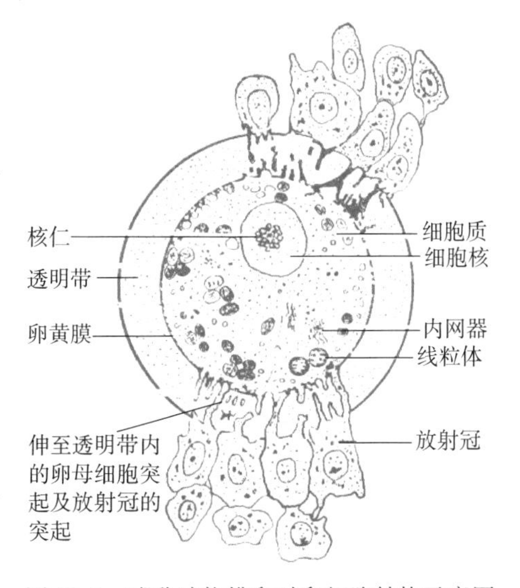

图 21-6　哺乳动物排卵时卵细胞结构示意图

（2）透明带：是一层均质状的半透膜，是在卵泡发育过程中由卵母细胞分泌的糖蛋白构成，可被精子顶体内的顶体素溶解。哺乳动物的透明带外层为中性或弱酸性黏多糖蛋白，主要有 ZP1、ZP2 和 ZP3 三种，其分子质量因动物品种不同而异。这些糖蛋白是经过硫酸化的 ZP2 和 ZP3 构成的二聚体，内有 ZP1 交叉连接。

（3）卵丘细胞：卵丘细胞是围绕在透明带周围的卵泡细胞，完整的卵丘-卵母细胞复合体是在透明带的外围包有3～5层连续的卵泡细胞层，其中最内层与透明带接触的卵泡细胞呈长梭形放射状排列，故称放射冠。

3. 家禽卵子 前已提及，禽类的卵子是典型的极端端黄卵。以鸡卵为例，所谓的鸡蛋是指鸡的卵黄和其周围各种卵膜的总称，中央的卵黄才是真正的卵子（图21-7）。其中卵子绝大部分由卵黄占据，少量的细胞质与细胞核被挤向动物极的一侧，形成白点状的胚珠或圆盘状的胚盘（germinal disc）。因此，卵子的质膜，通常又称卵黄膜（vitelline membrane）。卵黄分白卵黄和黄卵黄，二者分层呈同心圆相间排列。由白卵黄形成卵黄心，自此向动物极延伸，末端略膨大。延伸部分形成卵黄心颈，末端的膨大部分称潘氏核。卵黄外包蛋白，有浓、稀蛋白之分，浓蛋白在内，稀蛋白在外。浓蛋白扭转形成的索状结构称为系带（chalaza），系于蛋的两端，使卵维持于蛋的中央位置。鸡蛋的外面有内、外两层壳膜，外壳膜紧贴蛋壳，内壳膜环绕在稀蛋白外侧。在蛋的钝端，两层壳膜分离，形成气室（air space），壳膜上有微孔，利于空气通过。壳膜外覆蛋壳，系光滑、坚硬的石灰质结构，其上有微孔，便于空气通过。蛋壳外有薄层的透明角质膜，防止蛋内水分丧失和微生物的侵入。

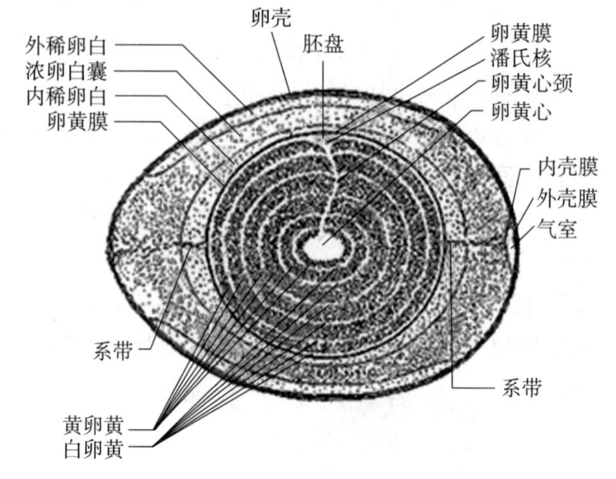

图21-7 鸡蛋切面结构示意图
（引自Smith，1997）

4. 卵子的生理特性 卵子和精子一样，同为高度特殊分化的细胞。在卵子形成过程中，由于减数分裂中的不等性胞质分裂，卵胞质成分大部分留给了卵子，破坏了正常的核质比例，因此排卵后，卵子如不受精，则其代谢和呼吸功能都逐渐下降，最后完全停止而死亡。排卵后，卵子在雌性生殖道内存活时间较短，为18～20 h。在卵子生长发育过程中，因其胞质中储备了大量的营养物质和信息物质，致使体积较大；但不具备主动运动能力。

二、配子发生

前已述及，配子起源于胚胎发生早期形成的原始生殖细胞，鸟类和哺乳动物的原始生殖细胞一般起源于上胚层，在原肠胚或胚胎发育后期以变形运动的方式经背肠系膜向上迁移至两侧的生殖嵴中，随着性别的分化，在雄性发育为精原细胞，而在雌性发育为卵原细胞，再经一系列漫长而复杂的变化过程才形成精子和卵子，该过程称为配子发生。

（一）精子发生

在哺乳动物，原始生殖细胞迁移至雄性胚胎的生殖嵴后，参入发育中的性索（睾丸索），转变为精原细胞，并一直停留至性成熟。性成熟时，睾丸索发育形成有空腔的曲精小管，管壁上由外向内依次出现精原细胞、初级精母细胞、次级精母细胞、精细胞和精子。由精原细胞分裂分化形成精子的过程，称为精子发生（spermatogenesis），依次要经过增殖期、生长期、成熟期和成形期四个阶段（图21-8A）。

1. 增殖期 指精原细胞不断分裂与增殖，最终形成初级精母细胞，以产生足够的数量作为发育的基础。根据精原细胞核中异染色质颗粒的存在将精原细胞分为A型和B型两

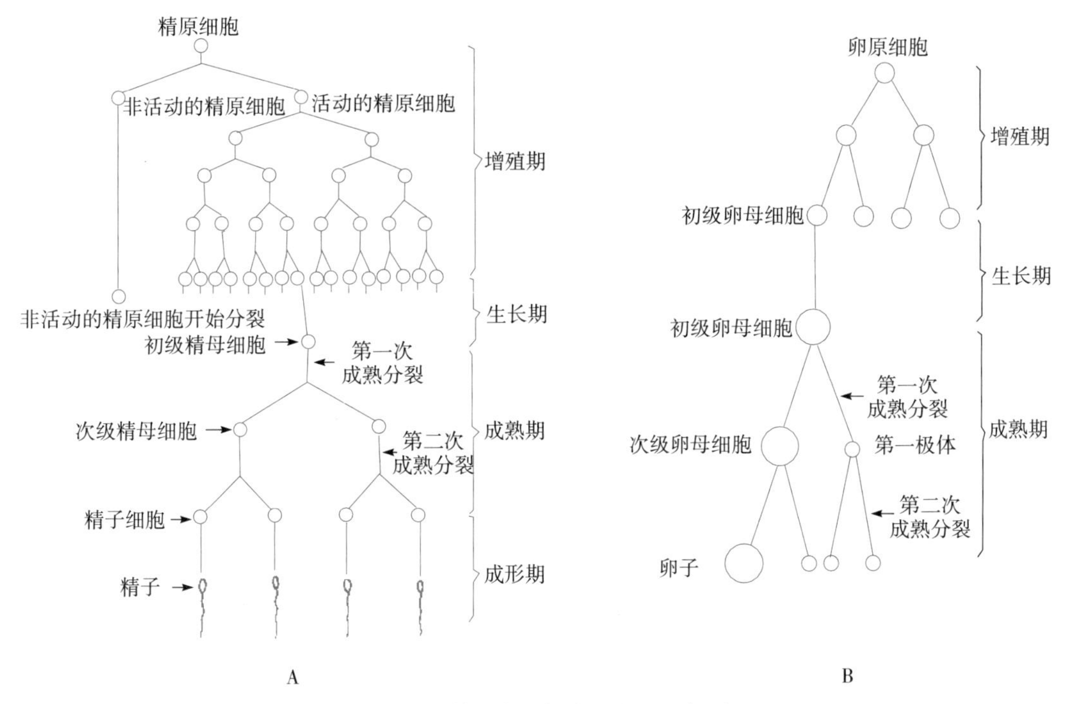

图 21-8 精子发生与卵子发生示意图
A. 精子发生 B. 卵子发生

种，以后又发现中间型精原细胞（type intermediate，In），其异染色质分布介于A型和B型两种精原细胞之间（图 21-9）。其中独立存在的A型精原细胞（type A-single，As）是精原干细胞，它是一种唯一没有胞质间桥的精原细胞。A型精原细胞分裂后产生A1和A2型精原细胞，每一个A1型精原细胞具有干细胞特性，在每一次的精子发生周期中，总有一部分A1型精原细胞作为种子保留下来，其余转变为A2型精原细胞，它继续分裂形成A3型精原细胞，后者再继续分裂为A4型精原细胞。A4型精原细胞经有丝分裂形成中间型精原细胞，后者再分裂形成B型精原细胞。B型精原细胞经过分裂形成初级精母细胞。这样由一个A1型精原细胞经4次连续分裂，最终形成16个B型精原细胞。作为种子保留下来的另一部分A1型精原细胞，在一轮分裂完成后才开始分裂，又产生一个A1型干细胞和向下分化的A1型精原细胞，如此保证了精子发生的连续性。

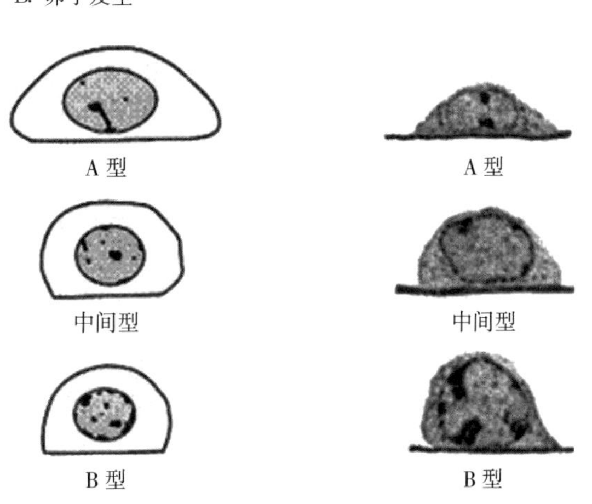

图 21-9 三种精原细胞的区分图
（引自 De Rooij 和 Rrssell，2000）

2. 生长期 由B型精原细胞分裂形成的初级精母细胞，与B型精原细胞形态相似，开始进入生长期。通过营养物质的储积以及蛋白质和核酸的合成，细胞体积明显增大，可达B型精原细胞的两倍，成为生精细胞中体积最大的细胞。

3. 成熟期 是指初级精母细胞经过两次减数分裂，最终形成单倍体精子的过程。初级精母细胞经第一次减数分裂产生两个稍小一些的次级精母细胞，次级精母细胞经第二次减数分裂很快产生两个更小的单倍体精子细胞。通过两次减数分裂，一个初级精母细胞产生4个单倍体精子细胞。

4. 成形期 精子细胞不再分裂，而是经过一系列复杂的形态变化形成精子，此过程称为精子形成（spermiogenesis）。在精子形成过程中主要涉及以下几个变化：①由高尔基复合体形成囊状结构，似一个“帽子”覆盖于精子核顶部，构成顶体。②核浓缩、变长，并发生旋转，使顶体面向曲精小管的基膜。③中心体移动到顶体对侧，近侧中心粒大部分退化，少部分插入核后方的植入窝内，远侧中心粒向尾端发出鞭毛的轴丝。④细胞质向核下方移动，线粒体集中到尾部前段、环绕鞭毛基部形成线粒体鞘。⑤多余的细胞质形成胞质残余体被遗弃。精子形成以后，头部附着在支持细胞的游离端，尾部朝向管腔，最终精子脱离支持细胞进入管腔内（图21-10）。

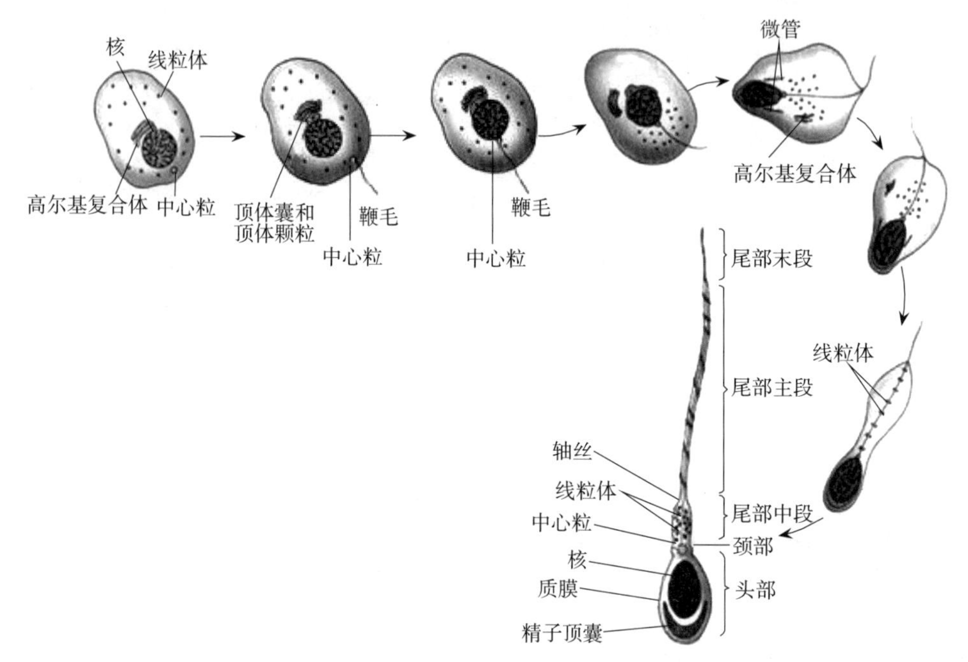

图 21-10 精子形成过程示意图
（引自 Gilbert，2006）

（二）卵子发生

由卵原细胞分化形成卵子的过程称为卵子发生（图21-8B）。

1. 增殖期 指来源于原始生殖细胞的卵原细胞经多次有丝分裂，数目显著增多而成为初级卵母细胞的过程。在哺乳动物，卵原细胞的增殖过程主要发生在胎儿时期。增殖期的长短，在不同动物有差异，如牛、绵羊的卵原细胞增殖期相对较短，均在胚胎发育的前半期便结束；猪可一直延长到出生后7 d才完成，兔在出生后10 d才停止，其增殖期相对较长。

2. 生长期 是指进入生长期的初级卵母细胞，由于胞质内不断蓄积大量供早期胚胎发育用的卵黄等营养物质和蛋白合成细胞器等而体积明显增大的过程。初级卵母细胞开始第一次减数分裂，经细线期、偶线期和粗线期到达双线期，然后进入休眠状态。此时，由于胞质内不断储积营养物质以及各种类型的核糖核酸（RNA）、蛋白质等胚胎发育的信息物质，所以具备十分复杂的细胞质体系，细胞体积显著增大，此时的卵母细胞核膨大呈泡状，称为生发泡（germinal vesicle）。初级卵母细胞休眠时间很长，有的甚至终身休眠。在进入性成熟期时，卵母细胞受促性腺激素的刺激恢复减数分裂。

3. 成熟期 是指初级卵母细胞经过两次减数分裂，使染色体数目减半、最终形成单倍体的卵子的过程。初级卵母细胞在第一次减数分裂终期产生两个不均等的子细胞，即一个几乎不含细胞质的小细胞和另一个几乎拥有所有细胞质的大细胞。大细胞称次级卵母细胞，小细胞称第一极体（first polar body）。第一次减数分裂时核膜的破裂，称生发泡破裂（germinal vesicle breakdown，GVBD）。在某些低等动物，次级卵母细胞很快进行第二次减数分裂，产生一个拥有大部分细胞质的成熟卵子和一个第二极体（second polar body）。但大多数家畜，次级卵母细胞则停止在第二次减数分裂中期，直到排卵后有精子穿入时才完成第二次减数分裂并排出第二极体。

尽管精子发生和卵子发生同样经历减数分裂，但是两者在发生的各个时期存在许多不同之处。首先，精原细胞的增殖始于动物的性成熟，而且由于As精原细胞具有两个分化方向，从而保证精子发生的连续性和无限性；而卵原细胞的增殖完成于胚胎发育的晚期，在个体发育过程中绝大多数凋亡，只有极少数发育为成熟卵子。其次，精母细胞分裂是均等分裂，一个初级精母细胞经两次减数分裂产生4个精子；可是卵母细胞的分裂是非均等分裂，一个初级卵母细胞经两次减数分裂产生一个卵子和两个极体。第三，精子为有利于其生理功能的执行，在成形过程中弃掉几乎全部的细胞质；可是卵子却恰恰相反，保留几乎全部的细胞质。

三、受　　精

受精（fertilization）是两性配子相互融合，形成一个新的细胞——合子（zygote）的过程，它标志着胚胎发育的开始。受精具有两方面的意义：其一是来自雌雄双亲基因组的结合，染色体由配子时的单倍体数目恢复到个体的二倍体；其二是激活卵子，受精使其从休眠状态苏醒过来并转入积极的活动状态，从而启动胚胎发育。

受精是一个极其复杂、有序而协调的配子间相互作用的过程，包括配子经受精前的各种准备以达到充分成熟、精子穿过卵丘和透明带、精卵融合、雌雄原核的形成及其发育、融合等过程。

（一）配子的受精准备

受精前，雌雄配子必须进一步发生一系列变化才能获得受精能力，称之为受精前的准备，是精子射出或卵子排出后在雌性生殖道内或精、卵接触时发生的。

1. 精子获能　哺乳动物的受精部位通常是输卵管壶腹部，因此精子必须运行至受精部位（图21-11）才能实现受精。对于精子的运行，雌性生殖道依次存在子宫颈、子宫和子宫与输卵管连接处等三个生理屏障和储存库。

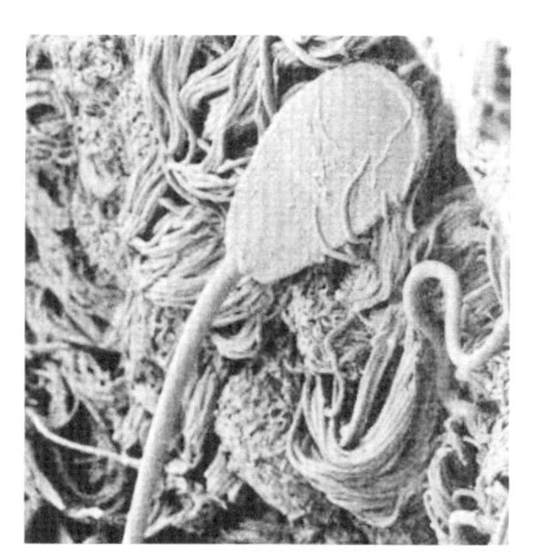

图21-11　牛精子在输卵管中运行的扫描电镜图像
（引自Lefebvre等，1995）

（1）子宫颈：由于子宫颈黏膜上的裂隙、沟槽、隐窝和黏液共同构成错综复杂的体系，弱精子和死精子不能进入子宫，即使正常的精子也有相当一部分滞留在阴道内；进入子宫颈的精子大部分进入子宫颈“隐窝”形成精子储存库，它们能够缓慢释放，少部分精子可直接进入子宫。

（2）子宫：进入子宫的精子很快通过子宫，也有部分精子进入子宫内膜腺，构成第二个屏障和储存库。

（3）子宫与输卵管连接处：可控制进入输卵管的精子数，使精子逐步流进输卵管，构成第三个屏障。

而输卵管壶腹部和峡部连接处的峡部一侧被视为第三个储存库。交配后，有数亿个雄性动物的精子进入雌性生殖道，然而由于各级屏障结构的筛选，存放在峡部的精子只有1 000～10 000个，而进入壶腹部的精子则更少，仅10～100个。

哺乳动物刚射出的精子并不能使卵子受精，而是要在雌性生殖道内或在特定培养液中停留一段时间，才能获得受精能力，该过程称为获能（capacitation）。获能是精子在受精之前必须经历的一个重要阶段。体外试验证实，培养液中添加输卵管液、卵泡液、血清、咖啡因、肝素等都能够使精子获能。但是，雌性生殖道内具体的获能因子和机制尚未完全解明。一般认为获能过程涉及精子表面的去能因子（如附睾蛋白和精浆蛋白）的去除，使质膜上的某些受体暴露以及腺苷酸环化酶激活，导致精子内 cAMP 浓度升高，蛋白激酶活化，促进精子质膜的结构和成分的改变，引起膜的稳定性下降、通透性增加和代谢增强，有利于精卵结合和顶体反应的发生。

2. 顶体反应（acrosome reaction） 是指精子质膜与顶体外膜发生多处点状融合并释放出顶体内容物的过程（图 21-12），包括顶体膜囊泡化及顶体内酶的激活和释放两个过程。其结果是质膜与顶体外膜脱落或溶解，暴露出顶体内膜。但顶体赤道段的质膜不与顶体外膜发生融合而保留，用于与卵质膜的融合。顶体中含有多种酶类，包括顶体素、透明质酸酶和放射冠松散酶等，这些酶在精子与卵母细胞结合以及穿入透明带过程中都发挥重要作用。在大多数哺乳动物，正常的顶体反应是精子同透明带接触之后由透明带诱导而产生。但是，无论是在雌性生殖道内或在体外培养液中，许多精子与透明带接触之前也可发生自发性的顶体反应，这种自发性的顶体反应使精子丧失了穿入透明带的能力。

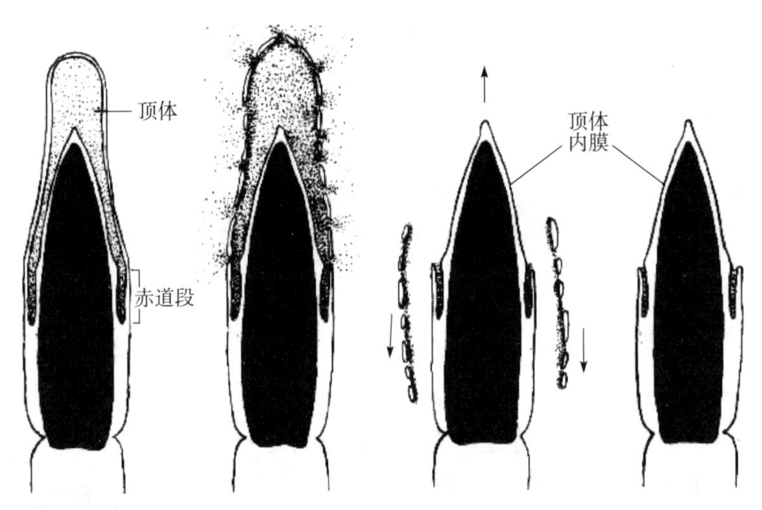

图 21-12 哺乳动物精子顶体反应过程示意图
（引自 R. Yanagimachi，1994）

3. 卵母细胞的受精准备 是指排卵的卵母细胞在输卵管中转运以及在壶腹部停留期间，进一步完成核、质、膜的成熟，为能够顺利受精创造条件的过程。卵母细胞在壶腹部停留期间，也有类似于精子获能的成熟和准备过程，包括暴露透明带表面糖残基，增强对精子的识别和结合能力；卵周隙增大和质膜微绒毛的竖起，有利于与精子融合；皮质颗粒的进一步外移，促使皮质反应的迅速发生；线粒体的重新分布，能够迅速调整代谢能量的供给；纺锤体的转向，将有利于第二极体的排出等。

（二）精子穿过卵丘和放射冠

精子到达透明带之前必须首先穿过卵丘和放射冠。在体外受精时，许多精子包围在卵子周围，它们使卵丘细胞扩散，利于精子穿入。但在体内受精时，只有少数的精子与卵母细胞接触，其中只有已获能且顶体完好的精子才能穿过卵丘。一般认为，精子穿过卵丘主要是靠附着在其表面上的透明质酸酶、顶体蛋白酶和某些糖苷酶的分解作用和精子的机械运动完成的。这些酶是于精子发生、附睾内成熟以及获能期间吸收的，或由顶体内渗透而来的。

（三）精子附着和穿过透明带

穿过卵丘的精子到达透明带表面，最初这些精子只是疏松地附着在透明带上，没有种属特异性。精卵的特异性结合识别发生在透明带表面。卵子透明带上存在有精子受体 ZP_3 和 ZP_2，ZP_3 是初级配体，能与顶体完好精子的顶体帽上方的质膜相结合；ZP_2 是次级配体，主要与顶体反应后精子的顶体内膜相结合。已经证明，在精子质膜上有与透明带高度亲和的受体，称为精子的透明带受体。其中，与 ZP_3 结合的受体存在于顶体上方的质膜内；而 ZP_2 受体存在于顶体反应精子的赤道段质膜和顶体内膜上。受精时，精子先以其顶体前方质膜上的 ZP_3 受体与透明带上的 ZP_3 相结合，并被 ZP_3 诱发顶体反应。顶体反应后的精子再以其顶体内膜或赤道段质膜上的 ZP_2 受体与透明带上的 ZP_2 结合。

至于精子是如何穿入透明带的，目前有两种假说：一种是机械说，认为顶体反应一方面暴露出由顶体内膜和其下方物质构成的钻孔器，另一方面由于精子顶体反应后呈现为一种超激活运动具有一种机械推进力量；这种钻孔器的穿透作用及精子本身的机械运动就成为精子穿过透明带的主要动力。另一种是酶说，认为顶体反应后释放出来的酶起到主要作用，如释放出的顶体素可起到软化或溶解透明带物质的作用，而精子的机械运动作用则是第二位的。综合来讲，在透明带上发生顶体反应的精子释放出顶体素和透明质酸酶，软化和溶解透明带，再靠其机械运动而穿过透明带。

（四）精子与卵子的融合

精子穿过透明带后，很快附着于卵子的微绒毛上，随后其头部迅速平卧，以精子的赤道段和顶体后区的质膜与卵质膜接触（图 22-13A）。精子与卵子接触后，首先是精子赤道段和顶体后区质膜与卵子（微绒毛）质膜发生膜融合，并引起皮质颗粒释放，然后卵子的微绒毛将精子整个头部紧紧包绕，借助微绒毛内肌动蛋白和肌球蛋白的收缩作用，将精子拉入卵胞质内（图 21-13B、C、D）。融合后，精卵的质膜相混合，形成一连续的膜，包围合子。

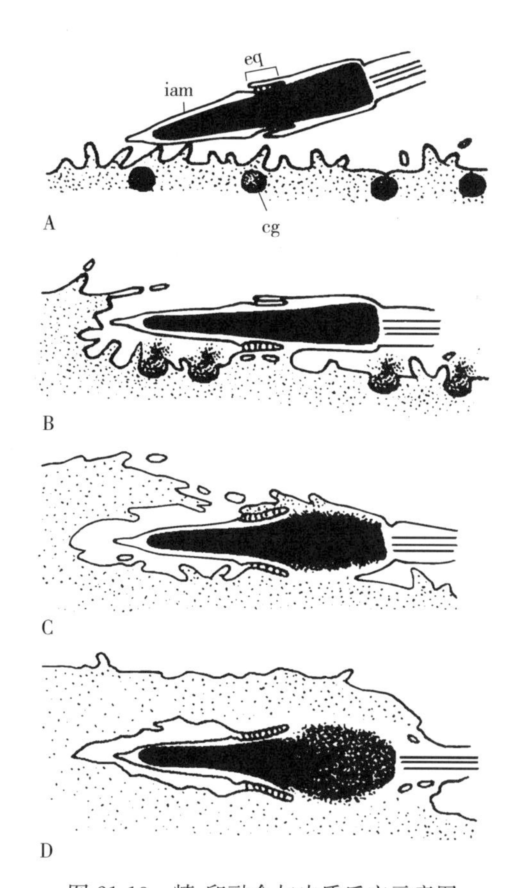

图 21-13　精-卵融合与皮质反应示意图

A. 精子附着于卵母细胞的微绒毛上　B. 精子头部迅速平卧，以顶体赤道段和顶体后区的质膜与卵质膜接触并融合，开始皮质反应　C. 皮质反应完成　D. 精子包入卵质膜内

iam. 顶体内膜　eq. 赤道段　cg. 皮质颗粒

（改自 Gilbert，2006）

（五）卵母细胞的激活

由于精子与卵子的融合，使卵母细胞从休眠状态下苏醒过来，恢复减数分裂并启动一系列代谢变化，最终导致细胞分裂和分化及新个体的形成，这个过程称为卵子激活（egg activation）。目前认为，卵母细胞的激活与卵子内质网释放大量的钙离子相关。当精卵结合时，存在于卵子细胞膜的磷脂酶 C（phospholipase C，PLC）被激活之后，能够分解细胞膜中的磷脂酰肌醇 4，5 二

磷酸酯（PIP_2）生成1，4，5-三磷酸肌醇（IP_3）和二酰基甘油（DAG）。生成的 IP_3 作用于内质网释放钙离子，DAG 协助释放的钙离子激活细胞膜的钠/氢泵。钠离子通过钠/氢泵进入细胞内刺激细胞分裂、DNA 合成和 RNA 的转录而激活卵母细胞，同时作用于皮质颗粒，外排内容物（图 21-14）。因此，皮质颗粒的排出和减数分裂的恢复及完成是卵母细胞激活的明显标志。

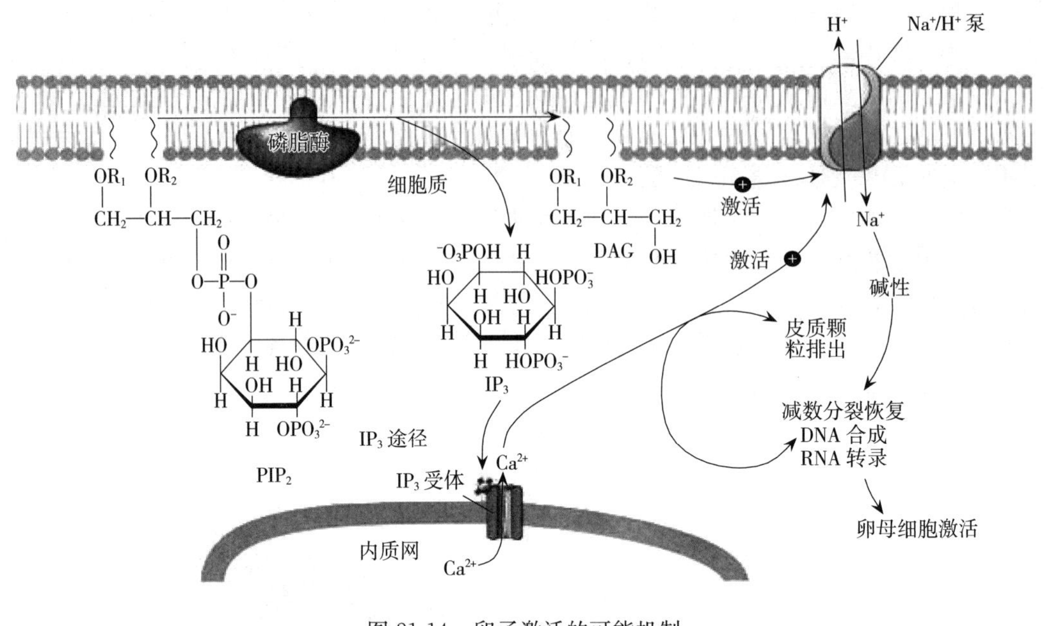

图 21-14　卵子激活的可能机制

（引自 Gilbert，2006）

（六）皮质反应与多精受精的阻止

所谓皮质反应（cortical reaction）是指精子与卵质膜接触时，原来在卵质膜下规则排列的皮质颗粒内容物以胞吐方式排入卵周隙内的过程（图 21-13B），其主要作用是阻止多精子受精。排出的皮质颗粒内容物中含有蛋白酶或糖苷酶，它们促使 ZP_2 发生裂解，改变整个透明带的结构，阻止多余精子的穿入，此即所谓透明带反应（zona reaction）。未成熟或老化的卵母细胞由于皮质颗粒外排障碍，透明带反应的速度变慢或程度下降，而容易发生多精受精。皮质反应后，皮质颗粒胞吐物直接作用于卵周隙内的多余精子，阻止其入卵；再者皮质颗粒胞吐时，其膜和内容物直接参与或作用于卵质膜，使质膜结构和性质发生变化而阻止多精子入卵，此即所谓的卵质膜反应或卵黄膜反应（vitelline reaction）。不同动物阻止多精入卵的机制不同。有的动物主要依靠透明带反应来阻止多精入卵，如仓鼠、犬、田鼠和人类。有的动物则主要依赖卵质膜反应来阻止多精子入卵，如兔、鼹鼠、蝙蝠等。还有些动物，如大鼠、小鼠、豚鼠和猫，则既依靠透明带反应，又依靠卵质膜反应。

（七）精子核在卵胞质内的解凝

精子形成过程伴随球形精子细胞变态为精子的一系列形态变化。此时，精子细胞核高度浓缩，核内的 DNA 失去其复制、转录及修复功能，形成精子特异染色质。在许多动物，核内的上述变化伴随着与 DNA 相结合的碱性蛋白质发生重组过程，即组蛋白由碱性更强的鱼精蛋白所取代。结果，染色质发生高度凝聚，核的转录活动受到抑制。进而，精子在附睾内成熟时，精蛋白分子中的半胱氨酸巯基（—SH）被氧化，在精蛋白分子内及分子间形成二硫键（—S—S—）。二硫键的形成，使核内的 DNA 的缠绕更加紧密，致使核的体积高度浓缩，核的硬度增大，便于穿过透明带。精子进入卵胞质后，结构致密的精子核必须先要解凝聚才能发育成原核。精子进入卵内第一个可见变化是核膜崩解，接下来便发生精子的核周物质与卵胞质混合以及核的解凝。核内精蛋白二硫键的还原及精蛋白为组蛋白所取代是造成精子核在卵胞质内解凝的直接因素。

（八）原核的形成和融合

精子解凝集的结果，使高度浓缩的染色质去致密化，DNA 解螺旋。随后，染色质的周围出现大量的内质网，并逐渐包围精子的染色质，重新构建新的核膜囊泡，最后构建新的核膜而形成雄原核（male pronucleus）。与此同时，排出第二极体的卵子单倍体核物质，以雄原核形成相似的方式形成核膜，包绕卵子的染色质，而形成雌原核（female pronucleus）（图 21-15）。在大多数哺乳动物，雄原核略大于雌原核，这是由于两原核在发育过程中，对卵内原核形成物质（pronucleus formative material，PFM）的竞争能力的差异所致。一般来说，雄原核对 PFM 的亲和力大于雌原核。若多精受精，由于 PFM 在卵内的含量有限，所以只有少数或根本没有精子核发育成原核。

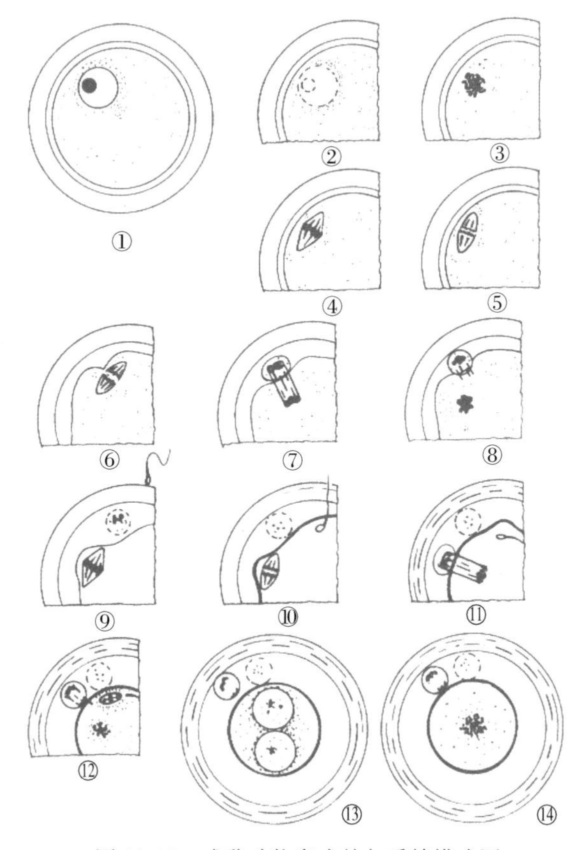

图 21-15 哺乳动物卵成熟与受精模式图

①②③示核向外移，染色质密集；④示第一次减数分裂中期；⑤示第一次成熟分裂后期；⑥⑦⑧示第一极体排出；⑨示刚排出的卵，处于第二次成熟分裂中期；⑩示精子进入，发生卵黄膜和透明带反应；⑪示第二极体排出；⑫示雌雄原核形成；⑬⑭示雌雄原核融合形成合子

两原核形成之后，在微丝和微管的牵动下，不断向细胞中央迁移，并开始进行 DNA 复制。两原核相互靠近和接触，同时各自的核膜呈锯齿状相嵌合，核膜破裂、核仁消失，双亲染色体混合并排列在赤道板上，准备进行第一次卵裂。整个原核的迁移和融合过程约需 12 h。至此，受精的全过程即告结束。

思考题

1. 名词解释：配子　皮质颗粒　精子获能　顶体反应　皮质反应　透明带反应　卵质膜反应
2. 简述哺乳动物精子的形态结构。
3. 卵子可分为哪几种类型？哺乳动物和禽类卵子的形态结构有何差异？
4. 简述精子发生和卵子发生过程。二者有何区别？
5. 何谓受精？哺乳动物的受精过程主要涉及哪些生理学事件？

（宋学雄　卿素珠）

第二十二章 家畜的胚胎发育

家畜的胚胎发育包括早期胚胎发育基础上的胚体形成、三胚层分化和组织器官发生，而早期胚胎发育包括受精后卵裂、囊胚、原肠形成、胚泡植入、三胚层形成等阶段。由于家畜属于胎生动物，因此胚胎在母体子宫内的发育过程中，主要通过胎膜和胎盘吸收母体营养，排出代谢产物。

一、卵裂与囊胚

（一）卵裂

卵裂（cleavage）是指受精卵最初发生的数次细胞分裂，所产生的子细胞称为卵裂球（blastomere）。因家畜卵子为次生均黄卵，其卵裂保留了其祖先——爬行类卵子极端端黄卵卵裂的一些特征，因其卵黄含量少且分布均匀，故卵裂方式为全裂（holoblastic cleavage）。但又明显不同于典型的均黄卵，主要表现在：卵裂速度慢，两次卵裂间隔时间可达12～24 h（表22-1）；卵裂球分裂不同步，为异时卵裂，其卵裂胚往往出现3、5、7等细胞期；再者，卵裂面不规则，如第一次分裂为经裂，而第二次卵裂中，一个细胞为经裂，另一个则为纬裂，属于交替型卵裂。由于卵裂一直在透明带中进行，随着卵裂次数的增加，细胞数目的不断增多，卵裂球体积逐渐减小。在小鼠，8细胞期以前的胚胎卵裂球排列疏松；8细胞形成后，卵裂球彼此紧靠在一起，使整个胚胎变成一个密实的细胞团（图22-1、图22-2），这一现象称为胚胎的致密化（compaction）。致密化胚胎的外层细胞间形成紧密连接，将胚胎封闭起来，使之更为严实；内部的细胞间形成缝隙连接，便于小分子和某些离子的传递。卵裂开始在输卵管内进行，随后胚胎迅速通过输卵管峡部进入

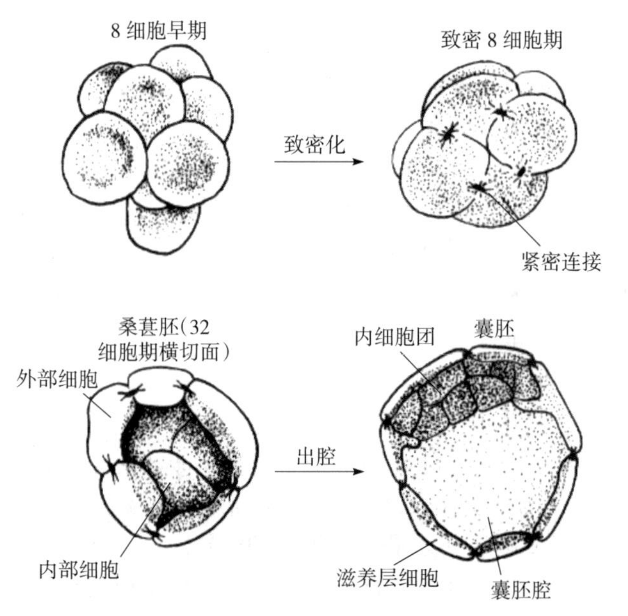

图22-1 哺乳动物胚胎致密化和囊胚形成

（引自S. E. Gilbert，1994）

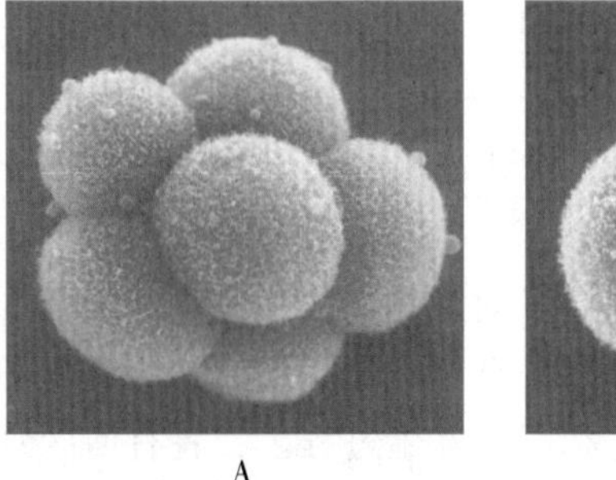

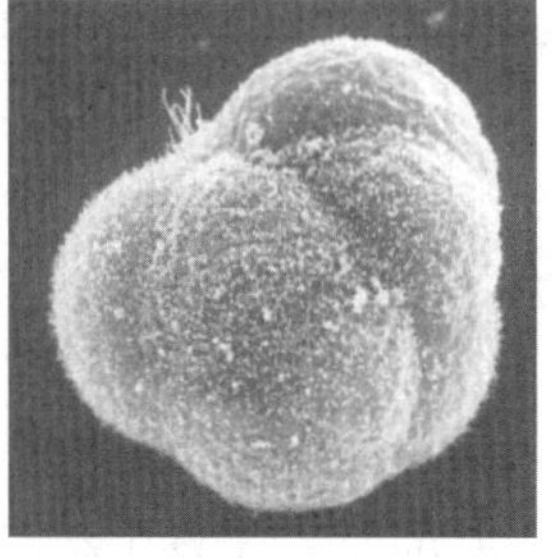

图22-2 小鼠8细胞期胚胎致密化前（A)后（B)扫描电镜图

（引自Gilbert，2006）

子宫。各种家畜的早期胚胎在输卵管内的停留时间和进入子宫所处的发育阶段不同，参见表22-1。

表 22-1　家畜胚胎发育时期

（引自秦鹏春等，2001）

种　类	2 细胞期	4 细胞期	8 细胞期	16 细胞期	进入子宫		胚泡期	着　床
					时　期	状　态		
牛	40～50 h	44～65 h	46～90 h	71～141 h	～96 h	8～16 细胞	8～9 d	30～35 d
马	～24 h	27～39 h	50～60 h	96～99 h	96～120 h	16 细胞到胚泡	120～144 h	8～9 周
绵羊	36～50 h	50～67 h		67～72 h	48～96 h	16 细胞	144～168 h	17～18 d
山羊	30～48 h	60 h	85 h	98 h	98 h	10～13 细胞	158 h	13～18 h
猪	51～66 h	66～72 h	90～110 h		75 h	4～6 细胞	5～6 d	11 d

（二）囊胚及胚泡形成

随着卵裂的继续，到 16 细胞期时，整个胚胎看起来很像桑葚，称为桑葚胚（图 22-1）。随着桑葚胚的继续发育，卵裂球开始分泌液体，致使卵裂球之间逐渐出现一些含液体的小腔隙，并逐渐汇合扩大，在胚胎内部出现空腔，此时的胚胎称为囊胚（blastula），形成的腔称为囊胚腔（图 22-3）。局限在囊胚腔一侧的细胞团称内细胞团（inner cell mass，ICM），其所处的位置构成胚盘，将来分化形成胚体；而分布在胚盘区外周的细胞层，则称为滋养层（trophoblast）细胞，将分化形成胚外膜结构。

在小鼠，形成 16 细胞期的桑葚胚时，处于中心的 1～2 个细胞属于将来分裂形成内细胞团的细胞，而大多数的外层细胞将分裂形成滋养层细胞。在 64 细胞阶段，内细胞团（约 13 个细胞）与滋养层细胞已分层，开始出现蛋白质合成和形态上的差异。因此滋养层细胞与内细胞团卵裂球的分离代表了哺乳动物发育中的第一个分化事件。最初的桑葚胚是实心的球状体，后来在成腔作用过程中，滋养层细胞向桑葚胚中分泌液体产生囊胚腔，内细胞团则位于滋养层细胞的动物极侧。内细胞团在囊胚腔面先分化一些细胞，沿滋养层内壁延伸形成下胚层，也称原始内胚层（primitive endoderm）。此时的内细胞团上部的细胞层称上胚层。囊胚期的上胚层和下胚层与原肠胚期的外胚层和内胚层不同，原肠胚期的三个胚层都是来源于上胚层，下胚层只形成卵黄膜等胚外结构。

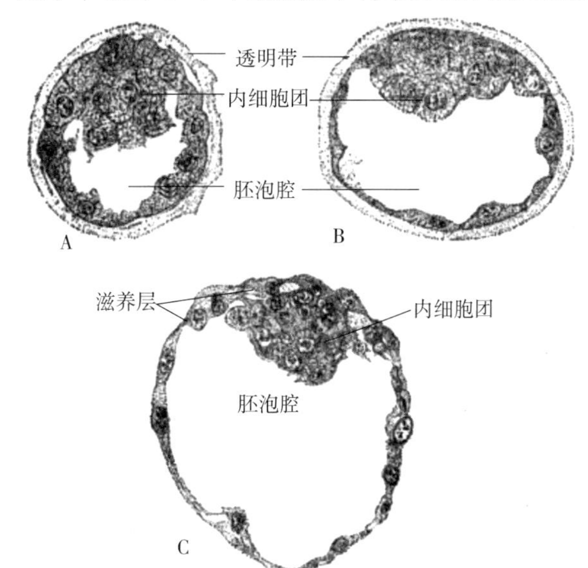

图 22-3　猪胚泡的三个时期（切面示内细胞团的形成）
A. 取自交配后 5 d 的母猪子宫　B. 取自交配后 6 d 的母猪子宫
C. 取自交配后 7 d 的母猪子宫
（引自 Patten，1931）

合子经卵裂发育至囊胚的意义在于：①通过细胞分裂增加了细胞数量，由一个细胞的合子分裂形成上百个细胞的囊胚，构建了多细胞胚胎。②开始了细胞分化，可以区分内细胞团和滋养层细胞、上胚层和下胚层细胞。③建立了胚盘和囊胚腔结构，为原肠胚形成的细胞运动和胚体的构建奠定了基础。

二、附　　植

附植（implantation）又称植入或着床，是指囊胚在子宫内进一步发育、迁移和定位，最终与子宫壁建立密切联系的过程。附植是形成胎盘的准备阶段。哺乳动物胚胎发育期长，但卵子中卵黄含量却很少，因此需要与母体尽早建立物质交换联系，即胎盘。通过胎盘由母体子宫提供营养物质，使胚胎完成子宫内发育。

（一）胚泡的孵化、延长和迁移

1. 胚泡的孵化（hatching）　是指扩张的囊胚在附植前从透明带中脱出的过程，又称囊胚的孵出。胚胎进入子宫后，在子宫乳的滋养下很快发育为囊胚。随着囊胚的进一步发育，腔内液体增加而继续扩大，胚胎呈扩张状，透明带变薄，此时称扩张囊胚。不久，囊胚从透明带中孵出，称孵出囊胚。扩张的囊胚滋养层分泌类胰蛋白酶，对透明带进行有限的分解，加之囊胚扩张的压力，使透明带局部软化破裂，囊胚从破裂口脱出（图 22-4），外形上变为透明的泡状，改称为胚泡（blastocyst）。大多数哺乳动物的胚胎附植，发生在胚胎孵化之后，但兔和豚鼠等动物发生在胚胎孵化之前，附植后脱去透明带。胚胎孵化的时间依动物的种类不同而异，一般小鼠在受精后的第 4 天、猪为第 7 天、牛为第 8 天。

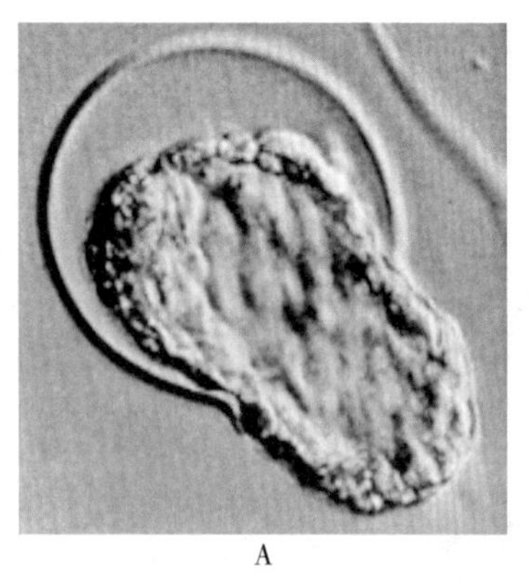
A

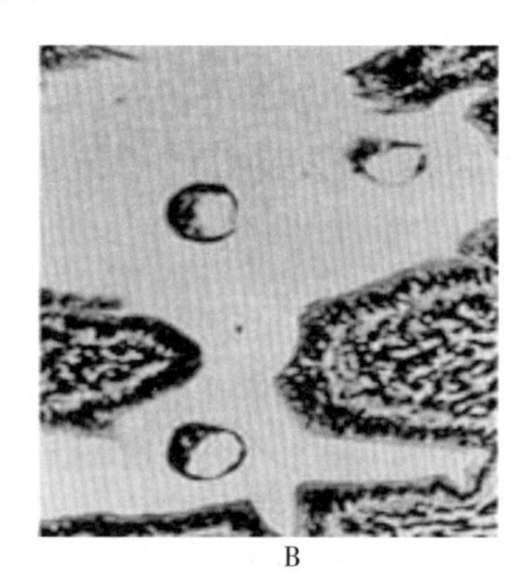
B

图 22-4　小鼠囊胚
A. 囊胚从透明带中孵出　B. 孵化的囊胚在子宫中浮游
（引自 Mark 等，1985；Rugh，1967）

2. 胚泡的延长（elongation）　是指囊胚孵化后的迅速生长和延长过程。囊胚进一步生长变大，圆形的胚泡通过滋养层吸收子宫腔内的营养，迅速长成纺锤形和长带 状。牛胚泡在配种第 13 天时仍为直径 3 mm 的球形；第 17 天时延长至 25 cm，呈细丝状；第 21 天时长 30 cm，已延伸到对侧子宫角内。猪胚泡延长的速度很快，在配种后第 10 天时为直径 2 mm 的圆球形；至第 11～12 天，变成 10 mm 的细管状；第 13 天后，个别胚泡可长达 157 cm，呈丝带状在子宫内盘绕分布，但此时胚体尚小（图 22-5）。实际上，胚胎从这时起已开始了原肠形成过程。

3. 胚泡的迁移　是指胚泡在子宫中游动，最终确定附植位置的过程。单胎动物（如牛、马），胚胎由排卵一侧输卵管进入子宫角，在子宫体 1/3 部分的子宫系膜对侧附植。但多胎动物（如猪、犬、兔），由于可能发生两侧排卵，胚胎能够从双侧子宫角进入。当两侧排卵数不同时，胚泡可向对侧子宫角迁移。胚胎在子宫内的迁移是为了调整胚胎间隔距离，这对胚胎的有效附植至关重要。猪受精后第 5～6 天时，胚胎位于子宫角尖端，随后便开始向子宫体迁移，到第 9 天时胚胎已进入对侧子宫角，两侧子宫角的胚胎相混合。大约在第 12 天，即胚泡开始迅速延长时，胚胎的迁移和间隔调整结束。绵羊排一个卵时很少发生胚胎迁移，但是一侧卵巢排多个卵子时可发生胚胎迁移。牛一侧卵巢不管排一个卵子还是多个卵子，都不发生胚胎迁移，因此牛一般不能通过超数排卵来诱发双胎。

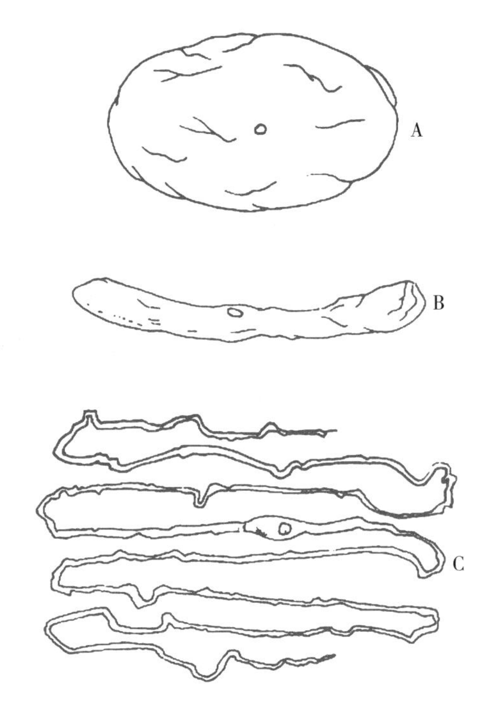

图 22-5　发育不同时期猪胚泡的表面观模式图
A. 妊娠约 10 d　B. 妊娠约 11 d　C. 妊娠约 12 d

（二）胚泡的定位与附植

1. 胚泡的定位　是指胚泡在子宫壁附植位置的决定。根据动物种类的不同，胚泡的定位有系膜侧、系膜对侧和侧位。胚泡的附植是指在胚泡定位的基础上，胚胎与子宫内膜相接触并附着或侵入子宫内膜的过程（图 22-6）。胚胎附植是家畜妊娠过程中最重要的阶段，附植的成败是早期胚胎存活的关键，很多胚胎损失发生在此阶段。初期的胚泡仍然游离于子宫腔内，随着后期胚泡的不断变长变大，腔内液体的继续增多，胚泡在子宫内的运动受到限制；胚泡与子宫上皮间的物质交换日益增强。此时，胚胎与母体子宫黏膜自然接触，并在一定位置上固定下来，称为胚胎的附植（implantation）。附植过程在各种家畜略有不同。猪胚泡滋养层迅速生长后形成皱襞，此时子宫黏膜的皱襞也加深，胚泡的皱襞逐渐附着在子宫黏膜上；牛和羊胚泡的附植与猪不同，滋养层只在子宫肉阜处与子宫黏膜接触，随后胚泡滋养层细胞侵入并破坏子宫黏膜上皮，联系更为紧密；马胚泡长度不大，附植时间较晚，胚泡表面生出绒毛与子宫黏膜的腺窝和皱襞相接触，附植时，子宫黏膜还形成特有的子宫内膜杯结构，子宫内膜杯与孕马血清促性腺激素（PMSG）合成有关。

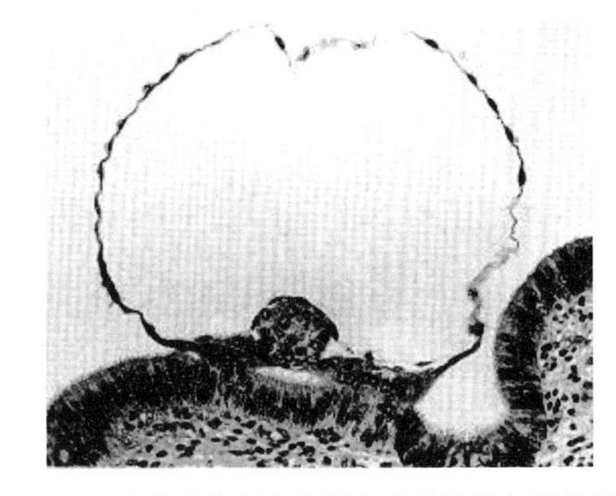

图 22-6　哺乳动物胚泡在子宫中的地位与附植图像
（引自 Rugh，1967）

胚胎附植是家畜妊娠过程中最为关键的阶段，胚胎附植的成败是早期胚胎存活的关键，因此在母畜妊娠初期，要特别注意保胎，防止胚胎死亡而发生流产。

2. 附植时胚泡的大小　依动物种类不同而异。如果与成熟卵子比较，仓鼠几乎无差异，小鼠和大鼠增大 1.5～2 倍，而家畜、兔、犬等增大了数百倍甚至数千倍。

3. 附植开始的时间　依动物种类不同而异。一般认为，猪为配种后的第 11～15 天，绵羊为第 16～17 天，牛为第 30～35 天，马为第 40～45 天。

4. 附植时的子宫状态　胚泡附植时处于卵巢的黄体期，因此在孕酮的作用下子宫发生如下变化：①肌肉活动下降，子宫蠕动缓慢，保证胚泡安静地停留在子宫内。②血液供应加强，子宫腺分泌增加，子宫乳中氨基酸的含量增高，促进胚泡发育和孵化。③对胚胎的化学刺激的敏感性增强，便于发生附植。

（三）附植过程中胚胎与母体的相互作用

在附植过程中，胚胎滋养外胚层细胞分泌类固醇激素，作为化学信号作用于子宫上皮，抑制子宫上皮分泌前列腺素。前列腺素具有促进子宫收缩，退化黄体的功能。因此，抑制子宫上皮的前列腺素分泌，能够维持功能性黄体的存在，通过产生孕酮维持子宫内膜的功能，支持早期胚胎发育，最终形成胚胎和母体物质交换的胎盘。如果在一定时间内胚胎不发出信号，子宫就会分泌前列腺素，促进黄体退化，造成妊娠中断。例如，猪胚胎在妊娠第11～12天产生雌激素；绵羊胚胎在妊娠第12～21天分泌蛋白质；牛胚胎在妊娠第16～19天产生一些小分子酸性蛋白。通过这些化学信号通知母体，维持黄体的功能。

三、三胚层的形成

（一）内胚层和外胚层的形成

随着胚胎发育，在猪胚是在第7～8天，内细胞团表面覆盖的滋养层细胞被溶解退化，致使内细胞团裸露出来，裸露部分的细胞迅速增生并聚集成盘状的增厚区，称为胚盘。在胚盘处，胚结细胞随着胚胎发育，其面向胚泡腔的细胞以分层迁移方式逐渐沿着滋养层内壁延伸，形成一个完整的新细胞层，称为下胚层（hypoblast）或原始内胚层（primitive endoderm），它并不参与胚内内胚层的形成，只形成卵黄囊内胚层；其余的内细胞团细胞此时称为上胚层（epiblast）或原始外胚层（primitive ectoderm）。在胚泡腔内新形成一个腔，称为原肠腔。原来只有一个胚层的胚泡，现在成为两个胚层的胚体，称为原肠胚（gastrula），原肠胚的表层细胞称外胚层，里层细胞称内胚层（图22-7）。

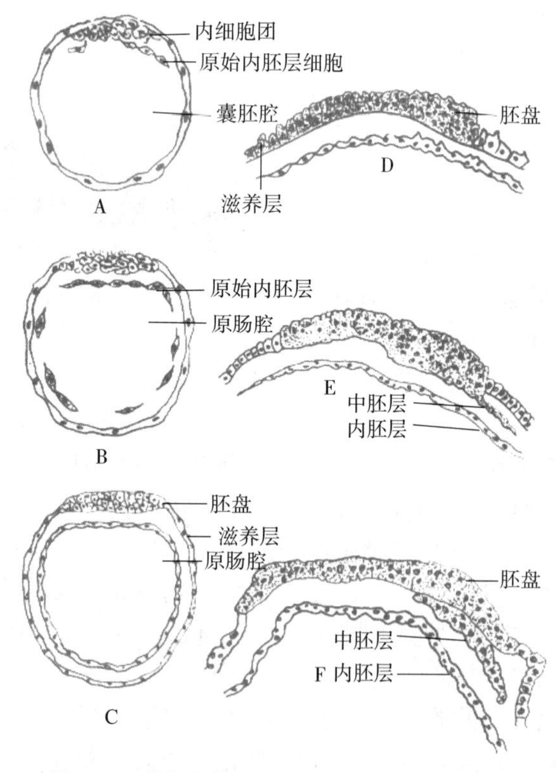

图22-7　猪妊娠第7～9天胚胎（示原肠形成）

A. 第7天胚胎，内细胞团分散出零散的原始内胚层细胞　B. 第8天胚胎，原始内胚层不完整，胚盘上面的滋养层开始溶解　C. 第8天胚胎，原始内胚层完成，内细胞团裸露形成胚盘　D. 第9天早期胚盘纵切　E. 第9天胚盘纵切　F. 第9天后期胚盘部纵切，中胚层开始出现

（二）中胚层的形成

胚盘开始是圆形的，以后随着胚盘的延长而变为卵圆形（图 22-8A），卵圆形胚盘的宽大端为胚体头端，窄端为尾端。胚盘细胞不断增生由前向后，由两端向中央集中，在胚盘中央后 2/3 处形成原条（primitive streak），其中央下陷成原沟（primitive groove），原沟的两侧隆起为原褶；原沟的前端膨大成原窝，窝的斗端边缘上细胞堆集成为原结（primitave knot）或亨氏结（Hensen′s knot）（图 22-8A）。由原褶卷入的细胞，在胚盘区的内外胚层之间直接呈翼状扩展，并延伸到胚盘区以外的滋养层与内胚层之间，形成中胚层（mesoderm），在胚盘区内的中胚层称胚内中胚层，在胚盘区外的中胚层称胚外中胚层。在原窝周围的上胚层细胞沿胚盘中轴向前伸展，形成脊索（notochord）（图 22-8C）。脊索是胚胎的中轴器官，在胚胎早期起支持胚体的作用，以后为脊柱所取代。随着脊索的不断前伸，原条逐渐缩短，到脊索完全形成后，原条便彻底消失。

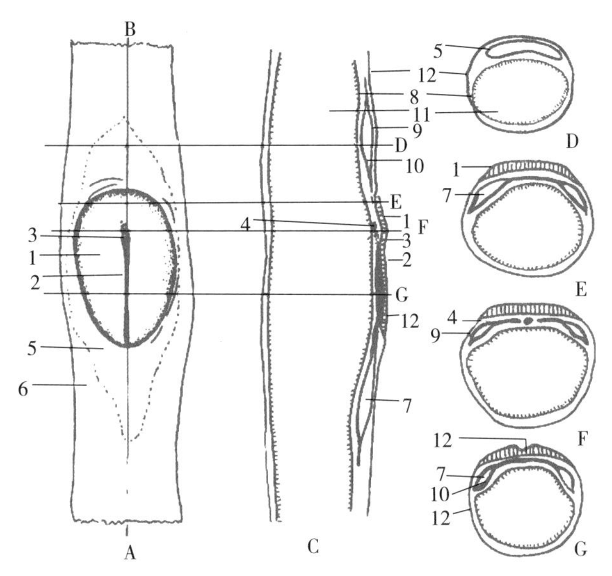

图 22-8　猪第 12 天胚泡
A. 背侧表面观　B. 纵切线　C. 纵切面
D～G. 胚胎不同部位的横断面
1. 胚盘　2. 原条　3. 原结　4. 脊索　5. 胚外中胚层
6. 滋养层　7. 体腔　8. 内胚层　9. 体壁中胚层
10. 脏壁中胚层　11. 原肠腔　12. 外胚层

中胚层最初仅为一层细胞形成的组织片，排列在脊索的两侧。后来中胚层组织片发生分化，形成了上段、中段和下段中胚层。上段中胚层因位于脊索的两旁，故又称轴旁中胚层，是中胚层细胞明显增厚形成的两条纵行细胞柱，以后加厚并分节形成体节；中段中胚层又称间介中胚层，以后将发育为泌尿生殖器官；片状的下段中胚层因处于中胚层的最外侧，故又称侧中胚层，以后分为内外两层，内层靠近内胚层，称脏壁中胚层；外层与外胚层相贴，称体壁中胚层；两者之间的腔称体腔，胚体内的称为胚内体腔，胚体外的称为胚外体腔（图 22-8D～G）。

三个胚层的建立，为进一步由简单的胚层结构分化为组织器官奠定了基础。

四、胚体的形成、三胚层的分化和组织器官的发生

（一）胚体的形成

从三胚层的扁卵圆形胚盘褶卷成一圆筒形的胚胎，是建立胚体外形的重要步骤。随着胚层分化，由于胚盘边缘的生长速度较中央的慢，而且胚胎在纵轴方向上的生长又较快，于是扁平状的胚盘周区向腹侧陷入并向中央集中，从而使胚体逐渐变为圆筒形，并隆起于胚外膜之上。

（二）外胚层的分化和组织器官的发生

外胚层经分化，主要形成神经系统、感觉器官以及皮肤的表皮及其衍生物。

1. 神经系统的发生

（1）神经管的形成：原肠胚形成以后，脊索诱导其背侧的外胚层加厚形成神经板（图 22-9A），神经板两侧边缘上举形成神经褶，中央下凹成为神经沟（图 22-9B）。后来，两侧的神经

褶在背侧汇合形成两端开口的神经管（图 22-9D）；前后神经孔封闭后，神经管的前端膨大形成脑的原基（脑泡），后部发育形成脊髓（图 22-9E）。胚胎在原肠胚后的此阶段由于发育上以神经管的形成为主要特征，因此也将此期的胚胎称为神经胚。

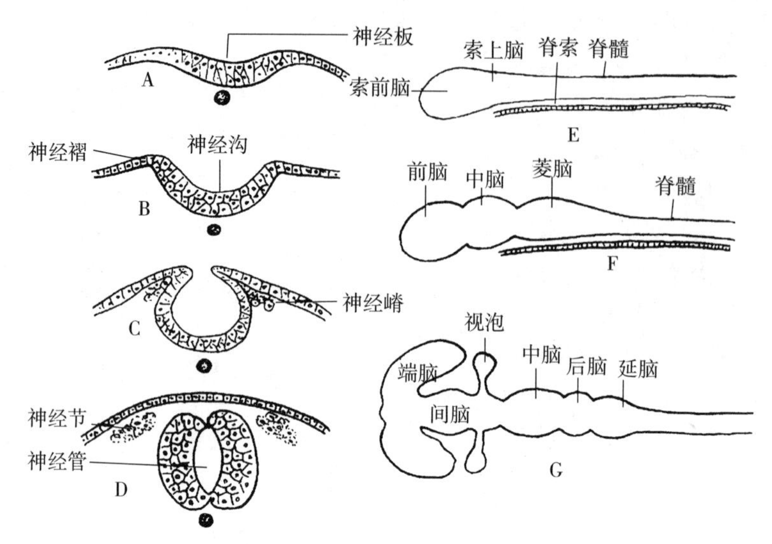

图 22-9 神经管的形成和脑的形态分化模式图
A～D. 神经管的形成（横断面） E～G. 神经管的分化

（2）脑的发生：在脑原基上出现两处缩细的部位，将其分成前脑、中脑和菱脑三个部分（图 22-9F、图 22-10）。前脑进一步分化为端脑和间脑，中脑仍为中脑，菱脑分化为后脑和末脑。后来，端脑进一步发育形成大脑两半球；间脑发育形成丘脑，其两侧壁凸出形成视泡，将来发育成视网膜、色素层和视神经；上壁凸出形成脑上腺，又称松果体；下壁凸出构成漏斗，发育形成脑垂体的神经部。中脑发育形成四叠体和大脑脚。后脑发育形成小脑和脑桥。末脑分化成延脑（图 22-9G、图 22-10）。

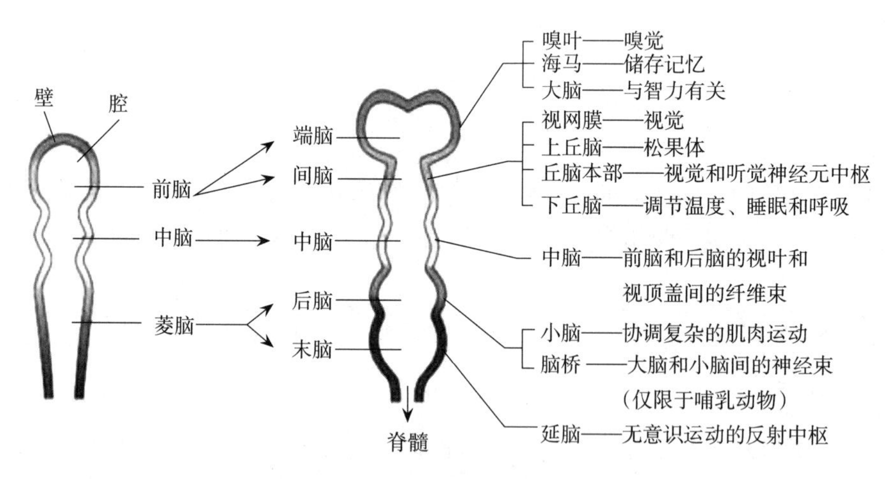

图 22-10 哺乳动物早期脑发育模式图
（引自 Gilbert，2006）

（3）脊髓的发生：脑区以后的神经管变细，发育形成脊髓。衬着神经管腔的上皮分化为室管膜细胞。神经管壁上的神经外胚层细胞，分化为成神经细胞和神经胶质细胞，二者共同形成脊髓的灰质。由成神经细胞发出突起前后穿行于灰质的外侧，构成脊髓的白质。

（4）神经嵴的分化：在神经褶汇合形成神经管的过程中，一部分细胞自两侧分出，在神经管的两侧形成左右两条神经嵴（图 22-9C、图 22-11）。这两条神经嵴的细胞发生广泛的迁移，分化形成感觉神经、交感和副交感神经系统中的神经元和神经胶质细胞，肾上腺髓质中的嗜铬细胞，表皮中的色素细胞及头部的骨骼和结缔组织成分等（图 22-11）。

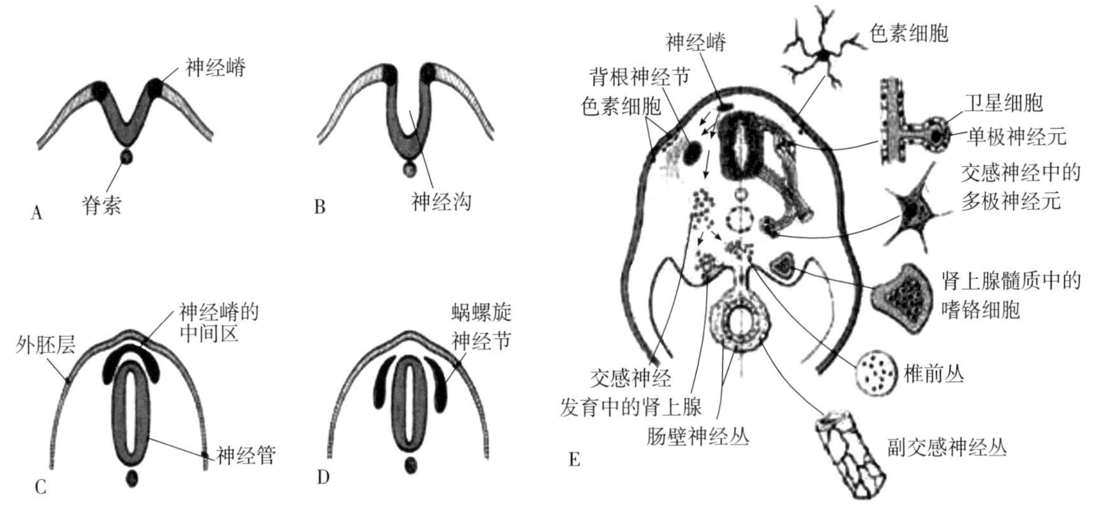

图 22-11 神经嵴细胞迁移分化示意图
（引自 Alberts 等，1994）

2. 皮肤及其衍生物的发生 皮肤的表皮及其衍生物来自外胚层，真皮及皮下组织来源于中胚层。皮肤的表皮从胚胎发育的早期就开始构建，但毛和皮肤腺的发生迟于其他器官（图 22-12）。

（1）毛的发生：表面外胚层细胞向下面的真皮间充质内生长，称为毛芽。毛芽末端膨大形成毛球，毛球底部向内凹陷并充满间充质，称为毛乳头。毛球顶部的细胞向上生长并发生角化形成毛干。毛芽壁上的细胞形成上皮性毛根鞘，其周围的间充质形成真皮性毛根鞘，两者共同构成毛囊（图 22-12）。根据发生时间和结构，毛囊可分为初级和次级两种。初级毛囊发生早，旁边常伴有皮脂腺和汗腺；次级毛囊发生晚，一般只伴有小的皮脂腺，没有汗腺。毛旁边的竖毛肌也来源于间充质。

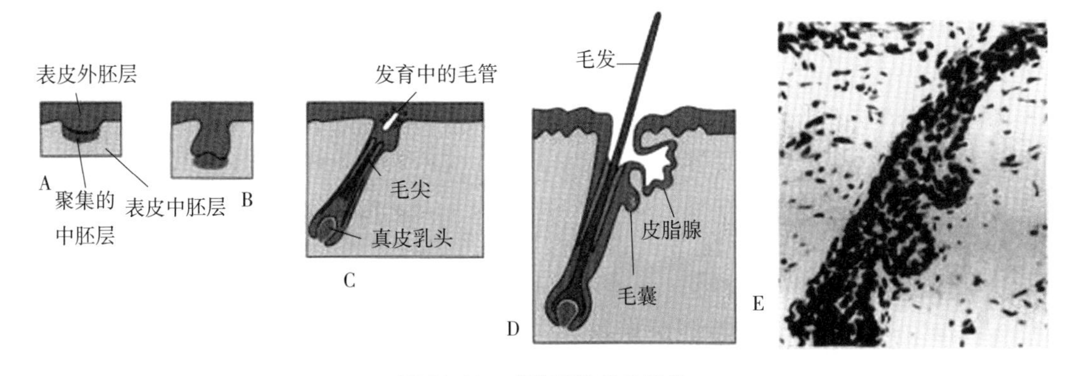

图 22-12 哺乳动物毛的发生
A. 表皮基部细胞向真皮方向呈柱状的轻微膨大 B. 表皮细胞继续增生延伸，真皮间充质细胞集聚在初级毛芽基部形成毛乳头 C. 毛芽伸展过程中毛干分化 D. 角化的毛干从毛囊延伸；皮脂腺以次级芽的形式形成，在此之下可能含有毛的干细胞，用于下一根毛的成长周期 E. 毛芽细胞的光镜图像
（引自 Gilbert，2006）

（2）皮脂腺和汗腺的发生：皮脂腺由上皮性毛根鞘的侧壁外突并分支形成（图 22-12）。汗腺形成时，先由表皮下陷形成管状结构，其末端盘曲形成腺体的分泌部，直部形成导管部。分泌部管壁细胞分化为分泌细胞和肌上皮细胞。

（3）乳腺的发生：乳腺为特化的汗腺，它是由表皮下陷并分支而形成的复管泡状腺。其结构分为导管部和分泌部，分泌部只有到母畜初情期后才迅速发育增大。

（三）内胚层分化与器官系统的形成

内胚层经分化主要形成消化系统和呼吸系统的器官以及一些内分泌腺和淋巴器官。

1. 原始消化管的分化 由于体褶的出现和不断加深，内胚层在胚体下部内折，胚内和胚外的界限更加明显。胚内为原肠（archenteron），胚外为卵黄囊（图 22-13）。在原肠形成的基础上，进一步分化为前肠、中肠和后肠，中肠前界以前肠门与前肠为界，其后界以后肠门与后肠相通。中肠的腹侧面以一个极小的孔道与卵黄囊相通，相连处称为卵黄柄或卵黄蒂。

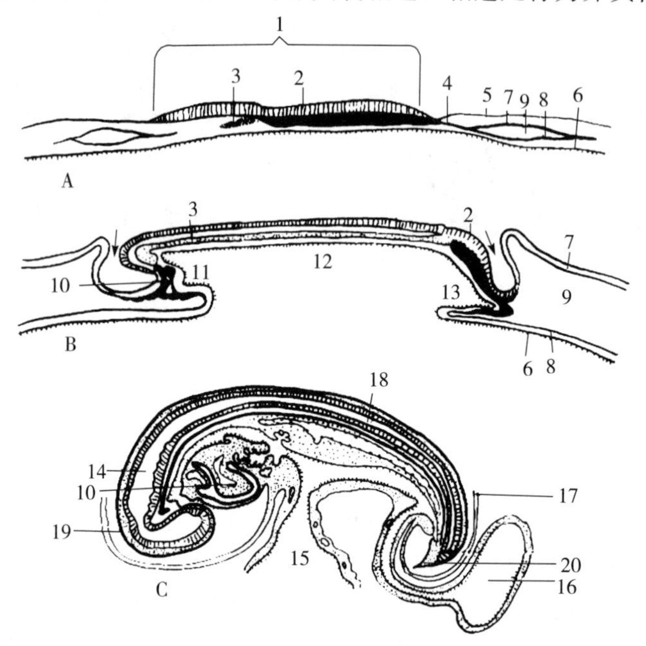

图 22-13 猪胚胎原肠与卵黄囊的分化
A. 原条期 B. 体节开始形成期 C. 25 体节期
1. 胚盘 2. 原条 3. 脊索 4. 中胚层 5. 滋养层 6. 内胚层
7. 体壁中胚层 8. 脏中胚层 9. 胚外体腔 10. 心脏 11. 前肠
12. 中肠 13. 后肠 14. 脑 15. 卵黄囊 16. 尿囊
17. 羊膜 18. 脊髓 19. 头部 20. 尾部

2. 咽的形成与分化 在胚胎的头部，前肠的盲端膨大形成咽区。咽区两侧壁的内胚层多处外突形成成对的咽囊，与咽囊相对应的外胚层则向内凹陷形成鳃沟。咽囊内胚层与鳃沟外胚层相遇而形成一个双层的膜，破裂成鳃裂（图 22-14、图 22-15）。位于腮裂之间的实体体壁称为鳃弓。在哺乳动物，尽管能够形成咽囊，但不形成完整的鳃裂，而是由咽区的内胚层细胞分化形成一些成体结构：第一对咽囊形成咽鼓管（耳咽管）和中耳腔（鼓室）；第二对咽囊本身形成扁桃体上皮，咽囊之间底部外突形成甲状腺；第三和第四对咽囊分出细胞形成甲状旁腺和胸腺。

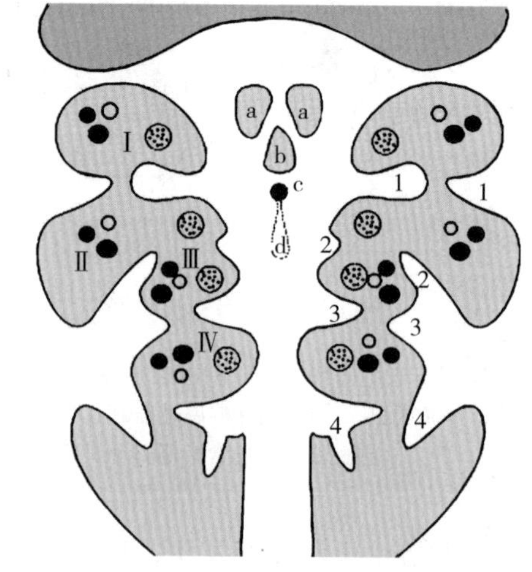

图 22-14 哺乳动物咽囊模式图
Ⅰ～Ⅳ. 鳃弓 1～4. 咽囊（内部）、鳃沟（外部）
a. 成对结节 b. 单结节 c. 盲囊孔
d. 甲状腺憩室
（引自 Wikipedia，2008）

3. 呼吸器官的发生 在甲状腺之后，在原始咽后方腹侧壁正中出现一喉气管憩室，憩室两侧各有一条纵沟——气管食管沟，该纵沟在管腔内面形成气管食管褶，以后随着纵沟的下陷，气管

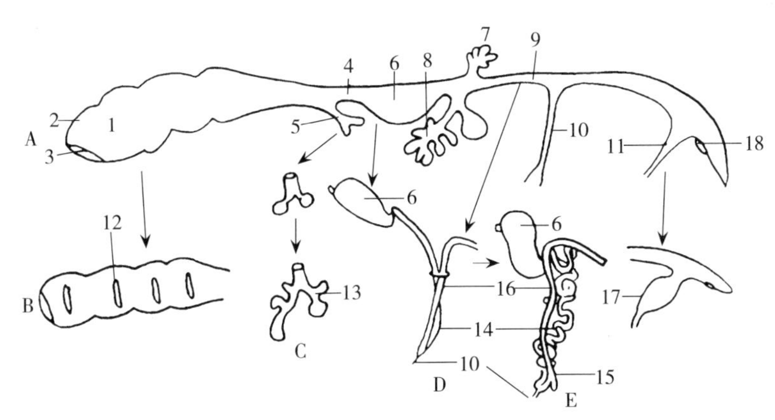

图 22-15 哺乳动物内胚层分化模式图

A. 消化管示意图 B. 口咽部侧面示意图 C. 肺发生示意图

D. 胃肠发生早期 E. 胃肠发生晚期

1. 咽部 2. 咽囊 3. 口 4. 食管 5. 肺芽 6. 胃 7. 胰

8. 肝和胆 9. 小肠 10. 卵黄柄 11. 尿囊柄 12. 鳃裂

13. 支气管树 14. 肠袢 15. 盲肠 16. 结肠 17. 膀胱 18. 肛门

食管褶互相靠拢，进而融合为气管食管隔，该隔将前肠分隔为喉气管管和食管，隔随之退化。喉气管管后端稍膨大，形成一对肺芽。喉气管管头端内表面的内胚层及其周围的腮弓间充质发育形成喉。气管则由喉气管管中段不断伸长演变而来，其分支形成支气管。由于气管的伸长，将肺芽推向后方，最终伸达胸部的最后位置。肺芽很快生长并反复分支，形成复杂的肺内支气管树和肺泡。

4. 消化器官的发生

（1）消化管的发生：喉以后的前肠形成食管和胃，中肠形成小肠，后肠形成大肠。肠管最初是直的，后来在与卵黄囊相接处形成肠袢，并据此将肠管分为降支和升支。在升支的初段形成盲肠原基，发育成盲肠（图 22-15）。盲肠以前的降支弯转盘曲形成小肠，盲肠以后的升支发育成大肠（结肠和直肠）。

（2）肝和胰的发生：在胃后的中肠起始部，肠壁向背腹侧分别外突出芽，形成肝和胰的原基，后来发育成肝、胆囊和胰（图 22-15）。

（3）口腔和肛门的发生：当原肠最初与卵黄囊分界时，胚胎的头部和尾部都是盲端。随后，两侧盲端腹面内胚层外突分别形成口囊和肛囊，与其相对应处的外胚层内陷分别形成口凹（原口）和肛凹（原肛）。口囊与口凹、肛囊与肛凹相贴形成口板和肛板，口板和肛板破裂后形成口腔和肛门。

(四) 中胚层的分化与器官系统的形成

在脊椎动物，中胚层的发育与分化对于器官系统的发生起着主导和奠基的作用。其中，脊索是这一阶段发育的启动和组织者，而在脊索和神经管的作用下，中胚层分化深入，包括轴旁中胚层、间介中胚层、侧中胚层以及随后的体节中胚层和内脏中胚层的出现，带动和引导着其他胚层分化和复杂器官系统的发生。动物的复杂和高级程度，很大程度上取决于中胚层的分化和诱导能力。中胚层分化形成肌肉、骨骼、各种结缔组织、心血管系统、泌尿生殖系统等。

1. 头部和脊索中胚层的分化 头部中胚层自中间向两侧增生扩展之后，分化形成头部的骨骼和肌肉。脊索中胚层并不进一步分化，随着被脊柱包围的过程逐步退化消失。

2. 上段中胚层的分化 上段中胚层位于脊索的两侧，最初呈长带状，随后由前向后分成许多节段，称为体节（somite）。体节随胚胎发育分化为生皮节（dermatome）、生骨节（sclerotome）和生肌节（myotome）三个部分。生皮节分布于体节的腹外侧部，它将演变为皮肤的真皮和皮下结缔组织，生骨节则分布于体节的腹内侧部，以后形成躯干和四肢骨骼（图22-16）。

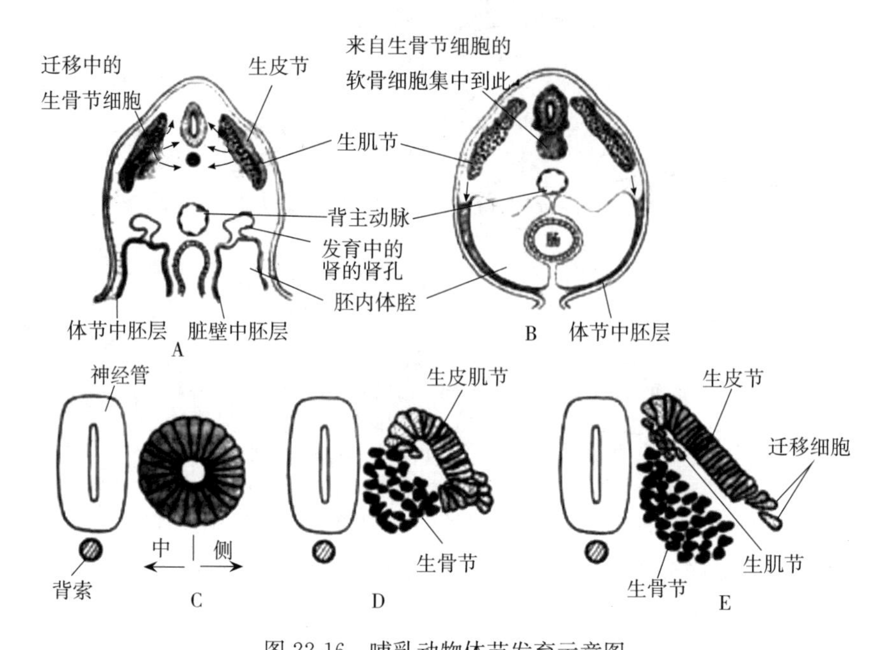

图 22-16 哺乳动物体节发育示意图

A. 生骨节细胞开始由生肌节和生皮节向外迁移 B. 生骨节细胞聚集形成软骨脊椎，生皮节开始形成真皮，生肌节细胞沿胚壁向腹侧延伸 C～E. 随细胞迁移，体节的结构变化

（引自 Gilbert，2006）

3. 中段中胚层的分化 位于体节与下段中胚层之间，又称生肾节（nephrotome）。生肾节最初也分节，但后来各节之间连接形成一条细胞带，向后直通到肛门附近。中段中胚层细胞将分化形成泌尿系统和生殖系统的器官。

（1）泌尿器官的发生：肾脏的发生重演了系统发生的过程，也经历了低等动物发生的前肾（pronephros）、中肾（mesonephros）和后肾（metanephros）三个阶段。这三种肾在某些脊椎动物的成体中都可见到，后肾是鸟类和哺乳动物的成体肾脏。在胚胎发育过程中，各阶段肾发生的时间和位置以及其形态结构都有显著的不同（图 22-17）。

①前肾：发生最早。位于前面的生肾节形成许多独立的小管，称前肾小管（pronephric tubules）。前肾小管与后方生肾节形成的前肾管（pronephric duct）相连通，后者向胚胎后部延伸，以肾孔开口于腹腔。前肾结构简单，只有前肾小管和前肾管，不形成肾单位。哺乳动物胚胎前肾存在时间很短暂，不起泌尿作用（图 22-17A）。

②中肾：在前肾尚未完全消失时，中肾已开始发生。从胚胎中部的生肾节产生许多独立的中肾小管（mesonephric tubules）。中肾小管的一端内陷形成肾小囊，包围毛细血管形成的血管球，其另一端与前肾管相接。此时，原来的前肾管改称中肾管（mesonephric duct）。中肾在胚胎发育早期具有排泄作用，以后由后肾所取代（图 22-17B）。

③后肾：出现最晚，由胚胎后部的生肾节发育而成。在中肾还未发生退化时，距泄殖腔不远处的中肾管向背侧外突并向前生长形成后肾管（metanephric duct），或称输尿管芽（ureteric buds），它不断向前生长，远端膨大并深入生肾节的生后肾组织中。后肾管膨大的末端分支形成集合小管，而膨大部分则形成肾盂，后肾管本身变成输尿管。集合小管诱导其顶端和周围的生肾组织形成肾小管。肾小管延长、弯曲而分成不同的段落，前端与血管球一起形成肾小体，后端与集合小管相连接（图 22-17C、22-17D）。后肾是哺乳动物的永久性肾。

胚胎的泄殖腔（cloaca）原为一个管腔，后来出现横向隔膜将其分为背腹两部分，背部形成直肠，腹部形成膀胱和尿道等结构。

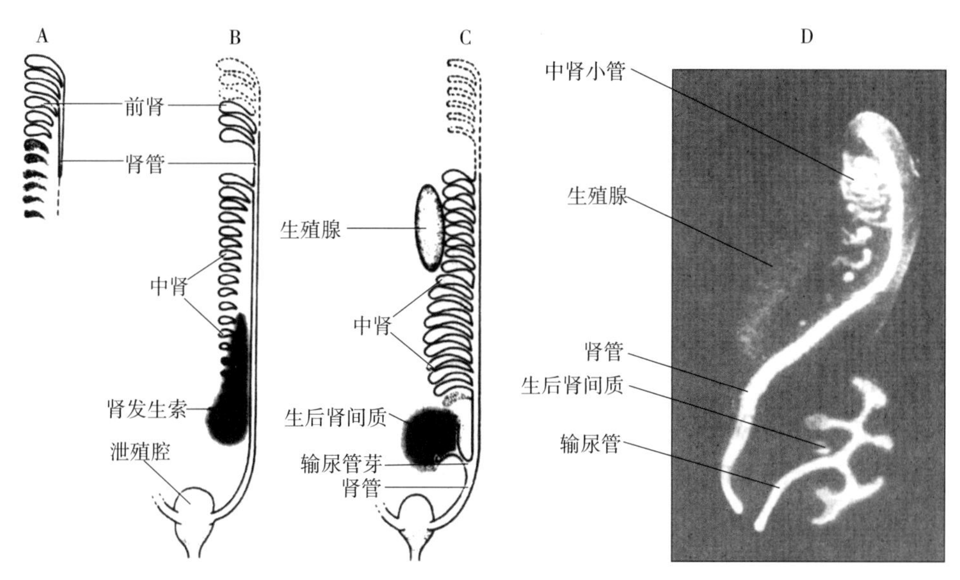

图 22-17　哺乳动物肾发生示意图

A. 当前肾管向尾部延伸时，它诱导间质组织产生前肾小管，并与前肾小管组成前肾　B. 伴随前肾退化，形成中肾小管，构成中肾　C. 后肾是哺乳动物的最终的肾，由输尿管芽诱导产生　D. 小鼠胚胎切片显示当中肾还存在时，后肾发生已经开始了，此切片导管组织用一种荧光抗体染色，显示肾管细胞中的一种角蛋白及其衍生物

（引自 Gilbert，2006）

（2）生殖器官的发生：生殖器官的发生与泌尿器官的发生密切相关，由中肾腹侧的上皮和间充质增生形成原始生殖腺，由中肾管或缪勒管形成雄性或雌性生殖管道。

①原始生殖腺的发生：起源于中段中胚层。当中肾还是胚胎主要排泄器官的时候，在中肾腹内侧出现纵行嵴，称生殖嵴（germinal ridge）（图 22-18A）。生殖嵴内部为间充质，其外被覆体腔中胚层。不久，生殖嵴的体腔中胚层细胞变大，称为生殖上皮。由生殖嵴外部迁移来的原始生殖细胞进入生殖上皮中，后者是一些更大的细胞。随着发育进程，生殖嵴由小变大，生殖上皮增生、内陷到间充质中，形成实心的上皮细胞索，称原始生殖索或原始性索（图 22-18B）。原始性索的出现标志着原始生殖腺的形成。原始生殖腺含有三类细胞，即来源于体壁中胚层的上皮、生肾组织的间充质细胞和迁入的原生殖细胞。

②性腺的分化：在原始性腺中，原生殖细胞与生殖嵴上皮细胞的相互作用决定性腺的分化。原生殖细胞在进入生殖嵴之前，具有向雌雄两种生殖细胞方向分化的潜能，也就是说既可分化为精原细胞，也可分化为卵原细胞。原生殖细胞进入生殖嵴后的分化方向，并非由自身的性染色体所决定，而是决定于生殖嵴上皮细胞的性染色体构成。在哺乳动物，性别分化依赖于生殖嵴生殖索上皮细胞中 Y 染色体短臂上的性别决定基因（sex-determining region of Y chromosome，SRY），由它编码产生转录因子即睾丸决定因子（testis-determining factor，TDF）。如果上皮细胞表达 TDF，那么初级生殖索持续增殖，并向深处延伸到结缔组织中。这些生殖索彼此愈合，形成内部的生殖索网和远端的睾丸网，而且 TDF 调控上皮生殖索细胞向支持细胞的方向分化，并诱导原生殖细胞分化为精原细胞。在胎儿和幼年期，这些生殖索呈实心状态，从青春期开始变成中空的生精小管（seminiferous tubule），开始精子的发生。原来生殖嵴的间质细胞分化形成睾丸间质细胞（图 22-18C、22-18D）。如果生殖索上皮细胞不表达 TDF，初级生殖索退化，很快产生新的次级生殖索，它们并不深入到基质中，而是停留在性腺的皮质部分，称皮质生殖索。这些生殖索断裂成簇，每一个簇围绕一个生殖细胞。其中生殖细胞分化形成卵原细胞，周围的上皮生殖索细胞分化形成颗粒细胞，间充质细胞分化为卵泡膜细胞（图 22-18E、22-18F）。

③生殖导管的分化：性腺开始出现性别分化之前，在两条中肾管的外侧由脏中胚层内陷形

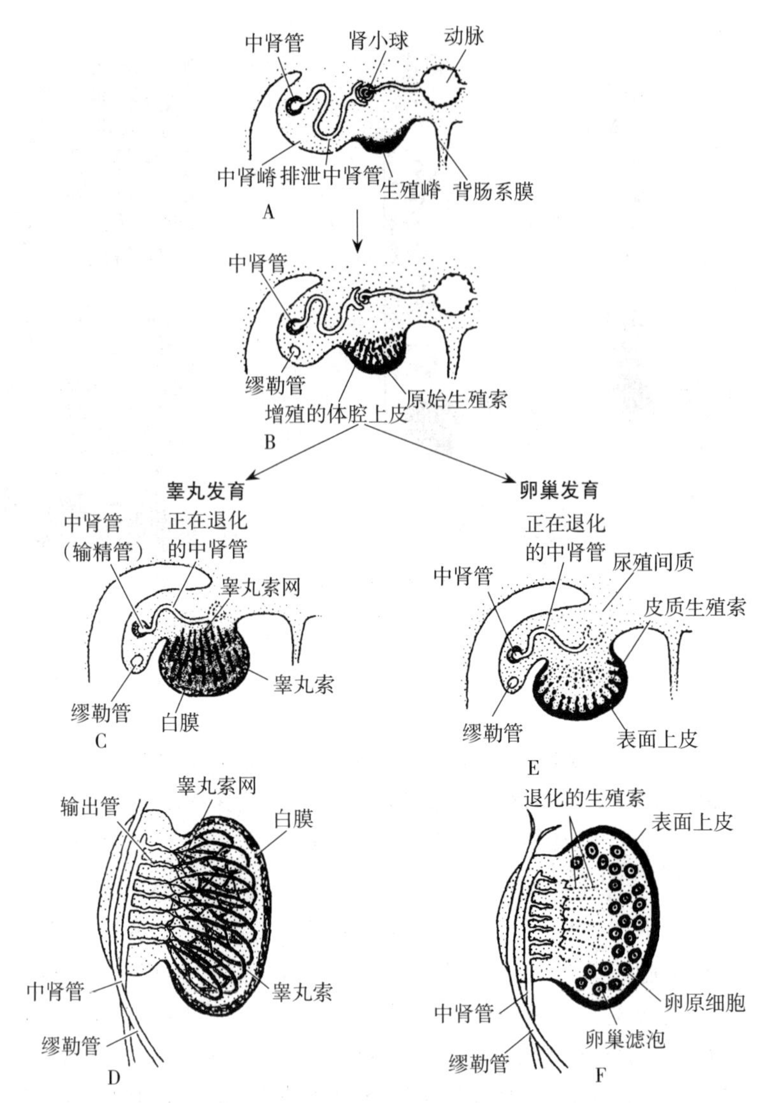

图 22-18　性腺的分化

A. 4 周龄胚胎的生殖嵴　B. 6 周龄胚胎的尚无性别差异的生殖嵴，可见其中原始生殖索开始发育
C. 第 8 周睾丸发育，生殖索与皮层的联系减弱，发育成网状结构　D. 到第 16 周，睾丸索与中肾管相连
E. 第8 周卵巢发育，原始生殖索退化　F. 到第 20 周时，卵巢不与中肾管相连，初始卵泡形成
（引自 Gilbert，2006）

成两条平行管道，通入泄殖腔，称缪勒管（Muller's duct）。当性腺分化为卵巢时，缪勒管前段发育形成输卵管，中段发育形成子宫角，后段融合形成子宫体和阴道前部（图 22-19）。当性腺分化为睾丸时，中肾前部残留的中肾小管与睾丸网管相通，形成睾丸输出小管，中肾管变成附睾管和输精管，其后段构成输精和排尿兼用的尿生殖管。而缪勒管退化形成成体的遗迹器官——雄性子宫（图 22-19）。

4. 下段中胚层的分化　下段中胚层又称侧中胚层，分为脏壁中胚层和体壁中胚层两层，两层之间的腔隙称体腔。在脏壁中胚层和内胚层、体壁中胚层和外胚层之间填充有间充质。间充质是胚胎时期的结缔组织，主要由中胚层的体节、脏壁中胚层和体壁中胚层的细胞分化而来。脏壁中胚层形成消化器官和呼吸器官管壁的平滑肌、结缔组织和浆膜；体壁中胚层形成体壁的肌肉和结缔组织；间充质形成心血管和淋巴系统以及多种结缔组织、骨骼肌、平滑肌等。

（1）血管的发生：血管的发生始于卵黄囊间充质细胞聚集成团构成的血岛（blood

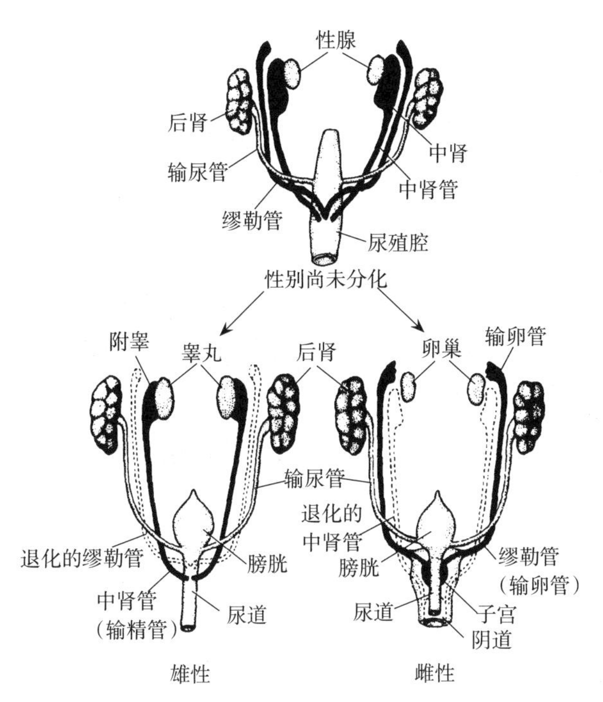

图 22-19　哺乳动物生殖腺及生殖管道发育示意图
性腺发生的初期，两性个体中都有中肾管和缪勒管，随后
在各自生殖腺的作用下出现了不同性别的分化
（引自 Gilbert，2006）

island)。血岛细胞由不规则多突起形状变为圆形，后来其周围细胞变扁平形成血管内皮，中央细胞则分化形成原始血细胞（图 22-20）。许多血岛连接起来形成血管网，以后与胚体内出现较晚的血管网相连。当心脏形成并开始收缩后，由于血管中血流大小和压力的不同，有的血管壁加厚形成动脉，有的形成静脉，有的形成毛细血管。

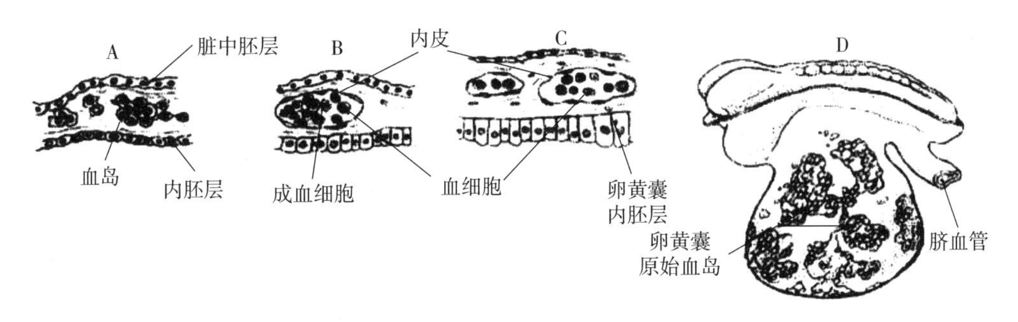

图 22-20　血管和血细胞发生示意图
A. 间充质细胞聚集成血岛　B. 血管内皮和血细胞开始分化
C. 血管内皮细胞包围血细胞和血浆　D. 卵黄囊血岛的分布
（引自 A. Hopper and N. Hart，1985）

（2）心脏的发生：心脏是由一对血管原基形成（图 22-21A），它起源于咽部两侧脏中胚层与内胚层分离形成的两个槽，由槽内零散分布的间充质细胞聚集形成一条心内膜管（图 22-21B）。随着前肠门的后移，左右两条心内膜管相互靠近，并在咽下中部融合形成一条前后两端分叉的心内膜管。后来，构成槽的脏中胚层也变成一条管状结构，包在心内膜管的周围形成心肌外膜管（图 22-21C）。心内膜管分化形成心内膜，心肌外膜管则发育形成心肌膜和心外膜。在此心脏原基（心管）周围的体壁中胚层形成心包（图 22-21D）。心管在心包内发生弯曲，各部分发育不均衡，内部出现隔膜，将心脏分隔为左右心室和心房（图 22-21E～G）。

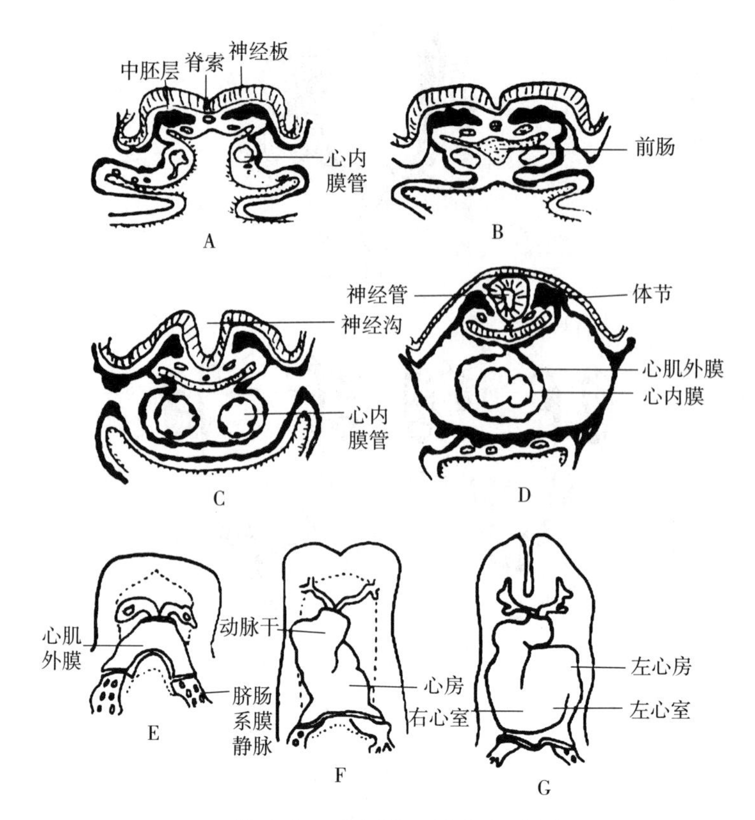

图 22-21　猪胚胎心脏发生示意图

A～D. 不同发育时期胚胎心区横切面　E～G. 心脏腹侧观，示心脏变形的过程

由三个胚层分化形成的组织和器官总结见表 22-2。

表 22-2　胚内三胚层分化简表

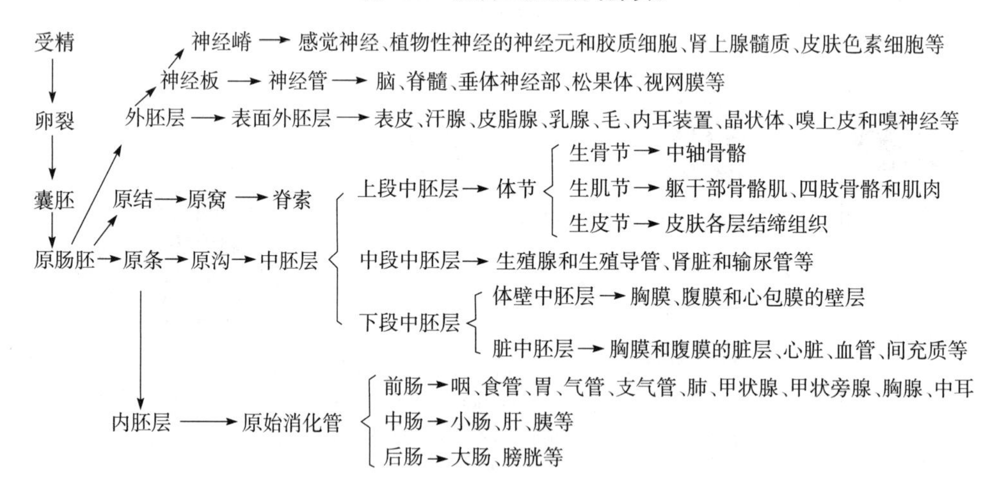

五、胎　膜

二维码 92

哺乳动物在囊胚发育早期，已分化为内细胞团和滋养层，前者发育为胚体，后者则参与形成胎膜，它是胚胎发育过程中的一些临时性结构，并不参与胚体的形成，胚胎发育结束时将消失或废弃。胎膜的主要功能就是构成胎盘的一部分，参与胚胎与母体间的物质交换（二维码 92）。

家畜的胎膜有四种，即卵黄囊、羊膜、绒毛膜和尿囊。胚外膜的发生与胚胎体褶（body fold）的形成密切相关。在哺乳动物，伴随体褶的形成和缢缩，形成胚体与胚外进行代谢循环的通道，称脐带（二维码 93）。

二维码 93

（一）卵黄囊

卵黄囊（yolk sac）是形成最早的胚外膜。卵黄囊的形成与消化道的建立具有密切的联系。由于卵子卵黄很少，胚脏壁形成封闭的原肠。原肠形成后，由于体褶的出现和胚体的上举，胚脏壁向中间缢缩，使原肠分为胚内和胚外两部分。胚内部分称原肠，胚外部分称卵黄囊（图 22-22）。卵黄囊与原肠之间的缩细部分是卵黄柄。卵黄囊进一步发育，其内胚层与绒毛膜相贴，组成卵黄囊绒毛膜。卵黄囊早期较大，但很快即缩小退化，被永久性胎盘（尿囊绒毛膜胎盘）所取代。但是，在永久胎盘形成之前，由卵黄囊绒毛膜行使物质交换功能，这种功能对马和肉食类尤为重要。猪的卵黄囊在妊娠第 13 天左右开始形成，第 17 天开始退化，至 1 个月左右完全退化。牛的卵黄囊在妊娠第 8～19 天内形成和发育，至第 22 天即为尿囊所代替。此外，卵黄囊中胚层间充质分化形成的血细胞，是胚胎最早的血细胞来源。

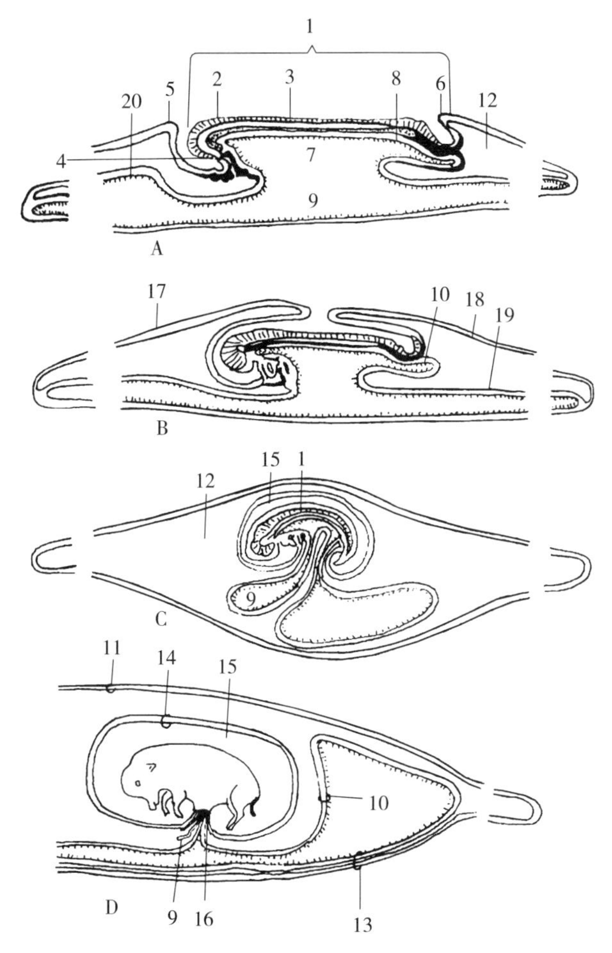

图 22-22　猪的胎膜形成

A. 体节开始形成期　B. 约 15 个体节期　C. 约 25 个体节期　D. 35 mm 猪胚

1. 胚体　2. 神经板　3. 脊索　4. 心脏　5. 羊膜头褶　6. 羊膜尾褶　7. 前肠　8. 后肠　9. 卵黄囊　10. 尿囊　11. 绒毛膜　12. 胚外体腔　13. 尿囊绒毛膜　14. 羊膜　15. 羊膜腔　16. 脐带　17. 胚外外胚层　18. 胚外体壁中胚层　19. 胚外脏壁中胚层　20. 胚外内胚层

（引自 Patten，1959）

（二）羊膜与绒毛膜

早期胚胎体褶形成时，胚盘周围的胚外外胚层和胚外体壁中胚层，向胚体上方褶起形成羊膜褶。猪胚第15天左右，羊膜褶向胚体背侧伸展、汇合而后反褶即形成羊膜（amnion）和绒毛膜（chorion）（图22-22）。羊膜在内，直接包围胎儿；绒毛膜在外，包围所有其他的胎膜。羊膜和绒毛膜的胚层结构相同，但位置恰好相反：羊膜壁由外向内为胚外体壁中胚层和胚外外胚层；绒毛膜壁由外向内则为胚外外胚层和胚外体壁中胚层。绒毛膜因其表面不同区域上皮细胞向外突出许多指状突起而得名。

羊膜腔内充满由羊膜上皮细胞分泌的羊水，为胚胎发育提供一个类似于水生动物的液体环境，这样的环境即调节温度，又可缓冲来自各方面的压力以保护胎儿免受挤压和震荡。羊水呈弱碱性，其中含有蛋白质、脂肪、葡萄糖、无机盐和尿素等，此外还有脱落的上皮细胞和白细胞。随着后期胚胎胃肠发育和吞咽反射的建立，胎儿可以吞食羊水，吸取其中的营养物质，消化后的残渣积聚在肠内形成胎粪。

（三）尿囊

尿囊（allantois）由后肠末端腹壁向外突出的盲囊发育形成，因此尿囊壁的结构与肠壁一致，由内向外为胚外内胚层和胚外脏壁中胚层。猪胚第13天时，尿囊开始自后肠腹侧壁向胚外体腔中突出，至第17天左右，尿囊开始与绒毛膜相贴，共同形成尿囊绒毛膜（图22-22）。随着尿囊的扩展，逐步包围羊膜和卵黄囊，1个月左右时尿囊扩展完毕，卵黄囊则完全退化。但尿囊的形态和扩展程度因家畜的种类而异。马的尿囊成盲囊状，最终充满整个胚外体腔，形成尿囊绒毛膜和尿囊羊膜；牛、羊和猪的尿囊分成左右两支，且未完全包住羊膜，所以除有尿囊绒毛膜和尿囊羊膜外，还有羊膜绒毛膜存在。尿囊绒毛膜构成家畜的永久性胎盘。尿囊经尿囊柄与胚体后肠部分相通，尿囊腔内储存尿囊液，胚胎发育初期液体清亮，以后变为黄色乃至淡褐色，内含胎儿排出的代谢废物。胎儿出生后随着脐带的断离，残留在胚体内的尿囊柄闭合形成膀胱的韧带。

（四）脐带

脐带（umbilical cord）起源于胚胎早期的体褶，随着胚胎发育逐渐向胎儿腹部脐区集中缩细。随着胚胎发育和羊膜腔的扩大，使尿囊柄和退化的卵黄囊柄彼此靠拢缩细，并被羊膜包围形成长索状的结构（图22-22D），即为脐带。脐带外覆着一层光滑的羊膜，内部为由中胚层发生的黏性结缔组织，其中有尿囊柄、脐动脉和脐静脉通过。胚体产生的尿液可经尿囊柄储于尿囊腔内，脐动脉负责将胚体血液输送至胎盘，脐静脉将胎盘处血液输送至胚体内，脐动脉和脐静脉及其在胎膜上的分支构成了胎儿血液循环的体外部分。

六、胎　　盘

胎盘（placenta）是胎儿与母体进行物质交换的结构，由胎儿胎盘和母体胎盘组成。胎儿胎盘可分为三种基本类型，即卵黄囊绒毛膜胎盘、羊膜绒毛膜胎盘和尿囊绒毛膜胎盘，哺乳动物的胎儿胎盘主要指尿囊绒毛膜胎盘（chorioallantoic placenta）。母体胎盘由子宫内膜组成。

胚胎在母体子宫内发育，通过胎盘从母体获得营养并排出代谢产物。随着胚胎的生长发育，胎儿和母体间的物质交换不断增加，胎盘的形态结构也发生相应的变化，如体积增大、皱襞形成、绒毛和微绒毛发生等，以此增加通透面积，适应功能变化的要求。

（一）胎盘的分类

根据尿囊绒毛膜上绒毛的分布、母体-胎儿组织屏障的特点及分娩时对母体组织的损伤程度，可将家畜的胎盘进行分类（表22-3）。

表 22-3　尿囊绒毛膜胎盘的分类

物　种	分　类		
	绒毛膜上绒毛分布方式	胎盘的屏障结构	分娩时对子宫组织损伤
猪	散布	上皮绒毛膜	无损伤（非蜕膜）
马	散布和微子叶	上皮绒毛膜	无损伤（非蜕膜）
绵羊、山羊、牛、水牛	子叶	上皮或结缔绒毛膜	无损伤（非蜕膜）
犬、猫	带状	内皮绒毛膜	中度损伤（蜕膜）
人、猴	盘状	血绒毛膜	广泛损伤（蜕膜）

1. 根据绒毛膜上绒毛的分布方式分类

（1）散布胎盘（diffuse placenta）：除胚泡的两端外，大部分绒毛膜表面上都均匀分布着绒毛（马）或皱褶（猪），后者与子宫内膜相应的凹陷部分相嵌合。马和猪的胎盘属此种类型（图 22-23A）。

（2）子叶胎盘（cotyledonary placenta）：绒毛在绒毛膜表面上集合成群，形成绒毛叶或称子叶（cotyledon）。子叶与子宫内膜上的圆形突起——子宫肉阜（caruncle）紧密嵌合，此嵌合部位称胎盘块。反刍动物的胎盘属此种类型（图 22-23B）。

（3）带状胎盘（zonary placenta）：绒毛集中分布于绒毛膜的中部，呈一宽环带状。猫和犬等肉食动物的胎盘属此种类型（图 22-23C）。

（4）盘状胎盘（discoidal placenta）：绒毛集中分布在绒毛膜的一盘状区域内。灵长类和啮齿类的胎盘属此种类型（图 21-23D）。

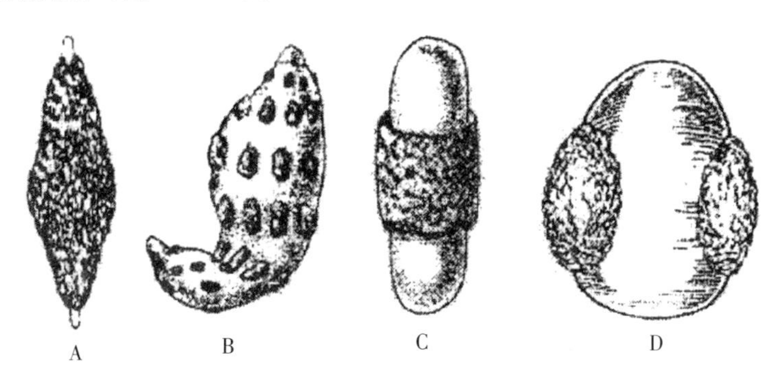

图 22-23　根据绒毛分布情况对胎盘进行分类
A. 散布型胎盘（猪）　B. 子叶胎盘（牛）　C. 带状胎盘（犬）　D. 盘状胎盘（猴）

2. 根据胎盘的屏障结构分类　胎盘的胎儿部分为尿囊绒毛膜，由三层组织构成：血管内皮、间充质和胎儿绒毛膜上皮。胎盘的母体部分也由三层组织构成，但排列方向相反：子宫内膜上皮、结缔组织和血管内皮。胎儿与母体血液之间的物质交换必须通过这些组织所形成的胎盘屏障（placental barrier）。在各种胎盘中，胎儿部分三层组织变化不大，但母体部分有很大不同。因此，根据屏障结构，可将胎盘分成四类。

（1）上皮绒毛膜胎盘（epitheliochorial placenta）：这种胎盘的绒毛膜上皮和子宫内膜上皮均比较完整，绒毛嵌合于子宫内膜相应的凹陷中（图 22-24A）。猪和马的散布胎盘属于此类，大多数反刍动物的妊娠初期子叶胎盘也属这一类。

（2）结缔绒毛膜胎盘（syndesmochorial placenta）：子宫内膜上皮变性脱落，绒毛膜上皮直接与子宫内膜结缔组织接触（图 22-24B）。反刍动物妊娠后期的子叶胎盘属于此类。

（3）内皮绒毛膜胎盘（endotheliochorial placenta）：母体子宫内膜上皮和结缔组织缺失，胎儿绒毛膜上皮直接与母体血管内皮接触。许多肉食动物（猫、犬）的带状胎盘属此种类型

(图 22-24C)。

(4) 血绒毛膜胎盘（hemochorial placenta）：所有母体子宫的三层组织全部缺失，尿囊绒毛膜上的绒毛直接浸在母体子宫内膜绒毛间腔的血液中（图 22-24D）。人和啮齿类的盘状胎盘属此类。

3. 根据分娩时子宫组织的损伤程度分类

(1) 蜕膜胎盘（decidual placenta）：胎儿胎盘深入母体子宫内膜，致使胚胎附近的子宫内膜基质发生变形和增生而形成蜕膜。分娩时，蜕膜随胎膜脱落，子宫组织损伤很大，并有广泛的出血现象。带状和盘状胎盘都属于蜕膜胎盘。

(2) 非蜕膜胎盘（nondecidual placenta）：绒毛膜与子宫内膜或相对完好的结缔组织相结合，分娩时不造成大的损伤。散布和子叶胎盘属于非蜕膜胎盘。

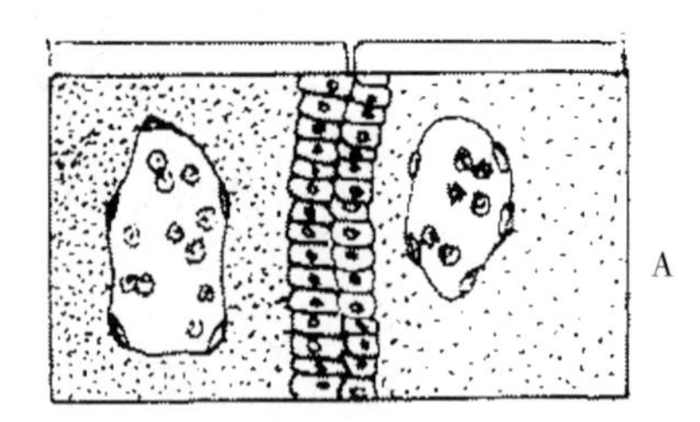

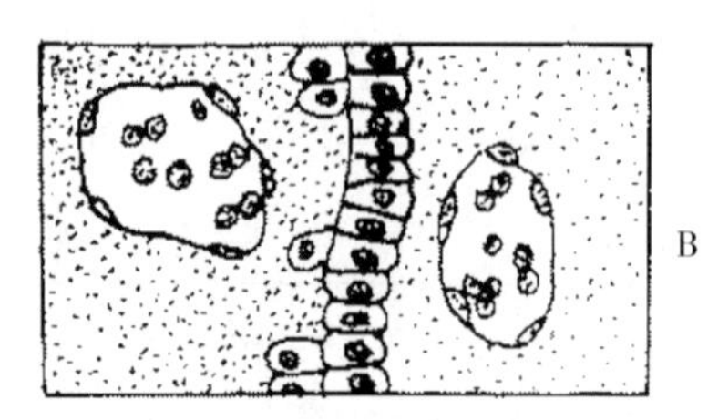

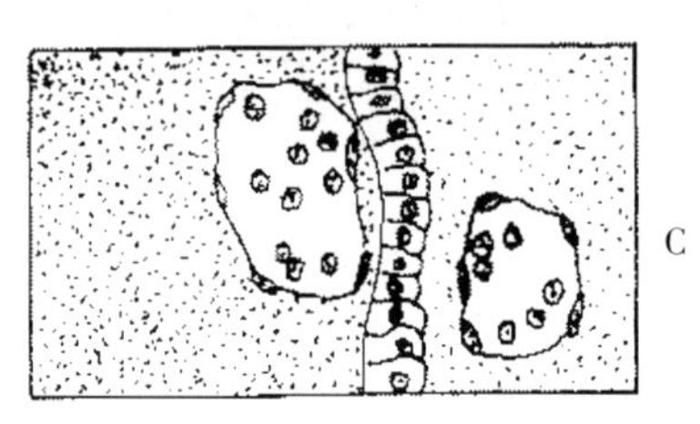

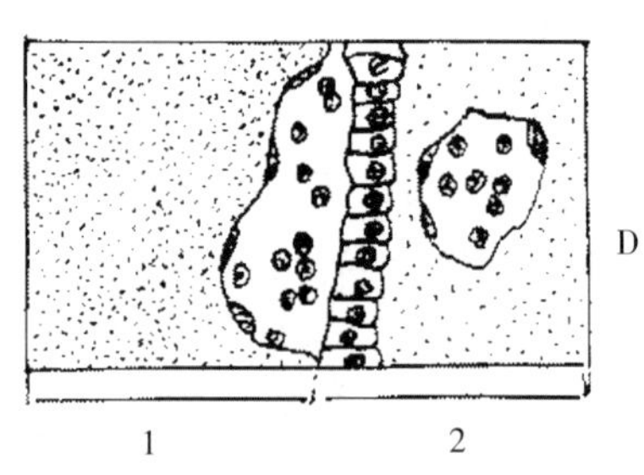

图 22-24　各类型胎盘屏障模式图
A. 上皮绒毛膜胎盘　B. 结缔绒毛膜胎盘
C. 内皮绒毛膜胎盘　D. 血绒毛膜胎盘
1. 母体胎盘　2. 胎儿胎盘
(引自马仲华、沈和相等，1996)

(二) 胎盘的功能

胎盘执行许多机能，对于胎儿它起着成体胃肠道、肺、肾、肝和内分泌腺的作用。此外，胎盘还把母体与胎儿分隔开来，确保胎儿发育的独立性。

1. 物质交换　胎儿与母体的血液不直接混合，但两套血液循环在绒毛膜和子宫内膜结合处紧密接触，通过组织液的互换，确保氧气和营养物质从母体到达胎儿，代谢废物和二氧化碳由胎儿到达母体。这些交换是通过胎盘各层膜的简单扩散、主动运输、胞饮和胞吐等机制来调节。

2. 产生激素　胎盘是一个重要的内分泌器官。马和绵羊等动物的妊娠早期胎盘能合成和分泌促性腺激素。在所有家畜的妊娠中、后期，胎盘滋养层细胞能合成和分泌雌激素和孕酮。促性腺激素对胚胎发育早期有维持妊娠作用。雌激素能够调节胚胎免疫功能。胎盘孕酮与黄体孕酮功能相似，对维持妊娠极其重要。

3. 母体与胎儿的免疫学关系　对于母体来说，胎儿具有的父系遗传物质的表达产物是一种异物，相当于由同一物种不同个体移植来的外来组织。在器官移植时，如果供体带有受体所不具有的抗原，受体一般都会排斥植入组织。排斥反应通常是由 T 淋巴细胞介导，而不是通过抗体。胎儿对于母体免疫系统来说确实具有抗原性，应该引起免疫排斥反应。然而，直到分娩为止母体并不排斥胎儿，其原因可能有两个方面：①母体和胎儿之间存在物理屏障，滋养层细胞本身可能就起免疫屏障的作用。②母体免疫排斥作用被自身的免疫增强作用或胎儿产生的免疫抑制物作用所阻断。免疫增强作用是指滋养层或胎儿细胞上的抗原使母体免疫系统致敏，产生抗体和致敏淋巴细胞，其中抗体与滋养层细胞上的相应位点结合，阻止致敏淋巴细胞与这些细胞作用。免疫抑制物作用是指胎儿产生的一些免疫抑制性的类固醇激素和其他代谢产物进入母体血液循环，阻止免疫排斥反应，使滋养层组织成为免疫特许部位。

1. 名词解释：囊胚　原肠胚　原条　原沟　原结　原窝　脊索　神经胚　体节　胎膜　羊膜　绒毛膜　卵黄囊　尿囊

2. 简述家畜早期胚胎发育的主要过程及特点。

3. 简述哺乳动物卵裂和囊胚的形成过程及特点。

4. 试述胚内三胚层的形成过程及其分化。

5. 简述哺乳动物胎膜的形成过程及构造。

（宋学雄　卿素珠）

第二十三章　家禽的胚胎发育

家禽的胚胎发育也包括早期胚胎发育基础上的胚体形成、三胚层分化和组织器官发生，而早期胚胎发育同样经历受精后卵裂、囊胚、原肠形成、胚泡植入、三胚层形成等阶段。下面以鸡为代表讨论家禽的胚胎发育过程。

一、受　　精

禽类的受精是在输卵管漏斗部进行。鸡交配后，精子在输卵管的漏斗口下部和子宫-阴道结合部储存，并可在此处存活 15～20 d，一次交配可供 1 周内卵子受精。体外受精试验证明，禽类的精子不经获能也能受精，因此获能过程对禽类精子意义不大。由卵巢排出的处于第二次减数分裂中期的卵子进入输卵管漏斗部时，与沿着生殖道向上行进并储存在输卵管漏斗部的精子相遇，发生受精。鸡为多精入卵，一般同时会有 3～5 个精子穿入卵内，但只有一个形成雄原核，多余的精子则退化。排卵后的卵子，无论受精与否都要依次经过全部输卵管的各部，分别形成卵外围的卵白，内、外壳膜，钙质的蛋壳等结构，形成鸡蛋。在输卵管运行期间，完成受精的卵子开始发生卵裂，一般在蛋产下时，胚胎已经发育至囊胚期。

二、卵裂与囊胚

家禽卵子为极端端黄卵，由于卵黄对卵裂有阻碍作用，不能全裂，因而卵裂就集中于动物极一个小的圆盘状区域即胚盘处进行，称为不完全卵裂（meroblastic cleavage）或盘状卵裂（discoidal cleavage）（图 23-1）。鸡的受精卵于排卵后 5 h 发生第一次卵裂，为经裂，卵裂沟将胚盘一分为二（图 23-1A）。第二次卵裂也是经裂，但与第一次的卵裂沟相垂直（图 23-1B）。第三次卵裂形成与第一次卵裂面方向平行的两条卵裂沟（图 23-1C）。第四次卵裂还是经裂，形成多个卵裂沟，把中央的 8 个卵裂球与边缘的 8 个卵裂球分离开（图 23-1D）。中央卵裂球具有上表面和侧表面，但没有下表面，细胞质与下面的卵黄连接。由于卵裂沟并不到达胚盘的边缘，故边缘卵裂球的外周部并未完全隔开，导致这些卵裂球不但没有下表面，也缺一个侧表面。从第五次卵裂开始分裂变得不同步，胚胎开始形成早期桑葚胚的表面观，但不形成像哺乳动物那样的典型的球形桑葚胚。32 细胞后，中央卵裂球开始与下面的卵黄脱离，形成胚下腔，随着卵裂球数目和层次的不断增加和向四周不断扩展，胚下腔也不断扩大并充满液体，此时胚盘的中央部分颜色清亮称明区（area pellucida），而胚盘的四周细胞因和卵黄接触而色泽暗淡称为暗区（area opaque）。随着发育进程，胚盘后部暗区的细胞向下迁移，在卵黄表面铺开一层，形成所谓下胚层，上面的胚盘改名为上胚层，两者之间的腔隙为囊胚腔（图 23-2）。此期即为囊胚，鸡的囊胚属于盘状囊胚。囊胚期的上胚层和下胚层并非将来的胚内外胚层和内胚层，未来的三个胚层均由上胚层形成，而下胚层只形成卵黄囊等胚外结构。

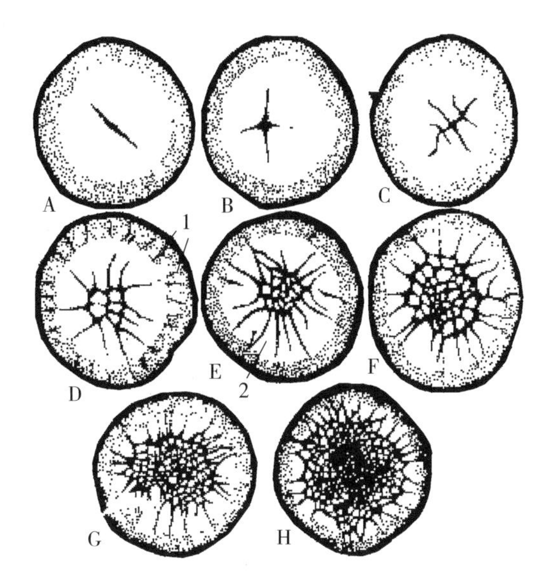

图 23-1　鸡卵的卵裂

A. 第一次卵裂　B. 第二次卵裂　C. 第三次卵裂　D. 17 细胞(有中央和边缘细胞)　E. 接近 32 细胞　F. 64 细胞（中央 41 个和边缘 23 个细胞）　G. 囊胚（中央 123 个和边缘 90 个细胞）　H. 囊胚晚期（中央 312 个和边缘 34 个细胞）

1. 副裂不育的卵裂　2. 边缘细胞

（引自 Nelsen，1985）

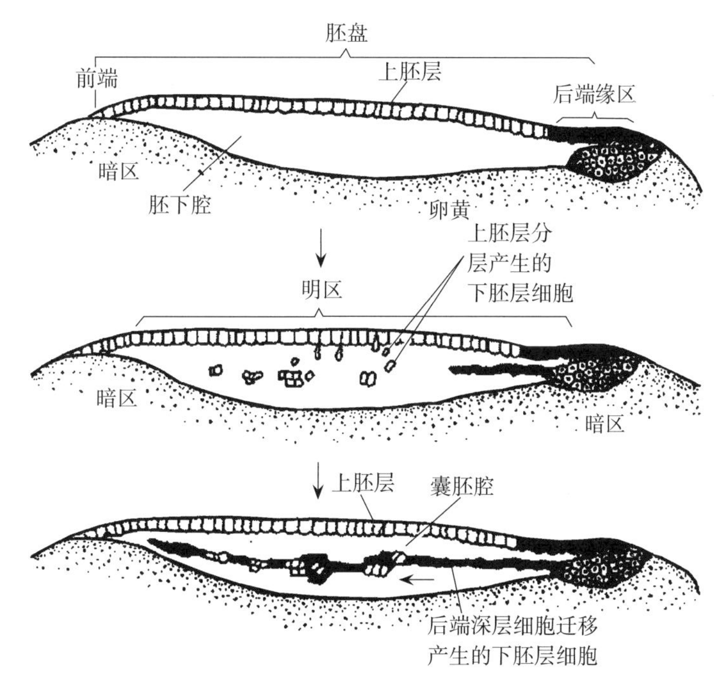

图 23-2　禽类胚胎上下胚层的形成

（引自 H. Eyal-Giladi，1991）

三、原肠形成

因卵在输卵管内停留的时间长短不同，鸡蛋产出时胚胎发育的程度存在差异，一般在囊胚晚期或原肠胚早期，此时胚盘直径 3～5 mm。

受精蛋产出体外后，温度降低导致鸡胚暂停发育，经过一定时间后鸡胚死亡。在鸡胚死亡之前，创造一定的孵化条件可使暂停发育的胚胎继续发育。如得到孵化，囊胚进一步发育，进入原肠胚阶段。与家畜胚胎发育相同，禽类的原肠形成也是以原条出现为标志。在禽类，原条是以胚盘后缘的细胞层加厚的形式开始出现（图 23-3A、图 23-5A）。随着胚盘的扩大，胚盘明区的一端由于细胞集中形成一个半月形的加厚区，以后细胞从明区后缘和两侧继续向中线移动，上述加厚区逐渐变长，在明区的后 2/3 处形成一条细胞带，称为原条（primitive streak）(图23-3B、23-3C，图 23-5B)。原条的出现确定了胚体的方向，胚体将以原条为中轴进行发育，原条生长的方向为胚体的头部，原来形成半月形加厚区的一端则为将来胚胎的尾端。

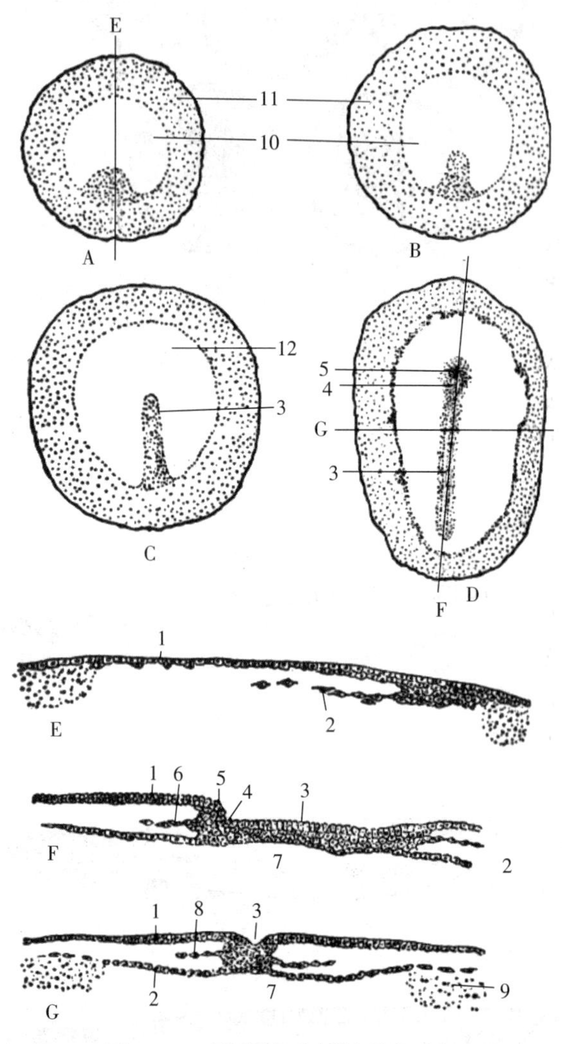

图 23-3　鸡胚原条和原肠形成过程

A. 孵化 3～4 h　B.　孵化 7～8 h　C. 孵化 10～12 h　D. 孵化 16 h

E. A 图纵切　F. D 图纵切　G. D 图的原条横切

1. 外胚层　2. 内胚层　3. 原条　4. 原窝　5. 原结　6. 脊索　7. 原肠

8. 中胚层　9. 卵黄　10. 明区　11. 暗区　12. 胚盘

在原条形成的同时，半月形加厚区的一些细胞沉入深层，与由胚盘深层以分层方式分离出来的零散细胞，共同形成内胚层。内胚层开始不完整，以后逐步形成完整的一层细胞。内胚层下面的腔，此时称为原肠腔。内胚层上面的细胞层称为外胚层，这时的胚体具有内外两个胚层，称原肠胚（图 23-3D、23-3F、23-3G，图 23-4）。

中胚层的发生开始于原条的形成，原条开始较短，以后逐渐变长。鸡胚孵化 16 h，原条的中央下陷形成原沟（primitive groove），两侧隆起形成原褶（primitive fold）。原沟前方深陷形成原窝（primitive pit），原窝周围的增厚部分称原结（primitave knot）或亨氏结（Hensen' s knot）（图

23-3D、23-3F，图23-4，图 23-5C）。以后上胚层的细胞由原窝向内卷入后，向前伸到内胚层之间形成头突（head process）（图 23-5D），进而发育形成脊索（图 23-5E）。原条两侧的细胞向原条集中，并沿原沟卷入内外胚层之间，并向两侧扩展形成中胚层（图 23-5C、23-5F）。

鸡胚孵化的第 1 天末，内、中、外三个胚层均已初步形成。在以后的发育过程中，随着脊索的伸长，原条逐渐退缩直至消失，胚胎进入器官分化阶段。

随着胚胎在胚盘上的隆起程度，胚体和胚外两部分的界限越来越清楚。隆起在上的部分称胚内部分，胚盘的其余部分称胚外部分，胚内和胚外两部分的三个胚层，相互延续，而以体褶处为界。胚内三胚层进一步分化，形成胚体各种组织和器官；胚外三胚层将发育为胚外膜，保证胚胎的正常发育。

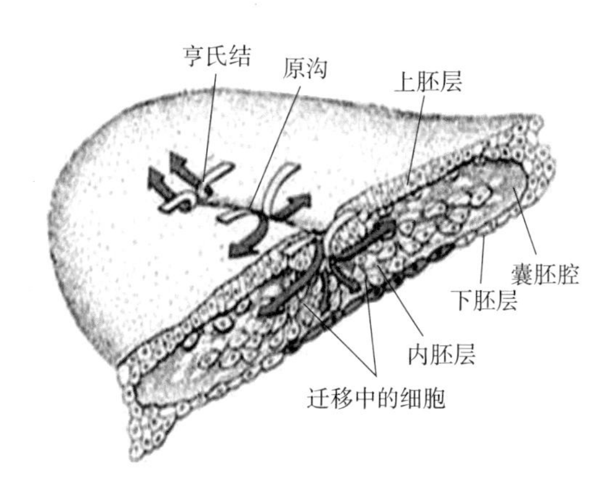

图 23-4　鸡胚原肠作用示意图

下面细胞层成为下胚层和内胚层细胞的嵌合体，但下胚层细胞最终分离出来参与卵黄囊的形成

（引自 Gilbert，2006）

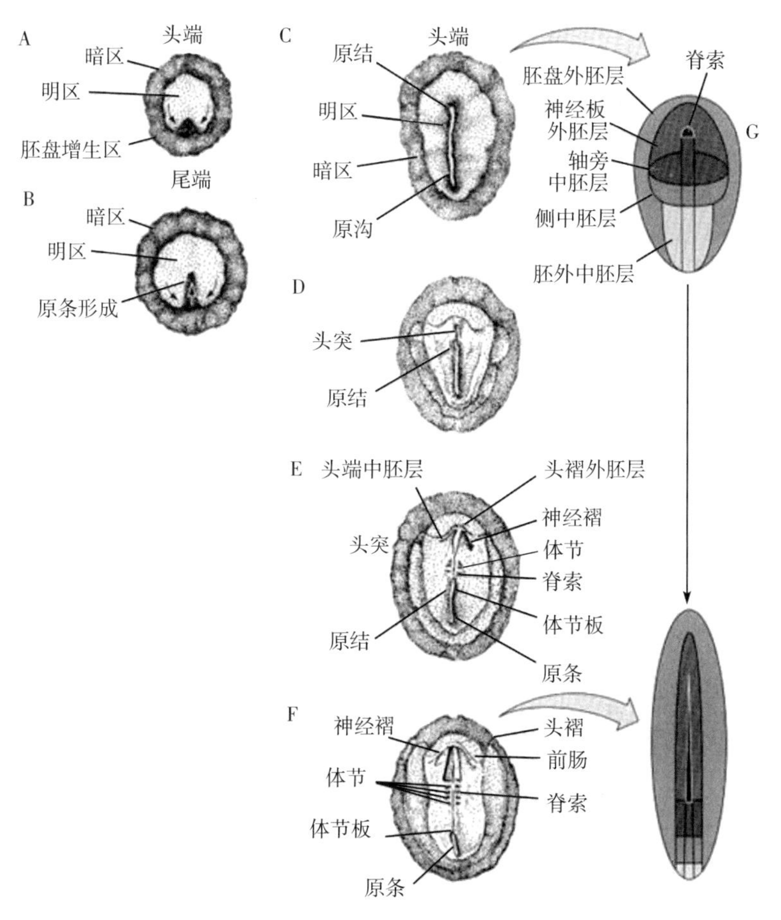

图 23-5　鸡胚原条的细胞运动

A～C. 示原条的形成和延伸的背面观（A. 受精后 3～4 h，B. 7～8 h，C. 15～16 h；早期迁移的上胚层细胞用箭头表示）D～F. 示脊索和中胚层体节的形成（D. 受精后 19～22 h，E. 23～24 h，F. 4 个体节期）　G. 示细胞命运图，上胚层经运动和迁移，早期进入囊胚内部的细胞在上胚层之下的正中线汇集和延伸而形成内胚层，没有汇集到内胚层的细胞开成中胚层，仍然留在外部的细胞形成处胚层和神经板

（引自 Gilbert，2006）

四、三胚层的分化与主要器官发生

在三胚层初步形成的基础上，各胚层沿着胚体中轴进一步分化，形成器官原基。

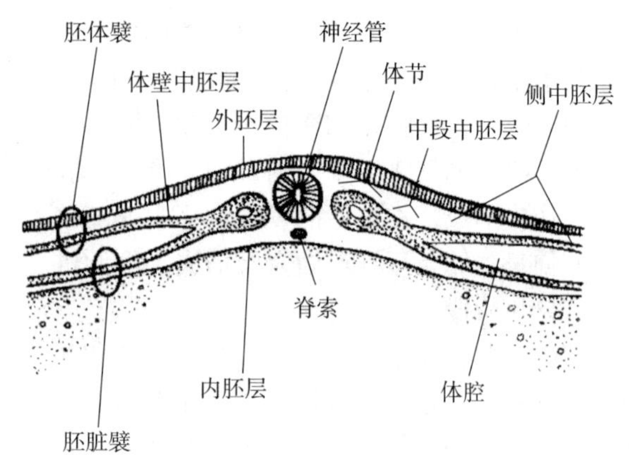

图 23-6　鸡神经胚横切面模式图
（引自 W. H. Manner，1964）

脊索向前延伸时，诱导脊索上面的外胚层加厚形成神经板。随后，神经板的两侧缘隆起形成神经褶，中间凹陷形成神经沟。孵化 24 h后，神经褶在中线相遇围成神经管（图 23-6，23-7A～C）。神经管的形成，奠定了神经系统的基础。由于此期胚胎发育以神经管的形成为特征，也称该时期为神经胚（neurula）（图 23-6）。神经管的前部膨大，后部较细，将分别发育成脑和脊髓。神经管刚形成时，前端也出现分节现象，共有 11 节：前 3 节为前脑，4～5 节为中脑，最后 6 节为菱脑。以后前脑分化为端脑和间脑；中脑背部分化为视叶，腹部分化为大脑脚；菱脑分化为后脑和末脑。在神经褶合并成神经管时，有部分神经褶细胞没有全部并入而留在神经管背部两侧，形成两条细胞带，以后分节形成神经嵴，将来参与脑和脊神经节的形成。

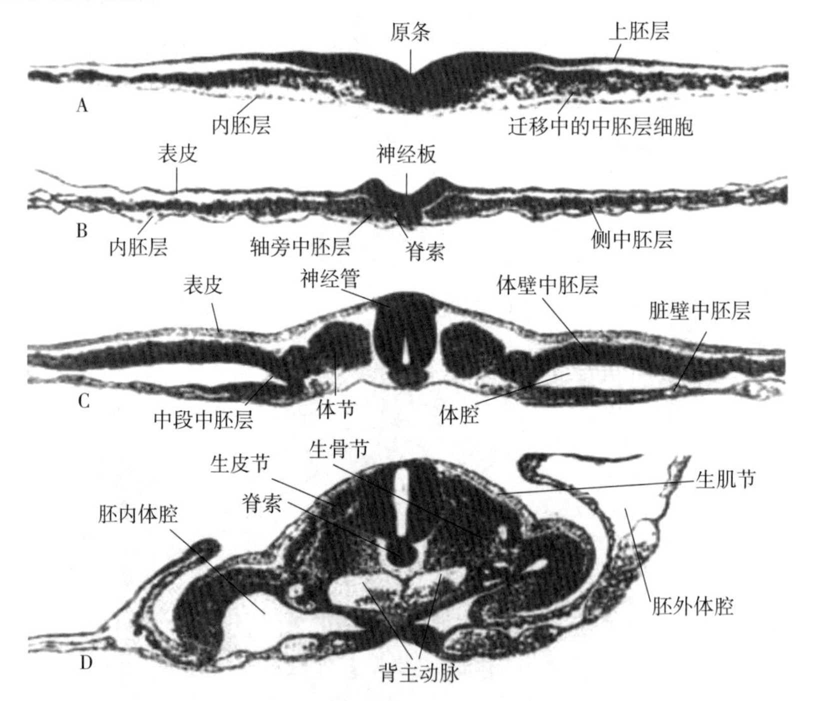

图 23-7　鸡神经胚的形成示意图
A. 原条部分，显示移行内胚层和中胚层　B. 形成脊索和背中胚层 C、D. 分化体节、体腔和两个大动脉
（A～C 为 24 h 胚，D 为 48 h 胚）
（引自 Gilbert，2006）

在神经褶形成的同时，胚体前端出现体头褶。随着体头褶加深和头部的生长，胚体的头部首先从胚盘上隆突于胚盘水平线上。胚体两侧的体侧褶和体尾褶相继出现，使胚体逐渐完全从胚盘上独立出来。在胚体头部和尾部从胚盘上独立出来的时候，内胚层突入头部形成前肠，其

后端的开口为前肠门。由于前肠门两边边缘不断向中央集中，使前肠门逐步向后移。后肠的形成是由尾芽组织中产生一个囊状结构，向前开口于中肠。当前肠门和后肠门相互靠近时，最后汇合形成一圆口，即鸡胚体脐带的接口处。中肠开始一直与卵黄囊相连通，当卵黄囊向内收缩，体壁封闭时，中肠才闭合（图 23-8B～D）。

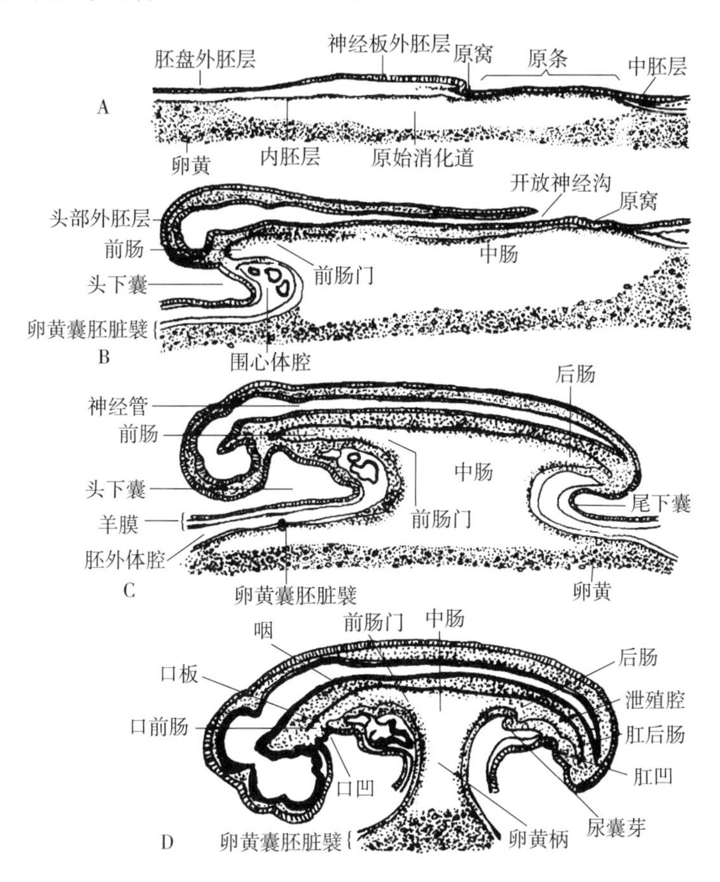

图 23-8　鸡胚卵黄囊和消化道形成

A. 孵化第 1 天，内胚层与卵黄之间的空腔为原始消化道　B. 孵化第 2 天，由于头褶的出现，形成前肠　C. 孵化第 3 天，由于尾褶的出现，形成后肠　D. 孵化第 4 天，前肠、中肠和后肠分界明显，咽和卵黄柄形成

位于脊索两旁的中胚层进一步分化成为轴旁中胚层、侧中胚层和间介中胚层。上段中胚层靠近胚体中轴，又称轴中胚层。随着脊索向前伸长，轴中胚层也开始逐渐由前向后，形成对称的体节（图 23-7B、23-7C）。孵化 21 h 后，第 1 对体节出现，孵化 84 h 后，体节已达43～44 对。

随着体节出现，侧中胚层分为靠近外胚层的体壁中胚层和靠近内胚层的脏壁中胚层。体壁中胚层和脏壁中胚层之间的裂隙称体腔（图 23-7C）。间介中胚层既不分节也不分层，以后形成泌尿生殖器官原基。还需指出，母鸡的右侧卵巢和输卵管在胚胎期退化，只有左侧卵巢和输卵管正常发育。位于前肠门附近的体腔则成为围心腔，由该处脏壁中胚层的间充质细胞形成心内膜管。当前肠门向后移时，两侧心内膜管和围心腔相互靠近，在新形成的消化道的腹面相遇而成为心脏（图 23-9）。

胚内血管与心脏形成是同步进行的。与心脏相连的大血管是由心脏内膜向外延伸而成。也可能由间充质细胞在原位形成血管，以后彼此相连构成胚内血管。鸡胚在孵育 26～29 h 时，伸入到暗区的中胚层聚集成团，形成血岛。位于血岛四周的细胞分化为血管内皮，血岛内部的细胞分化为血细胞，二者彼此联合形成血管网。这些血管网再汇合形成大的血管，并与胚内卵黄动脉和卵黄静脉相连，构成完整的卵黄循环系统。

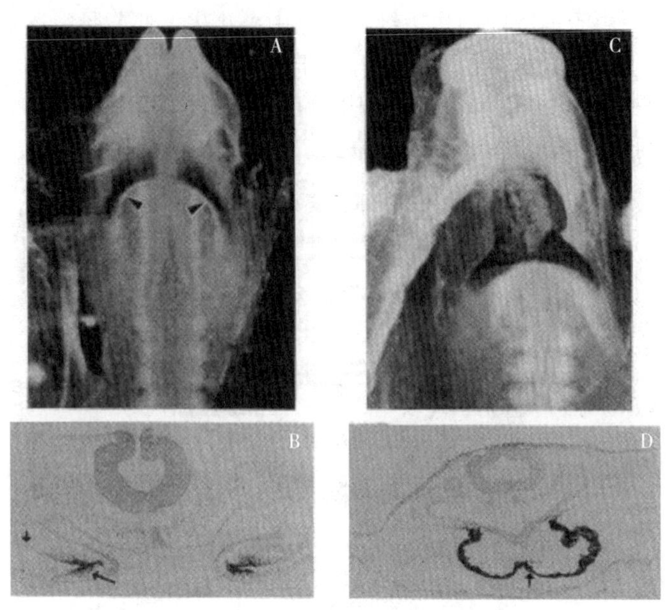

图 23-9 鸡左右心内膜管融合形成心脏原基光镜图像

（心肌形成细胞用 *Xin* 蛋白质标记方法确认）

A. 第 9 期神经胚，可见 *Xin* 蛋白质表达（黑色）的对称的两个心内膜管（箭头所示）

B. 用标记物杂交相同神经胚期的切片，显示心脏形成细胞位于侧中胚层的脏层

C. 第 10 期胚胎，显示左右心内膜管向中央靠拢融合 D. 用标记物杂交相同神经胚期的切片，显示出 *Xin* 蛋白质表达的心肌层

（引自 Wang 等，1999）

五、胚 外 膜

鸡的胚胎发育主要在体外孵化过程中进行。胚胎对卵黄和卵白营养物质的吸收利用、氧和二氧化碳的气体交换、代谢废物的排泄和储藏等均需要胚外膜结构辅助完成。胚外膜并不参与胚体的形成，胚胎发育结束时消失或废弃。鸡的胚外膜主要包括卵黄囊（yolk sac）、羊膜（amnion）、浆膜（serosa）和尿囊（allantois），四种胚外膜先后发生、逐渐完善。另外还形成一种较特殊的蛋白囊（albumen sac）。

（一）卵黄囊

随着胚体从胚盘上隆起以及体褶的形成，胚内和胚外两部分逐渐分开。由于体褶的缢缩，原肠被分为胚内和胚外两部分。胚内的仍为原肠，胚外部分即为卵黄囊，与中肠相连（图 23-8）。卵黄囊壁由位于外层的胚外脏壁中胚层和位于内层的胚外内胚层构成，在禽类，它沿着卵黄膜扩展，最后把卵黄全部包围起来。

鸡胚孵化 24 h 后，卵黄囊脏壁中胚层细胞开始形成血岛，进而形成原始血管网，卵黄囊血管网逐渐和体内血管相连，构成卵黄囊血液循环，该循环的建立为扩大利用卵黄营养和进行气体交换创造了条件。在孵化初期，卵黄囊内的卵黄吸收蛋白内的水分而逐渐稀释，体积不断增大，至孵化第 7～8 天卵黄重量达到最大。伴随卵黄囊血管区扩大及皱襞的扩展，胚胎也加快了对卵黄的吸收利用，卵黄囊渐渐缩小，鸡胚约在孵化第 19 天时，卵黄囊连同剩余的卵黄自脐部收入胚体内。

（二）羊膜与浆膜

羊膜与浆膜是同时发生的两种胚外膜。鸡胚在孵化第 2 天，胚外的外胚层和体壁中胚层一起向胚体上方褶起，形成羊膜褶。羊膜头褶先出现，羊膜侧褶和尾褶相继发生。至孵化第3天，羊膜褶在胚体背部会合，形成浆羊膜缝。浆羊膜褶融合后，内外两层分开，内侧的包围胚胎的为羊膜，浆羊膜褶汇合处的外缘形成包围胚胎和其他所有胚外膜的浆膜。浆膜和羊膜的胚层结构相同，但位置恰好相反：羊膜的外层为体壁中胚层，内层为外胚层；而浆膜的外胚层在外，体壁中胚层在内。浆膜发展迅速，最初位于蛋白内面，随着蛋白浓缩和减少，浆膜直接与蛋壳相连，并将其他所有胚外膜包围在内。羊膜腔内有羊水，胚胎在这种液体环境中发育，对防止组织脱水、温度突然变化及缓冲机械冲击免受伤害，从而保证胚胎的正常发育十分有利。浆膜的外胚层上皮分化成具有呼吸功能的上皮，当尿囊和浆膜接触之后，共同执行呼吸功能。

（三）尿囊和蛋白囊的形成

鸡胚孵化的第3天末，后肠壁的腹侧向外突出形成一囊，即尿囊。从发生来看，尿囊的胚层结构和位置关系与卵黄囊相同，脏壁中胚层在外、内胚层在内。尿囊向胚外体腔迅速扩展，孵化第5天与浆膜接触并融合形成尿囊浆膜。尿囊进一步扩展，包裹羊膜及卵黄囊，在羊膜外形成包围胚胎的第二个含液体的囊腔。扩大的尿囊还推动浆膜一起向鸡蛋的锐端扩展，逐步包围卵白，在孵化第11天左右时，完全包围卵白形成卵白囊。卵白囊的内层为浆膜，外层为尿囊。当尿囊扩展受到浆羊膜缝的阻挡时，沿其两侧向蛋的锐端前进。于是，就有一部分蛋白滞留在浆羊膜缝的附近。在孵化第12～13天时，浆羊膜缝上出现孔洞而形成浆羊膜道，卵白囊内的蛋白得以进入羊膜腔内，混合形成蛋白羊水，被胚胎吞食，开始胃肠消化过程。当雏鸡孵出时，尿囊柄断裂，尿囊浆膜及其囊内的排泄物全部遗弃于壳内。

1. 名词解释：盘状囊胚　明区　暗区　亨氏结　头突　胚外膜　浆膜　蛋白囊
2. 简述家禽早期胚胎发育的主要过程及特点。
3. 家禽卵裂和囊胚形成有何特点？
4. 试述上胚层细胞的运动与三胚层形成之间的关系。
5. 简述家禽胚外膜的形成过程及构造。

（宋学雄　卿素珠）

参 考 文 献

安靓，李进，2004. 组织学与胚胎学［M］. 北京：科学出版社.
曾园山，陈宁欣，2004. 组织学与胚胎学［M］. 北京：科学出版社.
陈大元，2000. 受精生物学［M］. 北京：科学出版社.
陈凌风，1993. 中国农业百科全书（兽医卷）［M］. 北京：农业出版社.
成令忠，冯京生，冯子强，等，2000. 组织学彩色图鉴［M］. 北京：人民卫生出版社.
成令忠，钟翠平，蔡文琴，2003. 现代组织学［M］. 3 版. 上海：上海科学技术文献出版社.
樊启昶，白书农，2002. 发育生物学原理［M］. 北京：高等教育出版社.
高英茂，2006. 组织学与胚胎学［M］. 北京：科学出版社.
高英茂，2006. 组织学与胚胎学彩色图谱和纲要［M］. 北京：科学出版社.
韩秋生，1997. 组织胚胎学彩色图谱［M］. 沈阳：辽宁科学技术出版社.
韩贻仁，2007. 分子细胞生物学［M］. 3 版. 北京. 高等教育出版社.
胡跃高，2004. 二十世纪中国农业科学进展［M］. 济南：山东教育出版社.
雷亚宁，2005. 实用组织学与胚胎学［M］. 杭州：浙江大学出版社.
李德雪，栾维民，岳占碰，2003. 动物组织学与胚胎学［M］. 长春：吉林人民出版社.
李德雪，尹昕，1995. 动物组织学彩色图谱［M］. 长春：吉林科学技术出版社.
刘斌，2005. 组织学与胚胎学［M］. 北京：北京大学医学出版社.
刘贤钊，1998. 组织学和胚胎学［M］. 3 版. 北京：人民卫生出版社.
罗克，1983. 家禽解剖学与组织学［M］. 福州：福建科学技术出版社.
孟运莲，付承英，2006. 组织学与胚胎学实验指南（双语）［M］. 武汉：湖北科学技术出版社.
聂其灼，罗克，钱菊汾，等，1991. 中国农业百科全书（生物学卷）［M］. 北京：农业出版社.
彭克美，2009. 动物组织学及胚胎学［M］. 北京：高等教育出版社.
钱菊汾，2003. 家畜胚胎学［M］. 北京：中国科学文化音像出版社.
秦鹏春，2001. 哺乳动物胚胎学［M］. 北京：科学出版社.
秦鹏春，2002. 哺乳动物生殖与发育研究［M］. 哈尔滨：东北林业大学出版社.
沈霞芬，卿素珠，2009. 兽医组织学与胚胎学［M］. 杨凌：西北农林科技大学出版社.
沈霞芬，田九畴，薛登民，1996. 兽医组织学彩色图谱［M］. 台湾：艺轩图书出版社.
谭景和，1996. 脊椎动物比较胚胎学［M］. 哈尔滨：黑龙江科技出版社.
唐军民，李英，卫兰，等，2003. 组织学与胚胎学彩色图谱［M］. 北京：北京大学医学出版社.
万选才，杨天祝，徐承焘，1999. 现代神经生物学［M］. 北京：北京医科大学 中国协和医科大学联合出版社.
汪堃仁，薛少白，柳惠图，2002. 细胞生物学［M］. 2 版. 北京：北京师范大学出版社.
王金发，2003. 细胞生物学［M］. 北京. 科学出版社.
魏丽华，苏衍萍，崔海床，2004. 组织学与胚胎学实验指导和图谱［M］. 上海：上海科学技术出版社.
杨佩满，2006. 组织学与胚胎学［M］. 4 版. 北京：人民卫生出版社.
杨增明，孙青原，夏国良，2005. 生殖生物学［M］. 北京：科学出版社.
翟中和，2000. 细胞生物学［M］. 2 版. 北京. 高等教育出版社.
张红卫，2004. 发育生物学［M］. 北京：高等教育出版社.
张华，2006. 组织学与胚胎学实习指导［M］. 北京：科学出版社.
邹仲之，李继承，2013. 组织学与胚胎学［M］. 8 版. 北京：人民卫生出版社.
德尔曼 H D，布朗 E M，1989. 兽医组织学［M］. 秦鹏春，聂其灼，译. 北京：农业出版社.
William J Bacha，Linda M Bacha，2007. 兽医组织学彩色图谱［M］. 陈耀星，译. 北京：中国农业大学出版社.
Bruce Alberts，et al，2002. Molecular Biology of the Cell［M］. 4th ed. New York：Garland Publishing，Inc.

Don A Samuelson, 2007. Textbook of veterinary histology [M]. St. Louis: Saunders.
Hafez E S E, 1987. Reproduction in Farm Animals [M]. 5th ed. Philadelphia: Lea & Febiger.
Harvey Lodish, et al, 2004. Molecular Cell Biology [M]. 5th ed. New York: W. H. Freeman and Company.
Jacobson M, 1991. Developmental Neurobiology [M]. 2nd ed. New York: Plenum.
Jo Ann Eurell and Brian L Frappier, 2006. Dellmann's Textbook of Veterinary Histology with CD [M]. 6th ed. Oxford: Blackwell Publishing.
Luis Carlos, Junqueira, Jose Carneiro, 2003. Basic Histology-Text & Atlas [M]. 10th ed. New York: McGraw Hill.
Michael H Ross, Kaye, Wojciech Pawlina, 2002. Histology: A Text and Atlas [M]. 4th ed. Baltmore: Lippincott Williams & Wilkins.
Muller W A, 1997. Developmental Biology [M]. New York: Spring-verlage.
Sadler T W, 2000. Langman's Medical Embryology [M]. 8th ed. Baltmore: Lippincott Williams & Wilkins.
Scott F Gilbert, 2006. Developmental Biology [M]. 8th ed. Sunderland: Sinauer Associate Inc. Publishers.
Unter Mitarbeit von Thomas Deller, 2010. Welsch Lehrbuch Histilogie [M]. 3 Auflage. ELSEVIER URBAN & FISCHER.

图书在版编目（CIP）数据

动物组织学与胚胎学/沈霞芬，卿素珠主编．—北京：中国农业出版社，2019.12（2023.12 重印）

普通高等教育农业农村部“十三五”规划教材　全国高等农林院校“十三五”规划教材　中国高等农业院校优秀教材

ISBN 978-7-109-26270-6

Ⅰ．①动…　Ⅱ．①沈…　②卿…　Ⅲ．①动物组织学一高等学校一教材②动物胚胎学一高等学校一教材　Ⅳ．①Q954

中国版本图书馆 CIP 数据核字（2019）第 266508 号

中国农业出版社出版

地址：北京市朝阳区麦子店街 18 号楼

邮编：100125

责任编辑：王晓荣　　文字编辑：王晓荣

版式设计：张　宇　　责任校对：吴丽婷

印刷：中农印务有限公司

版次：2019 年 12 月第 1 版

印次：2023 年 12 月北京第 5 次印刷

发行：新华书店北京发行所

开本：889mm×1194mm　1/16

印张：17.25

字数：425 千字

定价：49.50 元
